ifaa-Edition

ifaa-Research

Reihe herausgegeben von

ifaa – Institut für angewandte Arbeitswissenschaft e. V., Düsseldorf, Deutschland

Die Buchreihe ifaa-Research berichtet über aktuelle Forschungsarbeiten in der Arbeitswissenschaft und Betriebsorganisation. Zielgruppe der Buchreihe sind Wissenschaftler, Studierende und weitere Fachexperten, die an aktuellen wissenschaftlich-fundierten Themen rund um die Arbeit und Organisation interessiert sind. Die Beiträge der Buchreihe zeichnen sich durch wissenschaftliche Qualität ihrer theoretischen und empirischen Analysen ebenso aus wie durch ihren Praxisbezug. Sie behandeln eine breite Palette von Themen wie Arbeitsweltgestaltung, Produktivitätsmanagement, Digitalisierung u. a.

Yannick Peifer

Konzeptionierung eines arbeitswissenschaftlichen Handlungsrahmens zur Einführung und Anwendung einer auf Künstlicher Intelligenz basierten Mensch-Roboter-Kollaboration

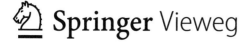

Yannick Peifer
ifaa – Institut für angewandte
Arbeitswissenschaft e. V.
Düsseldorf, Deutschland

Von der KIT-Fakultät für Maschinenbau des Karlsruher Instituts für Technologie (KIT) genehmigte Dissertation zur Erlangung des akademischen Grades eines Doktors der Ingenieurwissenschaften (Dr.-Ing.).
Tag der mündlichen Prüfung: 01. September 2023

ISSN 2364-6896 ISSN 2364-690X (electronic)
ifaa-Edition
ISSN 2662-3609 ISSN 2662-3617 (electronic)
ifaa-Research
ISBN 978-3-662-68560-0 ISBN 978-3-662-68561-7 (eBook)
https://doi.org/10.1007/978-3-662-68561-7

Die Deutsche Nationalbibliothek verzeichnet diese Publikation in der Deutschen Nationalbibliografie; detaillierte bibliografische Daten sind im Internet über http://dnb.d-nb.de abrufbar.

Planung/Lektorat: Alexander Grün
Springer Vieweg ist ein Imprint der eingetragenen Gesellschaft Springer-Verlag GmbH, DE und ist ein Teil von Springer Nature.
Die Anschrift der Gesellschaft ist: Heidelberger Platz 3, 14197 Berlin, Germany

Das Papier dieses Produkts ist recyclebar.

Zusammenfassung

Mit Beginn der ersten industriellen Revolution entwickelten sich im Laufe der Zeit sukzessiv neuartige Technologien, deren konvergierendes Zusammenspiel in der gegenwärtigen vierten industriellen Revolution mündeten. Simultan von der ersten bis zur vierten industriellen Revolution kam es ebenfalls zu einer Weiterentwicklung der Arbeitswelt. Assistenzsysteme, welche den Menschen in seiner informatorischen sowie energetischen Arbeit unterstützen, prägen die vierte industrielle Revolution. Die Mensch-Roboter-Kollaboration (MRK) bildet in diesem Kontext ein Interaktionskonzept zwischen Mensch und Roboter in einem gemeinsamen Arbeitsbereich. Das Ziel ist eine Verbesserung menschlicher Arbeitsbedingungen bei gleichzeitiger Produktivitätssteigerung. Eine im derzeitigen Entwicklungsstadium schwach ausgeprägte Künstliche Intelligenz (KI) in Kombination mit umfangreicher Sensorik ermöglichen diese Form der kollaborativen Zusammenarbeit. Ist die Arbeitswelt 4.0 noch von vernetzter Digitalisierung und Flexibilisierung geprägt, wird die Arbeitswelt 5.0 im Fokus der KI stehen. Geprägt wird diese durch die Anwendung lernender Roboter sowie intelligenter Assistenz.

Im Zuge der Weiterentwicklung zu einer leistungsfähigeren schwachen KI ist von einer Intensivierung der kollaborativen Zusammenarbeit zwischen Mensch und Roboter auszugehen. Gegenwärtige Leichtbauroboter werden lernfähig, können Arbeitsschritte eigenständig erlernen und deren Ausführung autonom verbessern. Der Nutzen lässt sich anhand der Dimensionen von Flexibilität, Sicherheit sowie Produktivität und der damit verbundenen Steigerung erkennen. Die Einführung und Anwendung stellen Unternehmen indes vor umfangreiche Herausforderungen. Es gilt hierbei insbesondere einen ganzheitlichen Ansatz in der soziotechnischen Arbeitsgestaltung zu verfolgen. Die Integration von leistungsfähiger schwacher KI in den Leichtbauroboter, welcher Hand-in-Hand mit dem Menschen zusammenarbeiten soll, lässt neue arbeitswissenschaftliche Herausforderungen entstehen. Unternehmen stehen in diesem Zusammenhang gegenwärtig keine benötigten praxisnahen Handlungsempfehlungen zur Verfügung.

Für den Prozess der Einführung und Anwendung der KI-basierten MRK wurde im Rahmen dieser Schrift ein umfangreicher arbeitswissenschaftlicher Handlungsrahmen konzipiert. Dieser dient zur Sensibilisierung und ermöglicht es Unternehmen zudem Verbesserungspotenziale und Handlungsmöglichkeiten eigenständig zu identifizieren. Der Handlungsrahmen erfüllt dabei weitreichende Anforderungen, bildet in idealtypischer Form die relevanten arbeitswissenschaftlichen Handlungsfelder ab und adressiert Themengebiete, welche bei der Einführung sowie Anwendung zu beachten sind. Es handelt sich um eine Referenz, deren Ergebnisse quantifizierbar sind. Die Basis bildet das arbeitswissenschaftliche Prinzip nach MTO. Der arbeitswissenschaftliche Handlungsrahmen vereinigt sowohl neun Handlungsfelder als auch die bei der Einführung und Anwendung zu beachtenden Erfolgsfaktoren.

Zur Konzeptionierung bediente sich die Schrift mehrerer wissenschaftlicher Methoden. Das Fundament bildete ein narratives Review und dessen Ergebnisse. Hierbei wurde der individuelle und aktuelle Forschungsstand im Kontext der MRK sowie zur KI erhoben. Auf Basis dessen erfolgte eine Forschungssynthese zur Erarbeitung von Wissen im Kontext der KI-basierten MRK. Mit Hilfe der Forschungssynthese wurden die Forschungsgebiete zur MRK und KI zusammengeführt. Auf Basis dieser Erkenntnisse erfolgte die Konzeptionierung des arbeitswissenschaftlichen Handlungsrahmens. Hierbei wurden die Erkentnisse aus der Forschungssynthese dahingehend transformiert, dass sie im arbeitswissenschaftlichen Handlungsrahmen zur Einführung und Anwendung einer auf KI basierten MRK mündeten. Aufbauend auf die Konzeptionierung wurde eine Evaluation durchgeführt. Hierbei erfolgte eine summative Evaluation mit einem Mixed-Methods-Ansatz. Im Rahmen der qualitativen Methode, welche in Form einer Fokusgruppendiskussion erfolgte, wurde eine inhaltliche Überprüfung durchgeführt. Die Methode der quantitativen Forschung, welche im Rahmen einer standardisierten Befragung erfolgte, wurde zur Überprüfung der Konzeptionierung des erarbeiteten Handlungsrahmens verwendet. In der Gesamtheit konnte dem Handlungsrahmen dabei sowohl in seiner Konzeptionierung als auch Anwendung eine hohe Objektivität, Reliabilität sowie Validität zugesprochen werden. Dieses Ergebnis stützt sich unter anderem auf die umfangreiche Transparenz, einer ausgeprägten Standardisierung und einem eindeutigen und regelgeleiteten Prozess in der Konzeptionierung sowie Anwendung.

Vorwort Prof. Dr.-Ing. habil. Sascha Stowasser – KI-basierte Mensch-Roboter-Kollaboration richtig implementieren

Im vorliegenden Band der Buchreihe ifaa-Research beschreibt der Autor einen Handlungsrahmen zur soziotechnischen Einführung von KI-basierter Mensch-Roboter-Kollaboration. Warum ist das für die erfolgreiche Umsetzung wichtig?

Die Mensch-Roboter-Kollaboration (MRK) nimmt einen wichtigen Stellenwert in der Diskussion um Robotergestaltung, Digitalisierung und Industrie 4.0 ein. Bei der MRK führen Mensch und Leichtbauroboter Arbeitsschritte in Produktionsprozessen gemeinsam im gleichen Raum aus, wobei der Roboter dem Menschen assistiert. Wenn Mensch und Roboter ohne Schutzzaun zusammenarbeiten und interagieren, ergeben sich neue Potenziale zur Organisation und Gestaltung von Arbeit. Die Arbeitsinhalte werden sinnvoll aufgeteilt, etwa dass der Roboter monotone oder ergonomisch ungünstige Arbeitsschritte (wie zum Beispiel das Heben und Tragen schwerer Lasten) übernimmt und der Mensch sich auf Arbeiten konzentriert, in denen er dem Roboter überlegen ist, beispielsweise komplexe Fügevorgänge oder flexible Arbeitsschritte. Vor allem die assistierende Unterstützung des Menschen durch den Roboter zur Verbesserung der Arbeitsergonomie in der industriellen Produktion mit einhergehender Produktivitätssteigerung ist ein wesentlicher Grund, warum sich Betriebe mit dem Thema MRK beschäftigen sollten.

Aktuell erfahren MRK eine revolutionäre Weiterentwicklung von statisch programmierten MRK-Systemen hin zu dynamisch lernenden MRK-Systemen auf Basis von Methoden der Künstlichen Intelligenz (KI). Die Symbiose von MRK und KI bringt vielfältige Änderungen mit sich. Die Nutzung dieser Chancen zum Wohl aller Beteiligten geht mit ebenso großen Erwartungen wie Unsicherheiten einher. Die aktuelle Herausforderung besteht darin, durch die Nutzung von KI Innovations- und Produktivitätspotenziale zu erschließen und gleichzeitig Reibungsverluste bei der Einführung und Nutzung zu vermeiden, die Kompetenzen der Mitarbeiter zu ergänzen und weiterzuentwickeln sowie das technische System so zu gestalten, dass die Arbeit der Beschäftigten möglichst optimal unterstützt wird. Dabei muss ein ganzheitlicher soziotechnischer Ansatz zur Digitalisierung der Arbeitsprozesse sowohl für einzelne MRK-Arbeitsplätze als auch für das gesamte Produktionssystem gelten.

KI-basierte MRK verändern Arbeitsinhalte, -prozesse und -umgebungen. Die systematische Einführung derartiger Systeme wird nur durch einen erweiterten Ansatz gesichert, der neben der Technik weitere betriebliche Gestaltungsfelder berücksichtigt. Großes Defizit ist, dass nur wenige Einführungsmodelle einen ganzheitlichen soziotechnischen Ansatz nach dem Mensch-Technik-Organisation (MTO)-Konzept verfolgen. Vielfach berücksichtigen sie nur spezifische Analyse- und Gestaltungselemente der Bereiche Mensch, Technik und Organisation. So konzentrieren sich alle gegenwärtigen Modelle auf den Schwerpunkt Technik (vor allem Robotertechnik und IT-Ausgestaltung) und weniger auf Personal (z. B. Kompetenzen der Beschäftigten). Ein ganzheitliches Modell zur Einführung und Beurteilung von KI-basierten MRK existiert bislang nicht.

Der vorliegende Band setzt sich folgerichtig zum Ziel, erstmals einen integrativen Handlungsrahmen zur Einführung von KI-basierter MRK unter Berücksichtigung der soziotechnischen Gestaltungselemente herzuleiten und praxis- und umsetzungstauglich zu beschreiben.

Der Handlungsrahmen soll einen ganzheitlichen soziotechnischen Ansatz verfolgen, indem er sämtliche arbeits- und betriebsorganisatorischen Aspekte aus Mensch, Technik und Organisation berücksichtigend abdeckt. Dadurch möchte der Autor die derzeit auf Technik fokussierte Entwicklung von Leichtbaurobotern mit Einsatz von lernenden KI-Systemen auf eine methodisch abgesicherte, arbeitswissenschaftlich relevante Dimension heben.

Prof. Dr.-Ing. habil. Sascha Stowasser
Direktor des ifaa-Institut für angewandte Arbeitswissenschaft e. V.

Danksagung

Mit großer Freude darf ich dieses Vorwort zu meiner Dissertation verfassen.

Mein herzlicher Dank gilt meinem Betreuer Herrn Prof. Dr.-Ing. habil. Sascha Stowasser, durch den ich während der gesamten Zeit eine große Unterstützung erfahren habe. Ich durfte in ihm einen empathischen und warmherzigen Menschen kennenlernen, der mir durch seine wertschätzende Art zu jeder Zeit einen inspirierenden Input gab. Hinzukommend bedanke ich mich beim Karlsruher Institut für Technologie sowie bei Frau Prof. Dr.-Ing. Gisela Lanza, die das Korreferat für diese Schrift übernommen hat und deren Forschungsarbeiten ich als sehr wertvoll und bedeutsam erachte.

Aufgrund dessen, dass eine Vielzahl an Inhalten dieser Schrift während meiner beruflichen Tätigkeit am ifaa – Institut für angewandte Arbeitswissenschaft e.V. entstanden sind, möchte ich einen großen Dank an meine liebevollen Kolleginnen und Kollegen aussprechen. Ich durfte Euch während der gesamten Zeit als unterstützende Personen mit einer hohen fachlichen Expertise kennenlernen. An dieser Stelle möchte ich ebenfalls Herrn Prof. Dr. rer. pol. et Ing. habil. Marc-André Weber einen großen Dank aussprechen. In ihm durfte ich einen Unterstützer kennenlernen, der bereits während meines Studiums den Grundstein für die Erstellung dieser Schrift gelegt hat und dessen hohe fachliche Expertise ich sehr schätze.

Ein ganz besonderer Dank gilt meinem privaten und familiären Umfeld. Ich hatte die Freude und das Glück, während meiner Promotion in Euch unzählige unterstützende Personen zu finden, die mir die notwendige Ausdauer, Kraft und Ruhe gegeben haben. Nachstehend einige Zeilen an drei besondere Menschen, denen der größte Dank gilt. Meiner Mutter Karin, meiner Schwester Nele sowie meinem Bruder Fynn. Ohne Euch wäre nichts hiervon möglich gewesen. Eure bedingungslose, liebevolle und unvergleichliche Unterstützung durfte ich von Beginn an – und damit bereits weit vor der Promotion – dankbar erfahren. Als Personen der ersten Stunde ebnetet ihr den Weg bis hierhin. Ich widme Euch deshalb dieses Buch.

Düsseldorf, im September 2023   Yannick Peifer

Inhaltsverzeichnis

Abkürzungsverzeichnis

Abs.	Absatz
AI	Artifical Intelligence
AR	Augmented Reality
Art.	Artikel
AUVA	Allgemeine Unfallversicherungsanstalt
BAuA	Bundesanstalt für Arbeitsschutz und Arbeitsmedizin
CE	Communauté Européenne
Cobot	Collaborative robot
CPPS	Cyber-physische Produktionssysteme
DeGEval	Gesellschaft für Evaluation e.V.
DIN	Deutsche Institut für Normung e.V.
DL	Deep Learning
DSGVO	Datenschutz-Grundverordnung
EN	Europäische Norm
EU	Europäische Union
f	folgend
GA	Gesprächsperson A
GB	Gesprächsperson B
GC	Gesprächsperson C
GD	Gesprächsperson D
GE	Gesprächsperson E
GF	Gesprächsperson F
IEC	International Electrotechnical Commission
IEEE	Institutes of Electrical and Electronics Engineers
IFR	International Federation of Robotics
ISO	International Organization for Standardization
$ISTZ_x$	Istzustand im Handlungsfeld x
$ISTZD_y$	Istzustand in der Dimension y
IT	Informationstechnik
KI	Künstliche Intelligenz

KMF_x	Anzahl der kumulierten Bewertungskriterien im Handlungsfeld x
KMP_x	Kumulierte Punkte im Handlungsfeld x
KMU	Kleine und mittlere Unternehmen
KNN	Künstliche Neuronale Netzwerke
KVP	Kontinuierlicher Verbesserungsprozess
LBR	Leichtbauroboter
M	Mittelwert
ML	Maschinelles Lernen
MRK	Mensch-Roboter-Kollaboration
MTO	Mensch-Technik-Organisation
PSA	Persönliche Schutzausrüstung
Pos.	Position
SD	Standardabweichung
SIL	Sicherheitsintegritäts-Level
TAM	Technology Acceptance Model
TCP	Tool-Center-Point
TL	Tiefes Lernen
TRBS	Technische Regeln für Betriebssicherheit
TS	Technische Spezifikation
VDE	Verband der Elektrotechnik Elektronik Informationstechnik e.V.
VDI	Verein Deutscher Ingenieure e.V.
$VEPOTH_x$	Prozentuales Verbesserungspotenzial im Handlungsfeld x
$VEPOTD_y$	Prozentuales Verbesserungspotenzial in der Dimension y
ZST_x	Zu erreichender Zielzustand im Handlungsfeld x
$ZSTD_y$	Zu erreichender Zielzustand in der Dimension y
$ZSTP_x$	Festgelegte Anzahl zu erreichender Punkte im Handlungsfeld x

Abbildungsverzeichnis

Tabellenverzeichnis

Formelverzeichnis

1. Einleitung

1.1 Einführung

Die industrielle Entwicklung ist durch den kontinuierlichen technologischen Fortschritt gekennzeichnet. Mit Beginn der ersten industriellen Revolution entwickelten sich im Laufe der Zeit sukzessiv neuartige Technologien, deren konvergierendes Zusammenspiel in der gegenwärtigen vierten industriellen Revolution mündeten (Bauer, Schlund & Marrenbach, 2014, S. 10). Auf Produktionsebene wird diese vierte industrielle Revolution durch eine ganzheitliche Vernetzung sowie die Anwendung der Digitalisierung gekennzeichnet (Börkircher et al., 2016, S. 9). Simultan von der ersten bis zur vierten industriellen Revolution kam es ebenfalls zu einer Weiterentwicklung der Arbeitswelt. In diesem Zusammenhang lässt sich jeder industriellen Entwicklungsstufe eine individuelle Arbeitswelt zuordnen. Sich in ihren jeweiligen technologischen Inhalten unterscheidend, vereinen alle Arbeitswelten die Unterstützung des Menschen durch Technologie, welche für die individuelle industrielle Revolution prägend waren. Die vierte industrielle Revolution wird dabei durch Assistenzsysteme geprägt, welche den Menschen in seiner informatorischen sowie energetischen Arbeit unterstützen (Jeske, 2018, S. 1f). Im Kontext von vierter industrieller Revolution und Arbeitswelt 4.0 bildet die Mensch-Roboter-Kollaboration (MRK) ein gegenwärtiges Interaktionskonzept zwischen Mensch und Roboter in einem gemeinsamen Arbeitsbereich. Die Zielstellung entspricht hierbei einer Verbesserung menschlicher Arbeitsbedingungen bei gleichzeitiger Produktivitätssteigerung. Eine im derzeitigen Entwicklungsstadium schwach ausgeprägte Künstliche Intelligenz (KI) in Kombination mit umfangreicher Sensorik ermöglichen diese Form der kollaborativen Zusammenarbeit (Peifer, Weber, Jeske, & Stowasser, 2022, S. 1f). Ist die Arbeitswelt 4.0 noch von vernetzter Digitalisierung und Flexibilisierung geprägt, wird die Arbeitswelt 5.0 im Fokus der KI stehen. Jene Technologie entwickelt die Arbeitswelt 4.0 zu einer Arbeitswelt 5.0. Geprägt wird diese durch die Anwendung lernender Roboter sowie intelligenter Assistenz. Dies bietet weitreichende Potenziale zur

Unterstützung von energetischer und informatorischer Arbeit (Stowasser, 2021, S. 145f). Im Zuge der Weiterentwicklung zu einer leistungsfähigeren schwachen KI ist von einer Intensivierung der kollaborativen Zusammenarbeit zwischen Mensch und Roboter auszugehen. Gegenwärtige Leichtbauroboter werden lernfähig, können Arbeitsschritte eigenständig erlernen und deren Ausführung autonom verbessern. Hieraus lässt sich ein umfangreicher Nutzen ableiten. Wesentlich lässt sich dieser anhand der Dimensionen von Flexibilität und Sicherheit sowie Produktivität und der damit verbundenen Steigerung erkennen. Hinzukommend zu neuen Anwendungsbereichen können auch bestehende Arbeitsplätze aufgewertet werden. Unternehmen können zudem von flexibleren und an den individuellen Bedarf angepassten Einsatzmöglichkeiten profitieren (Plattform Lernende Systeme, 2019, S. 1f). Die Einführung und Anwendung stellen Unternehmen indes vor umfangreiche Herausforderungen. Es gilt hierbei insbesondere einen ganzheitlichen Ansatz in der soziotechnischen Arbeitsgestaltung zu verfolgen (Peifer, Weber, Jeske, & Stowasser, 2022, S. 1). Die Integration von leistungsfähiger schwacher KI in den Leichtbauroboter, welcher Hand-in-Hand mit dem Menschen zusammenarbeiten soll, lässt allerdings neue arbeitswissenschaftliche und arbeitsgestalterische Herausforderungen für Unternehmen entstehen. Zum gegenwärtigen Zeitpunkt fehlt es an ausreichender Forschung zur nachhaltigen Gestaltung von Arbeitsbedingungen, den arbeitswissenschaftlichen Erkenntnissen zu den Anforderungen bei der Einführung und Anwendung sowie deren Zusammenführung in einem wissenschaftlichen Handlungsrahmen. Unternehmen stehen in diesem Zusammenhang gegenwärtig keine benötigten praxisnahen Handlungsempfehlungen zur Verfügung (Plattform Lernende Systeme, 2019, S. 1f). Als Ergebnis lässt sich die Notwendigkeit ableiten, derzeit fehlende wissenschaftliche Erkenntnisse zu generieren. Es gilt hierbei den Einfluss von KI in der kollaborierenden Interaktion zwischen Mensch und Roboter sowie die mit der Einführung und Anwendung verbundenen arbeitswissenschaftlichen Herausforderungen zu untersuchen, um deren Ergebnisse im Rahmen eines notwendigen Handlungsrahmens aufzubereiten.

1.2 Zielstellung der Schrift

Abgeleitet aus der dargestellten Einführung ergibt sich für die vorliegende Schrift eine umfassende Zielstellung. Die zukünftige kollaborative Zusammenarbeit von Mensch und Roboter ist ein äußerst sensibles und neuralgisches Handlungsfeld. Es gilt Unternehmen daher bei der Einführung und Anwendung einer MRK, deren KI über eine gesteigerte Leistungsfähigkeit verfügt, im Hinblick auf arbeitswissenschaftliche Aspekte zu unterstützen. Mit dieser Schrift soll eine Forschungslücke geschlossen werden, welche sich dahingehend begründet, dass bislang keine Unterstützung für Unternehmen im genannten Kontext existiert, welche wissenschaftlich belegt sowie praxisnah erarbeitet und validiert wurde. Aus diesem Gedanken heraus leitet sich die übergreifende Zielstellung der Schrift ab: Die Konzeptionierung eines arbeitswissenschaftlichen Handlungsrahmens zur Einführung und Anwendung einer auf KI basierten MRK.

In diesem Zusammenhang gilt es, dass dieser Handlungsrahmen weitreichende Anforderungen zu erfüllen hat. Der Handlungsrahmen soll zur Sensibilisierung der beteiligten Stakeholder dienen und die relevanten arbeitswissenschaftlichen Themengebiete bei der Einführung und Anwendung beinhalten. Im Zuge seiner Anwendung soll es Unternehmen ermöglicht werden, Verbesserungspotenziale und Handlungsmöglichkeiten eigenständig zu identifizieren. Es gilt demnach eine Referenz zu konzipieren, welche die aufgeführte Problemstellung ganzheitlich betrachtet und dessen Inhalte wissenschaftlich sowie praxisnah erarbeitet und validiert wurden. Dies inkludiert zuvor eine wissenschaftliche Beantwortung von weitreichenden Fragestellungen. Ihre Beantwortung dient der unterstützenden Herleitung des Handlungsrahmens. Die Fragestellungen leiten sich in diesem Zusammenhang aus der ausformulierten Zielstellung ab:

1. Welche arbeitswissenschaftlichen Anforderungen und Erfolgsfaktoren gilt es bei der Einführung und Anwendung einer bestehenden MRK aus Sicht eines anwendenden Unternehmens zu beachten?

2. Inwiefern besitzt die KI Auswirkungen auf das Konzept der bestehenden MRK und welche Potenziale lassen sich zukünftig durch die technologische Weiterentwicklung generieren?

3. Welche arbeitswissenschaftlichen Anforderungen und Erfolgsfaktoren gilt es bei der Einführung und Anwendung von KI aus der Perspektive eines anwendenden Unternehmens zu beachten?

4. Welche arbeitswissenschaftlichen Anforderungen und Erfolgsfaktoren gilt es zukünftig aus Sicht eines anwendenden Unternehmens bei der Einführung und Anwendung einer MRK zu beachten, deren KI über eine gesteigerte Leistungsfähigkeit verfügt?

Eine Beantwortung der aufgezeigten Fragestellungen gilt als grundlegend für die Konzeptionierung des arbeitswissenschaftlichen Handlungsrahmens. Ihre Beantwortung erfolgt kapitelweise und in der aufgezeigten Chronologie. Zum Ende jedes Kapitels erfolgt eine individuelle Zusammenfassung im Rahmen eines Zwischenfazits. Hierbei wird auf die jeweilige Fragestellung Bezug genommen. Eine gesamtheitliche Darstellung aller Antworten erfolgt im abschließenden Fazit der Schrift. Im Rahmen dessen wird ebenfalls auf die zu erreichende Zielstellung eingegangen.

1.3 Methodische Vorgehensweise

Auf Grund der Fragestellungen bedient sich die Schrift mehrerer wissenschaftlicher Methoden zur Erreichung der in Abschnitt 1.2 aufgeführten Zielstellung. Das Fundament bildet in diesem Zusammenhang ein narratives Review und dessen Ergebnisse. Im Zuge dieser Literaturanalyse wird das Ziel verfolgt, den individuellen und aktuellen Forschungsstand im Kontext der MRK sowie zur KI zu erheben. Beide Themenbereiche gelten hierbei als äußerst dynamisch. Dies wird vor allem durch die zahlreichen wissenschaftlichen sowie praxisnahen Auseinandersetzungen erkennbar. Um den Anspruch an diese Schrift zu erfüllen und im Rahmen des Möglichen eine weitestgehende Vollständigkeit aller relevanter Themenfelder sicherzustellen, werden bei der Literaturanalyse umfangreiche Kriterien zugrunde gelegt. Im Kontext dieser Schrift finden demnach sowohl Fachbücher als Monografien und Herausgeberwerke, Beiträge in wissenschaftlichen Fachzeitschriften sowie wissenschaftliche Konferenzbeiträge Beachtung. Bedingt durch die bereits dargelegte Dynamik in den Forschungsfeldern, werden vorrangig Literaturquellen mit einem Erscheinungsdatum ab dem Jahre 2015 verwendet. In die Suche werden sowohl nationale als auch internationale Quellen einbezogen. Die Literaturanalyse erfolgt anhand definierter Suchbegriffe (Tabelle 1).

Die Suchbegriffe werden gleichermaßen in englischer Sprache verwendet. Auf Grund einer effizienten Darstellung in der Schrift wird an dieser Stelle auf eine erneute Aufzählung verzichtet. Die Literaturanalyse erfolgt durch die Hinzunahme unterschiedlichster Datenbanken. Hierzu zählen Springer Link, EconBiz, ResearchGate, ScienceDirect, Google Scholar sowie Primo über den Hochschulzugang des Karlsruher Instituts für Technologie. Auf Basis der fundierten Literaturanalyse erfolgt eine Forschungssynthese des erzielten Wissens. In diesem Zusammenhang wird eine Kategorisierung und Diskussion jener Ergebnisse aus dem jeweiligen Forschungsstand vorgenommen. Das Ziel besteht in der Generierung von neuem Wissen über die zukünftigen arbeitswissenschaftlichen Anforderungen. Dies geschieht, indem der jeweilige Forschungsstand zerlegt und kategorisiert wird, um ihn im Anschluss zu synthetisieren sowie zu diskutieren. Die Forschungssynthese bildet dabei das Fundament für die darauffolgende Konzeptionierung des arbeitswissenschaftlichen Handlungsrahmens.

Mensch-Roboter-Kollaboration UND Digitalisierung	Künstliche Intelligenz UND Arbeitswissenschaft
Mensch-Roboter-Kollaboration UND Erfolgsfaktoren	Künstliche Intelligenz UND Change-Management
Mensch-Roboter-Kollaboration UND Arbeitswissenschaft	Künstliche Intelligenz UND Erfolgsfaktoren
Mensch-Roboter-Kollaboration UND Implementierung	Künstliche Intelligenz UND Implementierung
Mensch-Roboter-Kollaboration UND Strategie	Künstliche Intelligenz UND Akzeptanz
Mensch-Roboter-Kollaboration UND Akzeptanz	Künstliche Intelligenz UND Vertrauen
Mensch-Roboter-Kollaboration UND Unternehmenskultur	Künstliche Intelligenz UND Unternehmenskultur
Mensch-Roboter-Kollaboration UND Ergonomie	Künstliche Intelligenz UND Unternehmenskultur
Mensch-Roboter-Kollaboration UND psychische Belastungen	Künstliche Intelligenz UND Interaktion
Mensch-Roboter-Kollaboration UND physische Belastungen	Künstliche Intelligenz UND Mensch
Mensch-Roboter-Kollaboration UND Qualifizierung	Künstliche Intelligenz UND Ergonomische Belastungen
Mensch-Roboter-Kollaboration UND Kompetenzen	Künstliche Intelligenz UND Qualifizierung
Mensch-Roboter-Kollaboration UND Normung	Künstliche Intelligenz UND Kompetenzen
Mensch-Roboter-Kollaboration UND Künstliche Intelligenz	Künstliche Intelligenz UND Normung
Mensch-Roboter-Kollaboration UND Zukunft	Künstliche Intelligenz UND Kritikalität

Tabelle 1: Suchbegriffe der Literaturanalyse zur Mensch-Roboter-Kollaboration und Künstlichen Intelligenz (Quelle: Eigene Darstellung)

Zum Abschluss wird eine Evaluation des arbeitswissenschaftlichen Handlungsrahmens angestrebt. Hierzu wird auf die Evaluationsforschung, die damit verbundenen Methoden sowie entsprechende Inhalte zur Konzeptionierung einer Evaluationsstudie zurückgegriffen. Methodisch wird dies dabei anhand einer Mixed-Methods-Evaluation erfolgen. Hierzu werden sowohl Methoden aus der quantitativen als auch qualitativen empirischen Sozialforschung verwendet. Im Rahmen der qualitativen Forschung wird dies durch eine Fokusgruppendiskussion mit Experten und Expertinnen aus der Wissenschaft und Praxis realisiert. Im Kontext der quantitativen Forschung wird auf die Methode einer standardisierten Befragung zurückgegriffen, deren Anwendung ebenfalls durch Experten und Expertinnen aus der Wissenschaft und Praxis erfolgt.

1.4 Aufbau der Schrift

Die Schrift gliedert sich insgesamt in acht Kapitel. Jene Struktur wird durch einen umfangreichen Anhang ergänzt, innerhalb dessen weiterführende Inhalte von hoher Relevanz enthalten sind. Der Aufbau stellt sich wie folgt dar (Abbildung 1).

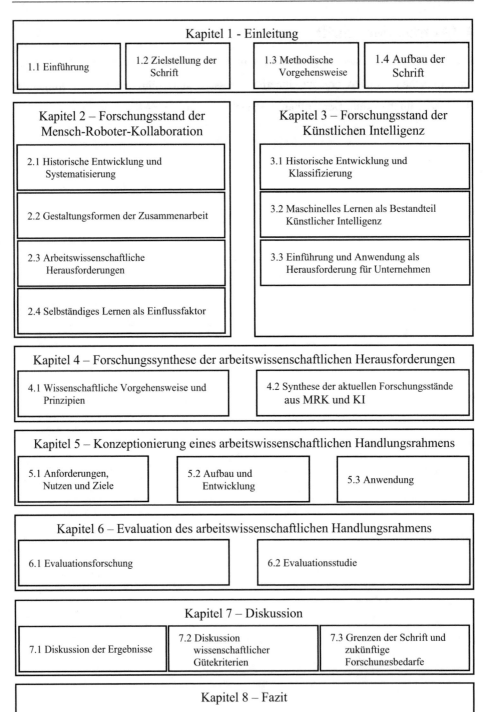

Abbildung 1: Aufbau der Schrift (Quelle: Eigene Darstellung)

Auf Basis einer problemorientieren Einführung sowie der Beschreibung von Zielstellung, Methode und Aufbau erfolgt eine Darlegung des aktuellen Forschungsstandes. Dieser ist separiert in Kapitel 2 und 3, wovon innerhalb von Kapitel 2 der aktuelle Forschungsstand zur MRK Platz findet. Innerhalb dessen wird zu Beginn auf die relevante Systematisierung im Kontext der Robotik sowie der damit verbundenen historischen Entwicklung Bezug genommen. Daraufhin erfolgt eine nähere Präzisierung durch eine Analyse jener Gestaltungsformen der Zusammenarbeit von Mensch und Roboter. Basierend auf dieser eindeutigen und wichtigen Systematisierung werden die arbeitswissenschaftlichen Herausforderungen bei der Einführung und Anwendung von MRK dargestellt. Auf diesen Erkenntnissen beruhend werden daraufhin die zukünftigen Entwicklungen des kollaborierenden Interaktionskonzeptes aufgezeigt, welche auf die Weiterentwicklungen im Bereich der KI zurückzuführen sind. Mit Kapitel 2 werden dahingehend relevante Inhalte zur Beantwortung der Forschungsfragen 1 und 2 erarbeitet.

Dies bildet in diesem Zusammenhang den inhaltlichen Übergang zu Kapitel 3, innerhalb dessen der gegenwärtige Stand der Wissenschaft im Kontext der KI aufgezeigt wird. Beginnend mit einer eindeutigen Klassifizierung und historischen Entwicklung wird daraufhin auf das Maschinelle Lernen als elementarer Bestandteil eingegangen. Darauffolgend werden auch im genannten Kontext die arbeitswissenschaftlichen Herausforderungen bei der Einführung und Anwendung präzise aufgezeigt. Im Zuge von Kapitel 3 wird hierbei Bezug auf die Forschungsfrage 3 genommen.

Eine Forschungssynthese jener Erkenntnisse aus den Kapiteln 2 und 3 findet in Kapitel 4 seinen Platz. Dies umfasst zu Beginn sowohl eine Darstellung der wissenschaftlichen Vorgehensweise sowie jener damit verbundenen Methode als auch die zugrunde gelegten Prinzipien der Durchführung. Daraufhin erfolgt eine Synthese beider erhobener Forschungsstände. Dies umfasst eine inhaltliche Diskussion, inwiefern die KI einen Einfluss auf die arbeitswissenschaftlichen Herausforderungen der MRK besitzt. Mit Kapitel 4 wird dabei das Ziel verfolgt, Antworten auf die zu Beginn dargestellte Forschungsfrage 4 zu erarbeiten.

Im Zuge von Kapitel 5 erfolgt die Konzeptionierung des arbeitswissenschaftlichen Handlungsrahmens, welcher zur Sensibilisierung der beteiligten Stakeholder dienen soll und die relevanten arbeitswissenschaftlichen Themengebiete bei der Einführung und Anwendung beinhaltet. Dessen Konzeptionierung beruht auf den Ergebnissen der vorgelagerten Forschungssynthese. Dies umfasst zu Beginn eine Darstellung von zu erfüllenden Anforderungen, existierendem Nutzen sowie der verfolgten Zielstellung. Hierauf werden der konzipierte Aufbau sowie dessen Entwicklungsprozesse dargestellt. Das Kapitel 5 schließt inhaltlich mit einer Darlegung der Anwendung des arbeitswissenschaftlichen Handlungsrahmens. In diesem Zusammenhang erfolgt eine Zusammenführung der Antworten aller Forschungsfragen, um auf diesen Erkenntnissen das übergeordnete Forschungsziel dieser Schrift zu erreichen.

Im Fortgang wird eine Evaluation des konzipierten arbeitswissenschaftlichen Handlungsrahmens angestrebt. Diese wird in Kapitel 6 dargestellt. Beginnend mit einer systematischen Einordnung in den Kontext der Evaluationsforschung werden hierbei die relevanten Inhalte aufgezeigt. Daraufhin erfolgt die Durchführung der damit verbundenen Evaluationsstudie.

Anschließend werden sowohl die Inhalte als auch verwendete Methoden jener Schrift kritisch hinterfragt. Dieses Vorgehen geschieht im Rahmen des Kapitels 7. Beginnend mit der Diskussion jener verwendeten Methoden werden daraufhin erzielte Ergebnisse diskutiert und Limitationen der Schrift dargestellt. Die Schrift schließt mit Kapitel 8. Innerhalb dessen werden die erarbeitenden Inhalte zusammengefasst und ein Ausblick auf zukünftige Forschungsfragen gegeben, welche auf den Inhalten der Schrift basieren.

2. Forschungsstand der Mensch-Roboter-Kollaboration

Die Analyse des aktuellen Forschungsstandes der MRK bildet den ersten von zwei umfangreicheren Themenschwerpunkten und dient unter anderem dazu, ein grundlegendes Verständnis der Thematik zu erzeugen, relevante Begriffe und Inhalte vorzustellen sowie eine präzise Abgrenzung innerhalb des weitreichenden Kontextes der Robotik zu gewährleisten. Um dies sicherzustellen, gliedert sich das vorliegende Kapitel in mehrere und aufeinander aufbauende Teilabschnitte, von denen jeder jeweils einen separaten Schwerpunkt besitzt. Als Basis dient eine präzise Systematisierung relevanter Begrifflichkeiten, welche sowohl die historische Betrachtung der Robotik und als auch eine exakte definitorische Einordnung differenter Fachtermini beinhaltet. Die Darstellung und Abgrenzung vorhandener Gestaltungsformen der Zusammenarbeit im Kontext von Mensch und Roboter umfasst den darauf aufbauenden Abschnitt. Im dritten Abschnitt richtet sich der Fokus auf den Prozess der Einführung und Anwendung und legt dahingehend den thematischen Schwerpunkt auf die Analyse arbeitswissenschaftlicher Herausforderungen. Basierend auf den Erkenntnissen wird im weiteren Verlauf die zukünftige Entwicklung der MRK aufgezeigt und wie sich diese von der gegenwärtigen Form differenziert. Das Kapitel schließt mit einer Zusammenfassung der generierten Erkenntnisse.

2.1 Historische Entwicklung und Systematisierung

Im Rahmen dieses Abschnitts erfolgt zu Beginn ein historischer Abriss über die Entwicklung der industriellen Robotik. Ausgehend hiervon werden die dabei beschriebenen relevanten Fachtermini der industriellen Robotik systematisiert. Dies umfasst insbesondere die präzise Einordnung des Begriffes eines Industrieroboters. Ausgehend davon erfolgt zum Abschluss eine Herleitung zur MRK und deren Definition.

© Der/die Autor(en), exklusiv lizenziert an
Springer-Verlag GmbH, DE, ein Teil von Springer Nature 2024
Y. Peifer, *Konzeptionierung eines arbeitswissenschaftlichen Handlungsrahmens zur Einführung und Anwendung einer auf Künstlicher Intelligenz basierten Mensch-Roboter-Kollaboration*, ifaa-Edition, https://doi.org/10.1007/978-3-662-68561-7_2

2.1.1 Historie der industriellen Robotik

Betrachtet man die historische evolutionäre Entwicklung des Forschungsgebiets der Robotik sowie gegenwärtig eingesetzte Technologien, wird erkennbar, dass sich diese grundlegend von ihren einstigen Anfängen differenzieren. Erstmals vom tschechischen Schriftsteller Capek im Jahre 1921 im Zuge eines Theaterstücks als eine fiktionale und futuristische Vision dargestellt, vergingen noch mehrere Jahrzehnte, bis Mitte des 20. Jahrhunderts die ersten grundlegenden technologischen Entwicklungen im Forschungsgebiet der Robotik gelegt wurden (Buxbaum & Kleutges, 2020, S. 16f). Auf Basis sich kontinuierlich entwickelnder Erkenntnisse im Kontext der Mikroelektronik sowie in den Segmenten der Informatik und Softwareentwicklung bildete sich eine systematische Entwicklung innerhalb des Wissensgebietes der Robotik und resultierte 1959 im ersten kommerziellen Industrieroboter (Dillmann & Huck, 1991, S. 2). Die sich sukzessiv weiter entwickelnde Technologie war zudem die Grundlage dafür, dass sich im Verlauf des vergangenen Jahrhunderts und im Zuge einer sich verstärkenden Automatisierung immer differentere Anwendungsgebiete bildeten. Der Einsatz von Industrierobotern versprach ein hohes Rationalisierungspotential und eröffnete den Unternehmen gleichzeitig die Möglichkeit einer Steigerung wirtschaftlicher Parameter, was mitunter auf die gestiegene Flexibilität der Industrieroboter im Vergleich zu den bisher verwendeten Maschinen zurückzuführen war (Rehr, 1989, S. V). Hinzukommende Gründe für einen fortschreitenden Einsatz waren unter anderem im Hinblick auf die prognostizierte Steigerung der Produktivität sowie weiterer Gesichtspunkte hinsichtlich des eingesetzten Personals zu erkennen (Raab, 1986, S. 11f). Dieses sollte im Zuge der Einführung und Anwendung weitreichend vor gefährlichen Aufgaben geschützt und von schweren Tätigkeiten entlastet werden (Buxbaum & Kleutges, 2020, S. 17). Bedingt durch die umfangreichen Entwicklungen im Kontext der industriellen Robotik sowie der damit verbundenen unterschiedlichen Systeme ist an dieser Stelle eine präzise Systematisierung des zu behandelnden Segmentes unabdingbar. Weitestgehend differenziert die Fachliteratur kommerzielle Robotik-Technologien anhand ihrer Einsatzfelder sowie dem Mobilitätsgrad, wobei eine partielle Überschneidung beider Kategorien nicht explizit ausgeschlossen werden kann. Analysiert man die Kategorien der Einsatzfelder, lässt sich ein stark differenziertes Bild erkennen, welches ganz weitreichende Arbeitsbereiche abdeckt. Ausgehend von Robotern mit industrieller Nutzung, Systemen, deren Fokus auf medizinischen Tätigkeiten (bspw. in der Pflege) liegen, Lernrobotern für Kinder oder dem Segment der Service-Robotik erstrecken sich die Anwendungsgebiete bis hin zur militärischen Nutzung (Kreutzer & Sirrenberg, 2019, S. 44). Innerhalb der vorliegenden Arbeit richtet sich der Fokus dabei ausschließlich auf das Segment der Industrieroboter. Bedingt durch den technologischen Fortschritt und der Tatsache, dass Industrieroboter mittlerweile sowohl ortsgebunden als auch ortunabhängig arbeiten können, wird von einer Differenzierung anhand des Mobilitätsgrades abgesehen. Eine fortschreitende Automatisierung von Arbeitsabläufen im Zuge der Implementierung von Industrierobotern lässt sich vor allem in den Segmenten der Automobil- und Elektroindustrie sowie dem metallverarbeitenden Gewerbe feststellen. Im Verlauf der letzten Jahre fungierten besonders diese Akteure als kommerzielle Treiber, was in einer jährlichen Steigerung installierter Systeme resultierte. Die Anzahl weltweit eingesetzter Industrieroboter entwickelte sich bis Ende 2019 dahingehend, dass mittlerweile weit mehr als 2,7 Mio. Stück in unterschiedlichen Einsatzgebieten zur Anwendung kommen. Die kumulierte Anzahl entspricht hierbei dem Ergebnis einer kontinuierlichen Zunahme der bestehenden Anzahl im Verlauf der letzten Dekade. Die Tatsache, dass Industrieroboter zudem nicht mehr nur ausschließlich in Hochlohnländern eingesetzt werden, um dortiges Rationalisierungspotenzial auszuschöpfen, zeigt sich vor allem dahingehend, dass insbesondere der chinesische Markt mittlerweile weltweit als der größte Absatzmarkt zu deklarieren ist. Weitere relevante Märkte bilden daneben der japanische sowie koreanische Markt als auch westliche Länder wie die Vereinigten Staaten von Amerika und Deutschland (International Federation of Robotics IFR, 2020, S. 8-16).

2.1.2 Systematisierung der industriellen Robotik

Simultan zur technologischen Entwicklung von Industrierobotern sowie deren Einsatzfeldern und Marktsegmenten entwickelten sich innerhalb der Fachliteratur ebenfalls stark differenzierte Sichtweisen und definitorische Einordnungen des Fachbegriffes eines Industrieroboters. In Anlehnung an die geltende VDI-Richtlinie 2860 lassen sich Industrieroboter unter anderem dahingehend definieren, dass es sich hierbei um: „(…) *universell einsetzbare Bewegungsautomaten mit mehreren Achsen, deren Bewegungen hinsichtlich Bewegungsfolge und Wegen bzw. Winkeln frei (d.h., ohne mechanischen Eingriff) programmierbar und ggf. sensorgeführt sind. Sie sind mit*

Greifern, Werkzeugen oder anderen Fertigungsmitteln ausrüstbar und können Handhabungs- und/oder Fertigungsaufgaben ausführen" (VDI 2860, 1990). Eine bekannte Klassifizierung geht zudem auf die DIN ISO 8373:2021 zurück, an welcher sich auch die vorliegende Schrift orientiert. Nach dieser handelt es sich bei Industrierobotern um: *"automatically controlled, reprogrammable multipurpose manipulator, programmable in three or more axes, which can be either fixed in place or fixed to a mobile platform for use in automation applications in an industrial environment"* (ISO 8373:2021 Robotics — Vocabulary, 2021). Begründet wird die Auswahl der Definition dadurch, dass sich die DIN EN ISO 8373:2021 im Vergleich zu weiteren Definitionen, wie exemplarisch der VDI-Richtlinie 2860, dadurch unterscheidet, dass sie Industrieroboter in dem Sinne definiert, dass es sich hierbei sowohl um stationäre als auch ortsungebundene Systeme handeln kann, welche über mindestens drei Achsen verfügen müssen. Hiermit wird unter anderem eine prägnantere Abgrenzung zu weiteren Segmenten erreicht und gleichzeitig der technologische Fortschritt im Segment betont. Analysiert man die Formgebung gegenwärtiger Industrieroboter, lassen sich gewisse Assoziationen zum menschlichen Körper und dessen Aufbauweise ableiten. Insbesondere in der Bezeichnung einzelner kinematischer Elemente als auch deren Funktionsweise werden Parallelen sichtbar. Dem Industrieroboter dient hierbei sein Fuß als Basis, welcher ihn nicht nur mit seinem Untergrund verbindet, sondern zeitgleich auch die notwendige Stabilität zur Ausführung seiner Tätigkeiten bietet. Die vom Fuß ausgehenden Komponenten werden in der Regel als kinematische Kette deklariert und fungieren als Arm des Roboters, welcher am Ende in ein Handgelenk übergeht. Das Handgelenk dient hierbei der Erfüllung zweier Funktionen. Zum einen generiert es durch seine drei Gelenke ein hohes Maß an Beweglichkeit und zum anderen bildet es den Übergang zum notwendigen Endeffektor. Der Endeffektor ist über einen Flansch am Handgelenk befestigt und stellt zugleich die abschließende Komponente eines Industrieroboters dar, durch dessen Einsatz die eigentlich auszuführende Tätigkeit ermöglicht wird. Industrieroboter dieser Art sind auf Grund ihrer kinematischen Beschaffenheit in der Regel dem Segment der Vertikalknickarmroboter zuzuordnen und bilden zugleich die am weitverbreitetste Anwendungsform im Kontext der industriellen Nutzung (Pott & Dietz, 2019, S. 2f). Im Hinblick auf sich verändernde industrielle Anforderungen entwickelte sich aus dem Segment der industriellen Vertikalknickarmroboter im zeitlichen Verlauf eine zusätzliche Robotertechnologie. Kundenindividuellere Produkte, eine zunehmende

Variantenvielfalt, kürzere Lebenszyklen von Produkten oder auch hohe Amortisationszeiträume von herkömmlichen Industrierobotern resultierten in der Entwicklung des Segments der Leichtbauroboter (LBR). Insbesondere im Segment der kleinen und mittleren Unternehmen (KMU) resultiert eine Investition in klassische Industrieroboter oftmals in unverhältnismäßigen Amortisationszeiträumen (Bender, Braun, Rally, & Scholtz, 2016, S. 12). Im Gegensatz zum industriellen Vertikalknickarmroboter unterscheidet sich der LBR dadurch, dass dieser zum einen kleiner sowie leichter und zum anderem mit einem zusätzlichen Freiheitsgrad ausgestattet ist. Eine sensitive Sensorik sorgt zusätzlich dafür, dass der LBR in der Lage ist, während einer Interaktion mit Menschen auftretende Momente und Kräfte zu messen und daraufhin angemessen zu reagieren. Hierdurch besteht die Möglichkeit, dass der LBR bei einer Kollision mit dem Menschen seine Arbeitsvorgänge sofort unterbrechen oder gegebenenfalls zurückweichen kann. Die Kombination der genannten Eigenschaften resultiert unter anderem dahingehend, dass der LBR hierdurch die Fähigkeit besitzt, seine programmierten Arbeitsaufgaben auch in einem partiell bekannten Umfeld exakt zu verrichten (Steegmüller & Zürn, 2017, S. 35f).

2.1.3 Definition der Mensch-Roboter-Kollaboration

Die technologische Weiterentwicklung hin zum Segment der LBR bietet nicht nur eine Lösungsform für die aufgezeigten Herausforderungen von Unternehmen, sondern bildet zugleich auch eine Basis für eine grundlegende Veränderung der Zusammenarbeit zwischen Mensch und Roboter. Im Kontext der Arbeitsgestaltung bieten die technologischen Möglichkeiten das Potenzial des schutzzaunlosen und kollaborierenden Betriebes zwischen Mensch und Roboter. Zusätzlich zu einer Veränderung der Interaktion hat dies zur Folge, dass sich bei der Ausgestaltung von prozessualen Arbeitsabläufen und Produktionsanlagen ganz neue Möglichkeiten in der Gestaltung ergeben (Thomas, Klöckner & Kuhlenkötter, 2015, S. 159-164). Diese physische Zusammenführung in der Zusammenarbeit von Mensch und Roboter wird als MRK bezeichnet und findet ihren primären Anwendungsbereich in der industriellen Nutzung. Ergänzend zur Additiven Fertigung, dem industriellen Einsatz von Augmented Reality (AR), Big Data Analytics, Cloud Computing oder dem Industrial Internet of Things bildet die MRK eine der Schlüsseltechnologien im Kontext von Industrie 4.0 (Gualtieri, Rauch & Vidoni, 2021, S.

1). Die verfolgte Zielsetzung der MRK entspricht hierbei einer Zusammenführung der Stärken des Menschen mit denen eines Roboters, um sowohl Indikatoren hinsichtlich Wirtschaftlichkeit und Produktivität zu steigern als auch die physischen und psychischen Belastungen zu reduzieren. Während die Stärken eines Menschen in seiner kognitiven Arbeit liegen, welche sich in den Parametern von Intuition, der Fähigkeit Entscheidungen abzuwägen sowie der flexiblen Reaktion auf sich verändernde Umstände darstellen, liegen die Stärken des Roboters in repetitiven, exakten und kraftvollen Tätigkeiten (Schüth & Weber, 2019, S. 1). Die vorliegende Arbeit orientiert sich hierbei an der von Behrens (2019) publizierten Definition, in welcher die MRK wie folgt definiert wird: *„Die Mensch-Roboter-Kollaboration (MRK) umschreibt die arbeitsteilige Zusammenführung von Mensch und Roboter. Sie kombiniert die feinmotorischen und kognitiven Fähigkeiten des Menschen mit dem Leistungsvermögen eines Roboters zu einem flexiblen und ergonomischen Arbeitssystem"* (Behrens, 2019, S. 2).

2.2 Gestaltungsformen der Zusammenarbeit

Im Anschluss an die Darstellung der evolutionären Entwicklung sowie einer ersten definitorischen Einbindung der MRK in den Gesamtkontext der industriellen Robotik, widmet sich der nachfolgende Abschnitt einer weitergehenden Präzisierung der Interaktionsform. Um ein umfängliches Verständnis zu gewährleisten, bedarf es an dieser Stelle sowohl eines vergleichenden Blicks auf weitere Interaktionsformen als auch der exakten Abgrenzung hinsichtlich relevanter Parameter. Im Zuge der Literaturanalyse wird ersichtlich, dass es immer wieder zu einer synonymen Verwendung von Begrifflichkeiten kommt, welche sich allerdings sowohl inhaltlich als auch in ihrer praktischen Umsetzung grundlegend voneinander unterscheiden (Behrens, 2019, S. 2). Die Literatur differenziert die Gestaltungsformen der Zusammenarbeit zwischen Mensch und Roboter in die vier grundlegenden Segmente der Vollautomatisierung, Koexistenz, Kooperation sowie Kollaboration. Die Gestaltungsformen der Zusammenarbeit unterscheiden sich anhand von mehreren Gesichtspunkten, welche sich sowohl auf Aspekte eines getrennten oder gemeinsamen Arbeitsraumes als auch auf die Trennung beziehungsweise Zusammenführung der zu verrichtenden Arbeit beziehen. Zusätzlich wird unterschieden, ob auftretende Berührungen zwischen Mensch und Roboter als notwendig anzusehen sind oder ausgeschlossen werden sollen (Otto & Zunke, 2015, S. 13). Die exakte

Klassifizierung der anzuwenden Gestaltungsformen ist vor allem von hoher Relevanz, wenn es um die Analyse und Bewertung sicherheitsrelevanter Sachverhalte geht (Behrens, 2019, S. 2). Abbildung 2 veranschaulicht mittels visueller Darstellung die unterschiedlichen Gestaltungsformen der Zusammenarbeit und wie sich die Trennung beziehungsweise Einbindung des Menschen in den gegenwärtigen automatisierten Arbeitsraum des Roboters darstellt.

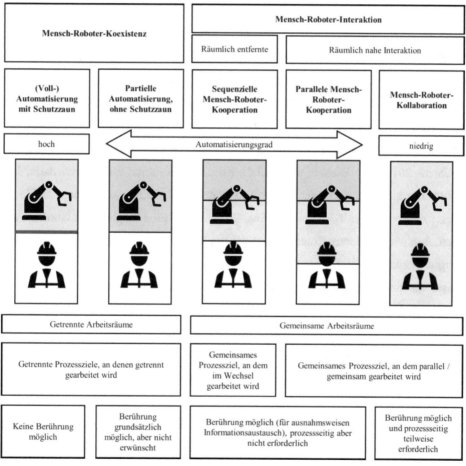

Abbildung 2: Gestaltungsformen der Zusammenarbeit (Quelle: Eigene Darstellung in Anlehnung an Schüth, Peifer und Weber, 2021, S. 2, Otto und Zunke, 2015, S. 13, Gustavsson et al., 2018, S. 123-128, Behrens, 2019, S. 2-4 und Surdilovic et al., 2020, S. 99-107)

Um innerhalb der vorliegenden Schrift eine eindeutige Abgrenzung gewährleisten zu können, sollen die aufgezeigten Gestaltungsformen der Zusammenarbeit nachfolgend präzise vorgestellt und voneinander abgegrenzt werden. Die Vollautomatisierung mit einem Schutzzaun bildet die erste Gestaltungsform der Zusammenarbeit, in welcher sowohl der Mensch als auch der Roboter in physisch voneinander getrennten Arbeitsbereichen agieren, um eine gegenseitige Berührung auszuschließen. Innerhalb des jeweiligen Arbeitsbereiches verrichtet sowohl der Mensch als auch der Roboter seine Arbeit jeweils unabhängig voneinander, weswegen beide Akteure im Allgemeinen auch mittels eines Schutzzaunes physisch kontinuierlich voneinander getrennt sind. Im Zuge dessen sollen Verletzungen seitens des Menschen ausgeschlossen werden (Otto & Zunke, 2015, S. 13). Ein voneinander unabhängiges Agieren des Menschen vom Roboter kann auch mittels eines schutzzaunlosen Betriebes erfolgen. Diese Ausprägungsform bildet die zweite Variante der Koexistenz und erfolgt in der Regel ohne eine physische Barriere, welche beide Akteure voneinander trennt. Zwar besteht durch die Aufhebung des Schutzzaunes grundsätzlich die Möglichkeit einer Berührung, jedoch ist diese - kongruent zur Vollautomatisierung - nicht erwünscht. Die zu verrichtende Arbeit durch den Menschen weist in diesem Fall keinen direkten Bezug zur Tätigkeit des Roboters auf (Behrens, 2019, S. 4). Diese Eigenschaft der Koexistenz resultiert und anderem darin, dass beide Interaktionspartner mit ihrer Tätigkeit jeweils eine ganz unterschiedliche Zielsetzung verfolgen (Buxbaum & Sen, 2018, S. 4). Eine mögliche Gefährdung des Menschen wird in diesem Kontext durch die Implementierung von intelligenter Sensorik ausgeschlossen. Beim Betreten des Roboterarbeitsraumes durch den Menschen, wird dieser erkannt und der Roboter unterbricht umgehend seine Handlung (Weber & Stowasser, 2018, S. 231).

Eine dritte Gestaltungsform der Zusammenarbeit bildet die Kooperation. Im Unterschied zu den bisherigen Gestaltungsformen differenziert sich diese unter anderem grundlegend in der verfolgten Zielstellung beider Akteure. Sowohl der Mensch als auch der Roboter verfolgen hierbei eine gemeinsame und in der Regel übergeordnete Zielstellung (Buxbaum & Sen, 2018, S. 4). Im Kontext einer kooperierenden Zusammenarbeit differenziert sich diese Interaktionsform in eine sequentielle sowie parallele Interaktionsform, welche sich hinsichtlich der Zusammenarbeit im Arbeitsraum unterscheiden. Im Zuge einer sequenziellen Kooperation agieren sowohl der Roboter als auch der Mensch in einem gemeinsamen Arbeitsbereich, allerdings erfolgt die Ausübung der jeweiligen Tätigkeit erst nach Beendigung der jeweils anderen Tätigkeit. Obwohl die zu verrichtende Arbeit in Form eines sequenziellen Wechsels erfolgt, orientieren sich beide Akteure an einem übereinstimmenden Prozessziel (Behrens, 2019, S. 4). Eine praxisnahe Anwendungsmöglichkeit hierbei wäre, dass der Roboter das von ihm bearbeitete Bauteil im gemeinsamen Arbeitsraum ablegt, diesen hierauf verlässt und infolgedessen der Mensch das bearbeitete Bauteil für weitere Bearbeitungen übernimmt (Weber & Stowasser, 2018, S. 231). Im Unterschied zur sequenziellen Kooperation agieren bei der parallelen Kooperation beide Akteure gleichzeitig im gemeinsamen Arbeitsraum und richten ihre Tätigkeit hierbei ebenfalls an einem übereinstimmenden Prozessziel aus. Trotz einer gemeinsam verfolgten Zielstellung und dem zeitweisen gleichzeitigen Agieren im identischen Arbeitsraum, sollen im Kontext einer kooperierenden Zusammenarbeit Berührungen beider Akteure allerdings vermieden werden, da diese aus prozessualer Sicht nicht erforderlich sind (Otto & Zunke, 2015, S. 13).

Die Kollaboration bildet die fünfte Interaktionsform. Im Hinblick auf relevante Faktoren unterscheidet sich diese dabei sichtbar von den bereits erwähnten Interaktionsformen. Im Falle der Kollaboration bildet die direkte Zusammenarbeit von Mensch und Roboter, in welcher Berührungen beider Akteure ausdrücklich gewollt sind, eines der Kernelemente dieser Interaktionsform. Die gemeinsam verfolgte Zielstellung erfolgt im Vergleich zur Kooperation zudem noch detaillierter, da auch hinsichtlich notwendiger Unterziele eine gemeinsame Zielsetzung verfolgt wird. Im Detail bedeutet dies, dass Mensch und Roboter notwendige Teilhandlungen, welche im Hinblick auf die zu erreichende Zielstellung notwendig sind, in Zusammenarbeit durchführen (Onnasch, Maier & Jürgensohn, 2016, S. 5). Ein Ergebnis dessen ist, dass Mensch und Roboter durchgehend in einem gemeinschaftlichen Arbeitsbereich agieren und die Berührung beider Akteure aus einem prozesstechnischen Blinkwinkel folglich erforderlich sein kann (Abbildung 3) (Weber & Stowasser, 2018, S. 231).

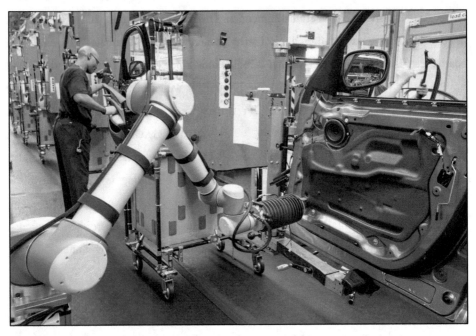

Abbildung 3: Mensch-Roboter-Kollaboration in der Anwendung (Quelle ifaa – Institut für angewandte Arbeitswissenschaft e. V. © BMW Group www.bmwgroup.com, 2018, S. 43)

Diese auftretende Berührung wird auch oftmals unter dem Begriff der ‚Direct Physical Human Robot Interaction' bezeichnet (Spillner, 2015, S. 37). Sowohl Mensch als auch Roboter besitzen dabei hinsichtlich des zu bearbeitenden Werkstücks einen uneingeschränkten Zugang, um gemeinsam agieren zu können. Diese Form der Interaktion erfordert unter anderem eine fortlaufende und situativ angepasste Koordination notwendiger Teilaufgaben (Buxbaum & Sen, 2018, S. 4). Infolge dieser direkten und kollaborierenden Zusammenarbeit ergeben sich fortlaufend Synergiepotenziale (Onnasch, Maier & Jürgensohn, 2016, S. 5). Durch die Kombination der Stärken des Menschen mit denen eines Roboters wird unter anderem eine Steigerung der Produktivität sowie die ergonomische Verbesserung des Arbeitsumfeldes verfolgt. Kollaborierende Roboter werden auch als Cobots bezeichnet (Peifer & Weber, 2020, S. 279). Innerhalb des weiterführenden Verlaufes der vorliegenden Schrift richtet sich der Betrachtungswinkel ausschließlich auf die zuletzt beschriebene Kollaboration als primär zu betrachtende Gestaltungsform der Zusammenarbeit zwischen Mensch und Roboter. Ausnahmslos alle verwendeten Schreib- und Ausdrucksweisen – ob Roboter, Cobot oder Leichtbauroboter – beziehen sich inhaltlich auf den Kontext der Kollaboration.

2.3 Arbeitswissenschaftliche Herausforderungen

Nachdem in den vorangegangen Abschnitten die grundlegende thematische Einführung in den Kontext der MRK erfolgte, widmen sich die nachfolgenden Abschnitte den arbeitswissenschaftlichen Herausforderungen der Einführung und Anwendung. Hierbei erfolgt eine Differenzierung in unterschiedliche Themenbereiche mit jeweiligem Schwerpunkt. Die explizite Unterteilung inhaltlicher Aspekte lässt sich mitunter dahingehend begründen, dass eine vollumfängliche Gestaltung der Einführung und Anwendung die separate Betrachtung von sich stark differenzierenden Aspekten bedarf. Die Gestaltung des Veränderungsprozesses beinhaltet hierbei sowohl organisatorische, technologische als auch menschenzentrierte Gesichtspunkte. Neben der Beurteilung von Sicherheitskonzepten, einer Analyse technologischer Komponenten, der Betrachtung regulatorischer Aspekte oder der Virtualisierung von Arbeitsplätzen werden im Kontext organisatorischer Parameter unter anderem vorhandene oder zukünftige Prozesse sowie Tätigkeiten hinsichtlich Sicherheit und Aufgabenverteilung bewertet (Müller et al., 2019, S. 311f). Insbesondere bei der Betrachtung von Prozessen sowie Aufgaben bedarf es in diesem Zuge der Berücksichtigung arbeitswissenschaftlicher und ergonomischer Gesichtspunkte (Weber & Stowasser, 2018, S. 232). Zusätzlich zur Technologie und Organisation bildet die Komponente Mensch eine dritte Kategorie, welche die Konstellation vervollständigt. Die Analyse menschenzentrierter Gesichtspunkte konzentriert sich unter anderem auf die Themen der Qualifizierung von Mitarbeitern, der Schaffung von Akzeptanz sowie einer Bereitschaft zur Wandlung sowie deren strategische Umsetzung in Organisationen (Schüth & Weber, 2019, S. 3). Die Abschnitte folgen damit dem eingangs erwähnten arbeitswissenschaftlichen Fokus innerhalb der Schrift. Einer detaillierten und präzisen Analyse aufgezeigter Gesichtspunkte wird hierbei eine große Relevanz zugesprochen, da sich der Veränderungsprozess für Unternehmen als eine der schwierigsten Aufgaben darstellt (Oberc, Prinz, Glogowski & Lemmerz, 2019, S. 26). Im Hinblick darauf, dass sich ausgewählte Parameter zu thematischen Überbegriffen zusammenfassen lassen und es immer wieder zu inhaltmäßigen Überschneidungen zwischen den Gesichtspunkten von Mensch, Technologie und Organisation kommen kann, erfolgt die Darstellung der Herausforderungen in vier inhaltlichen Segmenten. Zu Beginn werden die aufkommenden Herausforderungen im Hinblick auf die strategische Ausrichtung von Organisationen sowie der Qualifizierung von Beschäftigten und deren

Akzeptanz betrachtet. Daraufhin erfolgt eine Analyse und Bewertung ergonomischer Gesichtspunkte im Hinblick auf die Gestaltung von Arbeitsplätzen. Der abschließende Abschnitt bildet die Analyse regulatorischer Aspekte, notwendiger Schutzprinzipien sowie biomechanischer Belastungsgrenzen.

2.3.1 Strategische Veränderungen und Akzeptanz

Die Analyse der Herausforderungen im Kontext von Strategie und Akzeptanz bildet den ersten Abschnitt. Zu Beginn erfolgt eine makroperspektivische Sichtweise, welche die generelle strategische Gestaltung des Veränderungsprozesses umfasst. Ausgehend davon erfolgt eine Analyse der menschenzentrierten Faktoren der Akzeptanz jener Mitarbeitenden, welche Herausforderungen damit verbunden sind und wie sich diese Parameter im Gesamtkontext darstellen. Zusätzlich zu der Analyse und der Darstellung von aufkommenden Herausforderungen sollen auch potenzielle Handlungsempfehlungen betrachtet werden.

2.3.1.1 Gestaltung der digitalen Transformation

Innerhalb einer Organisation kann eine digitale Transformation mit vielfältigen Ausprägungen einhergehen und demnach ganz unterschiedliche Elemente betreffen. Zusätzlich zum Anwendungsbereich der Robotik kann es sich um eine digitale Vernetzung entlang der Wertschöpfungskette oder der Einbindung externer Zulieferer handeln, die Erweiterung des Geschäftsportfolios hin zu digitalen Produkten skizzieren oder mitunter die Veränderung bestehender Prozesse beinhalten. Gleichwohl, dass die Terminologie eine Reihe von Interpretationsmöglichkeiten eröffnet, kongruieren alle aufgezeigten beispielhaften Anwendungsmöglichkeiten in der Tatsache, dass es sich bei der digitalen Transformation um die Umgestaltung des Analogen hin zum Digitalen handelt (Appelfeller & Feldmann, 2018, S. 3-6). Entscheidet sich ein Unternehmen dazu, sich diesem Veränderungsprozess zu unterziehen, bedarf es der Betrachtung weitreichender Aspekte, damit sich dieser erfolgreich gestalten lässt. Die digitale Transformation einzelner Bereiche oder ganzer Unternehmen geht mit einer Vielzahl von potenziellen Hindernissen einher. Ausgangspunkt der Veränderung bildet die Entwicklung einer unternehmensweiten Vision, welche das zukünftig angestrebte Gesamtbild des Unternehmens darstellt. Die Darstellung einer Vision sichert zum einen die langfristige

Orientierung und kann gleichzeitig dazu verhelfen, notwendige Energien für den Transformationsprozess freizusetzen. Im Zuge der langfristigen Orientierung an einer Vision, lassen sich im Anschluss notwendige strategische Ziele ableiten, welche mittels geeigneter Maßnahmen verwirklicht und deren Erreichung anhand definierter Kennzahlen überprüft werden kann. Von besonderer Relevanz ist, dass die digitale Transformation umfassend erfolgt und sowohl alle Geschäftsbereiche beinhaltet als auch alle Prozessbereiche mit einbezieht. Innerhalb der Unternehmenskultur bedarf es demnach einer gleichwertigen Stellung des Veränderungsprozesses im Vergleich zu weiteren Vorhaben. Zusätzlich zur präzisen Darlegung des Zukunftsbildes sowie der Festlegung von Zielfaktoren und Kennzahlen ist es von bedeutender Relevanz, allen Mitarbeitenden die langfristigen Erfolgsfaktoren aufzuzeigen und ihren Stellenwert für den künftigen unternehmerischen Erfolg darzustellen. Eine vollumfängliche Integration aller Mitarbeitenden bei gleichzeitig transparenter Darstellung, eine angemessene Fehlerkultur sowie das Mittragen der strategischen Veränderung über alle Leitungsebenen hinweg ist an dieser Stelle unabdingbar zur Zielerreichung. Die Integration von Workshops mit interdisziplinärer Zusammenstellung, in welchen über das Leitbild, die Zielsetzungen und die Maßnahmen der strategischen Veränderung diskutiert werden kann, hilft sicherzustellen, dass die Inhalte für alle Beteiligten nachvollziehbar und umsetzbar sind (Appelfeller & Feldmann, 2018, S. 193-196). Im Kontext der industriellen Produktion kann eine strategisch digitale Transformation hierbei einen vielschichtigen Ursprung haben und unter anderem mit sich verändernden Markt- oder Kundenanforderungen oder dem demographischen Wandel einhergehen. Unternehmen würden sich demnach in der Lage sehen, agieren zu müssen, um sowohl Indikatoren hinsichtlich Wirtschaftlichkeit und Produktivität mindestens gleichbleibend zu halten als auch die physischen und psychischen Belastungen seitens der Mitarbeitenden zu reduzieren. Unter dem Aspekt zu hoher Amortisationszeiträume klassischer Automatisierungstechnologien wäre eine unternehmerische Maßnahme die umfängliche Einführung und Anwendung der MRK innerhalb der Produktionsprozesse. Die Umsetzung einer strategischen Neuausrichtung der industriellen Produktion kann innerhalb eines Unternehmens insbesondere bei der Einführung und Anwendung von MRK mit stärkeren negativen Auswirkungen und Unsicherheiten seitens der Mitarbeitenden einhergehen als bei anderen Veränderungen. Wenngleich weiterreichende Erneuerungen, welche die Arbeitswelt der Mitarbeitenden verändern, innerhalb eines Unternehmens einer schwächeren Kontroverse ausgesetzt sind, handelt es sich insbesondere bei der Robotik um ein Segment, dessen Wahrnehmung intensiv vom medialen Diskurs geprägt ist. Eine Betrachtung erfolgt oftmals einseitig. Dies führt dazu, dass mit dem Einsatz von Robotik weitestgehend der Verlust von Arbeitsplätzen und die Substitution durch die Technologie verbunden wird. Vielmals hat dies zur Folge, dass sich ergebende Möglichkeiten und Potenziale der Technologie verkannt oder nicht beachtet werden (Müller et al., 2019, S. 347). Das Ergebnis des internen Diskurses ist oftmals, dass der Einsatz von Robotik grundsätzlich zwei sich stark unterscheidende Auffassungen beim Menschen entstehen lässt, von denen die eine Seite den erwähnten Verlust von Arbeitsplätzen fürchtet, während die Gegenseite eine Einführung als Chance für das Unternehmen bewertet (Stubbe, Mock & Wischmann, 2019, S. 17). Um aufkommenden Herausforderungen, welche im Zuge des Veränderungsprozesses einhergehen und keinen technologischen Ursprung besitzen, entgegenzuwirken, bieten sich unterschiedliche Strategien und Anwendungsmöglichkeiten an. Deren Anwendung orientiert sich an der entsprechenden Phase, in welcher sich das Unternehmen befindet. Insbesondere um den Ängsten sowie kritischen Einstellungen der Mitarbeitenden in der Anfangsphase entgegenzuwirken, kennzeichnet die Anwendung von Reflexivität eine geeignete Strategie. Das Ziel der Anwendung beinhaltet, dem gesamten Unternehmen und allen Mitarbeitenden einen Spiegel vorzuhalten und die Notwendigkeit von Robotik aus differierten Betrachtungswinkeln zu untersuchen. Oftmals führt dies dazu, dass als Ergebnis steht, dass eine Einführung und Anwendung aus wettbewerbsbedingten Gründen oder zur Optimierung von Prozessen notwendig erscheint. Aufbauend auf dieser Erkenntnisgenerierung folgt die zielgerichtete Ansprache an alle betreffenden Mitarbeitenden. Der Vermittlungsprozess gilt generell als sehr zeitintensiv und subjektiv, allerdings auch als notwendig, um alle Mitarbeitenden umfänglich einzubinden (Stubbe, Mock & Wischmann, 2019, S. 22). Um aufkommenden Bedenken bereits proaktiv entgegenzuwirken, gilt zudem die umfassende Integrierung der betrieblichen Interessensvertretung ab Beginn der Planungs- und Implementierungsphase als ein wichtiger Baustein (Niewerth, Miro & Schäfer, 2019, S. 20).

2.3.1.2 Akzeptanz als Erfolgsfaktor

Die Relevanz der Integration zeigt sich vor allem dahingehend, wenn es sich um Aspekte aus dem Betriebsverfassungsgesetz handelt. Den Aspekt der Qualifizierung oder die Regelung von Beschäftigungsbedingungen bei Mitarbeitenden skizzieren nur einige der Aspekte, in denen das betriebliche Interessenvertretungsorgan vollumfänglich integriert werden sollte, um bei der Ausgestaltung der MRK mitzuwirken. Zusätzlich zur Ausgestaltung regulatorischer Gesichtspunkte kann die generelle Integration der betrieblichen Interessensvertretung auch dazu dienen, dass diese als ein zusätzlicher Ansprechpartner fungiert, an welchen sich die Mitarbeitenden wenden können. Des Weiteren kann diese auch als vermittelnder Akteur zwischen Führungskräften und Mitarbeitenden auftreten, welche im soziotechnischen Kontext der MRK agiert und innerhalb dessen zwischen technologischem Anspruch sowie psychologischen und sozialen Gesichtspunkten vermittelt. Die unmittelbare Einbeziehung der betrieblichen Interessensvertretung sowie der Mitarbeitenden kann demnach dazu führen, dass entstehende Ängste aufgenommen werden, was mit einer Steigerung der Akzeptanz innerhalb des weiterfolgenden Prozesses einhergehen kann (Kuhlenkötter & Hypki, 2020, S. 86). Die Erlangung von Akzeptanz der Mitarbeitenden gegenüber einer neuen Technologie gilt als entscheidender Faktor zur erfolgreichen Einführung und späteren Nutzung des Konzeptes der MRK. Wie eingangs des Abschnittes bereits erwähnt, kann es im Zuge des Veränderungsprozesses dazu kommen, dass sich Mitarbeitende lediglich auf die negativen Aspekte von Robotik fokussieren und aufkommende Mehrwerte nicht beachtet werden. Unter anderem ist dies darauf zurückzuführen, dass der Mensch generell an etablierten Strukturen festhält und Veränderungen als potenzielle Gefährdungen bewertet, welche in ihm Unbehagen verursachen (Müller et al., 2019, S. 347). Der Begriff der Akzeptanz gegenüber neuartiger Technologie ist in diesem Kontext von unterschiedlichen Faktoren geprägt und erfordert an dieser Stelle eine präzise Analyse, um ein umfassendes Verständnis zu erlangen. Die Terminologie der Akzeptanz kennzeichnet demnach eine grundlegende Bereitschaft, das Einverständnis gegenüber einem Objekt zu besitzen oder aber dieses auf freiwilliger Basis anzunehmen oder anzuerkennen. Im Allgemeinen differenziert die Wissenschaft zwischen einem Akzeptanzsubjekt und -objekt sowie dem Akzeptanzkontext. Während das Akzeptanzsubjekt im Allgemeinen die handelnde Person darstellt, deren Akzeptanz es zu erlangen gilt, kennzeichnet das Akzeptanzobjekt ein Gut, welches sowohl eine materielle als auch nicht-materielle Erscheinung annehmen kann. Der Akzeptanzkontext markiert die Beziehung des Akzeptanzsubjektes zum entsprechenden Objekt und kann sich sowohl im Zuge von Akzeptanz oder Ablehnung ausdrücken. Die Akzeptanz differenziert sich dahingehend stark von der alleinigen Duldung oder der Toleranz, da es sich bei ihr um eine aktive Handlung seitens des Akzeptanzsubjektes handelt (Scheuer, 2020, S. 26f). Hinsichtlich dessen, dass Veränderungen innerhalb eines Unternehmens oftmals mit Widerständen einhergehen, gilt insbesondere der Aspekt der Gestaltung des Veränderungsprozesses als essenziell, um die Akzeptanz der Mitarbeitenden zu steigern. Der Aspekt des Widerstandes gestaltet sich dahingehend als ein sehr komplexes Themenfeld, was mitunter auf die subjektive Wahrnehmung der Mitarbeitenden zurückzuführen ist. In diesem Kontext unterscheidet die Wissenschaft im Allgemeinen zwischen drei unterschiedlichen Ausprägungsformen von Widerstand. Neben kognitiven und emotionalen Komponenten, welche sich in resistenten Gedanken sowie Gefühlen darstellen und die ersten beiden Ausprägungsformen darstellen, bilden die Verhaltenskomponenten in Ausprägung eines von Resistenz geprägten Verhaltens die dritte Form des Widerstandes. Im Hinblick auf die Komplexität sowie die Subjektivität von Widerständen ergibt sich daher keine allgemeingültig anzuwendende Strategie, um diesen erfolgreich zu begegnen. Die strategischen Prinzipien der Information sowie der Partizipation haben sich im Umfeld von Veränderungsprozessen allerdings als sehr erfolgreich erwiesen (Gerdenitsch & Korunka, 2019, S. 173). Im industriellen Kontext kann die Umsetzung der strategischen Prinzipien anhand unterschiedlicher Instrumente erfolgen. Eine gezielt laufende Informationsstrategie seitens der Unternehmensführung zum Einführungsprozess von Robotik kann bei den Mitarbeitenden positive Auswirkungen haben. Im Zuge der Anwendung von internen Medien bietet sich die Möglichkeit, sowohl fortlaufend über die interne Entwicklung zu berichten als auch neue Chancen und Möglichkeiten sowie Herausforderungen der Robotik darzulegen. Hinsichtlich der Vermittlung von Informationen sollte darauf geachtet werden, dass sich diese auf den Kontext des eigenen Unternehmens beziehen. Zusätzlich zur Steigerung der Akzeptanz wird mit einer angemessenen Informationsstrategie auch die inhaltliche Auseinandersetzung des Themengebietes der Robotik verfolgt. In Analogie zum strategischen Prinzip der Information bietet die Partizipation ebenfalls geeignete Instrumente, welche im Veränderungsprozess angewendet werden können. Eine Integration und Teilhabe aller Mitarbeitenden sowie die gleichzeitige Vermittlung von

Informationen führt zu einer Steigerung der Akzeptanz und bietet zugleich die Möglichkeit, eine Bildung von blinden Flecken zu verhindern, welche sich im Kontext der menschlichen Unversehrtheit sowie der Selbstbestimmung ergeben können. Die Integration eines Living Labs oder Reallabor als Instrument kann Abhilfe erschaffen und den Mitarbeitenden einen ersten Zugang zur Robotik eröffnen. Die Zielstellung des Instruments ist es, die spätere Anwendung der Robotik inmitten einer realistischen Umgebung anhand eines Demonstrators aufzuzeigen. Aus der Kombination der physischen Präsenz des Roboters und der Simulation seiner zukünftigen Arbeitsweise ergibt sich das Potenzial der vorgelagerten Analyse von Herausforderungen im Kontext einer Unversehrtheit der Mitarbeitenden sowie deren Selbstbestimmung. Um zudem die Möglichkeit eines Dialogs zwischen externen Experten und internen Fachkräften zu entwickeln, bietet die Einrichtung einer Zukunftswerkstatt ein weiteres Instrument der Partizipation. Die verfolgte Zielstellung besteht darin, dass sowohl die externen Experten als auch die internen Fachkräfte eines Unternehmens ihre Expertise mit in den Veränderungsprozess einbringen. Das Ergebnis bildet ein praxisnaher Diskurs, in welchem sowohl Herausforderungen als auch die Thematik der Selbstbestimmung und Autonomie im Hinblick auf die zukünftige Anwendung der MRK erörtert werden können (Stubbe, Mock & Wischmann, 2019, S. 24-27). Zur Steigerung der Akzeptanz bedarf es, neben der Analyse des Veränderungsprozesses, allerdings auch der Begutachtung des eigentlichen technologischen Akzeptanzobjektes und dessen Relation zum Akzeptanzsubjekt (Gerdenitsch & Korunka, 2019, S. 173). Der Entstehungsprozess von Akzeptanz seitens des Akzeptanzsubjektes, welches in diesem Fall durch die Mitarbeitenden dargestellt wird, ist von starker Subjektivität geprägt, was gleichbedeutend mit einer Betrachtung unterschiedlicher Faktoren einhergeht (Müller et al., 2019, S. 353). In Anlehnung an Bengler (2012) lässt sich im industriellen Kontext die individuelle Akzeptanz des Menschen im Interaktionsprozess mit dem Roboter anhand von acht primären Faktoren positiv wie auch negativ beeinflussen (Abbildung 4).

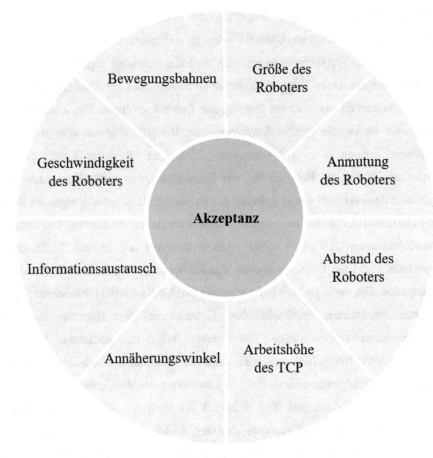

Abbildung 4: Einflussfaktoren auf die Akzeptanz von Robotern im industriellen Kontext (Quelle: Eigene Darstellung in Anlehnung an Bengler, 2012, S. 61)

Die Ausgangsbasis der Betrachtung bildet die physische Gestaltung des Cobots. In diesem Kontext bedarf es einer Differenzierung zwischen unterschiedlichen Ausprägungsmerkmalen. Um die Akzeptanz seitens der Mitarbeitenden zu steigern, müssen sowohl Größe, Masse als auch Aspekte der physischen Gestaltung analysiert werden. Wirkt der Cobot äußerst großvolumig und geht mit einer großen Masse einher, dann können sich diese Eigenschaften negativ auf die Akzeptanz der Mitarbeitenden auswirken. Zusätzlich zu diesen Ausprägungsmerkmalen sollte bei der physischen Gestaltung des Cobots auf eine gleichmäßige Form- und Farbgebung sowie auf die Vermeidung von scharfen Kanten geachtet werden (Müller et al., 2019, S. 353). Generell kann durch eine menschenähnliche Formgebung und die Beachtung festgelegter Parameter hinsichtlich Reichweite und Gewicht die Akzeptanz weiter gesteigert werden.

Eine Reichweite von 60 bis 80 Zentimetern sowie ein maximales Eigengewicht von 30 Kilogramm wird für eine Erhöhung der Akzeptanz bei kollaborierenden Robotern als geeignet angesehen (Weber, Schüth & Stowasser, 2018, S. 620). Ebenfalls gibt es eine Grenze für zu bewegende Bauteilgewichte. Im besten Fall sollte darauf geachtet werden, dass ein Gewicht von 15 Kilogramm nicht überschritten wird (Weber, 2017, S. 3). Ausgehend von der physischen Gestaltung bedarf es zudem der Betrachtung des kollaborierenden Interaktionsprozesses zwischen Mensch und Roboter sowie der Gestaltung des gemeinsamen Arbeitsraumes. Der Abstand zwischen Mensch und Roboter im gemeinsamen Arbeitsraum sollte dahingehend präzise überprüft und geplant werden, um die Akzeptanz positiv zu beeinflussen. Neben der Beachtung des notwendigen und prozessbedingen Sicherheitsabstandes zwischen beiden Interaktionspartnern sollte auch der Bereich des Menschen analysiert werden. Die Wahrnehmung eines geeigneten Abstandes ist in diesem Fall von großer Subjektivität geprägt und bedarf demnach einer individuell abgestimmten Auslegung. Zusätzlich zur Bemaßung des Abstandes zwischen Mensch und Cobot ist bei der kollaborierenden Zusammenarbeit ebenfalls auf die Abmessung der Arbeitshöhe des Tool Center Points (TCP) zu achten (Müller et al., 2019, S. 353). Der TCP entspricht dem tatsächlichen Werkzeugarbeitspunkt des Cobots und bedarf einer vorherigen Programmierung. Er kennzeichnet einen anhand von Koordinaten festgelegten Punkt innerhalb des Raumes. Sofern der Cobot mit einem Werkzeug ausgestattet ist, befindet sich der TCP in der Regel inmitten des jeweiligen Werkzeuges (Gerke, 2014, S. 153). Generell sollte binnen der kollaborierenden Interaktion vermieden werden, dass sich der tatsächliche Werkzeugarbeitspunkt weder außerhalb des jeweiligen Blickfeldes des Mitarbeiters noch über seiner Herzregion befindet. Der Annäherungswinkel des Cobots sollte demnach so ausgerichtet sein, dass er von unten kommend mit dem Menschen agiert. Im Vergleich zu dem von oben kommendem Cobot, befindet sich ein Cobot, welcher von unten agiert, besser und weitreichender im natürlichen Blickfeld des Menschen. Im Allgemeinen gilt eine ausgeprägte Systemtransparenz als Ausgangsbasis der kollaborierenden Interaktion. Die Aktivitäten des Cobots sollten zu jeder Zeit von Transparenz geprägt sein, um die Akzeptanz der Mitarbeitenden zu erhöhen. Agiert der Cobot im Interaktionsprozess mit dem Menschen zudem in einer zu hohen Geschwindigkeit, kann dies zu einer ablehnenden Haltung führen. Diese lässt sich mitunter darauf zurückführen, dass der Mensch bei einer zu extremen Geschwindigkeit zu wenig Zeit besitzt, um die Handlungen des Cobots zu erfassen, diese richtig zu interpretieren und angemessen darauf zu reagieren. Um diese Situation zu vermeiden, sollte in der Anwendung darauf geachtet werden, dass zusammen mit dem Menschen die für ihn maximal akzeptable Bewegungsgeschwindigkeit analysiert wird (Müller et al., 2019, S. 353). Insbesondere bei der Einführung des Konzeptes der MRK sollte darauf geachtet werden, dass ein Cobot maximal mit der empfohlenen Geschwindigkeit von 1,5 m/s agiert (Matthias & Ding, 2013, S. 4). Innerhalb der kollaborierenden Interaktion ist die integrierte Robotersteuerung dafür verantwortlich, wie sich der Cobot und der entsprechende TCP im Arbeitsraum bewegen. Die hierbei verfolgte Zielstellung der Robotersteuerung ist es, dass sich der Cobot im Raum auf entsprechenden Bahnkurven bewegt (Gerke, 2014, S. 153). Dies lässt sich darauf zurückführen, dass die tatsächlichen Bewegungen des Cobots für den Menschen vorsehbar sein müssen. Fehlen diese Eigenschaften, kann dies darin resultieren, dass sich der Mensch vom Cobot bedroht fühlt (Müller et al., 2019, S. 353). Die Bewegungen auf Seiten des Cobots sollten demnach anthropomorphe Eigenschaften aufweisen, über angemessene Beschleunigungs- sowie Abbremsphasen verfügen und nicht linear verlaufen, um die Abschätzbarkeit durch den Menschen zu erhöhen (Kuz, Faber, Bützler, Mayer & Schlick, 2014, S. 271).

2.3.2 Qualifikation und Kompetenzentwicklung

Wie bereits eingangs erwähnt, gilt die Erlangung von Akzeptanz seitens der Mitarbeitenden als grundlegender Faktor für die spätere erfolgreiche Anwendung der MRK. Folglich bedarf es im Vorfeld der Qualifizierung und der Schaffung eines geeigneten Lernumfeldes einer Aufnahme von Widerständen sowie der daraus folgenden Steigerung der Akzeptanz (Weber, Schüth & Stowasser, 2018, S. 619f). Im Anschluss an die Erlangung von Akzeptanz seitens der Mitarbeitenden bedarf es der Erreichung eines geeigneten Qualifikationsniveaus mithilfe geeigneter Qualifizierungsmaßnahmen. Infolgedessen widmet sich der anschließende Abschnitt der grundlegenden thematischen Einordnung der Qualifikation und Kompetenzentwicklung. Der Aufbau stellt sich dahingehend dar, dass die wissenschaftliche Darstellung der Qualifikationsbegriffs innerhalb des Abschnitts als Basis fungiert. Darauf aufbauend soll auf die Relevanz der Thematik in einer sich verändernden Arbeitswelt und der damit einhergehenden Verwendung der MRK Bezug genommen werden. Der Abschnitt schließt mit Darlegung von möglichen Maßnahmen zur Erreichung des notwendigen Qualifikationsniveaus und wie sich diese Maßnahmen in Zukunft weiterentwickeln könnten.

2.3.2.1 Relevanz und Systematisierung der Qualifikation

Im Zuge der Analyse einschlägiger Literatur wird ersichtlich, dass es zu Beginn einer präzisen Klassifizierung der Qualifikation als Terminus bedarf. Zurückzuführen ist dies mitunter darauf, dass die Begrifflichkeiten der Qualifikation wie auch der Kompetenz fälschlicherweise oftmals synonym zueinander verwendet werden. Obgleich die Qualifikation von der Kompetenz abzugrenzen ist, verbindet beide Termini die Eigenschaft, dass sie als ein Resultat des Lernens zählen. Dies unterscheidet beide Termini auch weitestgehend von der Konstitution. Die Konstitution charakterisiert sich dahingehend, dass es sich im Kontext der Leistungsfähigkeit des Menschen um einen Aspekt handelt, welcher als nicht veränderbar gilt. Im Zuge der Interaktion mit seiner Umwelt lässt sich das Niveau der Qualifikation einer Arbeitsperson allerdings positiv verändern, was mit einer Erweiterung von Fähigkeiten einhergeht, welche diese innerhalb ihrer Arbeitsumgebung einsetzen kann. Kompetenzen bilden dagegen die Fähigkeiten und Fertigkeiten einer Arbeitsperson ab, welche dazu genutzt werden, um eine bestimmte Problemstellung zu lösen. Die Fähigkeiten und Fertigkeiten können dabei sowohl erlernbar als auch bereits verfügbar sein (Schlick, Bruder & Luczak, 2018, S. 109). In Anlehnung an Schlick, Bruder & Luczak (2018), welche sich hierbei an Zabeck (1991) orientieren, stellt Qualifikation: „(...) *die Gesamtheit aller Fähigkeiten, Kenntnisse und Fertigkeiten dar, welche an eine bestimmte Person gebunden und auf deren Arbeitshandeln bezogen sind, über welche diese Arbeitsperson zur Ausübung einer bestimmten Funktion oder von Tätigkeiten am Arbeitsplatz verfügen muss.*" (Schlick, Bruder & Luczak, 2018, S. 110). Zusätzlich zu sich ändernden Wertschöpfungsmodellen und Organisationsstrukturen sind es insbesondere die gestiegenen Anforderungen an ein geeignetes Qualifikationsniveau von Mitarbeitenden, welche im Zuge des Veränderungsprozesses einhergehen (Daling, Schröder, Haberstroh & Hees, 2018, S. 85). Nach einer Studie des Fraunhofer-Institut für Arbeitswirtschaft und Organisation IAO entspricht die Bereitschaft von Mitarbeitenden zu einem durchgehenden Lernprozess und der damit einhergehenden fortlaufenden Qualifizierung einem der wichtigsten Aspekte, welche aus Zuge der derzeitigen industriellen Revolution resultieren (Bauer, 2015, S. 21).

2.3.2.2 Qualifikation im Zuge der MRK

Die Relevanz eines notwendigen Qualifikationsniveaus zeigt sich insbesondere im Kontext der MRK. Die Vermittlung von Wissen und die damit verbundene Erreichung eines notwendigen Qualifikationsniveaus resultiert im Abbau von Ängsten sowie Widerständen und stellt gleichzeitig sicher, dass ein sicherer Umgang mit dem Cobot gewährleistet werden kann, ohne dass sich die Mitarbeitenden einer Überforderung ausgesetzt fühlen (Müller et al., 2019, S. 351). Zur Erreichung des notwendigen Qualifikationsniveaus von Mitarbeitenden empfehlen Weber, Schüth, & Stowasser (2018) ein dreistufiges und aufeinander aufbauendes Vorgehen, in dessen zeitlichem Verlauf das entsprechende Niveau fortlaufend gesteigert werden kann (Abbildung 5).

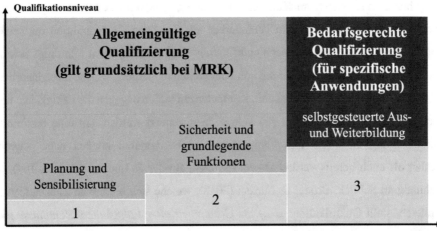

Abbildung 5: Qualifizierungsstufen für die Anwendung von MRK (Quelle: Eigene Darstellung in Anlehnung an Weber, Schüth, & Stowasser, 2018, S. 621)

Eine Planungs- und Sensibilisierungsphase fungiert dahingehend als notwendige Ausgangsbasis, in welcher eine erste Vermittlung von Wissen stattfinden kann und die Mitarbeitenden den ersten physischen Kontakt zum Cobot erleben können. Dieses Vorgehen entspricht dem zu Beginn erwähnten Prozess, wie ein Unternehmen seine Mitarbeitenden auf die Einführung und Anwendung von Robotik vorbereiten und die Akzeptanz positiv beeinflussen kann. Ist die Phase der Planung und Sensibilisierung abgeschlossen, sollten in einem nächsten Schritt die grundlegenden Funktionen des Cobots sowie Aspekte der Sicherheit praxisnah geschult werden. Es empfiehlt sich, dass die Schulungen der Mitarbeitenden praxisnah sowie individuell zugeschnitten am eigenen Arbeitsplatz durchgeführt werden. Unter der Betrachtung notwendiger Sicherheitsvorschriften entspricht die verfolgte Zielsetzung, dass der grundlegende Umgang mit dem Cobot erlernt wird. Eine notwendige Individualität der Schulung am eigenen Arbeitsplatz ist an dieser Stelle von hoher Relevanz, da sich die Einsatzmöglichkeiten und Aufgabengebiete stark unterscheiden können. Sofern die zweite Stufe der Qualifizierung erfolgreich durchlaufen wurde, empfiehlt es sich in einer dritten Ausprägungsstufe eine bedarfsgerechte Weiterqualifizierung zu fokussieren. Ausgehend von der Beherrschung elementarer Funktionsweisen entspricht das Anlernen neuer Bewegungen sowie Arbeitsschritte der dritten Ausprägungsstufe (Weber, Schüth & Stowasser, 2018, S. 621). Im Hinblick auf die thematische Komplexität und die interdisziplinären Auswirkungen der Einführung und Anwendung von Robotik empfiehlt es sich neben der Schulung der operativen Mitarbeitenden auch eine vertikale Vermittlung von grundlegenden Kenntnissen über mehrere Hierarchieebenen hinweg anzustreben (Müller et al., 2019, S. 351). Auch sollten Gesundheits- und Arbeitssicherheitsbeauftrage zusätzlich integriert werden. Die spezielle Schulung dieses fachlichen Personals mit fachspezifischem Wissen verringert zum einen die Gefahr der physischen Verletzung und stellt zum anderen sicher, dass die Umsetzung relevanter Sicherheitsaspekte gewährleistet wird (Stubbe, Mock & Wischmann, 2019, S. 32). Die Vermittlung von Wissen zur Erreichung der notwendigen Qualifikationsstufen eins bis zwei kann hierbei in unterschiedlicher Form erfolgen. Sowohl durch interne Schulungen als auch durch das Hinzuziehen von externem Fachpersonal. Externe Beratung kann in diesem Fall in durch den Hersteller erfolgen, welcher in Form von Workshops die Mitarbeitenden eines Unternehmens schult. Die Vermittlung von relevanten Schulungsinhalten, eine Gewährleistung des Verständnisses auf Seiten der Mitarbeitenden sowie die abschließende Kontrolle des vermittelten Wissens gelten hierbei als essenziell, um eine sichere und bedarfsgerechte Ausführung der MRK zu gewährleisten.

Für die zukünftige Erreichung der dritten Qualifikationsstufe und der damit einhergehenden bedarfsgerechten Qualifikation empfiehlt sich das Prinzip des Trainings-On-The-Job. Der konstruktive Austausch mit erfahreneren Mitarbeitenden sowie die eigenständige Hinzunahme von weiteren Schulungsunterlagen entsprechen dahingehend nur einer Auswahl von potenziellen Methoden zur Vermittlung von Wissen (Weber,

Schüth & Stowasser, 2018, S. 621). Vereinzelt empfiehlt sich das Prinzip des Trainings-On-The-Job bereits auch zu Beginn der Qualifizierung, um sowohl den fachgerechten Umgang mit dem Cobot und dessen Prozesse zu erlernen als auch gleichzeitig aufzuzeigen, wie die eigene Selbstbestimmung gewährleistet werden kann. Das Prinzip ermöglicht es bereits zu Beginn, die Zufriedenheit bei der nutzenden Person zu steigern (Müller et al., 2019, S. 351). Die Individualität innerhalb des Qualifizierungsprozesses wird auch in Zukunft als ein relevanter Aspekt betrachtet werden. Einen Ausblick darauf, wie sich die zukünftige Qualifizierung von Mitarbeitenden in Unternehmen darstellen kann, wurde innerhalb des Forschungsprojektes ‚AQUIAS' untersucht. Die Studie aus dem Forschungsprojekt AQUIAS geht hierbei von einer Interaktion zwischen Mensch und Roboter aus, in welcher die nutzende Person über einen umfassenden Wissenstand verfügt, der es ihr erlaubt, den Roboter autonom auf neue Produkte und Vorgänge zu programmieren und gleichzeitig umfassende Wartungsarbeiten durchzuführen. Die Basis für die Stärkung der Eigenverantwortung bildet ein besonderes System der Qualifizierung, das an das individuelle Niveau angepasst ist. Dieses Qualifizierungssystem soll dahingehend ausgestattet sein, dass die Mitarbeitenden die Möglichkeit besitzen, auf individuelle Lerneinheiten, Anleitungsvideos sowie eine umfassende Sammlung von Dokumenten zuzugreifen. Dies erlaubt es, bei aufkommenden Problemen, selbständig eine Lösung zu suchen. Hinzukommend zu aktuellen Informationen über technologische Gegebenheiten des Roboters sollen sich die Mitarbeitenden ebenfalls gegenseitig Anleitungsvideos zur Verfügung stellen können. Dies erlaubt es, dass nutzende Personen, welche über einen geringeren Kenntnisstand verfügen, Anleitungsvideos von Mitarbeitenden mit einem höheren Kenntnisstand abrufen und von ihnen lernen können (Kremer, 2018, S. 3-7).

2.3.3 Ergonomische Interaktionsgestaltung

Die Analyse aufkommender Herausforderungen im Hinblick auf eine ergonomische Arbeitsplatzgestaltung im Kontext der MRK bildet den dritten Abschnitt der Herausforderungen und erweitert dahingehend die bereits beschriebenen arbeitswissenschaftlichen Erkenntnisse. Die übergeordnete Zielsetzung des Abschnitts ist die Generierung von Erkenntnissen und Wissensständen, welche Aufschluss darüber geben, wie sowohl bestehende als auch zukünftige Arbeitsplätze hinsichtlich ergonomischer Aspekte gestaltet werden können. Der Aufbau gliedert sich dahingehend, dass zu Beginn eine problemorientierte und definitorische Einordnung des Terminus der Ergonomie im Blickfeld steht. Zusätzlich zu einer präzisen Klassifizierung wird die Relevanz der Thematik und deren Analyse aufgezeigt. Aufbauend auf diesen generierten Wissensstand erfolgt die Betrachtung des Gebietes der Belastungsanalyse. Der Aspekt der Belastungsanalyse fungiert dahingehend als Übergang zu der darauffolgenden Analyse von Methoden für eine ergonomische Arbeitsplatzgestaltung. Innerhalb der Betrachtung der ergonomischen Arbeitsplatzgestaltung werden, ausgehend von allgemeingültigen Wissensständen, präzise Erkenntnisse und Auswirkungen im Hinblick auf die MRK dargelegt. Der Abschnitt schließt mit einem Ausblick auf die zukünftige ergonomische Entwicklung im Kontext der MRK.

2.3.3.1 Definition der Ergonomie

Die Ergonomie als Terminus unterlag im Laufe seiner evolutionären Entwicklung einem kontinuierlichen Veränderungsprozess, aus welchem sich eine Reihe unterschiedlicher Betrachtungsschwerpunkte hervorgetan haben. Seit seiner erstmaligen Verwendung im Jahre 1857 wurde der Terminus durch eine Vielzahl an unterschiedlichen Autoren und ihren Formen der Interpretationen geprägt. Im Hinblick auf ein sich stark unterscheidendes Gesamtbild an potenziellen Interpretationsformen wird an dieser Stelle eine exakte definitorische Einordnung des Terminus der Ergonomie als unabdingbar gesehen, um ein fortlaufendes Verständnis zu gewährleisten (Schlick, Bruder & Luczak, 2018, S. 418). In Anlehnung an die DIN EN ISO 26800 (2011) definiert sich Ergonomie als: „(...) *die wissenschaftliche Disziplin, die sich mit dem Verständnis der Wechselwirkungen zwischen menschlichen und anderen Elementen eines Systems befasst, und der Berufszweig, der Theorie, Grundsätze, Daten und Verfahren auf die Gestaltung von Arbeitssystemen anwendet mit dem Ziel, das Wohlbefinden des Menschen und die Leistung des Gesamtsystems zu optimieren.*" (DIN EN ISO 26800, 2011). Aus der genannten Definition des Terminus heraus handelt es sich bei der Ergonomie um einen Themenbereich, innerhalb welchem sowohl die Gestaltung der Arbeitsumgebung und -mittel, der hergestellten Produkte, des Prozesses der Produktentstehung als auch die Zusammenarbeit unter ergonomischen Gesichtspunkten analysiert werden. Im Hinblick auf die Eigenschaften und Fähigkeiten des Menschen werden im Zuge der Analyse und

Gestaltung sowohl physiologische als auch psychologische Kriterien berücksichtigt, deren unterschiedliche Ausprägungen innerhalb des ergonomischen Gestaltungsprozesses der MRK bewertet werden sollen (Schlick, Bruder & Luczak, 2018, S. 418).

2.3.3.2 Relevanz der Produktionsergonomie

Insbesondere im Kontext der MRK ist eine exakte Analyse von ergonomischen Herausforderungen und deren anschließende Einordnung von erheblicher Bedeutung (Allgemeine Unfallversicherungsanstalt, 2018, S. 9). Innerhalb der industriellen Umgebung kann die ergonomische Gestaltung indes mit differenten Ausprägungs- und Interpretationsformen einhergehen. Die Unterscheidung zwischen Produkt- und Produktionsergonomie hat sich in diesem Umfeld als eine geeignete Art der Differenzierung erwiesen. Während sich das Segment der Produktergonomie auf die Anwendungsfreundlichkeit hergestellter Produkte fokussiert, konzentriert sich die Produktionsergonomie auf den Prozess der Herstellung. Innerhalb des Segments der Produktionsergonomie wird die Zielstellung verfolgt, Produktionsprozesse unter den Aspekten einer menschenzentrierten Ergonomie und der Betrachtung von ökonomischen Kriterien zu gestalten. Im Hinblick auf die verfolgte Zielstellung innerhalb der vorliegenden Schrift, konzentriert sich diese ausschließlich auf das Segment der Produktionsergonomie. Die Relevanz einer ergonomischen Gestaltung innerhalb der industriellen Produktion zeigt sich unter anderem darin, dass Unternehmen zunehmend einem erhöhenden Kostendruck ausgesetzt sind, welchem nicht mehr allein durch die kontinuierliche technologische Optimierung der Produktion entgegengewirkt werden kann. Im Zuge einer ganzheitlichen Analyse von Prozessen erfordert es vielmehr die umfängliche Analyse von menschenzentrierten Ressourcen unter dem Blickwinkel der Ergonomie (Schlick, Bruder & Luczak, 2018, S. 521). Die individuelle Ermittlung positiver ökonomischer Auswirkungen von ergonomischen Verbesserungen erweist sich allerdings nicht immer als ein trivialer Prozess. Neben dem Indikator der Arbeitsunfähigkeitstage von Mitarbeitenden, aus welchem sich direkte Kosten ableiten lassen, können dem Unternehmen ebenfalls auch indirekte Kosten entstehen, welche oftmals bei der Analyse vernachlässigt werden. Mitunter können diese durch den Ausfall der Produktion, der Nichterreichung von Qualitätskriterien, durch Präsen- und Absentismus der Mitarbeitenden oder auch deren Fluktuationsrate entstehen. Das tatsächliche Verhältnis von Kosten und Nutzen entspricht demnach einem sehr individuellen Wert. Im Zuge mehrerer unabhängiger internationaler Studien wurde allerdings nachgewiesen, dass sich das Verhältnis von Kosten und Nutzen innerhalb einer Bewertungsskala von 1:2,3 bis hin zu 1:5,9 einfügt, was gleichbedeutend damit ist, dass für jeden Dollar, welcher in eine ergonomische Gestaltung investiert wird, bis zu 5,9 Dollar an Krankheitskosten eingespart werden kann (Daub, Ackermann & Kopp, 2019, S. 6-9). Im Zuge dessen, dass die positiven Auswirkungen der ergonomischen Gestaltung im Allgemeinen erst zu einem späteren Zeitpunkt sichtbar werden, erschwert sich allerdings der Rückschluss auf einzelne Maßnahmen und deren Auswirkungen (Fritzsche, Hölzel & Spitzhirn, 2019, S. 1). Zahlreiche Studien haben allerdings belegt, dass es große Interdependenzen zwischen der ergonomischen Gestaltung und den Faktoren von Produktivität und Arbeitsunfähigkeit gibt (Daub, Ackermann & Kopp, 2019, S. 7). Hierbei entsprechen die Muskel- und Skeleterkrankungen sowie psychische Störungen den am häufigsten auftretenden Gründen für eine Arbeitsunfähigkeit bei Mitarbeitenden (Dombrowski, Evers & Reimer, 2015, S. 1). Die Gestaltung von Arbeitsplätzen anhand ergonomischer Prinzipien und die damit verbundene Vermeidung von direkten und indirekten Kosten erfordert allerdings eine vorgelagerte Analyse potenziell auftretender Belastungen. Der präventive Schutz durch die frühzeitige Erkennung und Berücksichtigung von ergonomischen Belastungen wird in diesem Zusammenhang als primäres Ziel angesehen. Eine umfangreiche Belastungsanalyse bildet die Grundlage für die zukünftige ergonomische Ausgestaltung von Arbeitsplätzen und kann durch Hinzunahme unterschiedlicher Methoden erfolgen. Die Leitmerkmalmethode Heben, Halten, Tragen von der Bundesanstalt für Arbeitsschutz und Arbeitsmedizin (BAuA) bildet in diesem Kontext oftmals die Basis für die Weiterentwicklung unterschiedlicher Bewertungsverfahren. Die Anwendung von praxisnahen und auf die Anforderungen angepassten Bewertungsverfahren gelten hierbei als primäre Indikatoren für den Einsatz innerhalb der Produktionsergonomie. Unter anderem können durch den Einsatz eine umfassende Analyse und Validierung von repetitiven Tätigkeiten, auftretenden physischen und psychischen Belastungen auf den Körper sowie Kräften sichergestellt werden. Insbesondere im industriell produzierenden Kontext erweisen sich diese Bewertungsverfahren als überaus geeignet. Nach Abschluss des Bewertungsverfahrens für auftretende ergonomische Belastungen können die generierten Ergebnisse sowohl für die Gestaltung von ausgewählten Arbeitsplätzen als auch für die umfangreichere Planung des

gesamten Arbeitssystems genutzt werden (Schlick, Bruder & Luczak, 2018, S. 522f).
Ausgehend von diesen Erkenntnissen werden nachfolgend unterschiedliche Segmente im
Hinblick auf die ergonomische Gestaltung im Kontext der MRK analysiert. Diesbezüglich
erfolgt die Betrachtungsweise innerhalb der industriellen Produktion aus vier sich
unterscheidenden Blickwinkeln. In seinen wesentlichen Merkmalen erfolgt eine
Untersuchung der ergonomischen Gestaltungsaspekte in Anlehnung an die Inhalte der
DIN EN ISO 6385. Innerhalb des Produktionsumfeldes gilt die DIN EN ISO 6385 als
grundlegende Norm in der ergonomischen Konzeptionierung von Arbeitssystemen. Sie
klassifiziert ein Arbeitssystem in die Elemente Arbeitsorganisation, Arbeitsaufgaben
sowie Tätigkeiten, Arbeitsmittel und Arbeitsumgebung und enthält in diesem
Zusammenhang wesentliche Kriterien einer menschenzentrierten Gestaltung (Adolph et
al., 2021, S. 36).

2.3.3.3 Ergonomische Anforderungen

Die Analyse und Darstellung des erweiterten Arbeitsumfeldes fungiert als Ausgangsbasis,
auf welche folgend der entsprechende Montage- und Fertigungsarbeitsplatz sowie die
Mitarbeitenden und ihre Arbeitspositionen analysiert werden sollen. Abschließend
konzentriert sich die Betrachtungsweise ausschließlich auf die ergonomische Gestaltung
des zu verwendenden Betriebsmittels, welches in diesem Kontext durch den Cobot
dargestellt wird. Im Zuge der Analyse und Darstellung der unterschiedlichen Blickwinkel
sollen sowohl physische als auch psychologische Aspekte einer Betrachtung unterzogen
werden. Durch die sukzessive Eingrenzung des Analysebereiches soll eine präzise
Untersuchung sichergestellt werden.

2.3.3.3.1 Anforderungen an die Gestaltung des Arbeitsumfeldes

Hinsichtlich der Gestaltung eines ergonomischen Arbeitsumfeldes erfordert es der
Untersuchung differenter Kriterien. Zusätzlich zum Aspekt der Beleuchtung, sind
ebenfalls die klimatischen sowie akustischen Gesichtspunkte zu beachten. Unter dem
Aspekt der Beleuchtung entspricht dies vor allem der Anzahl an Lichtquellen, deren Farbe,
Helligkeit und Einfallswinkel sowie das Potenzial, dass diese die Mitarbeitenden blenden.
Eine ausreichende und auf die Arbeitstätigkeit angepasste Lichtquelle kann demnach mit
einer steigenden Zufriedenheit und Produktivitätsrate einhergehen sowie zu weniger

Fehlern führen. Ebenfalls sollte darauf geachtet werden, dass sich die klimatischen Bedingungen in der industriellen Produktionsumgebung innerhalb festgelegter Richtwerte befinden, sowohl im Hinblick auf die Lufttemperatur als auch -feuchtigkeit. Die Stärkung des Wohlbefindens der Mitarbeitenden als auch deren Leistungsvermögen entsprechen hierbei den positiven Auswirkungen. Eine Betrachtung und Untersuchung der Geräuschkulisse komplettiert die zu beachtenden Kriterien des erweiterten Arbeitsumfeldes. In Analogie zu den Auswirkungen konformer klimatischer Umweltbedingungen führt die Vermeidung von akustisch belastenden Situationen ebenfalls zu einer Erhöhung des Leistungsvermögens (Schlund, Mayrhofer & Rupprecht, 2018, S. 281). Im Kontext der Einführung und Anwendung von MRK ergeben sich hierdurch unterschiedliche Herausforderungen. Unter dem Aspekt der richtigen Lichtausgestaltung innerhalb der industriellen Produktion ist bei der Einführung und Anwendung eines Betriebsmittels, welches in diesem Kontext anhand des Cobots dargestellt wird, darauf zu achten, dass durch den Einsatz von Beleuchtungsquellen eine Blendung der Mitarbeitenden sowie Schattenbereiche, welche ebenfalls beeinträchtigen, vermieden werden (Verwaltungs-Berufsgenossenschaft, 2021). Neben dem Aspekt der Beleuchtungsquellen ist eine zusätzliche Berücksichtigung klimatischer Bedingungen von Relevanz. Ein Betriebszustand des Roboters in einer Umgebung mit unzureichender Luftfeuchtigkeit kann dazu führen, dass dessen integrierte Schutzeinrichtung im Zuge einer unzulässigen Luftfeuchtigkeit erheblichen Beeinträchtigungen ausgesetzt sein könnte. Gleichermaßen kann ebenfalls eine zu geringe oder falsche Beleuchtung mit einer Störung der integrierten Schutzeinrichtung einhergehen. Eine Beeinträchtigung durch die Geräuschkulisse des Roboters kann hingegen mit physischen Schädigungen oder einer Stressreaktion seitens der Mitarbeitenden einhergehen. Entsteht eine zu geräuschvolle Umgebung durch die Kühlung des Roboters, seinen Antrieb oder durch die Interaktion des Greifers mit seiner Umgebung, kann das Tragen eines Gehörschutzes Abhilfe verschaffen (Allgemeine Unfallversicherungsanstalt, 2018, S. 7-10).

2.3.3.3.2   Anforderungen an die Gestaltung des Arbeitsplatzes

Gleichermaßen erfordert die mikroperspektivische, auf den Montage- und Fertigungsarbeitsplatz sowie die anzuwendende Person konzentrierte, Ansicht die Untersuchung festgelegter Kriterien. Um eine ergonomische Gestaltung sicherzustellen, bedarf es der Untersuchung der Arbeitshöhe, des Blick- und Greifbereiches der Mitarbeitenden, der Anordnung von benötigten Arbeits- und Betriebsmitteln sowie der Arbeitsorganisation. Der Aspekt der Arbeitshöhe umfasst hierbei vor allem die Einstellung der Arbeitsfläche auf eine festgelegte Höhe sowie die damit verbundene Entscheidung, ob eine Tätigkeit in einer sitzenden oder stehenden Position ausgeführt werden soll. Im Zuge einer ergonomisch korrekten Ausgestaltung können so Beanspruchungen seitens der Mitarbeitenden reduziert und bspw. der Ermüdung vorgebeugt werden. Eine ergonomische Ausgestaltung des Blick- und Greifbereiches, die damit einhergehende Anordnung von benötigten Arbeits- und Betriebsmitteln sowie die Organisation der Arbeit kann ebenfalls zu einer Reduzierung von Beanspruchungen führen. Gleichzeitig kann die Produktivität gesteigert werden. Wesentliche Faktoren entsprechen den Abmaßen und Winkeln der Arbeitsfläche, der Anordnung von häufig verwendeten Arbeits- und Betriebsmitteln sowie einer Synchronisation und Abstimmung von Arbeitsprozessen. Im Hinblick auf die Einführung und Anwendung von MRK ergeben sich unterschiedliche Herausforderungen. Unter dem Aspekt der Arbeitshöhe des Montage- oder Fertigungsarbeitsplatzes sollte darauf geachtet werden, dass Mitarbeitende in einer ergonomischen Körperhaltung agieren. Infolgedessen bedeutet dies, dass Tätigkeiten in einer gebeugten Position, über Kopf oder über der Höhe des Herzens aus ergonomischer Perspektive zu vermeiden sind. Hinzukommend bedarf es einer Anpassung des Arbeitsplatzes an die individuellen körperlichen Gegebenheiten (Schlund, Mayrhofer, & Rupprecht 2018, S. 281). Im Hinblick auf die Interaktion zwischen Mensch und Cobot hat dies zur Folge, dass es zu vermeiden gilt, dass sich der tatsächliche Werkzeugarbeitspunkt über der Herzregion befindet (Müller et al., 2019, S. 353). Im Zuge der Planung des kollaborierenden Arbeitsplatzes sollte zudem darauf geachtet werden, dass der Abstand zwischen Mensch und Roboter nicht zu gering ist, um psychische Belastungen seitens der Mitarbeitenden zu vermeiden. In diesem Zuge empfiehlt sich die Beachtung entsprechender Richtwerte zur räumlichen Abmessung des Cobots. Mit 600 mm entspricht die Reichweite eines Cobots ungefähr der eines Menschen (Weber & Stowasser, 2018, S. 234). Ebenfalls sollte darauf geachtet werden, dass sich die Arbeitshöhe durch eine höhenverstellbare Funktion an die individuellen körperlichen Gegebenheiten des Menschen anpassen lässt, um eine ergonomische Interaktion mit dem Roboter zu ermöglichen. Hinzukommend bedarf es an jedem Arbeitsplatz eines Nothalte-Tasters, um bei auftretenden Gefahren den Roboter unverzüglich abschalten zu können

(AQUIAS, 2017, S. 10-14). Die zusätzliche Gestaltung des Blick- und Greifraumes und die damit einhergehende Anordnung benötigter Arbeits- und Betriebsmittel nimmt insbesondere im Kontext der MRK eine relevante Rolle ein. Aus der Sicht der Mitarbeitenden sollte darauf geachtet werden, dass bei der Konstruktion des Arbeitsplatzes der ergonomische Winkel des Blickbereichs sowie die individuellen anatomischen Gegebenheiten berücksichtig werden, um einen effizienten Arbeitsablauf zu gestalten. Ausgehend von einer mittig zentrierten Position des Menschen an dem Montage- oder Fertigungsarbeitsplatz sollte der Blick- und Greifraum nicht über den individuellen Blickwinkel hinausgehen. Dieser erstreckt sich sowohl nach links als auch nach rechts bis zu einem Winkel von maximal 35 Grad (Schlund, Mayrhofer & Rupprecht, 2018, S. 280f). Der Cobot sollte sich in diesem Fall immer im Blickwinkel des Menschen und nicht hinter ihm befinden, um sowohl das Potenzial eines physischen Schadens zu reduzieren als auch das psychische Wohlbefinden zu erhöhen (Weber & Stowasser, 2018, S. 234). Eine Reduzierung von Fehlern sowie die effiziente Gestaltung von Arbeitsvorgängen an dem Montage- oder Fertigungsarbeitsplatz kann infolge der Beachtung genannter Maßnahmen generiert werden (Schlund, Mayrhofer & Rupprecht, 2018, S. 280).

2.3.3.3.3 Anforderungen an die Gestaltung der Arbeitsorganisation

Hinzukommend zu den bereits generierten Erkenntnissen bedarf es einer Analyse der Arbeitsorganisation und etwaige Auswirkungen durch die MRK. Bedingt dadurch, dass sowohl der Mensch als auch der Cobot zur selben Zeit im gleichen Arbeitsbereich agieren können, bedarf es der Berücksichtigung beider Akteure. Das Ziel eines effizienten Ablaufes, d.h. die Vermeidung von Kollisionen und Blockaden sowie einer ganzheitlichen Synchronisation aller festgelegten Arbeitsabläufe, sollte in diesem Fall im Vordergrund stehen. Infolgedessen bedarf es bei der Einführung und Anwendung von MRK einer ganzheitlichen Neugestaltung der Arbeitsteilung zwischen beiden Akteuren, welche im Hinblick auf die jeweiligen individuellen Stärken und Eigenschaften erfolgen sollte. Um die Mitarbeitenden physisch zu entlasten und ihre Leistungsfähigkeit zu steigern, empfiehlt es sich, dem Cobot unergonomische Arbeitsschritte oder Tätigkeiten, in welcher der Mensch eine unangenehme Körperhaltung einnehmen muss, zuzuordnen. In diesem Zusammenhang sollte beachtet werden, dass der Cobot allerdings keine Bauteile bearbeiten darf, welche über heiße Oberflächen verfügen oder mit scharfen und spitzen Kanten einherkommen, um die physische Unversehrtheit des Menschen zu gewährleisten. Auch sollte darauf geachtet werden, dass die Montage von Kabeln und Schläuchen durch den Roboter nicht in jeder Situation vollumfänglich möglich ist (Weber, 2017, S. 1-3).

2.3.3.3.4   Anforderungen an die Gestaltung des Betriebsmittels

Die vierte und abschließende Betrachtungsweise entspricht der Analyse des einzuführenden Cobots im Hinblick auf seine ergonomische Gestaltung. Der vorliegende Abschnitt baut daher auf die bereits generierten Erkenntnisse zur Steigerung der Akzeptanz aus Abschnitt 2.3.1 auf. Er fungiert als eine Erweiterung der Erkenntnisse, dass das psychische Wohlbefinden und die Leistungsfähigkeit der Mitarbeitenden von ausgewählten Merkmalen des Cobots abhängig sind. Bedingt durch die bereits umfassende Analyse der relevanten Einflussfaktoren in Abschnitt 2.3.1 wird an dieser Stelle aus Gründen der effizienten Darstellung innerhalb dieser Schrift auf eine wiederkehrende detaillierte Darlegung des Einflusses der Größe des Roboters, seiner Bewegungsbahnen sowie deren Geschwindigkeit und Vorhersehbarkeit auf das psychische Wohlbefinden verzichtet. Die präzise Betrachtung und Validierung der ergonomischen Gestaltung von Betriebs- und Arbeitsmitteln gilt im Allgemeinen als essenziell, um eine Steigerung von Produktivität und ökonomischen Faktoren zu generieren. Um dieses zu erreichen, bedarf es innerhalb der Konstruktion einer konsequenten Ausrichtung an den Anforderungen und Eigenschaften zukünftiger Nutzergruppen (Neudörfer, 2020, S. 551). Innerhalb dieses Kontextes wird weitestgehend von der Maschinenergonomie gesprochen, deren Betrachtung sowohl physische als auch psychische Eigenschaften und Anforderungen zukünftiger Nutzergruppen innerhalb der Konstruktion von Betriebs- und Arbeitsmitteln einfließen lässt. Die Intention in der Betrachtung maschinenergonomischer Aspekte besteht darin, dass hiermit das Ziel einer Produktivitätssteigerung unter dem Aspekt der menschenzentrierten Gestaltung verfolgt wird (Neudörfer, 2020, S. 583). Ausgangspunkt für die ergonomische Gestaltung von Maschinen bildet die entsprechende Maschinenrichtlinie, welche die grundlegenden Anforderungen einer ergonomischen Gestaltung beinhaltet. Unter anderem regelt sie, dass der Mensch im Zuge der Interaktion mit der Maschine keine physischen oder psychischen Beeinträchtigungen erleiden darf. Dies umfasst sowohl die Gestaltung der Maschine als auch deren Interaktionsprozess mit dem Menschen. Beides sollte sich hierbei an den menschlichen Eigenschaften orientieren. Unter anderem bedeutet dies, dass der Arbeitsrhythmus immer durch den Menschen vorgegeben werden sollte (Neudörfer, 2020, S. 551f). Im Kontext der MRK ergeben sich unterschiedlichste Anforderungen. Zusätzlich zu dem Gesichtspunkt des Arbeitsrhythmus lassen sich noch weitere Anforderungen an eine ergonomische Gestaltung ableiten. Die Konstruktion des Cobots sollte dahingehend erfolgen, dass die Gefahren für den Menschen so gering wie möglich gehalten werden. Um diese Zielsetzung zu erreichen, empfiehlt es sich zum einen, dass Ecken und Kanten durchgängig abgerundet sind und zum anderen die Außenfläche des Cobots weich gestaltet wird. Indes sollte darauf geachtet werden, dass sich die Größe und das Gewicht immer an dem entsprechenden Montage- oder Fertigungsarbeitsplatz orientiert und diese Parameter nicht überdimensioniert werden. Zusätzlich zur psychischen Belastung aus dem Abschnitt 2.3.1 kann bei einer Kollision hierdurch auch die physische Schädigung des Menschen weitestgehend reduziert werden (Allgemeine Unfallversicherungsanstalt, 2018, S. 6). Hinsichtlich der Verwendung von geeigneten Werkzeugen durch den Cobot ergeben sich zudem weitere Anforderungen. Interagiert dieser mit für den Menschen gefährlichen Werkzeugen, bedarf es dessen Schutz vor dem Kontakt durch geeignete Maßnahmen oder Schutzausrüstung. Ebenfalls kann es innerhalb der Anwendung zu Vibrationen an entsprechenden Komponenten des Roboters oder den von ihm bewegten Gegenständen kommen. Ein langanhaltender Kontakt mit einem vibrierenden Gegenstück durch den Menschen sollte vermieden werden, um sowohl Müdigkeit als auch neurologischen Beschwerden vorzubeugen (Allgemeine Unfallversicherungsanstalt, 2018, S. 10). Inmitten des gesamten Prozesses der ergonomischen Gestaltung entspricht die verfolgte Zielstellung, zusätzlich zu der Vermeidung von physischen und psychischen Beeinträchtigungen, demnach ebenfalls der Verminderung von Maßnahmen, welche sich in einer Störung der Aufmerksamkeit des Menschen sowie seiner Fähigkeit im logischen Denken zeigen (Weber & Stowasser, 2018, S. 233). Die ergonomische Gestaltung des Cobots und dessen Anpassung an die individuellen Eigenschaften des Menschen lässt sich auch in der zukünftigen Entwicklung als ein relevanter Gesichtspunkt deklarieren. Im Hinblick auf die Zielsetzung einer noch umfangreicheren physischen und psychischen Entlastung ergeben sich durch den technologischen Fortschritt vielseitig nutzbare Potenziale. Die automatische Anpassung von Arbeitsflächen auf die individuellen Eigenschaften des Menschen, ein Anreichen von benötigten Arbeits- und Betriebsmitteln in der für den ihn besten Position oder das Erkennen und anschließende Reagieren auf individuelle Schwankungen hinsichtlich des Leistungsniveaus der Mitarbeitenden mittels fortschreitender Sensorik entsprechen hierbei ausgewählten Potenzialen (Kremer, 2018, S. 18-22).

2.3.4 Normative Gesichtspunkte und biomechanische Belastungsgrenzen

Die Untersuchung arbeitswissenschaftlicher Herausforderungen im Kontext des Prozesses der Einführung und Anwendung von MRK schließt mit einer Darlegung normativer Gesichtspunkte sowie den damit verbundenen biomechanischen Belastungsgrenzen. Aus dem Betrachtungswinkel einer arbeitswissenschaftlichen Perspektive erfolgt anschließend der Abschluss des aktuellen Forschungstandes zu den entstehenden Herausforderungen. Die übergeordnete Zielsetzung des Abschnitts ist eine Generierung von Erkenntnissen und Wissensständen im Hinblick auf die relevantesten normativen Gesichtspunkte und deren Zusammenhänge zu dem Themengebiet der biomechanischen Belastungsgrenzen. Zur Erreichung der dargelegten Zielsetzung erfolgt die Untersuchung anhand eines chronologischen und präzisen Vorgehens. Die Ausgangsbasis bildet die allgemeine Darlegung des Wissensgebietes der Normung und weshalb dieses im Hinblick auf die MRK von Relevanz ist. Aufbauend darauf erfolgt eine Veranschaulichung der für die MRK wichtigsten Normen und Richtlinien sowie deren Schutzprinzipien und welche Zusammenhänge sich hinsichtlich der biomechanischen Belastungsgrenzen aufzeigen.

2.3.4.1 Normative Anforderungen

Die Relevanz von Normen und Richtlinien für den industriellen Sektor inmitten einer globalisierenden Welt von unterschiedlichen Märkten, Anbietern, Nachfragern, Produzenten sowie sich vernetzenden Unternehmen ist erheblich. Der Zugang zu Märkten, eine steigende Sicherheit oder die Verbesserung der Qualität können nur dann gewährleistet werden, wenn die hergestellten Produkte festgelegten Konformitäten entsprechen. Zusätzlich zu den Unternehmen, deren Produkte sich an festgelegten Normen und Richtlinien orientieren sollten, profitiert ebenfalls die nutzende Person jenes hergestellten Produktes hinsichtlich festgelegter Parameter zum Arbeits- und Gesundheitsschutz (Hartlieb, Hövel & Müller, 2016, S. 1-4). Unter dem dargelegten Gesichtspunkt der Sicherheitsbestimmung für den Faktor Mensch entspricht insbesondere die Untersuchung der Normen und Richtlinien im Kontext der MRK einem relevanten Vorgehen. Im Zuge dessen bedarf es einer umfassenden Untersuchung von ausgewählten Normen sowie Richtlinien, deren thematische Schwerpunkte sich jeweils unterscheiden. Die Ausgangsbasis der Untersuchung bildet in diesem Fall die Maschinenrichtlinie 2006/42/EG. Innerhalb des europäischen Wirtschaftsraumes vereint sie im Hinblick auf die Sicherheit von Maschinen elementare Anforderungen (Schenk & Elkmann, 2012, S. 110f). Umsetzung findet die 2006/42/EG innerhalb des deutschen Wirtschaftsraumes im Zuge des hierzulande geltenden Produktsicherheitsgesetzes (Pfeiffer, 2012, S. 443). Der Cobot kann in diesem Zuge sowohl als unvollständige als auch als vollständige Maschine deklariert werden. Abhängig ist dies davon, ob sich dieser zum Augenblick der Beurteilung in der Lage befindet, eine ausgewählte Arbeitsaufgabe vollständig zu erfüllen oder nicht (Buxbaum & Kleutges, 2020, S. 27f). Handelt es sich um einen Cobot, welcher mit der notwendigen Applikation ausgerüstet wurde, ist dieser als vollständige Maschine zu deklarieren. Dies ist gleichbedeutend damit, dass er von diesem Zeitpunkt an in den Geltungsbereich der Maschinenrichtlinie 2006/42/EG einzuordnen ist. Das vollständige System aus Roboter und Applikation bedarf demnach einer ausgewiesenen CE-Kennzeichnung sowie der Ausstattung mit einer gültigen EG-Konformitätserklärung. Diese Kombination wird innerhalb der Maschinenrichtlinie 2006/42/EG als verpflichtend angesehen. Die Zertifizierung entspricht hierbei einem festgelegten Prozess, beginnend mit der Klassifizierung des Produktes über die Validierung von Risiken bis hin zur erneuten Überprüfung der Gegebenheiten (Müller et al., 2019, S. 311-315). Ausgehend von der 2006/42/EG bedarf es zur allgemeinen Sicherstellung einer regelkonformen Einführung sowie des nachfolgenden Betriebszustandes eines Cobots der Beachtung einer Mehrzahl an Normen und weiteren Verordnungen. Innerhalb des Einführungsprozesses sowie dem anschließenden Betriebszustand muss eine Einhaltung der geltenden Unfallverhütungs- und Betriebssicherheitsverordnungen sowie der VDE 0105-100 und TRBS 1201 gewährleistet sein. Während die VDE 0105-100 relevante Anforderungen für den Betriebszustand elektronischer Anlagen festlegt, fokussieren sich die Technischen Regeln für Betriebssicherheit TRBS 1201 auf eine arbeitswissenschaftliche Gestaltung. Der Schwerpunkt der TRBS 1201 konzentriert sich in diesem Zusammenhang auf Industrieanlagen, deren Betriebszustand überwacht werden muss (Weber & Stowasser, 2018, S. 235). Während innerhalb der Fachliteratur ein Konsens über die Wichtigkeit aufgeführter Verordnungen vorherrscht, lässt sich im Hinblick auf die relevantesten

Normen für die MRK ein stark differenziertes Bild erkennen. Begründet wird diese Aussage unter anderem dadurch, dass es innerhalb der Fachliteratur zu starken Unterschieden hinsichtlich der erwähnten nationalen wie internationalen Normen, ihren betrachteten Schwerpunkten sowie der allgemeinen Anzahl an aufgeführten Normen kommt. Nach Gerdenitsch und Korunka (2019) sowie Markis et al. (2016) lassen sich im Kontext der MRK die relevantesten Normen anhand differenter Gruppen klassifizieren (Abbildung 6).

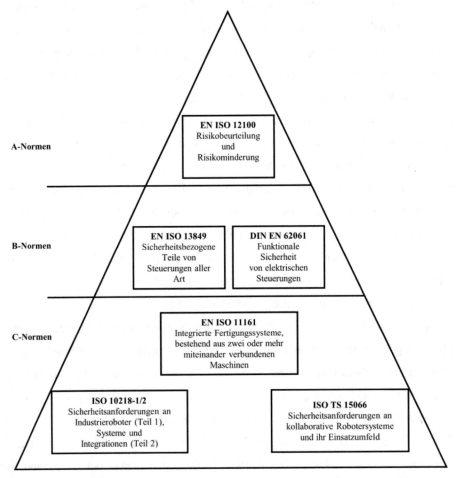

Abbildung 6: Klassifizierung von Normen (Quelle: Eigene Darstellung in Anlehnung an (Gerdenitsch & Korunka, 2019, S. 124; Markis et al., 2016, S. 10)

Die Klassifizierung anhand von drei Kategorien lässt sich auf die Verbindlichkeit der entsprechenden Normen und deren Anwendungsbereich zurückführen. Die Kategorie der A-Normen beinhaltet ausschließlich Normen, deren Anforderungen für alle Maschinen zu beachten sind. Die in der ISO 12100 aufgeführten Anforderungen lassen sich demnach bereichsübergreifend auf alle Maschinen anwenden. Zusätzlich zu der allgemeinen Risikobeurteilung nach der Maschinenrichtlinie 2006/42/EG enthält die ISO 12100 ebenfalls Gestaltungsgrundsätze, welche im Zuge einer ordnungsgemäßen Konstruktion zu beachten sind (Markis et al., 2016, S. 11). Im Unterschied zur Kategorie der A-Normen beziehen sich die Anforderungen aus den Normen der Kategorie B nicht auf alle Maschinen. Es erfolgt demnach eine Differenzierung, ob die festgelegten Gestaltungsaspekte aus den B-Normen Anwendung finden müssen oder vernachlässigt werden können. Im Kontext der MRK sind dies insbesondere die EN ISO 13849 sowie die DIN EN 62061. Im Hinblick auf die EN ISO 13849 sowie der DIN EN 62061 bedarf es einer Auslegung der sicherheitsbezogenen Bauteile der Steuerung des Roboters anhand spezifisch festgelegter Anforderungen sowie der generellen Sicherheit seiner elektronischen Steuerung. Im Vergleich zu den Kategorien A und B enthalten C-Normen ausschließlich Normen, deren Anwendung maschinenspezifisch erfolgt. Die aufgeführten Normen enthalten spezifische Maßnahmen, mit deren Beachtung und Anwendung die Reduzierung von Risiken für den Menschen sichergestellt werden soll (Markis et al., 2016, S. 10f). Sowohl die DIN EN ISO 10218-1 als auch die DIN EN ISO 10218-2 gelten als wesentliche Normen, da sie im Kontext der industriellen Robotik exakte Anforderungen festlegen, durch deren Beachtung ein sicherer Betriebszustand gewährleistet werden soll (Weber & Stowasser, 2018, S. 234). Um durch einen sicheren Betriebszustand des Cobots die Sicherheit für die Mitarbeitenden zu gewährleisten, werden innerhalb der DIN EN ISO 10218-1 die grundlegenden Sicherheitsanforderungen für den Betriebszustand festgelegt. Ergänzt werden die Anforderungen durch die DIN EN ISO 10218-2, deren Schwerpunkt sich auf die Integration eines Cobots beziehen. Sie enthält exakte Anforderungen, welche die Sicherheit für alle Akteure inmitten des Einführungs- und Anwendungsprozesses garantieren soll (Spillner, 2015, S. 40). Die EN ISO 11161 erweitert die normativen Anforderungen dahingehend, dass sie im Kontext der allgemeinen Robotik die grundlegenden sicherheitstechnischen Anforderungen bei integrierten Fertigungssystemen festlegt (Markis et al., 2016, S. 11). Ungeachtet dessen, dass durch Gerdenitsch und Korunka (2019) sowie Markis et al. (2016) bereits eine Reihe an relevanten Normen abgebildet werden, bedarf es ebenfalls einer Berücksichtigung der EN ISO 14121 zur Beurteilung und Reduzierung von Risiken sowie der EN ISO 13855, deren Betrachtungsweise die bereits generierten Anforderungen um den Gesichtspunkt des

Arbeitsschutzes ergänzt. Gleichwohl, dass durch die Anwendung der aufgezeigten Normen und Verordnungen bereits eine umfangreiche Bandbreite an regulatorischen Anforderungen abgedeckt wird, handelt es sich bei keiner um eine, welche ausschließlich den Fokus auf Cobots legt. Die Entwicklung der ISO/TS 15066 war insofern von erheblicher Relevanz, da es sich bei ihr um die erste Spezifikation handelt, welche ausschließlich auf Cobots Bezug nimmt. Sie ergänzt in diesem Sinne die bereits dargestellten betrieblichen Anforderungen der DIN EN ISO 10218-1 sowie der DIN EN ISO 10218-2 hinsichtlich spezieller Sicherheitsanforderungen für die MRK (Weber & Stowasser, 2018, S. 235). Von wesentlicher Bedeutung sind innerhalb der ISO/TS 15066 sowohl eine Unterscheidung zwischen vier Formen der Interaktion zwischen Mensch und Roboter als auch den sich daraus ergebenden Auswirkungen für die biomechanischen Belastungsgrenzen. Die vier Formen der Interaktion werden auch als Schutzprinzipien bezeichnet, welche innerhalb der ISO/TS 15066 festgeschrieben wurden und dem Zweck dienen, den Mitarbeitenden ausreichend Schutz zu gewähren (Markis et al., 2016, S. 11). In Abhängigkeit von der gewählten Betriebsart des Roboters kann es zu einer Unterscheidung bei den Schutzprinzipien kommen. Aufsteigend in der Intensität jener Interaktion zwischen Mensch und Roboter sollen diese nachfolgend präzise dargelegt werden. Das Prinzip des sicherheitsgerichteten Stoppens entspricht hierbei einer Interaktionsform, in welcher der Roboter seine gegenwärtigen Aufgaben und Bewegungen sofort unterbricht, sobald der Mensch den gemeinsamen Arbeitsraum betritt. Beim Verlassen des gemeinsamen Arbeitsraumes befindet sich der Roboter zudem in der Lage, dass er seine Aufgaben und Bewegungen eigenständig fortsetzen kann, ohne dass der Mensch ein elektronisches Signal übermitteln muss. Anhand des Abstandes zwischen Mensch und Roboter sowie dem sich daraus abzuleitenden Risiko werden seine Geschwindigkeit und dessen Bewegungen festgelegt. Während der Roboter seine Tätigkeiten und Bewegungen beim sicherheitsgerichteten Stopp gänzlich unterbricht, kommt es bei der Geschwindigkeits- und Abstandsüberwachung als weiteres Prinzip lediglich zu einer Reduzierung der Geschwindigkeit. Mittels Sensorik zur Überwachung des Abstandes reduziert sich die Geschwindigkeit des Roboters in Abhängigkeit zur Entfernung des Menschen so weit, bis das Risiko einer Gefährdung nicht mehr vorhanden ist. In umgekehrter Weise erhöht sich die Geschwindigkeit sukzessiv, umso weiter sich der Mensch von dem gemeinsamen Arbeitsbereich entfernt. Im Zuge der Umsetzung muss hierbei sichergestellt werden, dass die Sensorik des Roboters keinen toten Winkel hinterlässt, was zu einer Gefährdung des Menschen führen könnte. Das Prinzip der Handführung entspricht dem dritten Schutzprinzip, innerhalb welchem es erstmalig zu einem direkten Kontakt zwischen beiden Interaktionspartnern kommt. Durch die Verwendung von speziellen Einrichtungen befindet sich der Mensch in der Lage, dass er den Roboter manuell führen kann. Auf Basis einer auf das Schutzprinzip angepassten und verringerten Geschwindigkeit ist es für den Menschen möglich, den Roboter während eines speziellen Automatikbetriebes zu führen. Der Mensch kann somit von der passiven Kraft des Roboters profitieren, in dem dieser die Rolle eines manuellen Manipulators einnimmt, welcher bedient und geführt werden kann. Die Leistungs- und Kraftbegrenzung entspricht dem vierten sowie abschließenden Schutzprinzip. Die Interaktion zwischen Mensch und Roboter unter Beachtung der Leistungs- und Kraftbegrenzung entspricht hierbei einer ganzheitlichen Kollaboration. Eingeführte Cobots überwachen im Zuge der Interaktion mit dem Menschen kontinuierlich unterschiedliche Kenngrößen einer physischen Belastung mit der Umgebung und Unterbrechen ihre Bewegungen oder Arbeitsvorgänge, sobald diese Kenngrößen einen festgelegten Grenzwert überschreiten (Müller et al., 2019, S. 316-320).

2.3.4.2 Biomechanische Anforderungen

Auf Basis des Einhaltens festgelegter Grenzwerte in Kombination mit der Verwendung geeigneter Sensorik ermöglicht lediglich das Schutzprinzip der Leistungs- und Kraftbegrenzung eine direkte Kollaboration. Hier können sich beide Akteure unabhängig voneinander bewegen, ohne dass der Mensch dem Risiko einer Gefährdung im Zuge eines unbeabsichtigten Kontaktes ausgesetzt ist. Die Kenngrößen der Grenzwerte werden sowohl für die auftretende Kraft als auch den entstehenden Druck festgelegt (Markis et al., 2016, S. 11). Die Generierung von Erkenntnissen hinsichtlich menschengerechter mechanischer Belastungen und den daraus abzuleitenden Grenzwerten entspricht in diesem Fall dem primären Forschungsgebiet der Biomechanik. Die Biomechanik deklariert mit dem Terminus der Belastung eine bestimmte Kraft, die von außerhalb auf den menschlichen Körper einwirkt. Im Kontext der kollaborierenden Interaktion kann es sowohl zu einem beabsichtigten als auch unbeabsichtigten Kontakt zwischen beiden Akteuren und der daraus resultierenden Wirkung von Kraft kommen. Während der beabsichtige Kontakt seinen Ursprung in der Aktion des Menschen hat und demnach auf eine rational getroffene Entscheidung zurückzuführen ist, geht dem unbeabsichtigten Kontakt keine rationale Entscheidung voran. Im Hinblick auf die daraus potenziell auftretenden Gefahren durch einen unbeabsichtigten Kontakt wurden innerhalb der ISO/TS 15066 festgelegte Grenzwerte für eine maximale Belastung normiert (Behrens, 2019, S. 11f). Die nachfolgende tabellarische Darstellung entspricht den Grenzwerten für die MRK nach geltender ISO/TS 15066 (Tabelle 2).

	Spezifische Lokalisation	Körperregion	Druck pS [N/cm2]	Kraft FS [N]
1	Stirnmitte	Schädel und Stirn	130	130
2	Schläfe		110	
3	Kaumuskel	Gesicht	110	65
4	Halsmuskel	Nacken	140	150
5	Dornfortsatz 7. Halswirbel		210	
6	Schultergelenk	Rücken und Schultern	160	210
7	Dornfortsatz 5. Lendenwirbel		210	
8	Brustbein	Brust	120	140
9	Brustmuskel		170	
10	Bauchmuskel	Bauch	140	110
11	Beckenknochen	Becken	210	180
12	Deltamuskel	Oberarm und Ellenbogen	190	150
13	Oberarmknochen		220	
14	Speichenknochen	Unterarm und Handgelenk	190	160
15	Unterarmmuskel		180	
16	Armnerv		180	
17	Zeigefingerbeere d	Hand und Finger	300	140
18	Zeigefingerbeere nd		270	
19	Zeigefingerendgelenk d		280	
20	Zeigefingerendgelenk nd		220	
21	Daumenballen		200	
22	Handinnenfläche d		260	
23	Handinnenfläche nd		260	
24	Handrücken d		200	
25	Handrücken nd		190	
26	Oberschenkelmuskel	Oberschenkel und Knie	250	220
27	Kniescheibe		220	
28	Schienbein	Unterschenkel	220	130
29	Wadenmuskel		210	

Tabelle 2: Beanspruchungsgrenzwerte für MRK (Quelle: Eigene Darstellung in Anlehnung an (Deutsche Gesetzliche Unfallversicherung, 2017, S. 9)

Die Generierung der aufgeführten Grenzwerte für biomechanische Belastungen hinsichtlich des Parameters von Druck erfolgte anhand der Untersuchung einer dreistelligen Anzahl an Probanden im Hinblick auf ihre Schmerzeintrittsgrenze. Der Übergang von einem Druckgefühl auf den menschlichen Körper hin zu einem schmerzhaften Zustand entspricht dabei der Grenze, welche durch den Wert der biomechanischen Belastungen deklariert wird. Der Parameter Kraft sollte zudem maximal so ausgelegt werden, dass ein Kontakt zwischen beiden Akteuren beim Menschen nicht über eine oberflächliche Wunde oder einen schmerzenden Muskel hinausgeht. Dieser Wert entspricht der Verletzungseintrittsgrenze AIS 1, welche im Kontext der MRK anhand einer breiten Literaturstudie ermittelt wurde. Die Bezeichnung ‚d‘ deklariert dabei die dominante Körperseite, während ‚nd‘ für eine nicht dominante Körperseite steht. (Deutsche Gesetzliche Unfallversicherung, 2017, S. 9). Als Ergebnis normiert die ISO TS 15066 für individuelle Regionen des menschlichen Körpers jeweils separate Grenzwerte. Erhöhte Priorität für den Schutz hat allerdings der neuralgische Kopfbereich des Menschen, welcher den gesamten Schädel, die Stirn sowie das Gesicht umfasst. Aus den normierten Grenzwerten lassen sich demnach Hinweise für die Konstruktion des Cobots ableiten (Gerst, 2020, S. 150). Eine Überschreitung der festgelegten Grenzwerte durch den Roboter kann in diesem Fall dazu führen, dass dieser nicht mehr die notwendigen Anforderungen erfüllt, was unter anderem zu einer Reduzierung der Geschwindigkeit führen muss. Eine Polsterung von neuralgischen Punkten des Roboters oder die Möglichkeit einer abfedernden Bewegung des Endeffektors bieten dahingehend weitere Schutzmöglichkeiten (Deutsche Gesetzliche Unfallversicherung, 2017, S. 4). Aus der Kombination und Validierung biomechanischer Grenzwerte für Kraft und Druck, die dadurch ermittelte Gefährdung für ausgewählte Regionen des menschlichen Körpers sowie jene durch den Roboter bewegten Gegenstände, deren Masse und geometrische Formgebung generiert sich eine maximale Geschwindigkeit sowie Leistungsgrenze (Markis et al., 2016, S. 11).

2.4 Selbständiges Lernen als Einflussfaktor

Nachdem innerhalb der vorangegangenen Abschnitte sowohl eine spezifische Einordnung des Interaktionskonzeptes als auch die arbeitswissenschaftlichen Herausforderungen der Einführung und Anwendung skizziert wurden, soll nun folgend die zukünftige Entwicklung des Cobots aufgezeigt werden. Schwerpunktmäßig wird in diesem Zusammenhang auf die technologische Weiterentwicklung derzeitiger Cobots und den damit verbundenen Auswirkungen auf die Interaktion mit dem Mensch eingegangen. Die hierbei verfolgte Zielstellung liegt in der Darstellung von Unterschieden zur gegenwärtigen Interaktion mit einem Cobot. Die Ausgangsbasis bildet eine problemorientiere Einführung, welche dazu genutzt werden soll, um die Notwendigkeit der technologischen Weiterentwicklung zu skizzieren. Auf Basis dessen werden anhand ausgewählter Dimensionen die Unterschiede zu herkömmlichen Leichtbaurobotern und dem gegenwärtigen Konzept der MRK aufgezeigt. Innerhalb der vorliegenden Schrift konzentrieren sich alle nachfolgenden Abschnitte thematisch auf die in diesem Abschnitt skizzierte innovative Gestaltungsform der MRK.

2.4.1 Relevanz der technologischen Weiterentwicklung

Die Einführung und Anwendung gegenwärtiger Cobots bietet bereits heute weitreichendes Potenzial, Mitarbeitende im industriellen Produktionsumfeld bei Arbeitsaufgaben zu entlasten. Allerdings sind in diesem Zusammenhang die zu übernehmenden Aufgaben von herkömmlichen Cobots in der praktischen Anwendung oftmals starr festgelegt. Die Folge ist eine systematische Einschränkung beim Einsatz an Arbeitsplätzen. Hintergrund ist oftmals der beträchtliche Aufwand, gegenwärtige Leichtbauroboter auf neue Arbeitstätigkeiten zu programmieren. Hierfür ist vielfach explizites Expertenwissen vonnöten (Plattform Lernende Systeme, 2019, S. 1f). Sich stark ändernde Marktanforderungen, welche durch individuellere Ansprüche der Kunden erkennbar werden, fungieren als Treiber einer technologischen Weiterentwicklung. Vorhandene Leichtbauroboter entwickeln sich zu lernfähigen Roboterwerkzeugen. Die Basis für diese Entwicklung ist KI, welche für den Einsatz von lernfähigen Roboterwerkzeugen zur Anwendung kommt. Mit dem Einsatz dieser Technologie innerhalb des industriellen Produktionsumfeldes werden weitreichende Zielsetzungen verfolgt. Diese lassen sich anhand der Dimensionen von Flexibilität, Produktivität sowie Sicherheit aufzeigen. Insbesondere im Segment der Fertigung von Kleinserien werden die Vorteile der Entwicklung anhand dieser Dimensionen sichtbar (Plattform Lernende Systeme, 2021). Lernfähige Roboterwerkzeuge besitzen im Gegensatz zu herkömmlichen kollaborierenden Leichtbaurobotern die Fähigkeit, eigenständig Arbeitsschritte zu erlernen und deren Ausführung autonom zu verbessern. Das Ergebnis ist eine signifikante Veränderung in der kollaborierenden Zusammenarbeit. Die Arbeitsperson innerhalb der

Produktion hat somit die Möglichkeit, dem lernfähigen Roboterwerkzeug eigenständig neue Arbeitsschritte beizubringen, sodass auf eine immer wiederkehrende und aufwändige Programmierung verzichtet werden kann. Dies führt dazu, dass lernfähige Roboterwerkzeuge innerhalb der Interaktion mit dem Menschen dazu in der Lage sind, sich antizipativ den individuellen Eigenschaften der Arbeitsperson anzupassen. Die Folge ist eine Intensivierung der Zusammenarbeit beider Interaktionspartner (Plattform Lernende Systeme, 2019, S. 1f).

2.4.2 Potenziale der technologischen Weiterentwicklung

In Abhängigkeit der gewählten Literatur kann es hierbei allerdings zu unterschiedlichen Bezeichnungen des Terminus zukünftiger Cobots kommen. Aus Sicht des Autors bedarf es daher einer durchgehend einheitlichen Bezeichnung. Die Deklarierung als lernfähiges Roboterwerkzeug oder lediglich Roboter erscheint unzureichend und irreführend. Ein kollaborierender Roboter entspricht keinem alleinigen Werkzeug für den Menschen. Um eine Einheitlichkeit zu gewährleisten, werden fortlaufend Cobots mit leistungsfähiger schwacher KI als KI-basierte Cobots bezeichnet oder alternativ in abgekürzter Schreibform als KI-Cobot. Hiermit wird der Grad jener technologischen Weiterentwicklung beschrieben, welche im vorliegenden Abschnitt aufgezeigt wird. Die Komplexität des Prozesses der Programmierung eines gegenwärtigen Cobots beschränkt dahingehend aktuell noch den Grad der Unterstützung des Menschen. Die Vorbereitung des Systems auf eine neue Arbeitsaufgabe erfordert in diesem Zusammenhang das Schreiben eines dafür geeigneten Programmcodes durch den Menschen. Dieser aufwändige und Ressourcen verbrauchende Prozess der Programmierung erfüllt in diesem Zusammenhang nicht mehr die sich ändernden Anforderungen. Der Einsatz von KI innerhalb des Konzeptes der MRK kann dazu genutzt werden, um die benötige Steigerung der Flexibilität zu erreichen. Die technologische Weiterentwicklung ermöglicht es zudem, dass eine Anwendung an neuen Arbeitsplätzen möglich wird. Auf Basis des Einsatzes von leistungsfähiger schwacher KI und der damit verbundenen Erkennung von Sprache und Handbewegungen des Menschen sowie seinen körperlichen Umrissen durch den KI-Cobot ermöglicht dies eine Steuerung durch den Menschen. Die Grundlage für die technologische Umsetzung liegt in der Verfügbarkeit notwendiger Datenmengen. Auf deren Basis kann im Rahmen des Einsatzes von KI ein Erkennen des Menschen sowie dessen Steuerung in Echtzeit erfolgen. Der damit verbundene Prozess von der Datenerhebung bis zur eigentlichen Steuerung wird anhand nachfolgender Abbildung 7 visualisiert (Liu, Fang, Zhou, Wang & Wang, 2018a, S. S. 4).

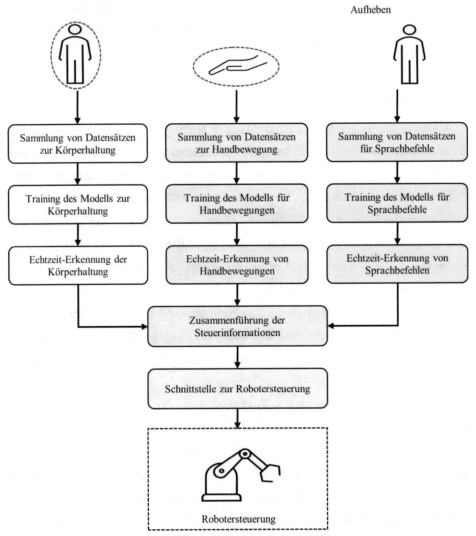

Abbildung 7: Einsatz von KI im Kontext der MRK (Quelle: Eigene übersetzte Darstellung in Anlehnung an Liu, Fang, Zhou, Wang & Wang, 2018a, S. 4)

Diese intuitive Steuerung durch den Menschen bedarf einer technologischen Erweiterung des kollaborierenden Arbeitsbereiches. Das Erkennen menschlicher Umrisse sowie der dazugehörigen Arbeitsumgebung kann nur durch den Einsatz von entsprechender

Kameratechnologie ermöglicht werden. Eine Führung des KI-basierten Cobots durch die Handbewegungen des Menschen bedarf zusätzlich der Ausstattung mit einem notwendigen Bewegungssensor. Hinzukommend benötigt auch das Erkennen menschlicher Sprache weitere technologische Applikationen. Der praxisnahe Einsatz wird anhand nachfolgender Abbildung 8 skizziert (Liu, Fang, Zhou & Wang, 2018b, S. 74762f).

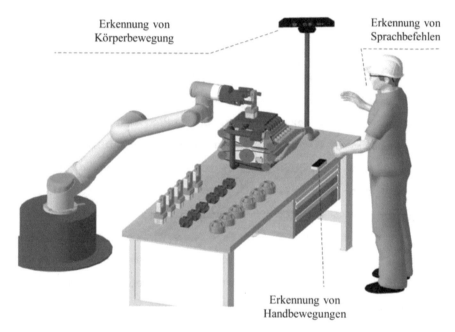

Abbildung 8: Steuerung eines KI-basierten Cobots (Quelle und übersetzt: Liu, Fang, Zhou & Wang, 2018b, S. 74763)

Eine intuitive Programmierung neuer Arbeitsaufgaben durch das alleinige Vorzeigen von Bewegungen durch den Menschen ist in diesem Zusammenhang von entsprechender Komplexität geprägt. Dies wird mitunter dahingehend erkennbar, dass es hierzu weitreichende interdisziplinäre Kenntnisse benötigt. Zusätzlich zur KI und der visuellen Erkennung von Bildern erfordert dies geeignete Kompetenzen aus den Segmenten der Sensorik, Automatisierung sowie der Planung von Bewegungsbahnen. Diese intuitive Form der Programmierung kann dann allerdings in einer Erhöhung der Dimension der Produktivität resultieren (Wang, Liu, Liu & Wang, 2020, S. 41f). Die Implementierung von KI im Zuge der MRK kann im Kontext der Flexibilität zudem mit einer signifikanten

Steigerung einhergehen. Ein Anleiten des KI-basierten Cobots durch den Menschen wird verbessert und vereinfacht. Gleichzeitig ermöglicht die Integration von KI dem System die Möglichkeit des Erkennens und der Lokalisierung von ihm unbekannten Objekten. Dies ermöglicht es ihm auch vorher nicht bekannte Objekte zu greifen. Ein Erkennen der Umgebung durch den KI-basierten Cobot ermöglicht in diesem Zusammenhang ebenfalls die Realisierung von Sicherheitspotenzialen in der Interaktionsgestaltung sowie dem Einsatz an vorher nicht bekannten Arbeitsplätzen (Adler, Heidrich, Jöckel & Kläs, 2020, S. 10). Eine sichere Gestaltung der Interaktion zwischen Mensch und Maschine ist insbesondere im Kontext einer kollaborierenden Zusammenarbeit beider Akteure von erheblicher Bedeutung. Der Einsatz von KI kann hierbei dazu genutzt werden, die Sicherheit zu erhöhen. Die Dimensionen von Sicherheit und Produktivität stehen dabei in Korrelation zueinander. Dies lässt sich dadurch aufzeigen, dass die auszuführenden Bewegungen eines Roboters einen Einfluss auf dessen Produktivität in der Ausführung seiner Tätigkeiten besitzen (Dröder, Bobka, Germann & Gabriel, 2018, S. 187). Durch die Anwendung von KI wird der Cobot zukünftig dazu befähigt, Körperteile des Menschen wie Arme und Beine zu erkennen. Als Ergebnis kann der KI-basierte Cobot die Bewegungen des Menschen besser prognostizieren, um eine Kollision zu umgehen (Adler, Heidrich, Jöckel & Kläs, 2020, S. 11). Im Zuge dessen wird das Ziel verfolgt, dass die Maschine zukünftig sowohl Gefahren als auch Aufgaben autonom erkennen und darauf reagieren kann. Eine sichere Planung der Bewegungsbahnen durch die Integration von KI in gegenwärtige Cobots kann dazu beitragen, dieses Ziel im genannten Kontext zu erreichen (Dröder, Bobka, Germann & Gabriel, 2018, S. 188).

2.4.3 Veränderung der Autonomiestufe

Im Zuge der technologischen Entwicklung, welche auf die Fortschritte in der KI zurückzuführen sind, lässt sich eine starke Veränderung in der Autonomie des Roboters und seinen auszuführenden Aufgaben erkennen. Um diese Entwicklung zu verdeutlichen, werden Roboter im Zuge ihrer Anwendung in sechs Autonomiestufen unterschieden, welche von null bis fünf festgelegt sind. Innerhalb der nullten Autonomiestufe sind KI-Algorithmen nicht vorhanden. Dies bedeutet, in der Anwendung des Roboters handelt es sich um standardisierte Automatisierung. Die Steuerung ist hierbei von Beginn an festgelegt und während des gesamten Arbeitsvorganges nicht mehr veränderbar. Im

Unterschied zur nullten sind in der ersten Autonomiestufe bereits KI-Algorithmen vorhanden. Der Roboter arbeitet, wie bereits in der vorherigen Stufe, in einem festgesetzten Grenzbereich. Der Unterschied zwischen den beiden Autonomiestufen wird dahingehend sichtbar, dass der Roboter nun in der Lage ist, dem Menschen Verbesserungen vorzuschlagen. Dies wird durch seine Algorithmen ermöglicht. Eine beispielhafte Verbesserung ist das Vorschlagen von Möglichkeiten zur Reduktion von Ablaufzeiten. Beim Roboter handelt es sich nunmehr um ein Assistenzsystem. Der Mensch trifft allerdings weiterhin alle Entscheidungen im Prozess und entscheidet, ob er die Vorschläge annimmt (Diemer et al., 2020, S. 26f).

Innerhalb der zweiten Autonomiestufe agiert der Roboter ebenfalls weiterhin als ein Assistenzsystem, welches im Vorfeld durch den Menschen vollständig ausprogrammiert wurde. Der Unterschied zu den vorherigen Autonomiestufen wird bei der Betrachtung seiner Aufgaben erkennbar. Assistiert der Roboter bei dem Aufnehmen und Anheben von Gegenständen, wird er durch den KI-Algorithmus nun dazu befähigt, autonom Verbesserungen vorzunehmen. Sind die aufzunehmenden Gegenstände nicht exakt positioniert, kann die Maschine auf diese Veränderungen in der Umgebung reagieren. Ebenfalls ist sie in der Lage, ihre individuelle Taktzeit autonom anzupassen. Es erfolgt eine Übernahme von einfachen Aufgaben durch den Roboter, während der Mensch weiterhin komplexe Tätigkeiten ausübt. Die assistierende Maschine agiert hierbei ausschließlich in einem definierten Umfang und innerhalb eines stark begrenzten Zeitraumes. Assistierende Roboter der Autonomiestufe drei sind dahingehend nur teilweise ausprogrammiert. Diese agieren hierbei allerdings immer noch in den ausgewählten Systemgrenzen, welche durch den Menschen festgelegt wurden. Im Unterschied zur vorherigen Autonomiestufe sind sie allerdings nun mehr in der Lage, ihre Aktionen in den Systemgrenzen autonom zu planen und umzusetzen. Eine ausgewählte Fähigkeit ist das eigenständige Entscheiden des Roboters, die zeitliche Zufuhr an benötigten Teilen autonom zu reduzieren oder zu erhöhen. Der Mensch kann allerdings weiterhin in den Arbeitsvorgang eingreifen. Neben dem notwendigen KI-Algorithmus verfügt der Roboter nun auch über eine entsprechende Sensorik, welche dazu verwendet werden kann, seine Umgebung und sowie Veränderungen zu erfassen. Daraufhin kann er sowohl seine Bewegungen anpassen als auch neue Fähigkeiten erlernen (Diemer et al., 2020, S. 26f).

Innerhalb der vierten Autonomiestufe agiert der Roboter zunehmend autonom. Dies wird dadurch ermöglicht, dass er über die hierfür erforderliche Sensorik in Kombination mit dem KI-Algorithmus verfügt. Das System agiert zwar weiterhin in den vom Menschen festgelegten Systemgrenzen, kann seine Umgebung allerdings vollumfänglich wahrnehmen. Im Unterschied zur dritten Autonomiestufe besitzt es nun die Fähigkeit, vollständig adaptiv auf sich ändernde Umgebungsbedingungen zu reagieren. Diese Anpassung sowie dessen kontinuierliche Verbesserung geschehen hierbei vollkommen autonom. Es besitzt somit die Fähigkeit, bei der Ausführung von Arbeitsschritten immer wieder neue Ziele zu erreichen. Dem System wird dabei vom Menschen die Kontrolle über einen festgelegten Bereich in der Systemsteuerung überlassen. Den Umfang bestimmt der Mensch. Während der Ausführung besitzt der Mensch eine überwachende Funktionsweise. Im Zuge der fünften Autonomiestufe arbeitet der Roboter auch hier vollständig autonom. Im Unterschied zur vierten Stufe handelt es sich hierbei allerdings um ein kooperatives Zusammenarbeiten mit anderen autonomen Systemen innerhalb der gesamten Produktion. Dies bedeutet, dass es sich dabei um ein gesamt autonom agierendes Produktionssystem handelt, innerhalb dessen Informationen eigenständig ausgetauscht werden und welches sich adaptiv anpassen sowie abschalten kann. Der Mensch als Teil der Produktion ist diesem Zusammenhang nicht mehr erforderlich. Er besitzt im äußersten Notfall die Option zu intervenieren (Diemer et al., 2020, S. 26 - 28).

Im Kontext der Weiterentwicklung einer kollaborierenden Zusammenarbeit zwischen Mensch und Roboter handelt es sich aus Sicht des Autors um eine Entwicklung von der gegenwärtigen zweiten in die vierte Autonomiestufe. Dies wird mitunter dahingehend begründet, dass eine dritte Autonomiestufe nicht den vollumfänglichen Grad der Adaptivität abbildet, wie er zuvor bei lernfähigen Roboterwerkzeugen beschrieben wurde. Ebenfalls wird die Entwicklung nicht der fünften Autonomiestufe zugeordnet, da es sich innerhalb derer um eine Interaktion zwischen zwei Maschinen handelt. Dies widerspricht den Grundzügen der MRK und der damit verbundenen Einbeziehung des Menschen. Tabelle 3 dient für einen übersichtlichen Vergleich beider Interaktionskonzepte zueinander.

Gegenüberstellung von MRK und KI-basierter MRK		
Kategorie	Zu vergleichende Konzepte	
Bezeichnung des Interaktionskonzeptes	MRK	KI-basierte MRK
Bezeichnung der Technologie	Cobot	KI-Cobot
Entwicklungsstufe der Künstlichen Intelligenz	Schwache KI	Leistungsfähigere schwache KI
Autonomiestufe	Zwei: Reines Assistenzsystem, welches im Vorfeld durch den Menschen vollständig ausprogrammiert wurde und lediglich Verbesserung in der Ausführung von Aufgaben bei schlecht positionierten Bauteilen eigenständig vornehmen kann	Vier: Nicht vollständig ausprogrammiertes und autonom agierendes System, welches seine Umgebung eigenständig wahrnehmen und dabei adaptiv auf Veränderungen reagieren sowie neue Arbeitsaufgaben autonom erlernen kann
Wahrnehmung der Umwelt	Mit Hilfe von sensitiver Sensorik, um auftretende Momente sowie Kräfte zu messen	Mit Hilfe von sensitiver Sensorik, um auftretende Momente sowie Kräfte zu messen, Kameratechnologie zur visuellen Erkennung und ein Spracherkennungssystem
Vorbereitung auf neue Arbeitsaufgaben	Vollständige Programmierung durch den Menschen	Anteilige Programmierung sowie das Erkennen von Sprache, Handbewegungen und körperlichen Umrissen
Notwendiges Expertenwissen zur Vorbereitung auf neue Arbeitsaufgaben	stark ausgeprägt	geringfügig ausgeprägt
Verhalten bei unerwarteten Ereignissen (bspw. Kollision)	Sofortiges Anhalten der Bewegung	Antizipatives Reagieren und Ausweichen
Erkennen von unbekannten Objekten	Nein	Ja
Bezugsraum für auszuführende Arbeitsaufgaben	Durch den Menschen festgelegt	Durch den Menschen festgelegt
Möglichkeit des Lernens	Kein erweitertes Lernen	Kontinuierlicher Prozess des Lernens

Tabelle 3: Vergleichende Gegenüberstellung von MRK und KI-basierter MRK (Quelle: Eigene Darstellung, inhaltlich basierend auf Gualtieri, Rauch & Vidoni, 2021, S. 1; Diemer, et al., 2020, S. 26 f; Steegmüller & Zürn, 2017, S. 35 f; Plattform Lernende Systeme, 2021; Liu, Fang, Zhou, Wang & Wang, 2018a, S. S. 4; Liu, Fang, Zhou, & Wang, 2018b, S. 74762 f; Plattform Lernende Systeme, 2019, S. 1f und Adler, Heidrich, Jöckel & Kläs, 2020, S. 10)

Eine technologische Weiterentwicklung von gegenwärtigen kollaborierenden Robotern hin zu KI-basierten Cobots mit einer leistungsfähigeren schwachen KI bietet in der kollaborierenden Zusammenarbeit einen umfangreichen Nutzen. Wesentlich lässt sich der

Nutzen des Einsatzes in den Dimensionen von Flexibilität und Sicherheit sowie Produktivität und der damit verbundenen Steigerung erkennen. Eine leistungsfähigere schwache KI ist demnach der vierten Autonomiestufe zuzuordnen. Dies umfasst die im aktuellen Abschnitt aufgezeigten Möglichkeiten, dass der KI-Cobot seine Arbeitsumgebung durch bspw. Kameratechnologie erfassen kann. Dies beinhaltet sowohl den Menschen als auch unterschiedliche Gegenstände (bspw. Arbeitsmittel). Weiterhin ermöglicht die technologische Weiterentwicklung das Erkennen von Sprache, Handbewegungen und körperlichen Umrissen. Hierdurch wird eine intuitive Programmierung durch ein alleiniges Vorzeigen durch den Menschen realisierbar. Dies ermöglicht dem KI-Cobot unter anderem ihm unbekannte Objekte zu lokalisieren und deren Handhabung zu erlernen (bspw. das Greifen von Gegenständen durch einen Prozess des Ausprobierens). Weiterhin können Sicherheitspotenziale realisiert werden. Der KI-Cobot kann nun antizipativ auf die Bewegungen in der Arbeitsumgebung (bspw. ein nahekommender Mensch) reagieren und antizipativ seine Bewegungsbahnen planen, um ein Ausweichen zu ermöglichen. Zusätzlich zu neuen Bereichen der betrieblichen Anwendung können bestehende Arbeitsplätze aufgewertet werden. Unternehmen können zudem von flexibleren und an den individuellen Bedarf angepassten Einsatzmöglichkeiten profitieren. Die Integration von leistungsfähiger schwacher KI in den Cobot lässt hierbei allerdings neue arbeitswissenschaftliche Herausforderungen für Unternehmen entstehen. Zum gegenwärtigen Zeitpunkt fehlt es an ausreichender Forschung, wie Arbeitsbedingungen zukünftig zuverlässig und nachhaltig gestaltet werden können und welche arbeitswissenschaftlichen Herausforderungen bei der Einführung und Anwendung entstehen. Simultan hierzu bedarf es der weiteren Untersuchung, wie notwendige Akzeptanz und Vertrauen im Hinblick auf die Technologie bei den Mitarbeitenden erzeugt werden kann. Unternehmen stehen in diesem Zusammenhang gegenwärtig keine benötigten praxisnahen Handlungsempfehlungen zur Verfügung. Als Ergebnis lässt dies die Notwendigkeit erkennen, den Einfluss von KI in der kollaborierenden Interaktion zwischen Mensch und Roboter sowie die mit der Einführung und Anwendung verbundenen Herausforderungen zu untersuchen (Plattform Lernende Systeme, 2019, S. 1f).

2.5 Zwischenfazit

Mit Kapitel 2 wurde ein umfassendes Begriffsverständnis zur MRK und den damit verbundenen Terminologien gelegt. Zugleich diente das Kapitel zur Beantwortung der Forschungsfrage 1 hinsichtlich der arbeitswissenschaftlichen Anforderungen und Erfolgsfaktoren bei der Einführung und Anwendung von MRK. Weiterhin wurde die Forschungsfrage 2, welche die Auswirkungen der KI auf das bestehende Konzept der MRK umfasst, beantwortet. Beide bilden die Grundlage zur Beantwortung der Forschungsfrage 4, hinsichtlich der zukünftigen arbeitswissenschaftlichen Anforderungen und Erfolgsfaktoren. Im Rahmen der MRK arbeiten Mensch und Roboter zur gleichen Zeit in einem gemeinsamen Arbeitsraum und verfolgen dabei ein einheitliches Prozessziel. Zur Erreichung sind gegenseitige Berührungen notwendig. Dies unterscheidet die Kollaboration von der Koexistenz und Kooperation. Die MRK basiert auf dem Einsatz von kollaborierenden Leichtbaurobotern, welche einem ausgewählten Segment der Industrieroboter entsprechen. Diese Leichtbauroboter werden auch als Cobots bezeichnet und sind – im Gegensatz zu herkömmlichen Industrierobotern – kleiner, leichter und verfügen über einen zusätzlichen Freiheitsgrad. Mit der MRK wird das Ziel verfolgt, die Stärken des Menschen mit denen des Cobots zu kombinieren, um physische und psychische Belastungen zu reduzieren.

Die Einführung und Anwendung von MRK stellt Unternehmen vor bedeutende arbeitswissenschaftliche Herausforderungen. Diese zeigen sich in der Gestaltung des Veränderungsprozesses, einer umfangreichen Qualifizierung und Kompetenzentwicklung sowie im Hinblick auf Ergonomie und Normung. Die Unternehmenskultur, eine strategische Gestaltung und das Verfolgen einer Vision sind dahingehend genauso relevant wie die Erarbeitung von Fachkompetenzen im Umgang mit dem Cobot sowie dafür ausgelegte Qualifizierungsprogramme. Zur Reduzierung von physischen und psychischen Belastungen auf Seiten des Menschen bedarf es hinzukommend einer ergonomischen Gestaltung der Arbeitshöhe und Anordnung von benötigten Arbeits- und Betriebsmitteln, des Blick- und Greifbereiches sowie der Arbeitsorganisation. Im Kontext der Normung muss sowohl eine Beachtung von MRK-spezifischen als auch generellen und technologieübergreifenden Normen erfolgen. Die ISO/TS 15066, welche spezielle biomechanische Belastungsgrenzen aufzeigt, ist für den Einsatz von Cobots in der

Interaktion mit dem Menschen dabei besonders relevant. Die Akzeptanzsteigerung bei den Mitarbeitenden gilt als wichtiges Element, welches durch die Beachtung der ausgeführten Segmente erreicht werden kann.

Zukünftig ist von einer technologischen Weiterentwicklung gegenwärtiger Leichtbauroboter auszugehen. Diese beruht auf dem Fortschritt im Bereich der KI. Leichtbauroboter entwickeln sich zu lernfähigen Roboterwerkzeugen, welche nachfolgend als KI-basierte Cobots bezeichnet werden. Durch diese kann in der Kollaboration mit dem Menschen sowohl die Flexibilität, Produktivität als auch Sicherheit erhöht werden. Auf Basis der Integration von leistungsfähiger schwacher KI können die Systeme eigenständig Arbeitsschritte erlernen und verbessern, sich antizipativ den Eigenschaften des Menschen anpassen und seine Bewegungen antizipieren. Hinzukommend wird sich die Vorbereitung des KI-basierten Cobots auf neue und unbekannte Arbeitsaufgaben durch einfaches Vormachen der Bewegungen oder die Eingabe von Sprachbefehlen vereinfachen. Durch die technologische Weiterentwicklung ist von einer Veränderung arbeitswissenschaftlicher Herausforderungen auszugehen, welche mit der Einführung und Anwendung einhergehen. Wie der Terminus von KI im Kontext der Robotik einzuordnen ist, wie diese Systeme technisch funktionieren und welche arbeitswissenschaftlichen Herausforderungen mit der Einführung und Anwendung von KI-Technologien einhergehen, wird im nachfolgenden Kapitel drei analysiert.

3. Forschungsstand der Künstlichen Intelligenz

Die Analyse des aktuellen Forschungsstandes der KI bildet innerhalb der vorliegenden Arbeit den zweiten Themenschwerpunkt. Im Hinblick auf die in Abschnitt 2.4 aufgezeigte Entwicklung der MRK, welche durch eine leistungsfähigere schwache KI getrieben wird, bedarf es einer umfassenden Analyse des aktuellen Standes der Forschung im genannten Kontext. Hinsichtlich der Erreichung der eingangs definierten Zielstellungen wird eine fundierte theoretische Basis hierbei als unabdingbar angesehen, um die zukünftige Entwicklung von arbeitswissenschaftlichen Herausforderungen zu untersuchen. Die Generierung eines grundlegenden Verständnisses der Thematik, die Vorstellung relevanter Begrifflichkeiten und Inhalte sowie deren präzise Abgrenzung innerhalb des weitreichenden Kontextes entspricht der Zielsetzung dieses Kapitels. Um dies sicherzustellen, gliedert sich das Kapitel in mehrere und aufeinander aufbauende Teilabschnitte, von denen jeder jeweils einen separaten Schwerpunkt besitzt. Die Basis bildet eine präzise Systematisierung relevanter Begrifflichkeiten, die Analyse der historischen Entwicklung sowie die exakte definitorische Einordnung differenter Fachtermini. Bedingt durch den umfassenden Rahmen innerhalb der vorliegenden Schrift und der Tatsache, dass einzelne Termini einem kontinuierlichen Weiterentwicklungsprozess unterliegen, wird dies als unabdingbar angesehen. Ausgehend davon widmet sich der darauffolgende Abschnitt dem thematischen Schwerpunkt des Maschinellen Lernens als ein Teilgebiet der KI. Es folgt eine Gliederung in Unterabschnitte des Maschinellen Lernens, in welchen aufgezeigt werden soll, wie Wissen künstlich generiert und erweitert werden kann. Die Untersuchung des Aspektes des Tiefen Lernens sowie gegenwärtige und zukünftige Anwendungsfelder komplementieren die grundlegenden Inhalte. Anhand dieser präzisen Klassifizierung soll aufgezeigt werden, wie KI im Kontext von MRK zu verstehen ist und auf welcher technologischen Funktionsweise diese basiert.

© Der/die Autor(en), exklusiv lizenziert an
Springer-Verlag GmbH, DE, ein Teil von Springer Nature 2024
Y. Peifer, *Konzeptionierung eines arbeitswissenschaftlichen
Handlungsrahmens zur Einführung und Anwendung einer auf
Künstlicher Intelligenz basierten Mensch-Roboter-Kollaboration*,
ifaa-Edition, https://doi.org/10.1007/978-3-662-68561-7_3

Daraufhin wird untersucht, inwiefern sich die Einführung und Anwendung der Technologie als Herausforderung für Unternehmen darstellt. Dies erfolgt anhand differenter Betrachtungsweisen. Das Kapitel schließt zudem mit einer Zusammenfassung aller generierten Erkenntnisse.

3.1 Historische Entwicklung und Klassifizierung

Im Rahmen dieses Abschnitts erfolgt zu Beginn ein historischer Abriss über die Entwicklung der KI. Ausgehend hiervon wird der Begriff der Intelligenz klassifiziert. Auf Basis dieser Erkenntnisse erfolgt eine Herleitung des Begriffes der KI und dessen definitorische Einordnung.

3.1.1   Historie der Künstlichen Intelligenz

Betrachtet man die historische Entwicklung des Forschungsfeldes der KI, dann wird sichtbar, dass sich deren Ursprung auf die Mitte des 20. Jahrhunderts zurückführen lässt. Das ‚Summer Research Project on Artificial Intelligence' wird heutzutage in vielerlei Hinsicht als Ausgangspunkt der gedanklichen Entwicklung im Bereich der KI deklariert. Damalige Unstimmigkeiten und Differenzen zwischen den Konferenzteilnehmenden über den präsentierten Begriff der Artificial Intelligence (AI) konnten nicht darüber hinwegtäuschen, dass die Teilnehmenden hinsichtlich des Kerngedankens eine identische Ansicht vertraten. Sie waren überzeugt davon, dass die Möglichkeit besteht, fernab eines menschlichen Gehirns eine weitere Intelligenz zu erzeugen (Buxmann & Schmidt, 2019, S. 4). Ausgehend von dieser interdisziplinären Konferenz, deren Teilnehmenden sowohl aus den Forschungsgebieten der Mathematik und Naturwissenschaften als auch der Psychologie und Philosophie stammten, trat die Entwicklung der Technologie in eine erste Phase ein. Im Fokus der Entwicklung standen unter anderem KI-Programme, welche sich auf die Lösung von algebraischen Aufgaben oder dem Erkennen von Mustern konzentrierten. Die Fokussierung auf die Präsentation von Wissen durch hierfür konstruierte Maschinen prägte die zweite Phase der Entwicklung und ebnete den Weg in eine dritte Entwicklungsphase, welche ihren Beginn in den 70er Jahren des 20. Jahrhunderts hatte. KI-Programme entwickelten sich zu wissensbasierten Expertensystemen. Die Basis dieser Programme war das Expertenwissen von Menschen, aus welchem es ermöglicht werden sollte, eigenständig Rückschlüsse und Lösungen zu generieren (Mainzer, 2019, S. 12). Obgleich es bei der Entwicklung in diesem Forschungsumfeld zu Rückschlägen kam, wurde weiterhin an der Technologie und der damit verbundenen Idee festgehalten. Ausgehend von neuen Ansätzen bei der Entwicklung Ende des 20. Jahrhunderts ließen sich weitere technologische Fortschritte erzielen. Insbesondere auf dem Gebiet der Robotik, der Komplexität von Algorithmen und künstlich generierten Netzwerken auf Basis einer neuronalen Struktur (Buxmann & Schmidt, 2019, S. 4). Dem derzeitigen Stand der Wissenschaft im Forschungsfeld der KI sind seither noch weitere wichtige Meilensteine vorangegangen, welche sich auch dahingehen zeigen, dass sich immer mehr Anwendungsbeispiele hervorgetan haben, in denen ein Algorithmus den Menschen übertreffen kann. Hinzukommend entwickelten sich die Komplexität von Algorithmen, das Gebiet neuronaler Netzwerke sowie deren Anwendungsfelder kontinuierlich weiter (Döbel et al., 2018, S. 9). Diese zunehmende Entwicklung lässt sich allerdings nicht auf den alleinigen Fortschritt ausgewählter Parameter im Forschungsumfeld der KI zurückführen. Es handelte sich vielmehr um eine konvergierende Entwicklung bei unterschiedlichen technologischen Gesichtspunkten. Deren Zusammenwirken begünstigt unter anderem die Fortschritte bei der KI. Sowohl die Leistungsfähigkeit von Systemen der Informationstechnologie und deren Komponenten, welche einem anhaltenden exponentiellen Wachstum unterlagen, als auch die zunehmende Digitalisierung sowie die damit verbundene kontinuierliche Vernetzung von Objekten und Prozessen begünstigen die fortschrittliche Entwicklung. Als Ergebnis des Zusammenwirkens unterschiedlicher technologischer Gesichtspunkte lässt sich bei aktuellen KI-Systemen eine exponentielle Entwicklung ableiten (Kreutzer & Sirrenberg, 2019, S. 73f).

3.1.2 Klassifizierung von Intelligenz

Simultan zur fortschrittlichen Entwicklung in jenem Forschungsumfeld sowie den damit einhergehenden Einsatzfeldern entwickelten sich innerhalb der Fachliteratur ebenfalls stark differenzierte Sichtweisen und definitorische Einordnungen des Fachterminus. Der Umfang des interdisziplinären Forschungsgebietes, welches unterschiedlichen fachlichen Einflüssen ausgesetzt ist, sowie keine einheitliche definitorische Einordnung von Intelligenz erschwert eine eindeutige Definition der KI. Fachübergreifend wird diese allerdings als ein ausgewähltes Fachgebiet aus der Informatik deklariert (Buxmann &

Schmidt, 2019, S. 6). Aus dieser Problemstellung heraus bedarf es im Vorfeld der Definition von KI einer Klassifizierung, was unter dem Begriff der Intelligenz verstanden wird. Die vorliegende Arbeit orientiert sich bei der Einordnung des Terminus der Intelligenz an der von Steinmayr und Amelang (2007) publizierten Definition. Sie definieren diese folgendermaßen: *„Intelligenz wird als eine Begabung angesehen, die interindividuell variieren kann und die eine Fähigkeit beschreibt, Probleme richtig zu lösen und neue Situationen zu bewältigen. Intelligenz ermöglicht zielgerichtete Lösungsstrategien, die durch Versuch und Irrtum entstehen. Mit Intelligenz wird eine Fähigkeit beschrieben, Zusammenhänge zu erfassen, herzustellen und auch zu deuten"* (Steinmayr und Amelang 2007, zitiert nach Schlick, Bruder & Luczak, 2018, S. 89). In Anlehnung an Steinmayr und Amelang (2007) verfügt eine Person demnach über Intelligenz, sofern sie in der Lage ist, für Aufgaben- und Problemstellungen kognitiver Herkunft Lösungen zu generieren (Schlick, Bruder & Luczak, 2018, S. 89). Ausgehend von dieser Klassifikation des Begriffes der Intelligenz wird es im nachfolgenden Abschnitt ermöglicht, eine eindeutige Definition von KI herzuleiten.

3.1.3 Definition von Künstlicher Intelligenz

Eine der bekanntesten definitorischen Einordnungen im Hinblick auf KI lässt sich auf Rich (1983) zurückführen, welche diese dahingehend definierte: *„Artificial Intelligence is the study of how to make computers do things at which, at the moment, people are better"* (Rich 1983, zitiert nach Kreutzer & Sirrenberg, 2019, S. 3). Obgleich die Einordnung von Rich (1983) bereits zeitlich vier Jahrzehnte zurückliegt und die Fortschritte im Forschungsumfeld sich stark erweitert und verändert haben, erscheint sie immer noch aktuell. Zurückzuführen lässt sich dies darauf, dass in Anlehnung an Rich (1983) der Grenzbereich jener technologischen Realisierbarkeit kontinuierlich erneuert werden kann (Kreutzer & Sirrenberg, 2019, S. 3). Aus Sicht des Autors der vorliegenden Schrift ist die definitorische Einordnung nach Rich (1983) für diese Arbeit allerdings nicht präzise genug. Zurückführen lässt sich dies mitunter darauf, dass sich die Zielstellung der vorliegenden Arbeit auf eine präzise Untersuchung der industriellen Robotik fokussiert. Aus Sicht des Autors konzentriert sich Rich (1983) zu stark auf die Anwendung im Kontext von Computern. Zudem lässt sich keinerlei Bezug zu der definitorischen Einordnung von Intelligenz nach Steinmayr und Amelang (2007) erkennen. Für die vorliegende Arbeit wird demnach die Klassifizierung nach Kreutzer und Sirrenberg (2019) empfohlen. Die Autoren definieren KI dahingehend: *„Künstliche Intelligenz bezeichnet die Fähigkeit einer Maschine, kognitive Aufgaben auszuführen, die wir mit dem menschlichen Verstand verbinden. Dazu gehören Möglichkeiten zur Wahrnehmung sowie die Fähigkeiten zur Argumentation, zum selbstständigen Lernen und damit zum eigenständigen Finden von Problemlösungen"* (Kreutzer & Sirrenberg, 2019, S. 3). Die Zielsetzung der Anwendung ist demnach die computerbasierte Nachbildung einer menschlichen Intelligenz. Innerhalb des Kontextes lassen sich drei weitreichende Ausprägungsformen unterscheiden. Es bedarf einer Differenzierung zwischen einer schwachen und starken Form der KI sowie der Superintelligenz. Eine exakte Differenzierung ist an dieser Stelle von großer Relevanz. Nachfolgende Abbildung 9 visualisiert sowohl die einzelnen Entwicklungsstufen als auch deren Zusammenhang zu einer menschlichen Intelligenz.

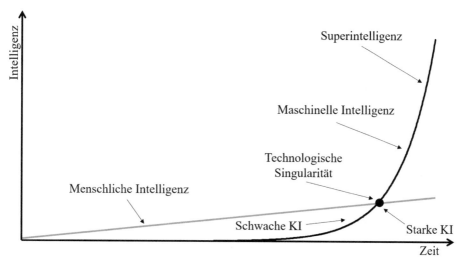

Abbildung 9: Entwicklungsstufen der Künstlichen Intelligenz (Quelle: Eigene Darstellung in Anlehnung an Liebert & Talg, 2018, S. 198)

Schwache und bereits technologisch realisierbare KI konzentriert sich in ihrer Anwendung auf eine konkrete Aufgaben- und Problemstellung, welche mit dafür entwickelten Algorithmen gelöst werden soll. Es handelt sich hierbei um eine Ausprägungsform, welche die menschliche Intelligenz nicht übersteigt. Gleichwohl ist es einer schwach ausgeprägten Form bereits möglich, bei entsprechenden Aufgaben- und

Problemstellungen im Vergleich zum Menschen bereits ein besseres Endergebnis zu erzeugen (Liebert & Talg, 2018, S. 198). In Abhängigkeit der gewählten Literatur wird diese Ausprägungsform auch oft als Narrow Artificial Intelligence bezeichnet. Hierbei wird versucht, das menschliche Verhalten zu simulieren, ohne jedoch eine Imitation oder Reproduktion menschlicher Intelligenz durch den Algorithmus zu erzielen (Sheikh, 2020, S. 42). Eine starke Form der KI wird dahingehend assoziiert, dass sie ein menschliches Bewusstsein besitzt sowie Empathie erbringen kann. Eine entsprechende Form der technologischen Ausprägung ist zum derzeitigen Stand noch nicht möglich (Buxmann & Schmidt, 2019, S. 6). Bei starker KI oder auch Artificial General Intelligence handelt es sich um eine Ausprägungsform, bei der die menschliche Intelligenz nicht mehr überlegen ist. Sie entspricht einer zweiten Entwicklungsstufe, an deren Punkt es zu einer Singularität kommt. Dies bedeutet, dass ab dieser Stufe jede weitere Ausprägungsform die menschliche Intelligenz übersteigen wird. Die weitere Entwicklung verläuft ab diesem Schnittpunkt exponentiell (Liebert & Talg, 2018, S. 198). Im Hinblick auf den Algorithmus wird es dem System dadurch ermöglicht, menschliche Gedankengänge oder ausgeprägtes soziales Verhalten zu erzeugen. Das starke KI-System würde demnach die gleichwertigen Fähigkeiten wie ein Mensch besitzen. Eine Superintelligenz oder auch Artificial Super Intelligence entspricht der dritten und letzten Ausprägungsform. Hierbei handelt es sich um die Variante, deren technologische Realisierung zum derzeitigen Zeitpunkt und in naher Zukunft als am unwahrscheinlichsten zu deklarieren ist. Eine Superintelligenz würde die Fähigkeiten der menschlichen Spezies weit übertreffen und ist demnach aktuell rein spekulativ (Sheikh, 2020, S. 42f). Im Hinblick auf ihr exponentielles Wachstum würde die Zunahme an Intelligenz bei dieser Ausprägungsform nicht mehr der vorhandenen evolutionären Geschwindigkeit unterliegen (Liebert & Talg, 2018, S. 198). Im Rahmen der vorliegenden Schrift bildet die bereits realisierbare schwache Form von KI die Ausgangsbasis. Ihr Einsatz erfolgt in der gegenwärtigen Verwendung von Cobots im Kontext der MRK. Im Hinblick auf die in Abschnitt 2.4 aufgezeigte technologische Entwicklung kommt es hierbei allerdings zu einer Weiterentwicklung der schwachen KI, welche zukünftig über eine gesteigerte Leistungsfähigkeit verfügt. Die damit verbundenen Unterschiede im Kontext der MRK wurden in der Tabelle 3 sichtbar gemacht. Eine leistungsfähigere schwache KI ist demnach der vierten Autonomiestufe zuzuordnen. Dies umfasst die in Abschnitt 2.4 aufgezeigten Möglichkeiten, dass der KI-Cobot seine Arbeitsumgebung durch bspw. Kameratechnologie erfassen kann. Dies beinhaltet sowohl den Menschen als auch unterschiedliche Gegenstände (bspw. Arbeitsmittel). Weiterhin ermöglicht die technologische Weiterentwicklung das Erkennen von Sprache, Handbewegungen und körperlichen Umrissen. Hierdurch wird eine intuitive Programmierung durch ein alleiniges Vorzeigen durch den Menschen realisierbar. Dies ermöglicht dem KI-Cobot unter anderem ihm unbekannte Objekte zu lokalisieren und deren Handhabung zu erlernen (bspw. das Greifen von Gegenständen durch einen Prozess des Ausprobierens). Weiterhin können Sicherheitspotenziale realisiert werden. Der KI-Cobot kann nun antizipativ auf die Bewegungen in der Arbeitsumgebung (bspw. ein nahekommender Mensch) reagieren und antizipativ seine Bewegungsbahnen planen, um ein Ausweichen zu ermöglichen. Die Potenziale durch die Integration von leistungsfähiger schwacher KI lassen sich demnach in den Dimensionen von Flexibilität, Produktivität sowie Sicherheit aufzeigen. Aus Sicht des Autors entspricht eine leistungsfähigere schwache KI allerdings keiner starken Form der Technologie, welche sich in allen Aspekten auf einem Niveau mit dem Menschen bewegt. Aus Sicht des Autors handelt es sich hierbei allerdings um eine Entwicklungsform, welche als eine Steigerung einer schwach ausgeprägten Form zu deklarieren ist. Aus Sicht des Autors und unter Bezugnahme der Abbildung 9 wird diese daher noch vor der Singularität als schwache KI eingeordnet.

3.2 Maschinelles Lernen als Bestandteil Künstlicher Intelligenz

Der nachfolgende Abschnitt fokussiert sich auf die präzise Einordnung des Maschinellen Lernens als ein wesentliches Element von KI. Eine zentrale Zielstellung besteht darin, erkennbar zu machen, welche Vorgehensweisen beim Maschinellen Lernen stattfinden und welche Gestaltungsformen des Lernens sich hieraus ableiten lassen. Ausgehend von dieser Grundlage vertieft der darauffolgende Abschnitt den Aspekt des Tiefen Lernens mit seinen neuronalen Netzwerken. Eine eindeutige Abgrenzung zwischen dem Maschinellen und Tiefen Lernen gilt im Kontext dieser Schrift als essenziell. Der Abschnitt schließt mit der Darlegung von gegenwärtigen und zukünftigen Anwendungsfeldern.

Um ein grundlegendes Verständnis davon zu erzeugen, was mit dem Terminus des Maschinellen Lernens (ML) verbunden werden kann, empfiehlt sich eine Näherung über den allgemeinen Terminus des Lernens. Nach Koch und Kiesel (2011) handelt es sich beim Lernen um einen Prozess. Dieser bildet in diesem Zusammenhang ein Ergebnis, welches unter der Beachtung von Erfahrungen und der Veränderung langfristiger Verhaltenspotenziale generiert wird. Ein Lernprozess impliziert demnach langfristige Veränderungen, welche sich dahingehend aufzeigen, dass sich das Verhaltenspotenzial im Vergleich zum ursprünglichen Ausgangspunkt verändert (Kiesel & Koch, 2011, S. 11). Es kommt hierbei also zu einer kontinuierlichen Weiterentwicklung des Verhaltens, welche durch das Lernen erzeugt wird und ihren Ursprung in den generierten Erfahrungen hat (Weber, 2020, S. 30). Untersucht man den Aspekt des ML lässt sich erkennen, dass sich dieses Konzept ebenfalls an dem allgemeinen Ansatz des Lernens als Prozess orientiert. Dies wird mitunter erkennbar, wenn man die Einordnung nach Mitchell (1997) heranzieht. Das grundlegende Konzept des ML definiert er demnach auf folgende Weise: *„A computer program is said to learn from experience E with respect to some class of tasks T and performance measure P, if its performance at tasks in T, as measured by P, improves with experience E"* (Mitchell, 1997, S. 2). Als Ergebnis dieses Prozesses steht eine Veränderung der grundsätzlichen Konzeptionierung zur Entwicklung von Software, in welcher der Algorithmus nicht mehr im Vorfeld auf jede Eventualität programmiert werden muss. Die Grundlage, auf welcher der Algorithmus und demnach die Software oder Maschine lernt, sind Erfahrungen. Für den Algorithmus sind solche Erfahrungen generierte Daten. Dieser wird also dazu befähigt, eigenständig zu lernen und Aspekte voneinander zu unterscheiden (Buxmann & Schmidt, 2019, S. 8). Die Fähigkeit des kontinuierlichen sowie autonomen Lernens und der damit zusammenhängenden Verbesserung hat seinen Ursprung in der Konstruktion jener genutzten Algorithmen. Im Unterschied zur herkömmlichen Programmierung, in welcher der Mensch jede Eventualität vorprogrammieren muss, wird beim ML eine besondere Gestaltungsform eingesetzt. Es handelt sich hierbei um selbst-adaptive Algorithmen, deren Beschaffenheit der entsprechenden Maschine die Fähigkeit des autonomen Lernens sowie einer Verbesserung ermöglichen. Um den aufgezeigten Prozess des Lernens zu ermöglichen, muss der Algorithmus allerdings dazu in der Lage sein, Erfahrungen zu generieren. Wie eingangs bereits erwähnt, bedarf es hierzu Daten. Im Kontext des ML unterscheidet man grundsätzlich zwischen drei Arten von benötigten Daten. Die Ausgangsbasis bilden Trainingsdaten. Diese werden dazu verwendet, um den Algorithmus zu konzipieren. Aufbauend auf die Konzeptionierung muss dieser kontinuierlich überprüft werden. Im Hinblick darauf, dass die Grundlage der Entscheidung des Algorithmus sukzessiv verstärkt werden soll, bedarf es hinzukommend geeigneter Inputdaten. Die dritte und abschließende Art benötigter Daten bilden die Feedbackdaten. Im Gegensatz zu den Trainings- und Inputdaten werden die Feedbackdaten dahingehend genutzt, um eine Leistungssteigerung des Algorithmus zu erzeugen. Den Ausgangspunkt dieser Weiterentwicklung bilden in diesem Kontext die bereits generierten Erfahrungen des Algorithmus (Kreutzer & Sirrenberg, 2019, S. 6). Die zunehmende Relevanz des ML zeigt sich mitunter anhand von drei differenten Aspekten. Aus Sicht des Menschen lässt sich zunehmend keine strategische Vorgehensweise generieren, welche eine effiziente Programmierung aller Eventualitäten zulässt. Die damit verbundene Steigerung potenziell eintretender Eventualitäten führt zudem dazu, dass aus dem Blickwinkel der Quantität eine Vor-Programmierung aller Eventualitäten durch den Menschen zudem nicht mehr darstellbar ist. Der letzte Aspekt fokussiert sich auf die Volatilität des Umfeldes. Im Hinblick auf den zeitlichen Verlauf ist es mittlerweile nicht mehr möglich, alle potenziell auftretenden Veränderungen berechenbar darzustellen. Insbesondere im Segment der autonom agierenden Roboter kommt es zu einer kontinuierlichen Steigerung der Bedeutung des ML. Speziell in diesem Anwendungsfeld werden die eben aufgezeigten Problematiken sichtbar. Eine Vor-Programmierung aller potenziell auftretenden Konstellationen und Gegebenheiten, welchen der Roboter ausgesetzt werden kann, ist durch den Menschen nicht darstellbar. Hieraus lässt sich ableiten, dass es sich beim ML um ein relevantes Teilgebiet im Kontext der KI handelt (Dörn, 2018, S. 16). Die Technologie ermöglicht es demnach, dass der Algorithmus aus seinen generierten Erfahrungen lernt und das dadurch erworbene Wissen auf neue und unbekannte Situationen anwenden kann, deren Daten Ähnlichkeiten zu den bereits generierten Erfahrungen aufweisen (Döbel et al., 2018, S. 8). ML bildet allerdings nur einen ausgewählten Aspekt des gesamten Forschungsfeldes der KI, was durch Hinzunahme der nachfolgenden Abbildung 10 aufgezeigt wird.

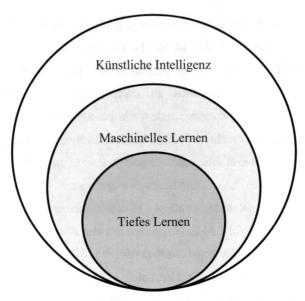

Abbildung 10: Klassifizierung von Künstlicher Intelligenz (Quelle: Eigene Darstellung in Anlehnung an Gao, Wanyama, Singh, Gadhrri, & Schmidt, 2020, S. 595)

3.2.1 Lernverfahren des Maschinellen Lernens

Aufbauend auf die grundlegenden Erkenntnisse hinsichtlich des ML wird im weiteren Verlauf eine Vertiefung des für diese Schrift relevanten Forschungsgebietes der KI angestrebt. Gegenstand dieses Abschnitts wird eine Differenzierung zwischen vorhandenen Lernverfahren sein. Die verfolgte Zielstellung ist hierbei eine präzise Einordnung des Lernverfahrens, nach welchem der Algorithmus im Kontext der Robotik agiert und wie sich dieses von weiteren Verfahren differenziert. Um einen Algorithmus als intelligent bezeichnen zu können, muss dieser vorab unweigerlich auf seine Aufgaben trainiert werden. Im Zuge des ML kann man zwischen drei unterschiedlichen Arten des Lernens differenzieren. Neben dem beaufsichtigten Lernen oder auch Supervised Learning, unterscheidet man zusätzlich noch zwischen dem nicht-überwachten Lernen, welches in der Literatur oftmals auch als Unsupervised Learning aufgezeigt wird und dem verstärkenden Lernen. Das verstärkende Lernen wird in Abhängigkeit der gewählten Literatur auch als Reinforcement-Learning deklariert (Kreutzer & Sirrenberg, 2019, S. 6). Im Hinblick auf die gewählte Art des Lernens lassen sich für das überwachte, unüberwachte und verstärkende Lernen jeweils einzelne Lernaufgaben sowie Modelle unterscheiden (Döbel et al., 2018, S. 10). Um ein Verständnis davon zu erhalten, wie sich die unterschiedlichen Arten unterscheiden, welche Funktionsweise sie verfolgen und in welcher Kategorie das Segment der Robotik einzuordnen ist, sollen diese nachfolgend in einer präzisen Darstellung aufgezeigt werden.

3.2.1.1 Überwachtes Lernen

Das überwachte Lernen bildet die erste Kategorie des Lernens. Dieser Prozess erfolgt hierbei in einem präzise abgegrenzten Bereich, in welchem der Algorithmus durch den Menschen mit einem Datensatz trainiert wird. Die Besonderheit beim überwachten Lernen ist, dass sowohl der entsprechende Datensatz als auch die korrekten Antworten bereits im Vorfeld bekannt sind (Gentsch, 2018, S. 37). Der Datenverarbeitungsprozess durch das System folgt einem entsprechenden Vorgehen aus Eingabe und Ausgabe, in welchem der Algorithmus im ersten Schritt den Datensatz als Eingabe vom Menschen erhält. Im Anschluss überprüft der Mensch die Ausgabe des Algorithmus auf Richtigkeit. Diese Validierung erfolgt, in dem ein Vergleich mit dem vorbereiteten Datensatz stattfindet, welcher bereits die richtigen Antworten enthält. Nach Abschluss der Prüfung durch den Menschen wird, in Abhängigkeit der generierten Antwort des Algorithmus, dessen Ausgabe als richtig oder falsch an das System zurückgeleitet (Wagner, 2020, S. 63). Aus diesem Vorgehen der Überprüfung von ausgegebenen Antworten entstammt auch die Deklaration des überwachten Lernens. Das Anlernen des Algorithmus durch die Hinzunahme von präparierten Trainingsdaten entspricht in diesem Prozess der primär verfolgten Zielstellung. Die dadurch sukzessiv ansteigende Erfahrung des Algorithmus durch eine große Bandbreite an unterschiedlichen Daten soll im zukünftigen Verlauf dazu genutzt werden, um für nicht bekannte Datensätze eine Entscheidung generieren zu können (Dörn, 2018, S. 17). Die Anwendung des überwachten Lernens erfolgt im Allgemeinen bei Aufgabenstellungen aus den Segmenten der Regression oder Klassifizierung. Während sich der Prozess der Regression auf die Vorhersage von Ergebnisprognosen anhand ausgewählter Inputdaten konzentriert, fokussiert sich die Klassifizierung auf die Kategorisierung der eingegebenen Eingangsvariablen (Gentsch, 2018, S. 38). Charakteristisch für diese Segmente der Klassifizierung und Regression sind eine Anwendung von Regressionsgeraden sowie die Anwendung des Bayesschen Modells und des Prinzips eines Entscheidungsbaums (Döbel et al., 2018, S. 10).

3.2.1.2 Unüberwachtes Lernen

Das unüberwachte Lernen bildet die zweite Ausprägungsform eines Lernverfahrens im Kontext des ML. Die Klassifikation der verwendeten Trainingsdaten unterscheidet sich hierbei allerdings grundlegend vom Ansatz des überwachten Lernens. Im Unterschied zum überwachten Lernen erfolgt beim unüberwachten Lernen keine Kennzeichnung oder Strukturierung der bereitgestellten Trainingsdaten (Dörn, 2018, S. 18). Eine eigenständige Identifizierung von erkennbaren Zusammenhängen und Übereinstimmungen sowie eine anschließende Gruppierung, welche durch den Algorithmus vorgenommen wird, ist beim unüberwachten Lernen die primär verfolgte Zielstellung (Gentsch, 2018, S. 38). Buxmann und Schmidt (2019) verdeutlichen den signifikanten Unterschied des Lernens zwischen dem überwachten und unüberwachten Vorgehen anhand der Abbildung von Tieren. Dem Algorithmus werden in beiden Szenarien eine Vielzahl von Abbildungen zur Verfügung gestellt, auf denen sowohl Katzen als auch Hunde zu erkennen sind. Die Zielstellung ist in beiden Prozessen eine richtige Identifikation des abgebildeten Tieres. Im Unterschied zum unüberwachten Lernen werden die Abbildungen beim überwachten Lernen allerdings eindeutig mit der richtigen Antwort gekennzeichnet. Der Algorithmus ist also in der Lage zu erkennen, um welche Kategorie von Tieren es sich handelt. Es entspricht demnach einem Lernprozess, der ausgeprägte Analogien zu dem eines Menschen erkennen lässt. Im Gegensatz dazu wird beim unüberwachten Lernen auf diese eindeutige Klassifizierung der Abbildungen verzichtet. Für den Algorithmus ist es demnach nicht ersichtlich, ob das abgebildete Tier einen Hund oder eine Katze darstellt. Im Kontext der bereits aufgeführten Zielstellung der Identifizierung von sichtbaren Zusammenhängen sowie einer anschließenden Gruppierung soll der Algorithmus nun eigenständig die Abbildungen kategorisieren. Demzufolge könnte ein Ergebnis dieser eigenständigen Kategorisierung sein, dass die abgebildeten Tiere nicht primär nach ihrer Art, sondern anhand farblicher Merkmale kategorisiert werden (Buxmann & Schmidt, 2019, S. 10). Die vorrangige Anwendung finden diese Algorithmen in der eindeutigen Extraktion von Mustern, welche für den Menschen nicht erkennbar sind (Gentsch, 2018, S. 38). Zusätzlich zu dieser Clusterung von Daten ist vor allem die Komprimierung von Daten ein gezieltes Anwendungsgebiet des angelernten Algorithmus (Dörn, 2018, S. 18).

3.2.1.3 Verstärkendes Lernen

Das verstärkende Lernen bildet die dritte und abschließende Gestaltungsform der zu differenzierenden Lernverfahren im Kontext des ML. Hierbei unterscheidet sich dieses Verfahren in seinem grundsätzlichen Ansatz stark vom überwachten sowie dem nicht-überwachten Lernen. Im Gegenteil zu den bereits aufgezeigten Lernverfahren existiert beim verstärkten Lernen anfänglich keine bestmögliche Lösung für die Aufgabe. Das Ziel ist es, diese im Zuge eines iterativen Prozesses zu generieren, indem durch die kontinuierliche Abfolge aus Versuchen und Irren unterschiedliche Lösungswege ausprobiert werden (Gentsch, 2018, S. 38). Im Zuge dieses Prozesses aus Versuchen und Irren werden die generierten Lösungswege durch den Algorithmus entweder verworfen oder weiterentwickelt. Die Grundlage dessen ist ein Prinzip, welches erfolgreiche Lösungswege belohnt sowie falsche Lösungen betraft. Dieser iterative Prozess aus Belohnungen und Bestrafungen findet seine primäre Anwendung, wenn eine bestmögliche Lösung nicht erkennbar scheint, der Datensatz aus Trainingsdaten zu gering ist und bei Lernprozessen, welche auf einer Interaktion mit der individuellen Umgebung gründen (Kreutzer & Sirrenberg, 2019, S. 8). Zentrales Element des verstärkenden Lernens ist ein entsprechender Entscheidungsträger. Dieser wird im Allgemeinen auch als Agent bezeichnet. Das Prinzip des verstärkenden Lernens ist es, dass sich dieser Agent in einem individuellen Zustand befindet und unterschiedlichsten Umwelteinflüssen ausgesetzt werden kann. Führt der Agent nun eine bestimmte Aktion aus, kommt es zu einer Veränderung seines vorherigen Zustandes. Als Antwort auf die von ihm ausgeführte Aktion erhält der Agent nun entweder eine Belohnung oder aber eine Bestrafung als Rückmeldung, aus welcher er ableiten kann, ob die von ihm gewählte Aktion gut war (Dörn, 2018, S. 262). Das Segment der Robotik bildet in diesem Kontext einen der primären Anwendungsbereiche. Dies lässt sich darauf zurückführen, dass sowohl die Komplexität bei den zu programmierenden Aufgaben des Roboters kontinuierlich ansteigt als auch benötigte Trainingsdaten nicht zur Verfügung stehen (Ertel, 2016, S. 313). Dörn (2016) veranschaulicht das Prinzip des verstärkenden Lernens an der beispielhaften Darstellung eines autonom agierenden Roboters, welches nachfolgend dargestellt werden soll. Abbildung 11 visualisiert dieses Prinzip.

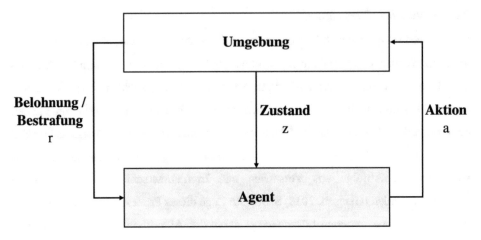

Abbildung 11: Prinzip des verstärkenden Lernens (Quelle: Eigene Darstellung in Anlehnung an Dörn, 2018, S. 262)

Der autonom agierende Roboter bildet als Agent den zentralen Bestandteil innerhalb der Darstellung. Die korrekte Navigation durch die für ihn unbekannte Umgebung entspricht der verfolgten Zielstellung. Der autonom agierende Roboter kann in diesem Prozess unterschiedliche Zustände einnehmen. In der Umgebung entsprechen die potenziell einnehmbaren Positionen diesen Zuständen. Der Roboter ist zudem in der Lage, unterschiedliche Aktionen durchzuführen, um das festgelegte Ziel zu erreichen. Er kann sich sowohl nach oben und unten als auch nach rechts und links bewegen. Im Kontext dieser Aufgabenstellung entsprechen diese Bewegungsrichtungen allen potenziell durchführbaren Aktionen. Anhand des aufgeführten Prinzips aus Versuchen und Irren muss der Roboter nun herausfinden, welche Aktionen in der jeweiligen individuellen Situation im Hinblick auf die Zielstellung erfolgreich sind. War die ausgeführte Aktion in Bezug auf die Zielstellung erfolgreich, wird dies durch eine Belohnung repräsentiert. Entgegengesetzt erfährt der autonome Roboter eine Bestrafung. Anhand dieses Prinzips soll er die bestmögliche Strategie zur Zielerreichung eigenständig generieren und erlernen (Dörn, 2018, S. 262f). Im Verlauf dieses Prozesses entsteht eine eigenständige Optimierung des Algorithmus sowie der von ihm ausgeführten Aktionen durch die kontinuierliche Selbstkorrektur (Kreutzer & Sirrenberg, 2019, S. 8). Die eigenständige Bewegung oder das autonome Greifen eines Roboters beruht hierbei vor allem auf dem technologischen Gesichtspunkt tiefer neuronaler Netze. In diesem Kontext sind sie mit ihren Fähigkeiten von erheblicher Bedeutung und bilden mitunter die technologische Grundlage für die Umsetzung der jeweiligen Tätigkeiten (Lorenz, 2020, S. XI).

3.2.2 Neuronale Netzwerke und Tiefes Lernen

Aus dem Blickwinkel der technologischen Umsetzung leistungsfähiger schwacher KI im Kontext von Robotik handelt es sich bei tiefen neuronalen Netzwerken um einen relevanten Aspekt. Folglich bedarf es an dieser Stelle einer präzisen Darstellung des Konzeptes neuronaler Netzwerke, um ein Grundverständnis dafür zu generieren, wie leistungsfähigere schwache KI auf Basis dieser Technologie im Kontext von Robotik agiert. Der vorliegende Abschnitt erweitert und präzisiert damit die bisherigen Erkenntnisse zum ML. Die Zielstellung liegt in der Darlegung, was unter neuronalen Netzwerken sowie dem Tiefen Lernen zu verstehen ist und welche Relevanz dies für die MRK besitzt. Es bildet damit den Abschluss der notwendigen technologischen Einordnung. Das Prinzip Künstlicher Neuronaler Netzwerke (KNN) ist in diesem Fall kein grundsätzlich neuer Ansatz im Forschungsgebiet. Bereits Mitte des 20. Jahrhunderts wurden Forschungen im Rahmen von KNN durchgeführt. Die eingangs erwähnte konvergierende technologische Entwicklung ebnete dabei den Weg für die heutige Anwendung. Fortschritte in der Rechenleistung sowie bei der Leistungsfähigkeit von Algorithmen erzeugten ein geeignetes Umfeld (Buxmann & Schmidt, 2019, S. 7). Das technologische Prinzip von KNN lässt sich hierbei sowohl auf den Aufbau und die Struktur des menschlichen Gehirns als auch dessen Arbeitsweise zurückführen. Im Gehirn des Menschen bilden die bis zu 100 Mrd. vorhandenen Nervenzellen unterschiedliche Netzwerke. Diese bezeichnet man auch als neuronale Netze, auf deren Struktur und Adaptivität sich sowohl die Intelligenz des Menschen als auch dessen Anpassungsfähigkeit an sich ändernde Umgebungen beruht. Die Simulation oder Modellierung dieser Netzwerke entsprechen relevanten Zielstellungen im KI-Forschungsgebiet (Ertel, 2016, S. 265). KNN repräsentieren im Allgemeinen eine Kombination aus unterschiedlichster Hard- und Software, deren Aufbau sich an einer grundlegenden Struktur orientiert. Der Aufbau gliedert sich hierbei in differente Schichten. Jede Schicht besitzt dabei eine individuelle Aufgabe. Die im neuronalen Netzwerk vorhandenen Prozessoren arbeiten im Hinblick auf die geschichtete Anordnung hierbei parallel zueinander (Kreutzer & Sirrenberg, 2019, S. 5). Die nachfolgende

Abbildung 12 repräsentiert exemplarisch diese Anordnung, anhand deren Beispiel das Vorgehen verdeutlicht werden soll.

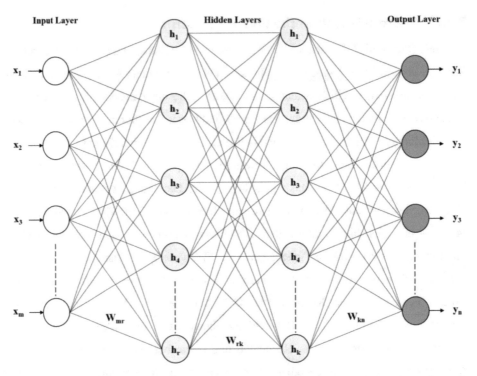

Abbildung 12: Konstruktion eines neuronalen Netzwerkes. (Quelle: Eigene Darstellung in Anlehnung an: Fernández-Cabán, Masters, & Phillips, 2018, S. 5)

Erkennbar ist die Gliederung des Netzwerkes in drei grundsätzliche Schichten. Der Input Layer wird in Abhängigkeit der Literatur auch als Eingabeschicht bezeichnet und repräsentiert demzufolge den Beginn des Prozesses. In dieser Schicht werden die für den Prozess benötigten Rohdaten aufgenommen. In Analogie zu der Struktur und Funktion des menschlichen Gehirns lässt sich diese Eingabeschicht mit dem Sehnerv eines Menschen vergleichen. Demgegenüber befindet sich der Output Layer, welcher im gesamten Verarbeitungsprozess die Ausgabeschicht bildet. Dessen Aufgabe ist es, das durch das Netzwerk generierte Resultat auszugeben (Kreutzer & Sirrenberg, 2019, S. 4f). Inmitten der Eingabe- und Ausgabeschicht befindet sich mindestens eine versteckte Schicht. Jedes KNN bedarf mindestens einen dieser Hidden Layer, welcher aus einer entsprechenden Anzahl an Knoten besteht. Diese Knoten bilden die künstlich generierten Neuronen, welche inmitten des Netzwerkes parallel zueinander arbeiten. Die einzelnen künstlichen Neuronen der unterschiedlichen Schichten weisen hierbei eine Verknüpfung zueinander auf. In Analogie zu den vorhandenen Synapsen im Gehirn des Menschen arbeiten die einzelnen Verbindungen ebenfalls als Übermittler von Signalen. Erkennbar sind zudem, dass alle Verbindungen eine Gewichtung aufweisen. Diese Gewichtungen werden vor Beginn der Lernphase festgelegt und besitzen die Eigenschaft, sich kontinuierlich zu verändern (Fernández-Cabán, Masters & Phillips, 2018, S. 5). Ein KNN arbeitet hierbei nach einem generellen Prinzip, welches sich anhand von vier Stufen darlegen lässt. In einem ersten Schritt werden die benötigten Informationen anhand von Datenwerten bereitgestellt. Diese Datenwerte können hierbei in unterschiedlichster Ausprägung einhergehen und bspw. aus Pixeln eines Bildes bestehen. Im Anschluss erfolgt die Festlegung der grundsätzlichen Struktur des Netzwerkes. In diesem Zusammenhang wird über den quantitativen Wert benötigter Neuronen und Schichten entschieden. Der Verarbeitungsprozess zu Beginn bereitgestellter Informationen erfolgt in einer dritten Phase. In diesem Fall wird eine Lernphase durchlaufen, in welcher die individuellen Gewichte an den Verbindungen trainiert werden (Dörn, 2018, S. 92). Die Gewichte an den Verbindungen werden in diesem Kontext in Form von Zahlenwerten dargestellt. Im Zuge der Lernphase erfolgt eine kontinuierliche Veränderung jener Gewichtung einzelner Verbindungen, bis das generierte Ergebnis ausreichend korrekt ist (Döbel et al., 2018, S. 11). Hierdurch entsteht ein Prozess, in dem jedes künstliche Neuron einen individuell gewichteten Eingangswert vom Neuron aus der vorherigen Schicht erhält, diesen Eingangswert verarbeitet und das generierte Resultat an das jeweils nachfolgende Neuron in der nächsten Schicht weiterleitet. Im Zuge dieser kontinuierlichen Anpassung jener Gewichtung ausgewählter Verbindungen, an deren Ende ein richtiges Ergebnis generiert wird, lernt das KNN. In diesem Fall werden einzelne Verbindungen, welche zum richtigen Ergebnis führen, stärker gewichtet, während andere Verbindungen, die nicht zu einer Lösung der Aufgabenstellung führen, schwächer gewichtet werden (Gentsch, 2018, S. 36). Zum Abschluss des vierphasigen Arbeitsprinzips erfolgt die Ausgabe der generierten Informationen (Dörn, 2018, S. 92). Abbildung 12 und deren exemplarische Darstellung veranschaulicht hinzukommend, dass die Anzahl der Ein- und Ausgaben sowie der dazwischenliegenden verdeckten Schichten in Abhängigkeit des gewählten Netzwerkes variieren können. Hierdurch entsteht sowohl die Möglichkeit einer vertikalen Ausdehnung anhand mehrerer Neuronen als auch einer horizontalen Erweiterung durch eine höhere

Anzahl an verdeckten Schichten (Fernández-Cabán, Masters & Phillips, 2018, S. 5). Im Zuge dieser horizontalen Erweiterung des Netzwerkes erlangt jenes einen größeren Grad an Tiefe. Man spricht in diesem Zusammenhang auch von tiefen neuronalen Netzwerken (Kreutzer & Sirrenberg, 2019, S. 8). Der Lernvorgang anhand dieser tiefen neuronalen Netzwerke wird auch als Tiefes Lernen (TL) bezeichnet. In Abhängigkeit der gewählten Literatur wird das TL auch als Deep Learning (DL) aufgeführt (Döbel et al., 2018, S. 11). Das TL repräsentiert hierbei einen ausgewählten Teilbereich des gesamten ML. Die bereits vorgestellte Abbildung 10 zur Klassifizierung von KI verdeutlicht diesen Zusammenhang. Eine höhere Komplexität bei der strukturellen Darstellung sowie in der Anzahl an verdeckten Zwischenschichten sind in diesem Zusammenhang die maßgebenden Gesichtspunkte, auf welchen das TL beruht (Benuwa, Zhan, Ghansah, Keddy Wornyo & Kataka, 2016, S. 124). Die Anwendungsbereiche jenes Konzeptes haben sich auf Grund seiner technologischen Möglichkeiten unterdies sukzessiv erweitert. Zusätzlich zu dem Erkennen sowie Verarbeiten von natürlicher Sprache ist das Segment der Computer Vision eines, in welchem große Fortschritte erkennbar sind (Mishra & Gupta, 2017, S. 66). Insbesondere die technologischen Fortschritte bei der Computer Vision sind für das Segment der Robotik von Bedeutung. Der Roboter kann hierdurch zunehmend autonomer agieren und sich dabei verändernden Umgebungsbedingungen zielgerichteter und einfacher anpassen (Wischmann & Rohde, 2019, S. 99). Im Kontext der MRK ist die Anwendung von Algorithmen, welche auf der technologischen Basis von tiefen neuronalen Netzwerken und des damit verbundenen TL agieren, von erheblicher Relevanz. Die Anwendung des TL bietet dem Cobot die Möglichkeit, unter anderem seine Umgebung zu erkennen und unterschiedliche Gegenstände und Objekte zu klassifizieren (Liu, Fang, Zhou, Wang & Wang, 2018a, S. 8).

3.3 Einführung und Anwendung als Herausforderung für Unternehmen

Basierend auf der exakten Definition des Terminus von KI, einer Abgrenzung vorhandener Gestaltungsformen und jener konkreten technologischen Einordnung in den MRK-Kontext erfolgt anschließend eine Analyse arbeitswissenschaftlicher Herausforderung. Diese konzentrieren sich auf die Einführung und Anwendung in Unternehmen. Die Zielstellung ist eine Darstellung sich unterscheidender Gesichtspunkte von Herausforderungen. Gleichwohl, dass es zu technologischen Differenzierungen von KI in Abhängigkeit des gewählten Anwendungsgebietes kommt, wird im Rahmen dieser Schrift eine einheitliche Schreibweise angestrebt. In Anbetracht dessen, dass im Abschnitt 3.2.2. bereits detailliert aufgezeigt wurde, wie sich KI technologisch im Kontext von MRK darstellt und welche Differenzierungen es dabei zu beachten gibt, erfolgt dennoch weiterhin die Verwendung des allgemeinen Terminus. Dieser orientiert sich an der in 2.4 dargelegten Darstellung, in welcher KI in der verwendeten Literatur als ein umfassender Begriff verwendet wird, um die zukünftige Entwicklung von MRK darzulegen. Im weiteren Fortgang der vorliegenden Schrift wird diese Darstellung fortgesetzt. Der Einführungs- und Anwendungsprozess von KI ist hierbei in vielerlei Hinsicht von sich differenzierenden Faktoren geprägt, welche Einfluss auf den Erfolg besitzen. Die Planung, Gestaltung und Umsetzung des Veränderungsprozesses in Unternehmen sind in diesem Zusammenhang mehrere zu analysierende Gesichtspunkte. Stowasser et al. (2020) empfehlen für die strategische Einführung und Anwendung die Untergliederung des Prozesses in vier Phasen (Abbildung 13) beginnend mit einer strategischen Zielsetzung bis zur abschließenden Validierung der Einführung. Um die Herausforderungen ganzheitlich zu untersuchen, orientiert sich die vorliegende Schrift am skizzierten Prozess (Stowasser et al., 2020, S. 3).

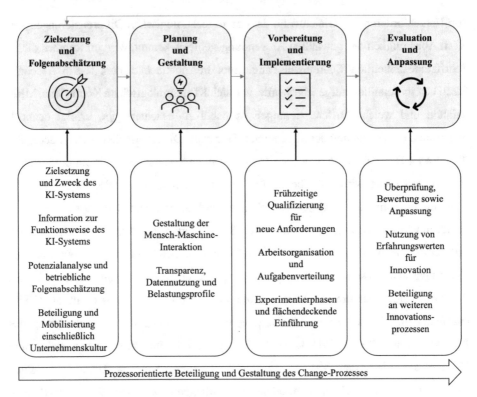

Abbildung 13: Vierphasiges Change-Management-Modell der KI (Quelle: Eigene Darstellung in Anlehnung an Stowasser et al., 2020, S. 8)

Darüber hinaus müssen, ausgehend von der Gestaltung des Veränderungsprozesses, noch weitere Faktoren berücksichtigt werden. Die Einführung und Anwendung von KI geht mit Herausforderungen in den Segmenten von Qualifizierung und Kompetenzentwicklung, einer Gestaltung von Arbeit sowie der sich verändernden Interaktion zwischen Mensch und Maschine einher (Plattform Lernende Systeme, 2019, S. 2). Hinzukommend entstehen in Unternehmen sich differenzierende und neue Fragestellungen zu ethischen Aspekten (Cremers et al., 2019). Im Hinblick auf die sich stark differenzierenden zu analysierenden Parameter erfolgt die Darstellung der Herausforderungen anhand von vier ausgewählten Abschnitten. Jeder Abschnitt präzisiert hierbei einen formulierten Themenbereich. Zu Beginn werden die aufkommenden Herausforderungen im Hinblick auf die strategische Transformation von Unternehmen sowie der Akzeptanz betrachtet. Daraufhin erfolgt eine Analyse entstehender Herausforderungen im Kontext der Qualifizierung und Kompetenzentwicklung. Eine Bewertung des Verhältnisses zwischen Mensch und

Maschine sowie die Gestaltung der Arbeit bilden den dritten Abschnitt. Innerhalb dessen werden zudem auch ethische Gesichtspunkte untersucht. Das vierte und damit abschließende Segment bildet die Analyse von arbeitswissenschaftlichen Herausforderungen im Kontext der Normung und Kritikalität.

3.3.1 Strategische Veränderung, Unternehmenskultur und Akzeptanz

Die Analyse von Herausforderungen in der Gestaltung von Veränderungen, der damit verbundenen Akzeptanz sowie kulturellen Aspekten bildet den ersten Abschnitt. Die Darstellung von Herausforderungen, welche mit der Gestaltung des Veränderungsprozess verbunden sind, fungiert als Ausgangsbasis. In diesem Zusammenhang wird auf die bereits generierten Erkenntnisse aus dem Abschnitt 2.3.1 zurückgegriffen, innerhalb dessen bereits ein arbeitswissenschaftliches Verständnis bezüglich der digitalen Transformation sowie den Faktoren von Vertrauen und Akzeptanz gelegt wurde. Bedingt durch eine unwirksame Dopplung der dargestellten Erkenntnisse, was im Zuge dieser Gesichtspunkte aus wissenschaftlicher Perspektive zu verstehen ist, wird an dieser Stelle auf eine Wiederholung verzichtet. Hierdurch soll eine effiziente Darstellung innerhalb der vorliegenden Schrift gewährleistet werden.

3.3.1.1 Strategische Gestaltung des Veränderungsprozesses

Die Relevanz eines strategischen und interdisziplinären Ansatzes zur Einführung und Anwendung von KI zeigt sich mitunter dadurch, dass der Prozess über die reine Technologie hinausgeht. Die Wahl eines geeigneten und umfassenden strategischen Ansatzes ist in diesem Zusammenhang als essenziell zu bewerten (Dahm & Dregger, 2020, S. 391). Als Grundlage jenes strategischen Ansatzes dient im Vorfeld der Planung und Umsetzung eine Erfassung des derzeitigen Reifegrades. Die Bestimmung des KI-Reifegrades wird in diesem Zusammenhang dazu verwendet, um Erkenntnisse darüber zu generieren, in welchem Entwicklungsstatus sich das Unternehmen befindet. In Abhängigkeit der gewählten Literatur können hierzu unterschiedliche Methoden verwendet werden, welche sich auf die jeweiligen individuellen Gegebenheiten anwenden lassen. Kreutzer und Sirrenberg (2019) veranschaulichen das Vorgehen der Reifegradermittlung bspw. an der von den Autoren publizierten KI-Maturity-Analyse. Bei dieser Methode erfolgt eine Differenzierung und separate Untersuchung zwischen den Kategorien Grundlagen und Anwendungsfelder sowie deren anschließende Validierung. Im Hinblick auf die Grundlagen zur KI empfiehlt es sich für Unternehmen unterschiedliche Perspektiven einzunehmen und deren Ergebnisse zu bewerten. Im Zuge dessen kann überprüft werden, ob und in welchem Umfang die Technologie bereits angewendet wird. Die Analyse erfolgt in diesem Anwendungsfall anhand von vier Dimensionen, welche sich in Ziele und Strategie, Mitarbeiter, Systeme sowie Budget untergliedern. Im Zuge dessen kann unter anderem analysiert werden, ob bereits eine strategische Vorgehensweise sowie dazugehörige Zielformulierungen vorliegen oder bereits monetäre Aspekte berücksichtig wurden. Hinzukommend bietet dieses Vorgehen die Möglichkeit zu untersuchen, inwiefern Mitarbeitende bereits über ein entsprechendes Qualifikationsniveau verfügen oder ob KI-Systeme bereits zum Einsatz kommen. Die Validierung von Ergebnissen erfolgt hierbei in Abhängigkeit der bereits realisierten Nutzung und anhand einer Skala von null bis einhundert Prozent. Innerhalb der Anwendungsfelder soll im Anschluss analysiert werden, in welchem Umfang die Nutzung in den unterschiedlichen Segmenten eines Unternehmens bereits erfolgt. Im Kontext der Produktion lassen sich hieraus unterschiedliche Ausprägungen ableiten. In Analogie zu einer Bewertung von Grundlagen erfolgt die Validierung der Ergebnisse hierbei ebenfalls anhand einer Skala von null bis einhundert Prozent. In diesem Zusammenhang entspricht ein Bewertungsergebnis von null Prozent einer Situation, in welcher kein Einsatz von KI erfolgt, während bei einhundert Prozent Entscheidungen durch die Technologie bereits selbständig umgesetzt werden. In Abhängigkeit der generierten Ergebnisse erfolgt im Anschluss an die Reifegradermittlung die Phase der strategischen Implementierung (Kreutzer & Sirrenberg, 2019, S. 275-278). In Anlehnung an das vierphasige Change-Management-Modell von Stowasser et al. (2020) werden innerhalb der ersten Phase zusätzlich zu der Festlegung der verfolgten Zielstellung des Einsatzes weiterhin Aspekte zur Funktionsweise, einer Analyse von Potenzialen sowie kulturellen Gesichtspunkten untersucht. Die Generierung einer gemeinsam verfolgten Zielstellung im Hinblick auf die Einführung und Anwendung ist in diesem Zusammenhang von essenzieller Bedeutung. Die Absicht sowie potenzielle technologische Grenzen sollten zudem identifiziert und festgelegt werden (Stowasser et al., 2020, S. 8). Die zukünftige Nutzung der Technologie sollte sich in diesem Zusammenhang an der gegenwärtigen Vision der Organisation orientieren. Dieses Vorgehen bietet das Potenzial, dass der zukünftige Einsatz der

Erreichung von unternehmensweiten Zielen dient. Die Generierung eines gemeinsamen Verständnisses auf der Führungsebene hinsichtlich der Nutzung sowie der Bedeutung von KI für das Unternehmen sollte hierbei als Aspekt der verfolgten Zielstellung mit einbezogen werden. Für die Erreichung der verfolgten Zielstellung ist ein gemeinsames Verständnis an dieser Stelle von essenzieller Bedeutung (Pokorni, Braun & Knecht, 2021, S. 33). Der Einsatz von KI kann in diesem Kontext mit einer Vielzahl an unterschiedlichen Zielstellungen einhergehen. Die Steigerung der individuellen Wettbewerbsfähigkeit sowie eine Erhöhung der Attraktivität des individuellen Arbeitsplatzes sind in diesem Zusammenhang nur ausgewählte Gesichtspunkte. Unabhängig von der jeweils zu verfolgenden Zielstellung ist es von bedeutender Relevanz, dass diese zu Beginn festgelegt wird und zugleich allen Beteiligten bekannt ist. Hierdurch lassen sich zudem eventuelle Zielkonflikte frühzeitig ableiten, um darauf reagieren zu können (Plattform Lernende Systeme, 2019, S. 11). Bereits während der anfänglichen Gestaltung des Veränderungsprozesses sowie der Bestimmung von verfolgten Zielstellungen und des Einsatzzwecks ist die ausgedehnte Integration der betrieblichen Interessensvertretung von hoher Bedeutung. Unter anderem kann hierdurch sichergestellt werden, dass bei der Einführung und Anwendung von KI die Wahrung der gesetzlichen Mitbestimmung gewährleistet wird (Stowasser et al., 2020, S. 10).

3.3.1.2 Akzeptanz und ganzheitliche Partizipation als Erfolgsfaktoren

Es empfiehlt sich des Weiteren, dass zusätzlich zu der Unternehmensleitung sowie der betrieblichen Interessenvertretung bereits zu Beginn alle betroffenen Mitarbeitenden mit einbezogen werden. In dieser Phase sollte sichergestellt werden, dass alle Stakeholder Kenntnisse über die entwickelte Vision sowie die damit verbundenen Zielstellungen und Einsatzbereiche der Technologie besitzen. Inmitten des Prozesses muss gewährleistet werden, dass alle Beteiligten ein Verständnis entwickelt haben, zu welchem Zweck sie am Veränderungsprozess beteiligt werden und auf welche Art sie einen Beitrag dazu leisten sollen (Hanefi Calp, 2019, S. 127). Die umfängliche Integration aller Beteiligten ist demnach von zentraler Bedeutung für die Generierung und Sicherstellung von Vertrauen und Akzeptanz gegenüber der KI. Seitens der Unternehmensführung können hierdurch offene Fragen hinsichtlich einer zukünftigen Arbeitsgestaltung oder dem Aspekt von Qualifizierung beantwortet werden, welche sich sowohl bei Mitarbeitenden als auch der betrieblichen Interessensvertretung oftmals aufzeigen. Eine umfangreiche Partizipation aller am Prozess beteiligten Stakeholder ist in diesem Zusammenhang von elementarer Bedeutung, um die jeweils individuellen Interessen zu berücksichtigen und diese in den Prozess der Veränderung mit einzubeziehen (Plattform Lernende Systeme, 2019, S. 13). Strohm et al. (2020) kamen in ihrer Studie, welche sich mit der Untersuchung von Herausforderungen und Erfolgsfaktoren zum Einsatz von KI beschäftige, ebenfalls zu dem Ergebnis. Demnach erschweren fehlende Akzeptanz sowie kein vorhandenes Vertrauen bei den Beteiligten die Einführung und Anwendung (Strohm et al., 2020, S. 5529). Innerhalb des Veränderungsprozesses kann es demnach dazu kommen, dass Mitarbeitende des Unternehmens der neuen Technologie mit Widerständen begegnen, die damit verbundene Akzeptanz verweigern und stattdessen den derzeitigen Zustand bevorzugen (Nam, Dutt, Chathoth, Daghfous & Khan, 2020, S. 559f). Ein angemessener Umgang mit auftretenden Widerständen ist an diesem Zeitpunkt von entscheidender Bedeutung. Widerstände können in diesem Zusammenhang sowohl bei Mitarbeitenden als auch bei Führungskräften auftreten und jeweils individuelle Ausprägungen einnehmen. Um auftretenden Widerständen angemessen zu begegnen, empfiehlt sich ein achtsames Agieren sowie das Hineinversetzen in die betroffene Person (Schaffner, 2020, S. 198). Aus dem Blickwinkel der unternehmensweiten digitalen Transformation ist es in diesem Fall für den Erfolg der Veränderung entscheidend, dass die Akzeptanz durch die Beachtung von mehreren Erfolgsfaktoren sichergestellt werden kann. Die nachfolgende Abbildung 14 visualisiert diese Erfolgsfaktoren und in welchem Zusammenhang diese zum Erfolg des Veränderungsprozess stehen.

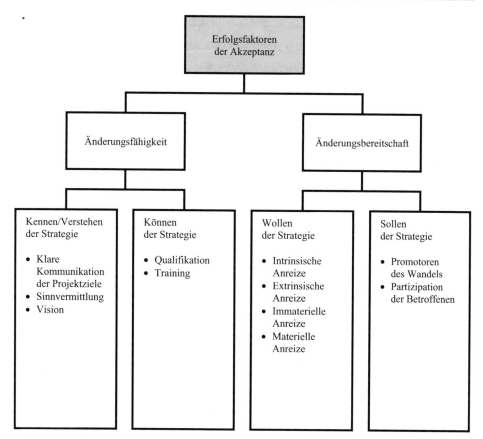

Abbildung 14: Erfolgsfaktoren der Akzeptanz im Veränderungsprozess (Quelle: Eigene Darstellung in Anlehnung an Werani & Smejkal, 2014, S. 251)

Die Akzeptanz von Mitarbeitenden und Führungskräften gegenüber einem Veränderungsprozess ist folglich von vier Kriterien im Hinblick auf die Strategie abhängig. Die Änderungsfähigkeit umfasst dabei sowohl jene bereits angesprochene Kenntnis sowie das Verständnis einer Strategie. Ergänzend hinzukommend gilt es den Aspekt des Könnens einer Strategie und der damit verbundenen Qualifikation zu beachten. Akzeptanzsteigernd sind weiterhin Kriterien aus dem Segment der Änderungsbereitschaft. Das Wollen der strategischen Umsetzung geht in diesem Zusammenhang mit einer Generierung von Anreizen einher, welche sich positiv auf die Motivation auswirken können. Der Aspekt des Sollens umfasst in diesem Kontext die bereits dargelegte Partizipation von relevanten Stakeholdern im gesamten Prozess. Supplementär hinzukommend kann der Effekt der Akzeptanzsteigerung durch die Integration von Promotern erzeugt werden. Die damit verbundene Zielsetzung ist es, eine Bereitschaft zur

Veränderung im Unternehmen anzustoßen (Werani & Smejkal, 2014, S. 251). Im Hinblick auf die Einführung von KI und dem damit verbundenen Veränderungsprozess skizzieren die Faktoren Vertrauen sowie Akzeptanz demzufolge relevante Gesichtspunkte (Nam, Dutt, Chathoth, Daghfous & Khan, 2020, S. 559f). Akzeptanz und Vertrauen können in diesem Kontext allerdings nicht unabhängig voneinander betrachtet werden, da sie zueinander starke Interdependenzen aufweisen. Das Vertrauen seitens der Stakeholder eines Unternehmens gegenüber der KI ist hierbei der entscheidende Faktor, um die benötigte Akzeptanz zu generieren. In diesem Zusammenhang ist es irrelevant, in welchem technologischen Einsatzbereich die Technologie zur Anwendung kommt (Scheuer, 2020, S. 136). Die Einführung und Anwendung sowie jene damit verbundene Generierung von Potenzialen kann infolgedessen nur eingeschränkt erfolgen, sofern eine Technologie nicht vertrauenswürdig erscheint. Gegenüber weiteren Technologien aus dem Sektor der Informationstechnologie unterscheidet sich die Generierung von Vertrauen bei KI zunehmend. Dies lässt sich daran erkennen, dass die mit der Generierung von Vertrauen verbundenen Herausforderungen im genannten Kontext sehr große Unterschiede aufweisen können. Besagtes lässt sich hierdurch erkennen, dass die Erscheinungsform der KI erheblichen Einfluss auf die Reaktion des Menschen haben kann. Im Unterschied zu einer virtuellen Erscheinungsform, bei der das Vertrauen bereits zu Beginn im Allgemeinen stärker ausgeprägt ist, findet sich im Segment der Robotik ein entgegengesetzter Zustand. Wird KI in Form eines Roboters repräsentiert, befindet sich das Vertrauen des Menschen gegenüber der Technologie zu Beginn oftmals auf einem niedrigen Niveau. Hier kommt es erst sukzessiv zu einer Steigerung des Niveaus (Lockey, Gillespie, Holm & Someh, 2021, S. 5463). Infolgedessen lässt sich ableiten, dass die Einführung und Anwendung von Technologien im industriellen Umfeld, deren Basis komplexe Algorithmen bilden, mit der ausgedehnten Betrachtung sozialer Gesichtspunkte einhergehen müssen (Neuer, Wolff & Holzknecht, 2021, S. 7). Nach einer Studie von Lockey, Gillespie, Holm & Someh (2021) lässt sich der Aspekt des Vertrauens von beteiligten Stakeholdern im Hinblick auf die Gestaltung von KI anhand von fünf differenten Gruppierungen unterscheiden. Die Aspekte von Transparenz sowie Erklärbarkeit bilden in diesem Zusammenhang eine erste Gruppierung. Inmitten einer Interaktion zwischen einer KI und der entsprechenden Arbeitsperson sollte diese nachvollziehen können, in welchem Umfang und Zusammenhang die Aktionen der Technologie getroffen werden. Hinzukommend fördert die Zuverlässigkeit in der

Anwendung das Vertrauen seitens der Stakeholder. Das zu erreichende Ergebnis der Handlung durch die Technologie sollte hierbei weder unpräzise noch für die Arbeitsperson gefährlich sein. Im entsprechenden Kontext bildet die zunehmende Automatisierung die dritte Gruppierung, welche sich auf das Vertrauen auswirken kann. Um einem Verlust von Vertrauen entgegenzuwirken, sollte darauf geachtet werden, dass sich keine Abhängigkeit der Arbeitspersonen gegenüber der KI generiert und der Mensch nicht dem System zu folgen hat. Ebenfalls sind die Kriterien von Dequalifikation und dem Wegfall des eigenen Arbeitsplatzes zu beachten. Der Anthropomorphismus und die damit verbundene menschenähnliche Gestaltung repräsentiert die vierte Gruppierung. Im Allgemeinen fördert eine stärkere Ausprägung des Anthropomorphismus das Vertrauen seitens des Menschen gegenüber dem intelligenten System. Dies ist dann der Fall, wenn es sich sowohl um einen virtuellen als auch um einen realen Agenten handelt. Eine zu starke anthropomorphe Ausprägung in der Gestaltung kann allerdings dazu führen, dass der Mensch die Technologie und ihre Eigenschaften sowie potenziell ausführbare Funktionen überschätzt. Folglich wäre die Auswirkung ein erhöhtes Gefahrenpotenzial für die Arbeitsperson, deren Ergebnis wiederum der Verlust von Vertrauen wäre. Die Extraktion benötigter Daten bildet das fünfte und abschließende Kriterium. Sollte die persönliche Privatsphäre nicht gewahrt und der Umgang mit den personenbezogenen Daten missbräuchlich erfolgen, kann dies zu einem erheblichen Verlust von Vertrauen bei den Stakeholdern führen (Lockey, Gillespie, Holm & Someh, 2021, S. 5467f). Nach den Ergebnissen der Untersuchungen von Scheuer (2020) lässt sich die allgemein umfassende Akzeptanz gegenüber der KI anhand von drei unterschiedlichen Ausprägungsformen der Akzeptanz unterscheiden. Scheuer (2020) erweitert das bisherige Technology Acceptance Model (TAM) in seiner Arbeit und unterscheidet zwischen einer generellen Akzeptanz gegenüber Technologien, welche unter anderem auch den subjektiv wahrgenommenen Nutzen beinhaltet, einer spezifischen technologischen Akzeptanz gegenüber KI sowie einer auf der Persönlichkeit des Individuums beruhenden Form der Akzeptanz. Letztere inkludiert in diesem Zusammenhang auch die eigentliche Sympathie sowie den Aspekt der Zuneigung gegenüber einer KI. Der Bestandteil des Vertrauens bildet in diesem Fall die Grundlage für die spezifische technologische Akzeptanz. Eine stärkere oder schwächere Ausprägung des Vertrauens kann demzufolge diese Form der Akzeptanz beeinflussen. Als Ergebnis der drei aufgezeigten Gruppierungen lässt sich eine umfängliche und allgemeine Akzeptanz generieren (Scheuer, 2020, S. 133f). Im

Gegensatz zu weiteren technologischen Betriebsmitteln aus dem industriellen Umfeld hat das Vertrauen im Forschungsumfeld der KI eine stärkere Bedeutung. Dies lässt sich vor allem darauf zurückführen, dass die Technologie in ihrer Interaktion mit der Arbeitsperson als ein sozialer Bestandteil deklariert wird. Der Unterschied wird dahingehend erkennbar, wenn man einen Vergleich zum allgemeinen Segment der Robotik zieht. Der Roboter in Form eines herkömmlichen Betriebsmittels kann in diesem Zusammenhang lediglich als reines technologisches Instrument bezeichnet werden (Saßmannshausen & Heupel, 2020, S. 172). Das Vertrauen repräsentiert demnach im gesamten Veränderungsprozess einen relevanten Bestanteil, welchen es zu untersuchen gilt, sowohl im Hinblick auf die bereits dargelegten technologischen Gestaltungsaspekte als auch aus dem Blickwinkel der damit verbundenen unternehmensweiten digitalen Transformation, und zwar unter anderem auch deswegen, weil die Reaktionen und Empfindungen beteiligter Mitarbeitende von ausgeprägter Individualität geprägt sein können. Betreffende Mitarbeitende können auf die Einführung und Anwendung sowohl stark interessierte, skeptische, ablehnende als auch passive Reaktionen zeigen. Zurückführen lässt sich dies unter anderem auch auf unterschiedliche Erwartungshaltungen (Dahm & Twisselmann, 2020, S. 132f).

3.3.1.3 Anforderungen an die Unternehmenskultur

Aus dem Blickwinkel einer erfolgreichen strategischen Gestaltung des Veränderungsprozesses ist es daher erforderlich, dass die Mitarbeitenden eines Unternehmens Offenheit sowie eine positive Einstellung mitbringen. Das zu Beginn dargelegte grundlegende Verständnis ist für dieses Vorgehen und eine angemessene Partizipation von elementarer Bedeutung. Auf dieser Basis besteht die Möglichkeit, eine übergreifende und notwendige Kultur im Unternehmen zu verankern (Pokorni, Braun & Knecht, 2021, S. 37). Die Ausgestaltung der internen Kultur ist in diesem Zusammenhang von entscheidender Bedeutung. In diesem Kontext kann die Einführung sowie die zukünftige Anwendung von KI erfolglos bleiben, sofern die Kultur eines Unternehmens nicht unterstützend wirkt (Frost, Jeske & Ottersböck, 2020, S. 55). Zur Erreichung einer zweckdienlichen und unterstützenden Unternehmenskultur bedarf es einer differenzierten Betrachtung einzelner kultureller Gesichtspunkte. In diesem Zusammenhang wird zwischen einer angemessenen Führungs,- Präventions,- Arbeits- sowie Kommunikationskultur unterschieden, deren jeweilige individuelle Ausgestaltung die gesamte Unternehmenskultur bilden. Hierzu lassen sich für jeden Aspekt unterschiedliche

Maßnahmen ableiten. Aus dem Betrachtungswinkel einer angemessenen und förderlichen Führungskultur sollte darauf geachtet werden, dass bereits zu Beginn festgelegt und verdeutlicht wird, wie die strategische Zielsetzung des Unternehmens im Hinblick auf die Einführung und zukünftige Anwendung ist. Es muss zudem ein Bewusstsein bei den Führungskräften vorherrschen, dass die Partizipation der Mitarbeitenden sowie deren Lösungsvorschläge förderlich für den gesamten Prozess sein können. Zudem ist es notwendig, eine geeignete Kultur der Prävention zu etablieren. Die Unternehmensleitung, beteiligte Führungskräfte sowie Mitarbeitende sollten gemeinsam Risiken validieren, welche im Zuge der Einführung und Anwendung entstehen. Eine angemessene vorherrschende Arbeitskultur bildet den dritten Gesichtspunkt. Um diese zu generieren, lässt sich der Umgang mit personenbezogenen Daten der Nutzenden als Maßnahme ableiten. Führungskräfte und Mitarbeitende sollten, in Analogie zur Präventionskultur, auch hier gemeinschaftlich und im gegenseitigen Austausch den Umgang mit diesen Daten erarbeiten. Die notwendige Kultur der Kommunikation ist zudem entscheidend für die erfolgreiche Gestaltung des Veränderungsprozesses. Die verfolgte Zielstellung sollte es sein, dass sich innerhalb des Unternehmens eine Atmosphäre etabliert, welche sich auf die positiven Aspekte fokussiert und aus welcher sich ein Interesse gegenüber der Technologie generieren lässt. Dies kann erreicht werden, wenn eine Sensibilisierung der Nutzenden erfolgt, durch die diese das Potenzial von KI wahrnehmen können. Um diesen Prozess zu unterstützen, empfiehlt es sich externe Experten sowie Hersteller einzuladen oder eine Teilnahme an externen Fachveranstaltungen (Offensive Mittelstand, 2019, S. 146-148). In Anlehnung an das zu Beginn des Abschnittes vorgestellte vierphasige Change-Management-Modell der KI ergeben sich an die Kultur zudem weitere Anforderungen. Die Unternehmenskultur gilt hierbei als ein Gesichtspunkt, welcher über den Erfolg der Einführung und Anwendung entscheiden kann (Stowasser et al., 2020, S. 14f). Die Anforderungen lassen sich in diesem Zusammenhang anhand der jeweiligen Phase ableiten. Bereits zu Beginn der Veränderung bedarf es der bereits erwähnten Partizipation von Mitarbeitenden am Prozess. Diese umfasst sowohl Kommunikationsmaßnahmen als auch Formate der Beteiligung relevanter Stakeholder. Ebenfalls sollte darauf bedacht sein, das Feedback der Mitarbeitenden im Zuge der kontinuierlichen Überprüfung von KI-Anwendungen zu berücksichtigen. Die Offenheit der Unternehmenskultur ist hierbei von entscheidender Bedeutung (Stowasser et al., 2020, S. 34f). Die Handlungen und Tätigkeiten der Führungskräfte eines Unternehmens sind hierbei von essenzieller Bedeutung. Führungskräfte müssen in diesem Zusammenhang dafür Sorge tragen, dass die Kultur wie auch die notwendigen Strukturen für Veränderungen vorhanden sind, um zukünftige Potenziale durch die Nutzung von KI zu generieren. Dies umfasst auch die Tatsache, dass eine interdisziplinäre und abteilungsübergreifende Kommunikation möglich sein muss, welche unter anderem auf einer Kultur des gemeinsamen Arbeitens basiert (Mikalef & Gupta, 2021, S. 14).

3.3.2 Qualifikation und Entwicklung von Kompetenzen

Aufbauend auf die generierten Erkenntnisse des vorangegangenen Abschnitts und der Darlegung aufkommender Herausforderungen im Kontext einer strategischen Gestaltung von Veränderungen sowie der damit verbundenen Akzeptanz widmet sich der nachfolgende Abschnitt einer inhaltlichen Darstellung der Qualifikation und Entwicklung von Kompetenzen. Die Struktur des Abschnitts gliedert sich in diesem Zusammenhang in weitere separate Teilgebiete, die aufeinander aufbauen. Eine Darlegung des Stellenwerts der Untersuchung fungiert hierbei als Ausgangsbasis. Innerhalb dessen soll aufgezeigt werden, weshalb die Kriterien der Kompetenzentwicklung sowie der Erreichung eines notwendigen Qualifikationsniveaus von elementarer Bedeutung sind. Darauffolgend wird untersucht, wie sich die Entwicklung von Kompetenzen und der damit verbundenen Qualifizierung aus unterschiedlichen Betrachtungswinkeln darstellen. Hierzu wird sowohl die Perspektive der operativ agierenden Mitarbeitenden als auch deren Führungskräfte betrachtet. Hierbei werden zudem Vorgehensweisen und Methoden betrachtet, deren Anwendung sich positiv auf den Prozess der Kompetenzentwicklung auswirken können.

3.3.2.1 Relevanz des Qualifikationsniveaus

Der Aspekt einer angemessenen Qualifizierung von Mitarbeitenden lässt sich im Kontext des umfangreichen Veränderungsprozesses von KI als herausfordernder Gesichtspunkt deklarieren. Es bedarf in diesem Zusammenhang einer ausgeprägten Orientierung an den Bedürfnissen der Mitarbeitenden, um die notwendige Akzeptanz im Veränderungsprozess sicherzustellen (Abdelkafi et al., 2019, S. 25f). Die verstärkte Integration und Nutzung von KI hat zur Folge, dass sich das allgemeine Arbeitsumfeld sowie die individuellen Tätigkeiten zunehmend verändern werden. Im Hinblick darauf ist die Entwicklung von geeigneten Kompetenzen und das Erreichen eines notwendigen Qualifikationsniveaus von elementarer Bedeutung. Nur so kann sichergestellt werden, dass die Mitarbeitenden ausreichend für den Veränderungsprozess vorbereitet sind und eine sichere Interaktion mit der Technologie gewährleistet werden kann (Plattform Lernende Systeme, 2019, S. 8). Obgleich beide Termini zusammenhängen, ist an dieser Stelle eine eindeutige Abgrenzung des Terminus der Kompetenz zu der bereits dargelegten Qualifikation erforderlich. Hierfür orientiert sich die vorliegende Schrift an der weit verbreiteten definitorischen Einordnung nach Weinert (2001). In diesem Zusammenhang sind Kompetenzen: *„die bei Individuen verfügbaren oder durch sie erlernbaren kognitiven Fähigkeiten und Fertigkeiten, um bestimmte Probleme zu lösen, sowie die damit verbundenen motivationalen, volitionalen und sozialen Bereitschaften und Fähigkeiten, um die Problemlösungen in variablen Situationen erfolgreich und verantwortungsvoll nutzen zu können"* (Weinert, 2001, S. 27f). Kompetenzen weisen in diesem Zusammenhang eine Reihe von unterschiedlichen Eigenschaften auf, welche es zu beachten gilt. Im Allgemeinen sind Kompetenzen immer zentriert auf ein entsprechendes Subjekt und beziehen sich auf einen eindeutig definierten Leistungsbereich. Grundsätzlich führen die Entwicklung und Anwendung zu dem Erwerb von neuem Wissen. Die Voraussetzung hierfür ist allerdings bereits ein vorhandenes Fundament an entsprechendem Wissen. Kompetenzen sind in diesem Kontext allerdings nicht immer identisch. Es lassen sich unterschiedliche Arten unterscheiden, von denen jede jeweils ein individuelles Niveau der Ausprägung besitzen kann (Schlick, Bruder & Luczak, 2018, S. 115). Das Generieren von Wissen aus bestehenden Daten und eine Umwandlung in Kompetenzen war in der Vergangenheit ein von Menschen geprägtes Anwendungsgebiet, in welchem die Technologie keine aktive Rolle einnahm. Ein zunehmender technologischer Fortschritt im Bereich der KI führte allerdings zu einer Veränderung. Dies lässt sich mitunter darauf zurückführen, dass die Technologie mittlerweile in der Lage ist, unterschiedliche Zustände zu registrieren und über einen Prozess der Datenerfassung, -interpretation und -verarbeitung Informationen zu generieren, auf deren Basis ein eigenständiges Lernen und Steuern ermöglicht wird. Dies hat zur Folge, dass das System ebenfalls in der Lage ist, handlungsorientiertes Wissen zu erzeugen und dieses mit eigenen Kompetenzen in den Interaktionsprozess einzubringen. Das Ergebnis entspricht einem Paradigmenwechsel innerhalb der Interaktion zwischen Mensch und Technologie, welches in einer Verschiebung von Kompetenzen resultieren kann. Im Kontext der industriellen Anwendung ist es hierbei irrelevant, welche Ausprägungsform die KI einnimmt. Es ist also unabhängig davon, ob diese als eine Software zur Organisation von Prozessen oder im Kontext der Robotik ihre Anwendung findet (Offensive Mittelstand, 2019, S. 112-116).

3.3.2.2 Anforderungen an den Kompetenzbedarf

Aus dieser Veränderung im Interaktionsprozess lassen sich zunehmend Möglichkeiten ableiten, wie menschliche Tätigkeiten in Unternehmen unterstützt werden können. Das Anpassen der Kompetenzen sowohl von Führungskräften als auch den Mitarbeitenden als Nutzende der KI ist für die Generierung dieser Potenziale essenziell (Frost & Jeske, 2019, S. 2). Wie bereits eingangs aufgezeigt wurde, können Kompetenzen unterschiedliche Ausprägungsformen einnehmen. Die Forschung differenziert diese in diesem Zusammenhang anhand von vier unterschiedlichen Gruppierungen (Abbildung 15).

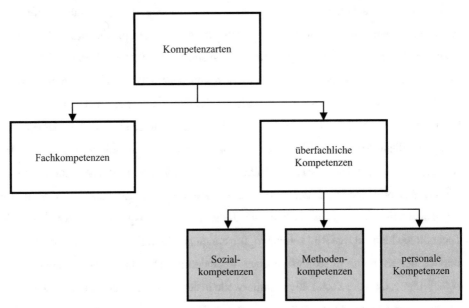

Abbildung 15: Vier Arten der Kompetenz (Quelle: Eigene Darstellung in Anlehnung an Gnahs, 2010, S. 26f)

Zusätzlich zu der Fachkompetenz sind in diesem Zuge noch die Sozial-, Methoden- sowie die Personalkompetenz zu nennen. Innerhalb dieser vier Gruppierungen erfolgt jeweils noch eine weitere Differenzierung. Die Sozial-, Methoden- und Personalkompetenzen finden diesbezüglich interdisziplinär und unabhängig von der jeweiligen Situation ihre Anwendung. In diesem Zusammenhang werden die Sozial-, Methoden- und

Personalkompetenzen auch als Schlüsselkompetenzen bezeichnet. Die Fachkompetenzen hingegen konzentrieren sich primär auf die Anwendung im Beruf (Pietzonka, 2019, S. 485). Die vorliegende Schrift orientiert sich bei der Analyse an den in der Kompetenzforschung benannten Gruppierungen. Die Untersuchung erfolgt anhand der zu Beginn dargelegten Differenzierung zwischen den operativ mit einer KI agierenden Mitarbeitenden sowie den Führungskräften. Zu Beginn werden die operativen Mitarbeitenden betrachtet.

3.3.2.2.1 Kompetenzen der KI-Nutzenden

Um die Akzeptanz gegenüber der Technologie sowie dem Veränderungsprozess zu erhöhen, ist eine angemessene Qualifizierung sowie die Betrachtung von notwendigen Kompetenzen essenziell. Die verfolgte Zielstellung des Prozesses sollte es sein, dass die Mitarbeitenden im Hinblick auf die Interaktion mit der Technologie ein angemessenes Bewusstsein generieren. Die Arbeitspersonen sollten demnach in der Interaktion mit der KI diese sowohl kritisch hinterfragen als auch reflektieren können. In diesem Zusammenhang ist eine bedarfsgerechte Qualifizierung von hoher Bedeutung, was sich mitunter in den Fachkompetenzen erkennen lässt. Im Hinblick auf die Einführung und Anwendung ist es erforderlich, dass den Arbeitspersonen die elementaren Funktionsweisen bekannt sind. Es sollte bereits zu Beginn garantiert werden, dass eine ausreichende Vorbereitung auf die Interaktion sichergestellt wird. Dies inkludiert unter anderem die Beantwortung nach den Fragen, der Änderung von bisherigen Arbeitsprozessen oder Kommunikationswegen zwischen Mensch und Technologie, Vorgaben hinsichtlich einer angemessenen Interaktion, den Umgang mit Störungen und Fehlern sowie Auswirkungen auf Entscheidungsfreiheiten und Weisungsbefugnisse (Offensive Mittelstand, 2019, S. 123f). Innerhalb des Prozesses ist es von elementarer Bedeutung, dass die Nutzenden über den eigentlichen Zweck des Einsatzes Kenntnisse besitzen und einschätzen können, welche Aktionen durch das System realisierbar sind. Dies beinhaltet zudem auch die Aufklärung über Grenzen und Risiken der Technologie (Cremers et al., 2019, S. 17). Insbesondere unter dem Aspekt der Interaktion sollte darauf geachtet werden, dass die Arbeitspersonen Kenntnis davon besitzen, wie eine Interaktion zu gestalten ist und welche Möglichkeiten der Intervention sich bieten. Hierbei sollte darauf geachtet werden, dass dies nicht nur den Nutzenden vorgestellt wird, sondern jene dies auch üben können. Hierbei können die positiven Gesichtspunkte der Anwendung herausgestellt und gleichzeitig kritische Aspekte analysiert werden. Dies beinhalt unter anderem den Umgang mit personenbezogenen Daten. Das Erlernen des korrekten Umgangs mit personenbezogenen Daten ist von großer Wichtigkeit. Dies umfasst zudem sowohl den Aspekt des Datenschutzes als auch deren Sicherheit. Eine Schulung der Arbeitspersonen kann in diesem Kontext durch den entsprechenden Hersteller erfolgen (Offensive Mittelstand, 2019, S. 123-128). Hinzukommend müssen KI-Nutzende eine Einschätzung von Daten vornehmen können. Es bedarf hierbei der Kompetenz, Daten sicher zu interpretieren, um festzustellen, inwiefern es sich auch um jene handelt, welche keinen Mehrwert für die Interaktion besitzen. Es lässt sich in diesem Zusammenhang eine Erweiterung der Fachkompetenzen um generelles IT-Anwenderwissen ableiten (Stowasser, 2019a, S. 3). Angesichts der Kommunikation zwischen einer KI und der Arbeitsperson sollte dieser in jeder Situation bewusst sein, dass es sich hierbei um eine Interaktion mit einem autonom agierenden System handelt (Cremers et al., 2019, S. 17). Es muss in diesem Kontext sichergestellt werden, dass die Arbeitspersonen sukzessiv an die neue Technologie herangeführt werden. Dieser Prozess beinhaltet mitunter auch die Vermittlung von Wissen über den grundlegenden technologischen Aufbau des autonomen Systems. Im Hinblick auf die spätere Interaktion ist dies von hoher Relevanz, damit die Mitarbeitenden das autonome System am eigenen Arbeitsplatz an die individuellen Bedürfnisse anpassen können (Wisskirchen et al., 2017, S. 55). Ergänzt werden die Fachkompetenzen durch die Sozial-, Methoden- und Personalkompetenzen, deren Ausprägung mit dafür verantwortlich ist, wie der Veränderungsprozess und die damit verbundene Ungewissheit bewältigen werden kann. Mitarbeitende sollten in diesem Kontext über ausreichend Sozialkompetenz verfügen, um kooperativ zusammenarbeiten zu können (Offensive Mittelstand, 2019, S. 125). Diese kooperative Zusammenarbeit kann in diesem Zusammenhang auch abteilungsübergreifend erfolgen. Ebenfalls sollten Nutzende von KI-Systemen in der Lage sein, ihre Tätigkeiten zu verrichten, wenn es zu einer Reduzierung von menschlichen Beziehungen bei der Ausführung kommt. Diese Reduzierung kann sowohl durch eine Interaktion über eine virtuelle Plattform erzeugt werden als auch physisch zwischen Nutzenden und KI-System (Stowasser, 2019a, S. 3). Ebenfalls ist eine starke Ausprägung der Methodenkompetenz relevant. Durch diese kann sichergestellt werden, dass Rückmeldungen, welche vom System an die Arbeitsperson weitergeleitet werden, von dieser auch verstanden, akzeptiert sowie durchgeführt werden

(Offensive Mittelstand, 2019, S. 125). Im Zuge der Interaktion zwischen Maschine und Mensch muss dieser allerdings ebenfalls in der Lage sein, in den Arbeitsprozess des Systems intervenieren zu können. Die Methodenkompetenzen der Nutzenden sollten weiterhin in dem Ausmaß vorhanden sein, dass sie in der Lage sind, die individuellen Erfahrungen in Form von Daten an die KI weitergeben zu können. Die Interaktion mit einem KI-System kann dazu führen, dass sich die Abhängigkeit der Nutzenden gegenüber der Technologie erhöht. Die Methodenkompetenzen umfassen diesbezüglich, dass Gefahren sowie Abhängigkeiten eingeschätzt werden können (Stowasser, 2019a, S. 3). Abschließend bedarf es einer angemessenen Ausprägung an Personalkompetenzen. Im Zuge dieser sind dies mitunter die individuelle Fähigkeit zur Veränderung sowie ein interdisziplinäres Denken, welches das Verständnis von komplexen Prozessen beinhaltet (Offensive Mittelstand, 2019, S. 125). Personalkompetenzen werden oftmals auch synonym zu den Selbstkompetenzen erwähnt. Hinzukommend zu der individuellen Bereitschaft zur Veränderung müssen Nutzende eine ausgeprägte Kommunikationsfähigkeit und sowie das Verständnis über Prozesse besitzen. Insbesondere für die Kommunikation über den eigenen Arbeitsbereich hinaus ist dies von Relevanz. Hinsichtlich der Datenverarbeitung müssen Nutzende in der Lage sein, einschätzen zu können, in welcher Situation ein Vertrauen in die Daten sowie das KI-System angebracht ist. Dies erfordert zudem eine ausgeprägte Eigenverantwortung (Stowasser, 2019a, S. 3).

3.3.2.2.2   Kompetenzen von Führungskräften

Ergänzend zu den operativen Arbeitspersonen lässt sich die Notwendigkeit einer ausreichenden Qualifizierung sowie der Entwicklung von dazugehörigen Kompetenzen ebenfalls bei Führungskräften erkennen. Zurückführen lässt sich dies mitunter darauf, dass das autonome System in der Lage ist, Entscheidungen eigenständig zu treffen. Dies verändert die gemeinsame Interkation zum Menschen und bietet die Möglichkeit, der Maschine eine Entscheidungsgewalt zu übertragen. Das Resultat kann eine Veränderung der individuellen Bedeutung und Wichtigkeit einzelner Kompetenzen sein (Frost & Jeske, 2019, S. 2). Die Untersuchung notwendiger Kompetenzen von Führungskräften erfolgt in Analogie zu der Analyse bei den operativen Mitarbeitenden. Um den Führungsprozess erfolgreich zu gestalten, benötigen Führungskräfte umfangreiche Fachkompetenzen. Im Hinblick auf die Einführung und Anwendung von KI ist es entscheidend, dass

Führungskräfte über ein hohes Maß an Wissen über interdisziplinäre Prozesse verfügen. Dies ist in diesem Zusammenhang von hoher Bedeutung, da hierdurch Risiken und Auswirkungen der eigenen Entscheidungen prognostizierbar werden. Die Führungskraft sollte in diesem Kontext die notwendigen Abläufe und Prozesse sowohl kennen als auch verstehen (Offensive Mittelstand, 2019, S. 118). Hierdurch kann erreicht werden, dass die Verantwortlichen eines Prozesses an der Weiterentwicklung einer einzusetzenden KI partizipieren. So etwa bei der Bezifferung und Betreuung der vorhandenen und notwendigen Datenbestände eines Prozesses (Braun, Pokorni & Knecht, 2021, S. 3). Ein spezielles und detailliertes informationstechnologisches Wissen im Hinblick auf das autonome System ist in diesem Zusammenhang nicht erforderlich. Es bedarf vielmehr elementarer Fachkompetenzen zur Funktionsweise. Entscheidend für Führungskräfte ist es, dass diese in der Lage sein sollten, relevante Fragestellungen zur Datenverarbeitung und -qualität sowie der Steuerung einer KI zu formulieren. Die Interpretation von Datensätzen sowie das daraus resultierende Ableiten von Entscheidungen und Handlungsempfehlungen zeigt sich ebenfalls in den notwendigen Methodenkompetenzen (Offensive Mittelstand, 2019, S. 118). Aus dem Blickwinkel der strategischen Entscheidungen von Führungskräften repräsentiert die Analyse von Daten einen elementaren Bestandteil. Nur wenn ein ausreichendes Verständnis über bestehende Datensätze sowie Wissen über deren Handhabung vorhanden ist, können notwendige und richtige Entscheidungen getroffen werden (El Namaki, 2019, S. 43). Führungskräfte sollten hinzukommend beurteilen können, an welcher Stelle eine weitere Qualifizierung der Nutzenden von Nöten ist (Stowasser, 2019a, S. 3). Hinzukommend müssen Führungskräfte über Sozialkompetenzen verfügen, denen in diesem Kontext eine bedeutende Rolle zukommt. Führungskräfte sollten über die Kompetenz verfügen, den Interaktionsprozess zwischen Mensch und Maschine strukturiert zu organisieren. Sowohl der Mensch als auch die KI besitzen differente und individuelle Eigenschaften, deren Resultat unter anderem auch ein sich unterscheidendes Handeln ist. Während der Mensch seine individuellen Aktionen hinterfragen sowie Gefühle entwickeln kann, tut dies ein autonomes System nicht. Aus dem Blickwinkel der Führungskraft ist es die Aufgabe, jene Schnittstelle zwischen beiden Akteuren zu gestalten, individuelle Rollen festzulegen sowie der Arbeitsperson deren eigene Relevanz im gesamten Prozess aufzuzeigen (Offensive Mittelstand, 2019, S. 118). Wie bereits dargestellt wurde, handelt es sich beim Vertrauen im Forschungsgebiet der KI um einen relevanten Gesichtspunkt.

Führungskräften kommt hierbei die Aufgabe zu, notwendiges Vertrauen gegenüber dem KI-System und dessen Einführung aufbauen zu können. Der Aspekt des Beziehungsmanagements sowie die Fähigkeit, Eigenschaften eines Menschen in den technologischen Prozess zu integrieren, sind demnach von hoher Bedeutung. Hinzukommend benötigen Führungskräfte ausgeprägte Methodenkompetenzen. Die Relevanz zeigt sich dahingehend, dass sie als Unterstützer im Veränderungsprozess agieren. In dieser Rolle müssen sie sowohl die Gesprächsführung beherrschen als auch eine ausgeprägte Handlungsträgerschaft besitzen, um den Veränderungsprozess gestalten zu können. Dies umfasst zudem die Fähigkeit, Herausforderungen durch unterschiedliche Erfahrungslevel und Technikaffinitäten der Nutzenden bewältigen zu können (Stowasser, 2019a, S. 3). Ergänzt werden die Fach-, Methoden- und Sozialkompetenzen durch die Selbstkompetenz. Die Gruppierung der Selbstkompetenz umfasst insbesondere die individuelle Fähigkeit einer Führungskraft zur Veränderung sowie deren Eigenverantwortung. Im Zuge der Einführung und Anwendung gewinnen diese zunehmend an Relevanz und ergänzen die bereits dargelegten Kompetenzfelder (Frost & Jeske, 2019, S. 3). Als Ergebnis der Zusammenführung von individueller Veränderungsbereitschaft sowie Eigenverantwortung lässt sich die Bewältigungskompetenz ableiten. Die verfolgte Zielstellung von Führungskräften sollte es sein, dass diese inmitten des Prozesses einen wirksamen und erfolgreichen Umgang mit aufkommenden Veränderungen erzielen können (Offensive Mittelstand, 2019, S. 118). Sie müssen hierbei sowohl auftretende Unsicherheiten bewältigen als auch interdisziplinär zusammenarbeiten können. Eine Einführung von KI wird sich zudem auf die Führung sowie die eigene Rolle auswirken und eine ausgeprägte Eigenschaft zur Reflexion erfordern. Um diesen Prozess produktiv bewältigen zu können, bedarf es einer ausgeprägten Selbstkompetenz (Stowasser, 2019a, S. 3). Sowohl bei Mitarbeitenden als auch deren Führungskräften ergibt sich die Situation, dass deren ursprüngliches Niveau der Qualifizierung nicht für die umfängliche Veränderung ausreichend sein kann. Hieraus lässt sich eine Veränderung der bisherigen individuellen Beschreibungen von Arbeitsplätzen und Aufgabenbereichen sowie Anforderungen an die Tätigkeiten ableiten (Braun, Pokorni & Knecht, 2021, S. 4). Der Veränderungsprozess hat zudem zunehmend Auswirkungen auf die Führung. Hieraus bilden sich neue Anforderungen an die Führungskräfte des entsprechenden Unternehmens (El Namaki, 2019, S. 43). Es lässt sich ableiten, dass im Zuge der technologischen Weiterentwicklung von KI von einer weiteren

Verschiebung benötigter Kompetenzen auszugehen ist. Während die rein händischen und physikalischen Tätigkeiten durch den Menschen abnehmen werden, ist eine Erhöhung sozialer und emotionaler Kompetenzen zu erwarten (Ernst, Merola & Samaan, 2019, S. 21). Aus dem Blickwinkel von Führungskräften lassen sich hierbei unterschiedliche Anforderungen ableiten. Ausgehend von einer offenen Analyse, der zu benötigten Kompetenzen sollte untersucht werden, welche bereits vorhanden sind und ob die Notwendigkeit von Neueinstellungen erforderlich ist. Innerhalb des Prozesses sollte darauf geachtet werden, dass die notwendigen Anforderungen interdisziplinär erarbeitet werden und sich an festgelegten Zielsetzungen der zu generierenden Kompetenzen orientieren (Offensive Mittelstand, 2019, S. 121). Angesichts der sich ändernden Anforderungen durch die KI bedarf es ebenfalls Maßnahmen, welche den Prozess der Qualifizierung und Kompetenzentwicklung bei Mitarbeitenden fördern können. Ausgehend von einer Untersuchung an benötigen Kompetenzen sollte erarbeitet werden, wie sich die Aufteilung zwischen Mensch und Maschine im Hinblick auf zu übernehmende Tätigkeiten gestalten lässt. Dies inkludiert zudem, dass in diesem Zusammenhang die Möglichkeit der Intervention festgelegt wird. Von Bedeutung ist, dass die Erarbeitung gemeinsam mit den Führungskräften erfolgt. Ergänzend bedarf es einer gemeinsamen Erarbeitung von Lösungsvorschlägen, wie mit Problemen an der Schnittstelle zur Maschine umgegangen wird. Überdies hinaus ist es von hoher Relevanz, dass Führungskräfte und Mitarbeitende miteinander den Aspekt der zunehmenden Verschiebung von Kompetenzen gestalten und notwendige Lösungen erarbeiten. Dies beinhaltet sowohl, dass die Mitarbeitenden die Interaktion mit der KI erlernen müssen als auch eine eventuelle Notwendigkeit des Anreicherns von neuen Kompetenzen, um Tätigkeiten auszuführen, welche durch die Technologie zum derzeitigen Zeitpunkt nicht realisierbar sind. Diese Kompetenzverschiebung sollte detailliert untersucht werden (Offensive Mittelstand, 2019, S. 115). Die Befähigung zum Umgang mit der KI sicherzustellen, das Erreichen eines individuellen Niveaus der Qualifizierung und dem Erlangen von benötigten Kompetenzen kommen eine hohe Bedeutung zu. Dies inkludiert zunehmend auch den Gesichtspunkt des lebenslangen Lernens (Plattform Lernende Systeme, 2019, S. 8). Im Kontext industrieller Produktionsprozesse gilt ein lebenslanges Lernen über die gesamte Dauer der individuellen beruflichen Tätigkeit als essenziell. Dieser Prozess ist von hoher Interdisziplinarität geprägt, was sich dahingehend zeigt, dass ein lebenslanges Lernen über alle Ebenen der Hierarchie erfolgen sollte (Görke, Bellmann,

Busch & Nyhuis, 2017, S. 230). Die Einführung und Anwendung von KI ist ein umfassender Prozess der Veränderung. Die aufgezeigten Kompetenzen von Mitarbeitenden und Führungskräften bilden in diesem Zusammenhang nur einen ausgewählten Bereich. Hinzukommend werden unternehmensweite Kompetenzen benötigt. Diese umfassen sowohl die technologischen Gesichtspunkte von informationstechnologischen Strukturen des Unternehmens, der Systemkompetenz sowie Softwaretechnik, der Gestaltung von Mensch-Maschine-Interaktionen und das Data Engineering (Pokorni, Braun & Knecht, 2021, S. 32). Erkennbar ist, dass sich hieraus unterschiedliche Rollenprofile bilden, welche individuelles Wissen benötigen. Ausgehend von den Entwickelnden bis hin zu jenen Nutzenden. Dies bedarf einer individuellen und auf die Tätigkeit angepassten Qualifizierung sowie der Entwicklung von Kompetenzprofilen (Plattform Lernende Systeme, 2019, S. 9).

3.3.3 Interaktionsgestaltung zwischen Mensch und Künstlicher Intelligenz

Basierend auf den bisherigen Erkenntnissen widmet sich der nachfolgende Abschnitt dem Thema der Interaktionsgestaltung. Schwerpunktmäßig soll hierbei dargestellt werden, anhand welcher Prinzipien die Interaktion zwischen Mensch und KI erfolgen sollte, um eine nachhaltige sowie sichere Einführung und Anwendung zu erreichen. Um dies zu gewährleisten, werden innerhalb des Abschnitts unterschiedliche Sichtweisen eingenommen. Zusätzlich zu den generellen Aspekten der Arbeitsgestaltung und dem damit verbundenen Verhältnis beider Interaktionspartner zueinander werden ebenfalls ethische Gesichtspunkte sowie ein Umgang mit Daten und Diskriminierung betrachtet. Das Ziel ist hierbei die umfassende Darstellung zu beachtender Gesichtspunkte bei der Interaktion. Die zunehmende Integration der Technologie in das Arbeitsumfeld des Menschen geht in diesem Zusammenhang mit einer starken Beeinflussung einher. Ergebnis einer Integration ist hierbei insbesondere der Einfluss auf die Arbeitsteilung zwischen beiden Interaktionspartnern. Hintergrund ist, dass durch die KI eine noch intensivere Kollaboration ermöglicht wird. Im Ergebnis handelt es sich bei der Interaktionsgestaltung um einen essenziellen Gesichtspunkt, welcher im Kontext des Veränderungsprozesses zu betrachten ist. Eine Gestaltung sollte in diesem Zusammenhang menschenzentriert erfolgen. Um dies zu gewährleisten, bedarf es der

Entwicklung und Umsetzung von notwendigen Kriterien für die Interaktion (Huchler et al., 2020, S. 5f). Gegenwärtige Ansätze werden hierbei als nicht ausreichend betrachtet, da der Einsatz von KI einen stärkeren Einfluss auf die Mensch-Maschine-Interaktion besitzt als gegenwärtige Technologien. Erkennbar wird dies vor allem beim Aspekt der Handlungsträgerschaft. Bei der Interaktion mit einem autonomen System kann es dazu kommen, dass diese Trägerschaft mehrfach übergeben wird. Huchler et al. (2020) empfehlen für die nachhaltige und menschenzentrierte Interaktionsgestaltung einen definierten Kriterienkatalog. Dieser fokussiert sich hierbei auf die direkte Arbeitsteilung und empfiehlt zur Gestaltung eine Betrachtung von vier Segmenten, welche jeweils individuelle Kriterien enthalten. Diese sind innerhalb der betrieblichen Anwendung zu berücksichtigen (Abbildung 16). Die vorliegende Schrift orientiert sich in ihrer grundsätzlichen Ausrichtung beim genannten Themenfeld an der Darstellung von Huchler et al. (2020), beschreibt die Erkenntnisse im weiteren Verlauf detailliert und ergänzt diese um Inhalte weiterer Autoren. Eine trennscharfe Darstellung einzelner Cluster ist in diesem Zusammenhang nicht voll umfänglich realisierbar, da diese zueinander gewisse Interdependenzen aufweisen.

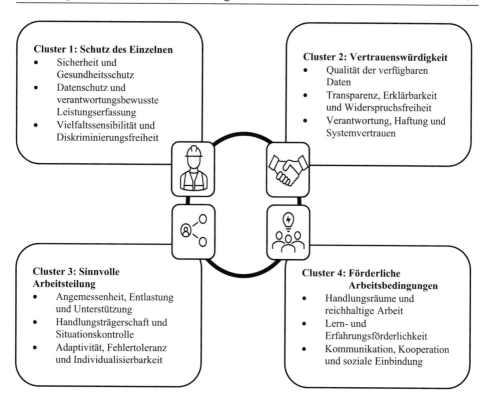

Abbildung 16: Kriterienkatalog für die Gestaltung der Mensch-KI-Interaktion (Quelle: Eigene Darstellung in Anlehnung an Huchler et al., 2020, S. 9)

3.3.3.1 Anforderungen an den Schutz des Einzelnen

Die Sicherstellung des Schutzes des Einzelnen stellt hierbei das erste Segment dar. Die Einführung und Anwendung muss in der betrieblichen Interaktion notwendige Sicherheitsmerkmale erfüllen. Diese umfassen sowohl generelle Aspekte hinsichtlich des Arbeits- und Gesundheitsschutzes als auch die Gewährleistung des Datenschutzes. Ebenfalls muss eine diskriminierende Anwendung verhindert werden. Im Zuge der Sicherheit und des Gesundheitsschutzes geht es primär um die Verknüpfung einer menschenzentrierten Gestaltung mit den notwendigen Sicherheitsaspekten. Das Ziel ist eine Vermeidung von negativen Auswirkungen auf die physische sowie psychische Gesundheit des Menschen. Um dies zu erreichen, sollten bei der Arbeitsgestaltung menschliche Monotonie oder Überforderung verhindert werden (Huchler et al., 2020, S. 9-12). Die Norm DIN EN ISO 10075-2 liefert Ansätze zur Gestaltung von Arbeit. Unterforderung und Monotonie kann unter anderem dadurch auftreten, wenn der Mensch zu wenig Arbeit besitzt oder die qualitativen Anforderungen nicht seinem Qualifikationsniveau entsprechen. Überforderung tritt auf, wenn quantitativ eine zu große Menge an Arbeit zu erfüllen ist oder die zu erfüllenden Tätigkeiten zu komplex sind (Joiko, Schmauder & Wolff, 2010, S. 18-22). Ebenfalls sollte es vermieden werden, dass das KI-System ein für den Menschen nicht zu erwartendes Verhalten zeigt. Für die Anwendung im Unternehmen sind die Erfassung und Nutzung von Daten dabei essenziell. Eine Anwendung kann in diesem Zusammenhang nur sichergestellt werden, wenn die Daten in ausreichender Menge sowie einer notwendigen Qualität zur Verfügung stehen. Das Erfassen, Verarbeiten sowie Auswerten von Daten ist bei der Anwendung von KI demnach unumgänglich, weshalb es für die Interaktionsgestaltung notwendiger Kriterien bedarf. Prinzipiell sollte auf eine menschliche Leistungserfassung sowie die Kontrolle und Überwachung verzichtet werden. Der Schutz von Persönlichkeitsrechten steht hierbei im Vordergrund. Daten sollten deswegen immer mit einem notwendigen Zweck für die Anwendung erhoben werden. Mitarbeitende sollten hierbei in den Prozess der Erhebung und Anwendung eingebunden werden. Diese Einbindung stärkt in diesem Zusammenhang das benötigte Vertrauen. Die Persönlichkeitsrechte können hierbei nur gewahrt werden, wenn zusätzlich zur Datenschutzgrundverordnung (DSGVO) auch Aspekte des Arbeitsrechts sowie der Mitbestimmung betrachtet werden. Dies erfordert bereits in der Entwicklungsphase grundsätzliche und unternehmensweite Regelungen, wie der Datenschutz gewährleistet werden kann (Huchler et al., 2020, S. 9-12). Im Rahmen der betrieblichen Umsetzung sollte dahingehend sichergestellt werden, dass alle Mitarbeitenden eine Erklärung zur Einwilligung der Erhebung sowie Verarbeitung ihrer persönlichen Daten erhalten. Diese Erklärung sollte explizit für die jeweilige KI-Anwendung ausgestellt werden. Ebenfalls bedarf es der Möglichkeit des Widerrufes durch die Mitarbeitenden (Heesen, Grunwald, Matzner & Roßnagel, 2020, S. 22). Zusätzlich könnten KI-Systeme, die auf den Einsatz von Kameratechnik zurückgreifen, bereits zu Beginn und damit noch vor der Weiterleitung der Daten, menschliche Umrisse anonymisieren (Huchler et al., 2020, S. 10-12). Ein Anlernen der Technologie durch die Hinzunahme von anonymisierten und pseudonymisierten Datensätzen wird in diesem Zusammenhang empfohlen. Hierbei bedarf es auch einer umsichtigen Handlung der Nutzenden. Diese sollten darauf achten, dass ihre Daten im Sinne des Datenschutzes verarbeitet werden (Heesen, Grunwald, Matzner & Roßnagel, 2020, S. 22). Das Cluster ‚Schutz des Einzelnen' schließt mit der Vermeidung von Diskriminierung inmitten der

Interaktion. Es gilt zu vermeiden, dass die KI bei der Interaktion diskriminierend agiert (Huchler et al., 2020, S. 10-12). Hierbei müssen drei Arten der Diskriminierung unterschieden und zugleich vermieden werden. Im Kontext der Informationstechnologie lassen sich diese anhand von prä-existierenden, technischen und emergenten Bias differenzieren. Der Terminus eines Bias kennzeichnet hierbei einen auftretenden Verzerrungseffekt. Prä-existierende Bias bezeichnen Diskriminierungen, welche auf gesellschaftlichen Vorurteilen beruhen und durch Algorithmen umgesetzt werden. Die jeweiligen Trainingsdaten enthalten demnach Vorurteile. Kommt es hingegen zu einer Verzerrung technologischer Gegebenheiten, wie sie beim Einsatz von Sensorik auftreten kann, deren Folge ein diskriminierendes Verhalten seitens der KI erzeugt, handelt es sich um technische Bias. Emergente Bias können zu einer fehlerhaften Behandlung seitens des autonomen Systems führen. Diese kann sich sowohl in der Gleich- als auch Ungleichbehandlung zeigen (Beck, Grunwald, Jacob, & Matzner, 2019, S. 8f). Entstehen können emergente Bias durch eine fehlerhafte Verknüpfung von Software und eigentlicher Anwendung. Eine Vermeidung von Bias und der damit verbundenen Diskriminierung sollte bei der Entwicklung, Einführung und Anwendung als Zielstellung verfolgt werden. Die Qualität, Auswahl und Bewertung von Trainingsdaten sind hierfür entscheidend. Sofern diese nicht vollumfänglich neutral sind, bieten sie das Potenzial der Diskriminierung. Hinzukommend ist das Vorgehen und Anlernen des Algorithmus, welcher auf Basis der Trainingsdaten lernt, nicht immer transparent und für den Menschen nachvollzierbar. Dies erschwert eine vollumfängliche diskriminierungsfreie Anwendung. Der vorhandene Rechtsrahmen bildet in diesem Zusammenhang die Basis für den Umgang mit Trainingsdaten. Erst auf ihn können weitere Schritte erfolgen, wodurch eine Diskriminierung verhindert werden kann (Beck, Grunwald, Jacob, & Matzner, 2019, S. 14 -16). Hinzukommend sollte exakt validiert werden, in welchen Anwendungsbereichen ein diskriminierender Einsatz der KI gewährleistet werden kann. Erscheint das Risiko zu hoch, dass das System diskriminierend agiert, sollte auf einen Einsatz verzichtet werden. Ebenfalls bedarf es einer Etablierung von Maßnahmen zur kontinuierlichen Validierung von diskriminierendem Verhalten. Das Verhalten des Systems sollte anhand turnusmäßig durchgeführter Stichproben durch den Menschen kontrolliert und auf die Übereinstimmung mit den geltenden Prinzipien der Gerechtigkeit abgeglichen werden. Nutzende sollten in diesem Zusammenhang dauerhaft auf die Interkation mit dem autonomen System verzichten, sofern dieses diskriminierend handelt. Dies umfasst ebenfalls die Tatsache, dass Nutzende der KI keine diskriminierenden Daten zur Verfügung stellen. Sollte wider Erwarten ein diskriminierendes Handeln aufkommen, müssen Nutzende dies melden können. Das bedeutet, dass bereits bei der Einführung die dafür notwendigen Prozesse und Anlaufstellen für ein entsprechendes Beschwerdemanagement berücksichtig werden müssen. Prophylaktisch kann hier entgegenwirken, alle notwendigen Stakeholder bereits von Beginn an in den Veränderungsprozess einzubinden. Dies ermöglicht es zudem von Beginn an zu sensibilisieren. Einer unangebrachten Anwendung sowie dem übermäßigen Vertrauen seitens der Mitarbeitenden in die Fähigkeiten des Systems kann hierdurch entgegengewirkt werden (Heesen, Grunwald, Matzner & Roßnagel, 2020, S. 18).

3.3.3.2 Anforderungen an die Vertrauenswürdigkeit

Innerhalb der Interaktion bildet die Vertrauenswürdigkeit das zweite Segment. Im Kontext der betrieblichen Anwendung bedarf es einer menschenzentrierten Gestaltung, um das notwendige Vertrauen sicherzustellen. Der nachfolgende Absatz ergänzt hierbei die Erkenntnisse hinsichtlich der Bedeutung von Vertrauen aus dem Abschnitt 3.3.1 sowie dem Schutz des Einzelnen. Von Bedeutung für die Vertrauenswürdigkeit in der Interaktion sind demnach die Datenqualität, notwendige Transparenz, Erklär- und Widerspruchsfreiheit sowie eine festgelegte Verantwortung und Haftung. Wie eingangs bereits dargelegt wurde, handelt es sich bei der Generierung von Daten um einen elementaren Prozess. Um notwendiges Vertrauen sicherzustellen, ist die Qualität der zu generierenden Daten entscheidend. Sind diese ungenügend, kann dies zu schwerwiegenden Folgen führen. Die Erhebung und Nutzung bedarf in diesem Zusammenhang bereits zu Beginn des Veränderungsprozesses einer Betrachtung. Hierbei sollte die Frage beantwortet werden, welche Daten für die eigentliche KI-Anwendung überhaupt benötigt werden. Zudem kann die Nutzung von bestehenden Datensätzen angestrebt werden. Hierdurch könnte eine doppelte und nicht erforderliche Erhebung vermieden werden. Als Ergebnis einer sorgfältigen und qualitativen Erhebung kann die Schnittstelle zwischen Mensch und KI nachhaltig erfolgreicher gestaltet werden. Die Qualität ist hierbei einer der entscheidenden Faktoren für die sichere Interaktion. Hierdurch wird gewährleistet, dass sich das lernende KI-System dem Menschen und seinem Verhalten zielgerichteter anpassen kann. Im Ergebnis führt dies zu einer Erhöhung der Interaktionsqualität, welche sich dahingehend bemisst, dass die Interaktion menschenzentriert erfolgt. Vertrauenswürdigkeit ist zudem von Transparenz, Erklärbarkeit und Widerspruchsfreiheit geprägt. Bei der Interaktionsgestaltung wird damit das Ziel verfolgt, dass die Ausführungen des Systems für den Menschen nachvollziehbar und transparent sind. Hierdurch kann verhindert werden, dass Mitarbeitende bei der gemeinsamen Arbeit nicht demotiviert oder überbeansprucht werden. Erscheint die KI für die Mitarbeitenden als zu komplex, resultiert dies in einer ablehnenden Haltung. Um das zu verhindern, sollte bereits bei der Entwicklung berücksichtig werden, dass die zukünftigen Nutzenden zu jeder Zeit Informationen über die KI-Funktionsweisen und -ziele sowie die Datengrundlage erhalten. Das autonome System muss erklärbar und nachvollziehbar sein. In diesem Zusammenhang wird auch oftmals von Explainable AI gesprochen, welche angibt, dass bei der Interaktion den Nutzenden zu jeder Zeit alle notwendigen Informationen verständlich zur Verfügung stehen (Huchler et al., 2020, S. 13-15). In diesem Zusammenhang sollte die Erklärbarkeit des autonomen Systems sichergestellt werden. Aus der betrieblichen Sicht bedeutet dies, dass nur Anwendungen eingesetzt werden sollten, bei denen die Arbeitsschritte für die Mitarbeitenden transparent und nachvollziehbar sind. Den Mitarbeitenden kommt hierbei die Aufgabe zu, für sie notwendige Informationen zur Transparenz und Erklärbarkeit einzufordern. Aus ethischer Sichtweise ist dies von großer Bedeutung, um eine angemessene Interaktion sicherzustellen (Heesen, Grunwald, Matzner & Roßnagel, 2020, S. 13). Nur wenn das Verhalten des Systems kontinuierlich widerspruchsfrei ist, kann der kognitiven Belastung und Frustration seitens des Menschen vorgebeugt werden. Insgesamt sollte zudem darauf geachtet werden, dass sich die Handlungsspielräume des Menschen durch die Technologie nicht reduzieren. Die Folge einer Nichtbeachtung von Transparenz, Erklärbarkeit und Widerspruchsfreiheit würde zu einer Reduzierung von Vertrauen und demnach Akzeptanz führen (Huchler et al., 2020, S. 13-16). Die Übernahme von Verantwortung durch die Mitarbeitenden inmitten der Interaktion mit der KI ist hierbei stark von deren Transparenz abhängig. Im Zuge der Interaktion bedarf es einer expliziten Festlegung der jeweiligen Verantwortlichkeiten. Dies erfordert zudem geeignete Kompetenzen und die damit verbundene Befähigung der Nutzenden. Die Interaktion sollte sich in diesem Zusammenhang immer an der individuellen Arbeit des Menschen orientieren. Hintergrund ist, dass diese hierdurch befähigt werden, jene Interaktion im Zweifelsfall zu unterbrechen. Erst dadurch kann die notwendige Bereitschaft zur Übernahme von Verantwortung durch die Mitarbeitenden erreicht werden. Auf Basis für den Menschen erwart- und abschätzbarer Handlungen kann so der notwendige Handlungsraum festgelegt werden. Um sowohl die Bereitschaft der Übernahme von Verantwortung als auch Haftung beim Menschen zu erzeugen, sollte bereits im Vorfeld der Anwendung eine ausreichende Technikfolgeabschätzung durchgeführt werden. Dies ermöglicht es, bereits im Zuge der Entwicklung nicht erwünschte Verhaltensweisen des Systems zu eliminieren (Huchler et al., 2020, S. 15f).

3.3.3.3 Anforderungen an die Arbeitsteilung

Eine sinnvolle Arbeitsteilung bildet nach Huchler (2020) das dritte Cluster. Die Einführung und Anwendung von KI in das betriebliche Umfeld haben hierbei einen Einfluss auf die eigentliche Ausführung der jeweiligen Tätigkeiten. Das Ziel einer menschenzentrierten Arbeitsgestaltung entspricht dabei der sinnvollen Aufteilung von Tätigkeiten zwischen beiden Interaktionspartnern, um eine Entlastung sowie Unterstützung bei den Aufgaben des Menschen zu erreichen. Dies betrifft in diesem Zusammenhang Fragestellungen über die individuelle Handlungsträgerschaft, eine situative Kontrolle bei der Ausführung von Tätigkeiten sowie eine individuelle Anpassung der Unterstützung. Für die menschliche Unterstützung durch eine KI bedarf es einer Komplementarität individueller Fähigkeiten. Nur hierdurch kann eine sinnvolle sowie menschenzentrierte Arbeitsteilung und deren nachhaltige Unterstützung erreicht werden. Um dies zu erzielen, muss bereits zu Beginn darauf geachtet werden, dass die individuellen Fähigkeiten von Mensch und KI kompatibel sind und sich ergänzend eingesetzt werden können. Im Ergebnis führt dies zu einer Reduzierung schädlicher Beanspruchungen. Die verfolgte Zielstellung sollte ein gegenseitiges Verhältnis sein, indem sich Mensch und Technologie bestärken. Dessen Gestaltung ist hier von großer Individualität geprägt und sollte immer an die jeweiligen Voraussetzungen des Menschen angepasst werden. Diese Voraussetzungen enthalten zudem auch das individuelle Niveau der Qualifizierung. Ergänzend zu den Mitarbeitenden betrifft dieser Prozess auch zunehmend Führungskräfte. Diese sollten ausreichend Kenntnisse über die Realisierbarkeit sowie Stärken und Schwächen der KI besitzen, um falsche Interpretationen vermeiden zu können. Eine Arbeitsteilung, welche auf Basis von Komplementarität realisiert werden soll, geht in diesem Zusammenhang mit der eindeutigen Beantwortung der Frage über die Handlungsträgerschaft einher. Die

Handlungsträgerschaft sollte bei der Interaktion transparent dargestellt sein. Bedingt durch die Komplexität der Technologie und jener soziotechnischen Interaktion besitzt die KI ebenfalls eine Handlungsträgerschaft. Um Unzufriedenheit auf Seiten des Menschen proaktiv vorzubeugen, ist eine ausgeprägte Handlungsträgerschaft sowie die situative Kontrolle vonnöten. Die Basis hierfür sind definierte Regelungen, welche sowohl die Interaktion festlegen als auch Vorgaben für Problemsituationen enthalten. Solche Situationen wären in diesem Fall eine Überforderung der KI oder das Intervenieren des Menschen in den Arbeitsprozess. Innerhalb des Arbeitsprozesses sollte zu jeder Zeit festgelegt werden, welcher Interaktionspartner welchen Anteil zum Arbeitsergebnis beiträgt, wer die individuelle Situationskontrolle für den Prozess besitzt und wie die einzelnen Teilprozesse miteinander harmonisiert werden können. Autonome Systeme besitzen die Fähigkeit einer flexiblen Anpassung an individuelle Gegebenheiten aus ihrer Umwelt. Dies ermöglicht auch eine Übernahme von komplexen Tätigkeiten. Diese Fähigkeit erfordert eine nachhaltige und menschenzentrierte Gestaltung der Schnittstelle zwischen Mensch und KI, um deren Anpassungsfähigkeit zu ermöglichen. Die Adaptivität der KI wird hierbei in die assimilierende sowie komplementäre Kategorie unterschieden. Neben der Fähigkeit, sich ändernde Umweltbedingungen in die eigene Systemlogik zu übersetzen, muss das System auch fähig sein, jene eigene Logik an die Umwelt anzupassen. Die Umweltbedingungen implizieren in diesem Zusammenhang auch den Menschen. Hierbei handelt es sich um eine essenzielle Voraussetzung für eine individuelle und intensive Interaktion zwischen Mensch und KI, welche sich an den Bedürfnissen der Mitarbeitenden orientiert (Huchler et al., 2020, S. 19).

3.3.3.4 Anforderungen an die Gestaltung von Arbeitsbedingungen

Die Gestaltung förderlicher Arbeitsbedingungen entspricht dem vierten und abschließenden Cluster. Bei der Einführung und Anwendung von KI ist es in diesem Zusammenhang von essenzieller Bedeutung, dass bei der Gestaltung von Arbeitsbedingungen die Grundbedürfnisse des Menschen mit einbezogen werden. Auf Grund dessen, dass autonome Systeme die Fähigkeit besitzen, Aufgaben des Menschen zu übernehmen, müssen dessen individuelle Aufgabenprofile sowie seine Schnittstelle zur Technologie betrachtet werden. Diese Betrachtung umfasst sowohl die menschlichen Handlungsräume, den Aspekt der Lernförderlichkeit als auch die Kommunikation und Kollaboration miteinander. Innerhalb einer menschenzentrierten KI-Gestaltung sind das

Sichern und Erweitern der Handlungsfähigkeit des Menschen essenziell. Gleichzeitig sollte darauf geachtet werden, dass bei der Planung von Tätigkeiten des Menschen seine grundlegenden Bedürfnisse nach einer reichhaltigen Arbeit mitbetrachtet werden. Der menschliche Handlungsspielraum wird dahingehend klassifiziert, dass er eine Aussage darüber gibt, wie sich seine Autonomie und Freiheit sowie die Möglichkeiten des Handelns in der Interkation mit der KI darstellen. Dies betrifft sowohl die Inhalte und das Ausführen der Arbeit als auch deren Organisation. In Kombination mit der Reichhaltigkeit an Arbeit bedeutet dies, dass die Einführung und Anwendung von KI nicht zu einer Reduzierung von menschlichen Handlungsräumen und der Übernahme von motivierenden und gesundheitsförderlichen Tätigkeiten führen darf. Vielmehr sollte eine Erweiterung der bisherigen menschlichen Handlungsräume um neue und vorher nicht umsetzbare Tätigkeiten im Fokus stehen (Huchler et al., 2020, S. 19f). Für die ethische Gestaltung bei der Einführung und Anwendung ist die Wahrung jener individuellen Selbstbestimmung eines Nutzenden von großer Bedeutung. In diesem Zusammenhang sollte sichergestellt werden, dass die Mitarbeitenden bei der Interaktion souverän und frei handeln können. Hinzukommend sollten die individuellen Entscheidungen der Nutzenden beim Umgang mit der Technologie immer ausreichend überlegt sein. Hierfür bedarf es einer grundsätzlichen Sensibilisierung bei der Gestaltung von Arbeitsbedingungen (Heesen, Grunwald, Matzner & Roßnagel, 2020, S. 12). Die Interaktion zwischen Mensch und KI sollte weiterhin den Aspekt der Lern- und Erfahrungsförderlichkeit einbeziehen. Dies bedeutet, dass die Interaktion einen gegenseitigen Prozess des Lernens zwischen Mensch und KI erlaubt. Eine Realisierung wird allerdings nur gelingen, sofern der individuelle Lernprozess beider Interaktionspartner berücksichtigt wird. Die Basis hierfür bildet eine lern- sowie erfahrungsförderliche Gestaltung der Interaktion. Auf ihr kann eine passgenauere und leistungsfähigere Anwendung der Technologie ermöglicht werden. Im Detail bedeutet dies, dass den Mitarbeitenden hierdurch die Möglichkeit gegeben wird, sowohl auf die Lerninhalte als auch das Lernverhalten des autonomen Systems einzuwirken. Während die Lerninhalte hierbei der Datenqualität entsprechen, handelt es sich beim Lernverhalten um die dazugehörigen technologischen Verknüpfungen. Die Relevanz der Lern- und Erfahrungsförderlichkeit wird dadurch erkennbar, dass durch eine entsprechende Gestaltung der Schnittstelle die Möglichkeit entsteht, bestehende Erfahrungen sowie Kompetenzen im betrieblichen Kontext zu erhalten. Bei der betrieblichen Einführung und Anwendung von KI sollten zudem die Aspekte der

Kommunikation sowie Kollaboration berücksichtig werden. Dies ermöglicht nicht nur eine nachhaltige Einführung, sondern führt auch zu einer erhöhten Arbeitsqualität in der Anwendung. In diesem Zusammenhang stehen Unternehmen vor der Herausforderung, dass die KI in ihrer Arbeit sowohl einen kollaborierenden Partner für den Menschen bilden sollte und gleichzeitig nicht die zwischenmenschliche Kommunikation ausschließen darf. Im Ergebnis führt dies zu dem Entwicklungsanspruch, dass die KI-Anwendung derart gestaltet sein sollte, dass sie in der kollaborierenden Interkation mit dem Menschen dessen individuelle Fähigkeiten erkennt und sich in ihrer Arbeitsweise auf diese adaptiert (Huchler et al., 2020, S. 20-22).

3.3.4 Normung und Regulierung

Nachfolgend auf die bereits generierten Erkenntnisse schließt der Abschnitt der Herausforderungen mit einer Analyse KI-spezifischer Normen und Regulierungen. In Analogie zu den bisherigen Erkenntnissen steht auch in diesem Zusammenhang die arbeitswissenschaftliche Betrachtung zur Normung und Regulierung im Mittelpunkt der Betrachtung. Um eine ganzheitliche Darstellung der Thematik zu gewährleisten, werden im nachfolgenden Abschnitt unterschiedliche Betrachtungsweisen eingenommen. Aufbauend auf eine generelle problemorientierte Darstellung, weshalb der Themenkomplex im Kontext von KI eine elementare Bedeutung besitzt, werden im weiteren Verlauf die Segmente Normung und Regulierung separat betrachtet.

3.3.4.1 Bedeutung von Normung

Übereinstimmend mit dem Abschnitt 2.2.4 betrachtet die vorliegende Schrift jene Thematik aus der Sicht eines Unternehmens, welches sich dazu entschieden hat, KI einzuführen. In diesem Zusammenhang fokussiert sich der vorliegende Abschnitt auf eine rein europäische sowie nationale Sichtweise. Für eine umfassende Einführung und Anwendung von KI bildet eine ganzheitliche Zertifizierung die notwendige Basis. Es handelt sich in diesem Zusammenhang um eine elementare Grundvoraussetzung für Folgeaktivitäten (Heesen, Müller-Quade & Wrobel, 2020, S. 2). Die Relevanz verdeutlich sich zudem dahingehend, dass eine Regulierung und die damit verbundene Zertifizierung einen positiven Einfluss auf die Generierung von Vertrauen haben kann. Eine Steigerung des Vertrauens in die Technologie durch ihre Zertifizierung kann dazu beitragen, dass eine ganzheitliche Nutzung des technologischen Potenzials ermöglicht wird. Regulierung und das Etablieren von notwendigen Standards sollten hierbei allerdings nicht Überregulierung zur Folge haben. Eine Überregulierung kann in diesem Fall notwendige technologische Innovation verhindern. Die Herausforderung einer notwendigen Regulierung zeigt sich im Vergleich zu gegenwärtigen informationstechnologischen Technologien. KI weist eine weitaus höhere Komplexität und Dynamik auf als bisherige informationstechnologische Systeme. Andererseits existieren bereits umfangreiche Vorschriften zur Regulierung und Zertifizierung, welche die bestehenden Anforderungen um KI-spezifische Inhalte erweitern. Das Forschungsumfeld der Normung und Regulierung von KI zeigt sich hierbei als eines mit hoher Komplexität auf, was unter anderem in der Anzahl an Regulierungsvorhaben verdeutlicht wird (Heesen et al., 2020, S. 5). In diesem Fall lassen sich weitreichende nationale sowie europäische Vorhaben erkennen, innerhalb derer unterschiedliche Anstrengungen unternommen werden (Heesen, Müller-Quade & Wrobel, 2020, S. 2).

3.3.4.2 Europäische Regulierungsvorhaben

Mit dem von der Europäischen Kommission am 19.02.2020 veröffentlichten ‚Weissbuch zur Künstlichen Intelligenz – Ein europäisches Konzept für Exzellenz und Vertrauen‘ wurden erste Maßnahmen aufgezeigt, deren Umsetzung eine notwendige Sicherheit in die KI-Entwicklung bringen sollte. Im Zuge der Entwicklung sollen bestehende europäische Werte und Rechte ohne Einschränkungen geachtet werden. Mit ihrem Weissbuch fokussiert sich die Europäische Kommission dabei auf zwei grundlegende Themengebiete der KI-Entwicklung. Zum einen werden politische Maßnahmen aufgezeigt, deren Umsetzung die Stärkung der partnerschaftlichen Zusammenarbeit zwischen öffentlichem und privatem Sektor zum Ziel hat. Hierdurch soll eine ganzheitliche Betrachtung der gesamten Wertschöpfungskette erfolgen, beginnend mit der KI-Forschung. Zum anderen setzt die Europäische Kommission auf die Entwicklung und Etablierung von Vertrauen, welches durch einen hierfür festgelegten Rechtsrahmen generiert werden soll. Dieser Rahmen beinhaltet sowohl die Achtung individueller Grund- als auch Verbraucherrechte im europäischen Raum. Dies umfasst insbesondere Anwendungen mit einem gesteigerten Risikopotenzial. In jedem Fall sollte die KI in ihrer Entwicklung sowie Anwendung ausnahmslos auf den Menschen ausgerichtet sein (Weissbuch, 2020 S. 1-3). Auf europäischer Ebene bildet das Weissbuch die Ausgangslage einer europaweiten und ganzheitlichen Regulierung der Technologie, welche auf Basis eines risikobasierten Ansatzes erfolgt. Mit der am 21.04.2021 veröffentlichten Verordnung des europäischen Parlaments und des Rates zur ‚Festlegung harmonisierter Vorschriften für Künstliche Intelligenz (Gesetz über Künstliche Intelligenz) und zur Änderung bestimmter Rechtsakte der Union' erweitert die Kommission ihren bisherigen Ansatz zur Regulierung. Die Verordnung schlägt einen Ansatz vor, welcher sowohl aufkommende Risiken der Anwendung betrachtet, gleichzeitig aber keine umfangreichen Einschränkungen in der technologischen Entwicklung enthält. Die Europäische Kommission möchte durch ihren Vorschlag den notwendigen Rechtsrahmen schaffen, indem dieser Vorschriften enthält, welche sowohl für das Entwickeln, Vertreiben als auch Verwenden Gültigkeit besitzen. Ausgehend von einer definitorischen KI-Einordnung seitens der Kommission enthält die Verordnung Regularien, welche den Einsatz von Systemen verbieten, die gegen grundsätzliche EU-Werte verstoßen. Hinzukommend werden Einschränkungen bei der Anwendung ausgewählter biometrischer Fernidentifizierungssysteme aufgezeigt und eine Methodik zur Risiko-Einstufung von KI-Systemen dargestellt. Ergänzend zu den Anbietenden von KI-Systemen richtet sich die Verordnung in ihrer Anwendung auch an die zukünftigen Nutzenden der Technologie (Artificial Intelligence Act, 2021, S. 2-5). In dem von der Kommission veröffentlichten risikobasierten Ansatz zur Regulierung von KI-Systemen werden für diese jeweils notwendige rechtliche Maßnahmen vorgeschlagen, welche sich an dem individuellen Risiko orientieren. Die Kommission unterscheidet in ihrem Vorschlag zwischen vier Ausprägungsstufen, anhand derer eine Regulierung erfolgen soll. KI-Systeme können demnach wie folgt eingestuft werden: inakzeptables Risiko, hohes Risiko, begrenztes Risiko oder geringes Risiko (Abbildung 17) (Madiega, 2021, S. 5).

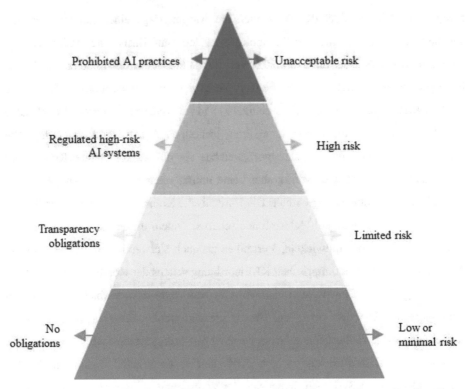

Abbildung 17: Risikopyramide zur Regulierung von Künstlicher Intelligenz (Quelle: Eigene Darstellung in Anlehnung an Madiega, 2021, S. 5)

Als KI-Anwendungen mit einem unannehmbaren Risiko gelten Systeme, deren Einsatz die Sicherheit und die Rechte des Menschen bedrohen. Eine Anwendung wird seitens der Europäischen Kommission verboten. Systeme mit einem unannehmbaren Risiko können in unterschiedlichen Anwendungsfällen zum Einsatz kommen. Ein Spielzeug auf Basis einer KI-Sprachassistenz, welches ein gefährliches und schlechtes Verhalten befördert, wird dahingehend genauso verboten wie die Bewertung sozialer Charakteristiken von Menschen durch staatliche Verfassungsorgane (European Commission, 2021). Artikel fünf der EU-Verordnung sieht es vor, KI-Systeme mit einem unannehmbaren Risiko einzustufen, sofern diese Personen unterschwellig beeinflussen, persönliche Schwächen oder deren Schutzbedürftigkeit ausnutzen oder die individuelle Vertrauenswürdigkeit von Personen bewertet wird. Hinzukommend darf die biometrische Echtzeit-Fernidentifizierung im öffentlichen Raum zu Strafverfolgungszwecken nur dann eingesetzt werden, sofern gewisse Kriterien erfüllt sind (Artificial Intelligence Act, 2021, Art. 5, Abs. 1). Die Einstufung als ein Hochrisiko-KI-System erfolgt durch die Erfüllung festgelegter Bedingungen und der entsprechenden Zweckbestimmung. Es erfolgt eine Einstufung, sofern das KI-System einer Sicherheitskomponente eines gesamten Produktes entspricht. Hierbei ist entscheidend, dass das gesamte Produkt unter die geltenden CE-Normungen fällt. Diese umfassen u.a. gegenwärtige Maschinenrichtlinien. Ebenfalls bedarf es einer Vorabkonformitätsbewertung, welche durch eine dritte Partei durchgeführt wird (Artificial Intelligence Act, 2021, Art. 6, Abs. 1). Im Allgemeinen liegt es in der Pflicht des Anbieters eines Hochrisiko-KI-Systems dafür zu sorgen, dass dieses dem geltenden EU-Konformitätsbewertungsverfahren unterzogen wurde, um daraufhin eine CE-Konformitätskennzeichnung zu erhalten (Artificial Intelligence Act, 2021, Art. 19, Abs. 1). Zusätzlich zu der Erfüllung der genannten Kriterien kann ein KI-System als Hochrisiko-System klassifiziert werden, sofern es in einem von der Kommission aufgezeigten Anwendungsgebiet zum Einsatz kommt. Hierunter fällt die Anwendung in den Bereichen der kritischen Infrastruktur, Sicherheitskomponenten von Produkten, Beschäftigung, des Arbeitskräftemanagements und dem Zugang zur Selbständigkeit. Weiterhin betrifft dies grundlegende private und öffentliche Dienstleistungen, Strafverfolgungen, welche in die Grundrechte der Bürger eingreifen können, Migrations-, Asyl- und Grenzkontrollmanagement oder die Rechtspflege und demokratische Prozesse. Die Anwendung im Bereich der Sicherheitskomponenten von Produkten umfasst dabei den Einsatz von KI-Anwendungen bei robotergestützten Tätigkeiten (European Commission, 2021). Die verschiedenen Schritte entlang der Wertschöpfungskette, beginnend mit der Entwicklung bis zur Anwendung, gehen für die jeweiligen Akteure mit der Erfüllung von entsprechenden Pflichten einher. Unternehmen als Anwendende von Hochrisiko-KI-Systemen sind zu einer regelkonformen Verwendung verpflichtet, müssen gewährleisten, dass die Eingabedaten für das System der Zweckbestimmung entsprechen sowie die erzeugten Protokolle aufbewahrt werden, dass der Betriebszustand während der Anwendung überwacht wird und die Pflicht zur Datenschutz-Folgenabschätzung gewährleistet werden kann (Artificial Intelligence, Act 2021, Art. 29, Abs. 1 – 6). KI-Systeme, deren Anwendung mit einem begrenzten Risiko verbunden sind, unterliegen im Gegensatz dazu weniger Vorschriften als Hochrisiko-KI-Systeme. Dies betrifft insbesondere die Anwendung von Chatboots oder Deepfakes, bei denen Audio- und Videoinhalte manipuliert werden können. Die Anwendung dieser KI-Systeme unterliegen in diesem Zusammenhang lediglich ausgewählten Verpflichtungen zur Transparenz (Madiega, 2021, S. 6f). Für Unternehmen in der Position als Anwendende der genannten

Systeme bedeutet dies, dass sie dazu verpflichtet werden, Transparenz in der Anwendung sicherzustellen, in dem sie kennzeichnen, dass die entsprechenden Audio- und Videoinhalte durch ein KI-System erzeugt wurden (Artificial Intelligence Act, 2021, Art. 52, Abs. 3). Für die EU-weite Anwendung von Systemen mit einem geringen Risiko entstehen dahingehend keine rechtlichen Verpflichtungen (Madiega, 2021, S. 7). Seitens der Kommission wird lediglich die Erstellung eines Verhaltenskodizes empfohlen, welcher die freiwillige Anwendung von spezifischen Anforderungen vorsieht, welche für KI-Systeme mit einem hohen Risiko gelten (Artificial Intelligence Act, 2021, Art. 69, Abs. 1). Zum gegenwärtigen Zeitpunkt finden sich die meisten Systeme in der Eingruppierung mit einem geringen Risiko wieder. Eine beispielhafte Anwendung ist der Einsatz von Spam-Filtern. Augenblicklich handelt es sich in diesem Zusammenhang noch um einen Vorschlag zur Regulierung seitens der EU-Kommission. Eine rechtskräftige Bindung wird hierbei nicht vor dem dritten Quartal 2024 zu erwarten sein. Im Vorfeld bedarf es noch einer Entwicklung von spezifischen Normen sowie der Schaffung und Etablierung von Strukturen (European Commission, 2021). Zudem erfordert es in diesem Zusammenhang noch die Beantwortung der Frage, inwiefern die Risikoklassifizierung von KI-Systemen eine Aufgabe für Unternehmen sein wird und welche Kriterien für die endgültige Bewertung herangezogen werden müssen (Carfantan, 2021).

3.3.4.3 Nationale Normungsinitiativen

Ergänzend zu den politischen internationalen Initiativen hinsichtlich einer Regulierung und Standardisierung von KI existieren ebenfalls nationale Vorhaben. Die deutsche Normungsroadmap zur KI ist in diesem Fall eine ausgewählte Initiative, welche im Rahmen der vorliegenden Schrift vorgestellt werden soll (Heesen et al., 2020, S. 14). Ausgerichtet an dem Leitbild einer KI, welche menschenzentriert gestaltet werden soll, wurde im Rahmen der Normungsroadmap eine erste Analyse vorgestellt, welche sowohl bestehende Normen und den zukünftigen Bedarf von Standardisierung beziffert, als auch Handlungsempfehlungen aufzeigt. Mit ihrer Veröffentlichung im Jahr 2020 handelt es sich bei der Initiative um ein Vorzeigeprojekt im weltweiten Vergleich. Im Rahmen der Entwicklung konzentrierte sich die Initiative auf sieben ausgewählte Themenbereiche, deren Ergebnisse innerhalb einer Vielzahl an interdisziplinären Arbeitsgruppen aus Wissenschaft, Wirtschaft und öffentlichen Institutionen erarbeitet wurden. Die

Themenbereiche waren: Grundlagen der KI, Ethik, Qualität, Konformitätsbewertung und Zertifizierung, IT-Sicherheit bei KI-Systemen, Industrielle Automation, Mobilität und Logistik sowie KI in der Medizin. Innerhalb des jeweiligen Themenbereiches wurden unterschiedliche Fragestellungen bearbeitet. Im Rahmen der Grundlagen von KI waren dies vorwiegend Fragestellungen über eine einheitliche Beurteilung und Definition von Anwendungen. Im Hinblick auf Ethik wurde erarbeitet, was die Technologie darf und wie durch Normung und Standardisierung Mindestanforderungen erfüllt werden können, deren Umsetzung Vertrauen und Akzeptanz schaffen. Hingegen wurden im Rahmen von Qualität, Konformitätsbewertung und Zertifizierung Fragestellungen erarbeitet, welche Anforderungen es im Hinblick auf Qualitätskriterien sowie Prüfverfahren benötigt, um eine zuverlässige und leistungsfähige Anwendung der KI zu gewährleisten. Ebenfalls standen die IT-Sicherheit und die damit verbundenen Anforderungen sowie die Generierung von Potenzialen in der industriellen Automation im Fokus. Zudem wurden zukünftige Anforderungen erarbeitet, wie bei der Mobilität und in der medizinischen Anwendung sowohl die Sicherheit gewährleistet werden kann als auch welche Reglungsbedarfe es noch benötigt, um eine menschenzentrierte Interaktion sicherzustellen. Auf Basis der Ergebnisse zu den verschiedensten Themenbereichen wurden fünf zentrale Handlungsempfehlungen abgeleitet, welche den zukünftigen Standardisierungsbedarf von KI aufzeigen (Adler et al., 2020, S. 1-12).

Die Entwicklung und Umsetzung eines standardisierten Datenreferenzmodelles für eine Interoperabilität in der Anwendung von KI repräsentiert die erste Handlungsempfehlung. Im Zuge der automatisierten Zusammenarbeit mehrerer KI-Systeme ist die Interoperabilität ein entscheidender Faktor. Der Austausch von Daten muss daher sowohl sicher und zuverlässig als auch kompatibel zu weiteren KI-Systemen erfolgen können. Dies zeigt die Notwendigkeit eines standardisierten Datenreferenzmodells, innerhalb dessen die Art und Struktur von Daten sowie deren Zusammenhang aufgezeigt werden. KI als ein IT-System ist von ausgeprägter Interdisziplinarität und Komplexität geprägt. Dies hat zunehmend Einfluss auf die IT-Sicherheit in Unternehmen, da es bei der Entwicklung von KI-Systemen an einem durchgehend einheitlichen Vorgehen aller Stakeholder fehlt.

Die Entwicklung einer übergreifenden Norm für die Gewährleistung der IT-Sicherheit entspricht jener zweiten Handlungsempfehlung. Durch einen horizontalen Ansatz, welcher jeweils individuelle Anforderungen einzelner Branchen berücksichtigt, soll sichergestellt werden, dass ein festgelegter Prozess zur Überprüfung und Zertifizierung generiert wird. Dies könnte zunehmend zu einer Steigerung von Vertrauen und Akzeptanz führen.

Die Entwicklung und Anwendung einer praxisnahen Prüfung der Kritikalität von KI-Anwendungen stellt die dritte Handlungsempfehlung dar. Hierbei wird eine risikobasierte Bewertung angestrebt, welche ebenfalls ethische Aspekte in der Anwendung berücksichtigt. Die angestrebte Zielsetzung ist eine standardisierte und rechtskräftige Validierung der Technologie, innerhalb derer die individuellen Anforderungen an Transparenz und Nachvollziehbarkeit aufgezeigt werden (Adler et al., 2020, S. 24-26). Durch den risikobasierten Ansatz soll eine menschenzentrierte Gestaltung angestrebt werden. Der Vorschlag der Arbeitsgruppen sieht eine Bewertung von Systemen anhand ihrer individuellen Kritikalität vor, welche mittels einer Pyramide bewertet werden kann. Durch die Anwendung der Kritikalitätspyramide können sowohl Entwickelnde, Prüfende als auch Anwendende von KI eine Einschätzung vornehmen, inwiefern es zu physischen und psychischen Schadenseintritten und dem damit verbundenen Ausmaß kommen kann (Abbildung 18) (Adler et al., 2020, S. 52).

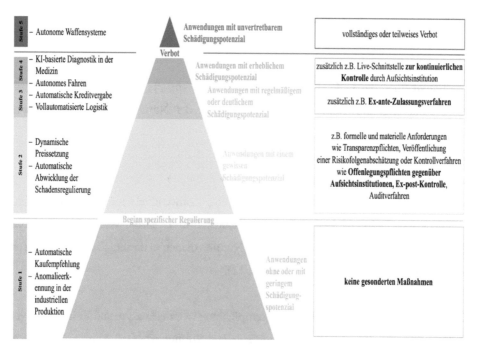

Abbildung 18: Kritikalitätspyramide (Quelle: Eigene Darstellung in Anlehnung an Adler et al., 2020, S. 53)

Die Kritikalitätspyramide unterscheidet in fünf Stufen der Kritikalität, von denen jede mit entsprechenden Anforderungen an die Anwendung von KI einhergeht. Systeme der Stufe eins, deren Anwendung maximal ein geringes Schädigungspotenzial besitzt, unterliegen lediglich Qualitätsanforderungen und keinen gesonderten Maßnahmen zur Regulierung. Ab Stufe zwei soll eine Risikofolgeabschätzung verpflichtend sein. Dies bedeutet für KI-Systeme mit einem gewissen Schädigungspotenzial, dass diese auf ihr individuelles Fehlverhalten überprüft werden müssen. Systeme der Stufe drei müssen weitergehende Zulassungsverfahren durchlaufen, da von ihnen ein deutliches Schädigungspotenzial zu erwarten ist. Innerhalb der vierten Stufe müssen Systeme, zusätzlich zu den Anforderungen aus Stufe zwei bis drei, noch weitere Kontroll- und Transparenzpflichten erfüllen. Dies umfasst auch eine Offenlegung der jeweiligen Algorithmen. Anwendungen der fünften Stufe, von denen ein erhebliches Schädigungspotenzial hervorgeht, sollen entweder partiell oder vollständig verboten werden. Die Entwicklung und Anwendung einer Kritikalitätspyramide für die Konformitätsbewertung von KI könnte in diesem Zusammenhang als Grundlage für die zukünftige juristische sowie ethische Validierung verwendet werden. Im Zuge dessen könnten entsprechende Vorgehensweisen entstehen (Adler et al., 2020, S. 52f).

Die Entwicklung des nationalen Umsetzungsprogrammes ‚Trusted AI' repräsentiert die vierte Handlungsempfehlung, welche im Rahmen der Normungsroadmap entwickelt wurde. Die Entwicklung eines nationalen Umsetzungsprogrammes soll dazu dienen, Standards in der Prüfung von KI festzulegen. Innerhalb der Prüfung sollen Aspekte der Verlässlich-, Vertrauens- und Leistungsfähigkeit sowie der Robust- und Sicherheit überprüft werden, um eine Aussage für die jeweilige Anwendung treffen zu können. Zum gegenwärtigen Zeitpunkt fehlt es an entsprechenden Prüfverfahren, welche reproduzierbar sind. Die Entwicklung und Etablierung von Normen dienen in diesem Zusammenhang als Basis der Entwicklung (DIN e.V., 2022, S. 12).

Die fünfte und abschließende Handlungsempfehlung ist eine Analyse und Validierung von bestehenden Use Cases auf ihren individuellen Normungsbedarf. Hierdurch wird es ermöglicht, aus bereits bestehenden praktischen KI-Anwendungsfällen Bedarfe an eine Standardisierung abzuleiten. Dies kann sowohl anwendungs- als auch branchenbezogen erfolgen. In diesem Zusammenhang sollte die Zusammenarbeit zwischen Wissenschaft, Industrie, Gesellschaft und Regulierung durchgehend wechselseitig erfolgen (Adler et al., 2020, S. 25).

3.3.4.4 Normative Anforderungen

Supplementär zu den aufgezeigten nationalen sowie internationalen Vorhaben zur Regulierung von KI existieren ebenfalls bereits veröffentlichte Normen sowie Standards. Im Hinblick auf die eingangs dargelegte Zielsetzung der vorliegenden Schrift werden im weiteren Verlauf bereits bestehende Normen aufgezeigt, welche für Unternehmen in ihrer Rolle als Anwendende von KI relevant sind. In Analogie zum Abschnitt 2.3.4 sind dies vorwiegend Normen, welche sich auf arbeitswissenschaftliche Aspekte beziehen. Bekanntlich konzentriert sich die vorliegende Schrift auf Unternehmen als Anwendende von KI-Systemen und deren Schwerpunkt bei den Herausforderungen. Eine Analyse von Normen zur technologischen Entwicklung wird in diesem Zusammenhang demnach nicht durchgeführt. Dies umfasst den gesamten Entwicklungsprozess von Algorithmen. Auf

Grund der Interdisziplinarität von KI wird im Nachfolgenden eine Unterteilung bei der Darstellung von Normen vorgenommen. Zu Beginn werden KI-spezifische Normen analysiert und dargestellt. Aufbauend darauf erfolgt eine Darstellung von Normen, welche sich nicht ausschließlich auf KI beziehen, durch ihre fachliche Überschneidung aber eine hohe Relevanz für die Einführung und Anwendung der Technologie darstellen. Im Zuge einer Analyse der derzeitigen veröffentlichten Normen, die sich auf KI beziehen, wird erkennbar, dass sich diese in ihrem jeweiligen Themengebiet stark unterscheiden können. Ausgehend von Grundlagennormen existieren zum gegenwärtigen Zeitpunkt eine Vielzahl an Normen, welche einen technologischen Schwerpunkt besitzen. Innerhalb dieser finden sich unter anderem Vorgaben zu Netzwerkarchitekturen, Anforderungen an die Emotionserkennung oder Leitfäden für die Erstellung von Systemen, die auf dem TL basieren. Die ISO/IEC TR 24028 gilt in diesem Zusammenhang als eine relevante Norm, welche sich auf die Grundlagen der KI konzentriert. Hinzukommend zu einer Analyse von Ansätzen, welche dazu genutzt werden sollen Vertrauen zu generieren, erörtert sie ebenfalls technologische Bedrohungen sowie Risiken und präsentiert Vorgehensweisen, welche zu einer Minimierung angewendet werden können. Im Hinblick auf Vertrauen werden hierbei insbesondere die Faktoren von Erklär- und Kontrollierbarkeit sowie Transparenz miteinbezogen (ISO/IEC TR 24028, 2020). Das Vertrauen wird ebenfalls in der DIN SPEC 92001-1 aufgegriffen. Die Norm enthält Qualitätsanforderungen, welche innerhalb eines Qualitätsmetamodells dargestellt werden und sowohl die Phase der Entwicklung als auch Anwendung von KI betreffen. Hierbei handelt es sich um einen ganzheitlichen Ansatz, welcher die Qualität über den gesamten Lebenszyklus sicherstellen soll. Die Leistung und Funktionalität von Systemen, deren Robustheit sowie Verständlichkeit bilden innerhalb des Qualitätsmetamodells der DIN SPEC 92001-1 die drei zentralen Elemente. Die verfolgte Zielstellung ist eine sichere und transparente Interaktion. Innerhalb der DIN SPEC 92001-1 werden hierzu entsprechende Anforderungen dargestellt (DIN SPEC 92001-1, 2019). Der IEEE 7010-2020 des Institutes of Electrical and Electronics Engineers (IEEE) schreibt der Transparenz ebenfalls eine hohe Bedeutung bei, indem es sie aufgreift. Der IEEE 7010-2020 enthält hierbei acht ethische Prinzipien, deren Beachtung bei der Anwendung von KI empfohlen werden. Die Transparenz bildet eines davon. Ergänzend dazu enthält der IEEE 7010-2020 ebenfalls Kompetenzanforderungen an Nutzende von Systemen (Heesen et al., 2020, S. 15). Diese spezifischen Normen, welche eine Relevanz für die Arbeitsgestaltung besitzen, werden zudem durch Normen ergänzt, welche eine entsprechende Bedeutung für KI besitzen, diese aber nicht ausschließlich betrachten. Die ISO/IEC 15408 beinhaltet in diesem Zusammenhang Kriterien, welche für die IT-Sicherheit zu beachten sind. Sie definiert zudem sieben unterschiedliche Stufen, anhand derer die Vertrauenswürdigkeit von IT-Systemen eingeordnet werden kann und zeigt notwendige Anforderungen auf. Diese Anforderungen betreffen sowohl die Dokumentation als auch die Prüfung des Systems (Adler et al., 2020, S. 113). Die Bedeutung der Konformität von KI wurde bereits umfassend aufgezeigt. Im Hinblick darauf ist die DIN EN ISO/IEC 17000:2020-09 zu erwähnen. Die Norm gilt als allgemeine Grundlagennorm in der Konformitätsbewertung von Systemen. Sie definiert relevante Begrifflichkeiten der Konformitätsbewertung und enthält eine Vorgehensweise, anhand derer diese validiert werden kann. Insbesondere für Nutzende ist sie von hoher Relevanz (Adler et al., 2020, S. 156 und DIN EN ISO/IEC 17000, 2020). Die Wichtigkeit des Schutzes personenbezogener Daten bei der Anwendung von KI wurde bereits aufgezeigt. Um diesen zu gewährleisten, liefern die ISO/IEC 27701 sowie die ISO/IEC 29100ff sowohl ein umfassendes Rahmenwerk, anhand derer der Datenschutz gewährleistet werden kann als auch spezifische Anforderungen (Adler et al., 2020, S. 158). Im Hinblick auf die generelle Maschinensicherheit von KI-Systemen und den damit einhergehenden Anforderungen, müssen zudem die DIN EN ISO 12100 sowie die DIN EN ISO 13849 aufgezeigt werden. Aus ihnen lassen sich sowohl spezifische Prinzipien einer sicheren Gestaltung als auch Anforderungen an die Beurteilungen sowie Minimierung von Risiken ableiten. Ergänzt werden diese sicherheitstechnischen Anforderungen durch die DIN EN 61508-3. Innerhalb dieser wird festgelegt, welche Anforderungen an eine Software in Abhängigkeit ihres jeweiligen Sicherheitsintegritäts-Levels (SIL) gestellt werden. Hierbei existieren spezifische Anforderungen entlang des gesamten Produktlebenszyklus. Im Zusammenhang mit dem Einsatz von KI wird die Anwendung ab einem SIL von zwei nicht empfohlen (Adler et al., 2020, S. 159-163). Ebenfalls kann eine Adaptierung bestehender Normen auf KI-Spezifika erfolgen. Stowasser (2019b) empfiehlt auf Basis der bereits dargelegten DIN EN ISO 6385, diese um die Eigenschaften von KI zu adaptieren und dahingehend ein Vorgehensmodell für die Einführung abzuleiten. Auf Basis einer Anforderungsanalyse sollten weitergehende Fragen der Aufgabenverteilung, des Designs sowie einer Erprobung und Evaluation erfolgen. Innerhalb des Prozesses geht es um die Beantwortung weitreichender Fragestellungen. Innerhalb des

Vorgehensmodells von Stowasser (2019b) nach der DIN EN ISO 6385 sind dies insbesondere Fragestellungen nach der Verteilung von Arbeitsaufgaben, deren Sinnhaftigkeit oder auch die Frage nach psychischen Belastungen (Stowasser, 2019b, S. 13). Weiterhin sind die ISO/IEC 23053 sowie die ISO/IEC 22989 zu erwähnen. Die ISO/IEC 22989 fokussiert sich auf die Festlegung von Terminologien im Kontext der KI. Hierbei werden relevante Konzepte dargestellt, welche sich an unterschiedliche Organisationen (u. a. Unternehmen) richten. Die Norm kann im Zusammenhang mit der Einführung von KI vor allem als Unterstützung in der Kommunikation zwischen unterschiedlichen Stakeholdern gesehen werden, da sie detailliert relevante Terminologien der KI aufzeigt und beschreibt (DIN EN ISO/IEC 22989:2023-04, 2023). Die Anwendung der ISO/IEC 23053 ist ebenfalls für unterschiedliche Organisationen (u. a. Unternehmen) gedacht. Hierbei wird insbesondere das ML und ein dafür konzipiertes Framework beschrieben. Im Rahmen dessen werden relevante Systemkomponenten und deren Zusammenhang zum KI-Ökosystem dargestellt (DIN EN ISO/IEC 23053:2023-04, 2023). Beide Normen besitzen derzeit noch den Status eines Entwurfes. Nach Ausgabe empfiehlt sich allerdings ein Heranziehen der Normen, was sich vor allem dahingehend begründet, dass beide relevante Inhalte für wichtige Terminologien enthalten, die vor allem dann von Bedeutung sind, wenn es um ein einheitliches Verständnis zur KI und den damit verbundenen Inhalten geht.

Das Normungsumfeld der KI ist hierbei von starker Volatilität geprägt, was dadurch erkennbar wird, dass zum derzeitigen Zeitpunkt mehrere Normungsvorhaben in der Entwicklung sind. Abseits von technologischen Normen betrifft dies auch zunehmend arbeitswissenschaftliche. Zu nennen ist hier die ISO/IEC NP 5339, innerhalb derer Vorgaben festgehalten werden sollen, wie eine Anwendung zu erfolgen hat. Die ISO/IEC CD 23894 betrifft das Risikomanagement bei der Anwendung. Mit ihr wird die Entwicklung von Richtlinien innerhalb des Risikomanagements angestrebt. Die ISO/ IEC AWI TR 24368 sowie die ISO/ IEC WD TS 24462 beziehen sich zusätzlich auf den ethischen und vertrauenswürdigen Einsatz. Hierfür sollen die Normen in Zukunft Vorgaben enthalten (Adler et al., 2020, S. 164-170). Wie bereits umfassend dargelegt wurde, ist die Anwendung von KI innerhalb eines Unternehmens stark interdisziplinär. Dies wird unter anderem auch darin erkennbar, dass zum aktuellen Zeitpunkt die ISO/IEC DIS 38507 entwickelt wird, welche sich konkret auf die Unternehmensführung bezieht.

Innerhalb der Norm werden die Auswirkungen der Anwendung von KI behandelt. In diesem Zusammenhang geht es sowohl um die Chancen, Risiken als auch Verantwortlichkeiten, welche mit der Anwendung verbunden sind (ISO/IEC DIS 38507, 2022). Die Anwendung innerhalb eines soziotechnischen Systems erfordert hierbei die fortlaufende Entwicklung von Normen. Innerhalb der zweiten deutschen KI-Normungsroadmap sind deswegen auch die soziotechnischen Systeme erstmalig als ein eigenes Schwerpunktthema vorhanden (DIN e. V., 2021). Die zweite Ausgabe der KI-Normungsroadmap adressiert hierbei erstmalig zukünftige soziotechnische Normungs- und Standardisierungsbedarfe. Es gilt zum einen die individuelle Dynamik eines jeden KI-Systems bei der Gestaltung von Aufgaben und Schnittstellen zu berücksichtigen. Dies bedeutet, dass im Rahmen der Planung und Gestaltung das Ziel verfolgt werden muss, ergonomische Grundsätze zu berücksichtigen. Dies umfasst ebenfalls eine gebrauchstaugliche Gestaltung von Arbeitsmitteln. Jene Anwendung der ergonomischen Grundsätze ist dabei ein elementares Gütekriterium von KI-Systemen. Zum anderen gilt es umfassend soziotechnische Aspekte bei der Gestaltung von KI-Systemen zu berücksichtigen. Dies beinhalt die Veränderungen in der Arbeitswelt sowie die damit verbundenen neuen Anforderungen an den Menschen. Konkret wird der Bedarf aufgezeigt, die Themen der Organisationsentwicklung und des Change-Managements sowie einer umfassenden Qualifizierung als relevante Fragestellungen zu berücksichtigen. Es gilt hierbei die Anwendung von KI partizipativ zu erarbeiten. Der dritte Normungs- und Standardisierungsbedarf bezieht sich auf den EU AI Act und der Erfüllung des Aspektes der ‚Transparenz'. Es gilt in diesem Zusammenhang den Menschen von Beginn an als Teil des gesamten soziotechnischen Systems zu berücksichtigen. In diesem Zusammenhang sollte die Frage beantwortet werden, welche Form der Transparenz für jede individuelle Zielgruppe als ausreichend empfunden wird. Eine Erarbeitung der entsprechenden Normen sollte dabei immer die Partizipation der Nutzenden eines KI-Systems berücksichtigen. Der vierte Normungs- und Standardisierungsbedarf bezieht sich ebenfalls auf den EU AI Act und die Erfüllung des Aspektes der ‚Menschlichen Aufsicht'. Entsprechende Anforderungen lassen sich auch hier nur umsetzten, sofern das KI-System als soziotechnisches System verstanden wird. Es gilt daher die Fragestellung zu beantworten, wie eine menschliche Aufsicht umgesetzt werden soll. Dies beinhalt zudem auch die Fragestellung zu der Eingriffsmöglichkeit eines Menschen. Um dies zu beantworten, sollte dabei ebenfalls die Partizipation der Nutzenden eines KI-Systems forciert werden (Adler et al., 2022, S. 174).

3.4 Zwischenfazit

Mit Kapitel 3 wurde das grundlegende und benötigte Verständnis zur KI geschaffen sowie aufgezeigt welche Zusammenhänge zum Forschungsgebiet der Robotik bestehen. Als Technologie basiert diese hierbei auf dem Einsatz von speziellen Algorithmen. Die Zielstellung von KI besteht demnach in einer computerbasierten Nachbildung menschlicher Intelligenz. Grundsätzlich ist dabei zwischen schwacher, starker und einer Superintelligenz zu differenzieren. Ein wichtiger Bestandteil von KI bildet das ML. Der Algorithmus lernt hierbei auf Basis eigener Erfahrungen. Eine vollumfängliche Programmierung aller Eventualitäten wird dadurch obsolet. Durch selbst-adaptive Algorithmen kann das System eigenständig lernen und sich verbessern. Im Kontext der Robotik ist das ML ein elementarer Bestandteil. Die Lernverfahren unterscheiden sich in Supervised Learning, Unsupervised Learning und Reinforcement-Learning. Letzteres findet im Zusammenhang von Robotik seine Anwendung. Hierbei kommt es zum Einsatz von KNN und der Anwendung des TL. Dieses entspricht einem Teilgebiet des ML und ist für die autonom agierenden Roboter von essenzieller Bedeutung.

Mit der Einführung und Anwendung von KI-Systemen sehen sich Unternehmen arbeitswissenschaftlichen Herausforderungen gegenüber. Diese werden in einer benötigten strategischen Herangehensweise beim Veränderungsprozess, der individuellen Qualifizierung und Kompetenzentwicklung sowie jener Interaktionsgestaltung und dem Segment von Normung und Regulierung sichtbar. Eine vorhandene Vision sowie die strategische Planung müssen dahingehend genauso analysiert werden wie Aspekte der Unternehmenskultur und Führung. Hierbei sind starke Interdependenzen zur Akzeptanzsteigerung erkennbar. Mitarbeitende und Führungskräfte benötigen zudem individuelle Fachkompetenzen hinsichtlich des KI-Systems. Erweitert werden diese durch relevante Methoden-, Sozial- und Selbstkompetenzen. Auch bedarf es interdisziplinärer Kompetenzen in Unternehmen. Eine Interaktionsgestaltung zwischen Mensch und KI sollte menschenzentriert erfolgen. Dies umfasst die Analyse weitreichender Gesichtspunkte. Der Schutz des Einzelnen sowie die Vertrauenswürdigkeit, Arbeitsteilung und Arbeitsbedingungen sind dabei elementar. Im Kontext der Normung und Regulierung sind sowohl vorhandene KI-spezifische Normen als auch technologieübergreifende für Unternehmen zu beachten. Weiterhin müssen Systeme anhand ihrer Kritikalität sowie ihres individuellen Risikos in der Anwendung eingeordnet werden. Dies erfolgt auf nationaler sowie internationaler Ebene. Daraus lassen sich Anforderungen an Unternehmen ableiten.

Mit Kapitel 3 ist die Forschungsfrage 3 hinsichtlich der arbeitswissenschaftlichen Anforderungen und Erfolgsfaktoren bei der Einführung und Anwendung von KI beantwortet. Zugleich konnten in diesem Rahmen weitreichende Erkenntnisse erarbeitet werden, welche zur Beantwortung des übergreifenden Forschungszieles sowie der Forschungsfrage 4 und den damit verbundenen zukünftigen arbeitswissenschaftlichen Anforderungen und Erfolgsfaktoren dienen. Kapitel 3 bildet demnach einen elementaren Bestandteil der vorliegenden Schrift und dient mitunter als Basis für das nachfolgende Kapitel 4.

4. Forschungssynthese der arbeitswissenschaftlichen Herausforderungen

Innerhalb der Kapitel 2 und 3 wurde umfassend der aktuelle Forschungsstand zur MRK sowie KI dargelegt. Hierdurch war es möglich, die zu Beginn gestellten Forschungsfragen 1, 2 und 3 zu beantworten. Zur Beantwortung der Forschungsfrage 4 greift die vorliegende Schrift auf das methodische Prinzip einer Forschungssynthese der Forschungsstände zurück. Das vorliegende Kapitel untergliedert sich in diesem Zusammenhang in zwei differente Abschnitte. In Abschnitt 4.1 erfolgt eine methodische Darlegung der Forschungssynthese und der damit verbundenen Vorgehensweise. Abschnitt 4.2 konzentriert sich auf die inhaltliche Durchführung der Forschungssynthese und die dabei generierten Ergebnisse. Ziel der Forschungssynthese ist die Identifikation von Implikationen arbeitswissenschaftlicher Herausforderungen einer leistungsfähigen schwachen KI auf das Konzept der MRK, welche im Zuge der Einführung und Anwendung in Unternehmen einhergehen.

4.1 Wissenschaftliche Vorgehensweise und Prinzipien

Um die notwendige Transparenz innerhalb der Schrift zu gewährleisten, wird die wissenschaftliche Vorgehensweise der Forschungssynthese nachfolgend detailliert dargestellt. Ausgangspunkt ist eine Einordnung dieser Methode. Dies umfasst zum einen die generelle Konkretisierung, was unter einer Synthese aktueller Forschungsstände zu verstehen ist. Zum anderen werden die Vorgehensweise sowie die zu berücksichtigenden Kriterien aufgezeigt. Aufbauend darauf sollen die Prinzipien vorgestellt werden, welche im Rahmen der Forschungssynthese zu Grunde gelegt werden.

© Der/die Autor(en), exklusiv lizenziert an
Springer-Verlag GmbH, DE, ein Teil von Springer Nature 2024
Y. Peifer, *Konzeptionierung eines arbeitswissenschaftlichen
Handlungsrahmens zur Einführung und Anwendung einer auf
Künstlicher Intelligenz basierten Mensch-Roboter-Kollaboration*,
ifaa-Edition, https://doi.org/10.1007/978-3-662-68561-7_4

4.1.1 Abgrenzung des narrativen Reviews

Wie zu Beginn der Schrift aufgezeigt wurde, findet innerhalb derer das narrative Review als eine wissenschaftliche Methode zur Erhebung des aktuellen Standes der Forschung seine Anwendung. Ein narratives Review fasst nach Döring & Bortz (2016): *„(...) den aktuellen Forschungsstand in einem Gebiet zusammen, indem er die einschlägige Literatur recherchiert, strukturiert vorstellt und bewertet.“* (Döring & Bortz, 2016, S. 898). Das narrative Review bildet allerdings keine exklusive wissenschaftliche Methode zur Erhebung aktueller Forschungsstände. Dem narrativen Review steht hierbei die wissenschaftliche Methode der Meta-Analyse gegenüber. Mittels einer Meta-Analyse wird es ebenfalls ermöglicht, den aktuellen Forschungsstand zu bestehenden Themengebieten zusammenzufassen und anschließend zu synthetisieren. Döring & Bortz (2016) definieren eine Metaanalyse wie folgt: *„Die quantitative Metaanalyse (...) ist ein spezieller Typ der Forschungssynthese. Sie fasst den Forschungsstand zu einer bestimmten Fragestellung zusammen, indem sie die statistischen Einzelergebnisse inhaltlich vergleichbarer, aber unabhängiger quantitativer Primärstudien integriert.“* (Döring & Bortz, 2016, S. 896). Die Gleichheit der Synthese erfordert an dieser Stelle eine Begründung, weshalb weiterhin das narrative Review verwendet wird. Die Begründung seitens des Autors liegt in der anschließenden Verwendung der erhobenen Literatur. Im Gegensatz zum narrativen Review zielt die Meta-Analyse auf eine rein statistische Auswertung der erhobenen Literatur ab. Das narrative Review bewertet und fasst die Literatur dahingehend verbal im Rahmen einer Diskussion zusammen. Hierbei bildet insbesondere das narrative Review ein Instrument, mit Hilfe dessen zukünftige Perspektiven hinsichtlich weiterer Forschungsbedarfe aufgezeigt werden können (Döring & Bortz, 2016, S. 895-898).

4.1.2 Durchführung der Forschungssynthese im narrativen Review

Das narrative Review folgt in diesem Zusammenhang einer festgelegten Abfolge von Bearbeitungsschritten, von denen das Synthetisieren einen ausgewählten Abschnitt bildet. Die Relevanz der eindeutigen Abgrenzung zwischen dem verwendeten narrativen Review sowie einer Meta-Analyse wird dahingehend nochmals erkennbar, da die Abfolge der Bearbeitungsschritte kaum Unterscheidungen aufweist. Die Durchführung eines narrativen Reviews erfordert die Beachtung von sieben aufeinanderfolgenden

Bearbeitungsschritten (Goldenstein, Walgenbach & Hunoldt, 2018, S. 76f). Goldenstein, Walgenbach & Hunoldt (2018) definieren diese anhand von Petticrew und Roberts (2012) (Abbildung 19).

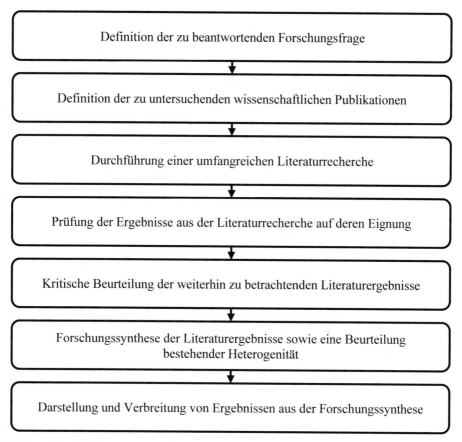

Abbildung 19: Abfolge von Durchführungsschritten eines narrativen Reviews (Quelle: Eigene Darstellung in Anlehnung an (Petticrew & Roberts, 2006, S. 27 und Goldenstein, Walgenbach & Hunoldt, 2018, S. 76f)

Die von Petticrew und Roberts (2012) geforderte Definition von Kriterien zur Literaturauswahl, einer umfangreichen Recherche sowie die Extraktion von Informationen sind im Rahmen der Schrift abgeschlossen. Die geforderte Definition von Kriterien sowie deren Darlegung erfolgte hierbei in Abschnitt 1.3. Innerhalb der Schrift fanden demnach sowohl Fachbücher, Monografien und Herausgeberwerke, Beiträge in wissenschaftlichen Fachzeitschriften als auch wissenschaftliche Konferenzbeiträge Beachtung. Bedingt durch die bereits dargelegte Dynamik in den Forschungsfeldern, wurden vorrangig Literaturquellen mit einem Erscheinungsdatum ab dem Jahre 2015 verwendet. In diese Suche wurden sowohl nationale als auch internationale Quellen einbezogen. Die Literaturanalyse erfolgte anhand der zu Beginn dargelegten und definierten Suchbegriffe (Tabelle 1). Das Recherchieren und Extrahieren erfolgte wiederum in Kapitel 2 und 3 hinsichtlich des jeweiligen Forschungsstand. Die Bearbeitungsschritte fünf bis sieben umfassen in diesem Zusammenhang den Aspekt der Forschungssynthese (Goldenstein, Walgenbach & Hunoldt, 2018, S. 77). Die Forschungssynthese als Terminus ist hierbei allerdings keine eindeutige und für alle Gegebenheiten gleich anwendbare Bezeichnung. In Abhängigkeit der gewählten wissenschaftlichen Methode können sich Unterschiede in der Bearbeitung aufzeigen (Döring & Bortz, 2016, S. 894). Nach Hessen (2021) verfolgt eine Literaturarbeit, welche das Prinzip der Forschungssynthese einschließt, die Zielstellung, eine kritische Auseinandersetzung mit dem erhobenen Material herbeizuführen (Hessen, 2021, S. 25). Cooper (2016) präzisiert in diesem Zusammenhang den Terminus der Forschungssynthese. Demnach handelt es sich bei jener um das Zusammenfassen von bereits generierten Forschungsergebnissen. Ebenfalls stellt er die Anforderungen an die Durchführung in den Mittelpunkt der Betrachtung. Gegenwärtig durchgeführte Forschungssynthesen sollten von umfangreicher Transparenz geprägt sein sowie fortlaufend über die generierten Ergebnisse berichten (Cooper, 2016, S. 5). Die vorliegende Schrift orientiert sich hierbei an den Anforderungen von Cooper (2016), indem sie das Vorgehen innerhalb der Forschungssynthese lückenlos aufzeigt. Zur Durchführung einer Forschungssynthese innerhalb des narrativen Reviews empfehlen Goldenstein et al. (2018) ein mehrstufiges Vorgehen. Die Basis bildet eine detaillierte und für das Forschungsfeld separate Strukturierung in einzelne Teilbereiche sowie das Synthetisieren von jeweiligen Termini. Daraufhin erfolgt im Anschluss die Darlegung der Ergebnisse aus den zuvor generierten Teilbereichen. Im Anschluss steht eine Diskussion der Ergebnisse im Mittelpunkt der Betrachtung. Diese erfolgt hierbei teilbereichsübergreifend. Den Abschluss bildet die Generierung eines gesamtheitlichen Modells (Goldenstein, Walgenbach & Hunoldt, 2018, S. 78).

4.1.3 Systematisierung der aktuellen Forschungsstände aus MRK und KI

In Anlehnung an das festgelegte Vorgehen von Goldenstein, Walgenbach & Hunoldt (2018) resultiert für die vorliegende Schrift in einem ersten Schritt die Zerlegung des erhobenen Standes der Forschung in separate Teilbereiche. Nach Goldenstein, Walgenbach & Hunoldt (2018) erfolgt die Abfolge der Schritte hintereinander. Im Zuge der Durchführung ist eine explizite Trennung der Schritte eins bis drei nicht immer umsetzbar. Oftmals kommt es in der Umsetzung zu einer zeitgleichen Durchführung. Insbesondere das Zerlegen in separate Teilbereiche und die anschließende Darlegung gehen fließend ineinander über. Das Vorgehen nach Goldenstein, Walgenbach & Hunoldt (2018) wird für die vorliegende Schrift als empfehlenswert bewertet, da anhand dessen der jeweilige umfangreiche Erkenntnisstand strukturiert aufbereitet werden kann. Hierzu zählt insbesondere die Zerlegung der erhobenen Erkenntnisse in zu synthetisierende Kategorien. In ihrer derzeitigen Darstellungsform erscheinen die Kapitel 2 und 3 mit ihren jeweiligen Abschnitten als zu umfangreich und undifferenziert. Dies wird insbesondere durch die jeweilige Länge des Abschnitts als auch der immer wieder aufkommenden Überschneidung einzelner Thematiken erkennbar. Um dieses Problem zu lösen, erfolgt in einem ersten Schritt die separate Zerlegung des jeweiligen Forschungsstandes zur MRK und KI in neue Kategorien. Das Ziel ist die Bildung eines präziseren Kategoriensystems aus dem gegenwärtigen Forschungsstand. Die vorliegende Schrift folgte in diesem Zusammenhang einem deduktiven wissenschaftlichen Vorgehen. Bei dem deduktiven Vorgehen erfolgt eine Kategorienbildung aus dem erhobenen theoretischen Forschungsstand heraus (Kuckartz, 2009, S. 202). Der individuelle Forschungsstand zur MRK und KI wurde daraufhin separat untersucht. Die Analyse erfolgte in diesem Zusammenhang anhand des übergreifenden arbeitswissenschaftlichen Ansatzes nach Mensch, Technik und Organisation (MTO) (Abbildung 20).

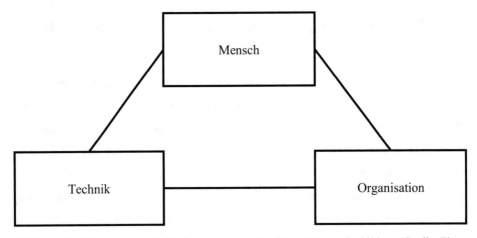

Abbildung 20: Arbeitswissenschaftlicher Ansatz zur deduktiven Kategorienbildung (Quelle: Eigene Darstellung in Anlehnung an Blattner 2020, S. 634)

Der arbeitswissenschaftliche Ansatz nach MTO bildet zudem eine erste Form der Kategorisierung. Gegenwärtige Herausforderungen der Einführung und Anwendung von MRK sowie KI wurden in ihren Inhalten anhand des arbeitswissenschaftlichen Ansatzes aufbereitet und kategorisiert. Für die Aufbereitung und Kategorisierung des aktuellen Forschungsstandes wurde auf das Programm Microsoft Excel zurückgegriffen. Hierdurch konnte die geforderte Systematik während der Zerlegung und Kategorisierung gewährleistet werden. In einem ersten Schritt wurde der erhobene Forschungsstand zu den gegenwärtigen Herausforderungen untersucht. Eine exemplarische Darstellung des Vorgehens und wie die Inhalte im Rahmen von Microsoft Excel kategorisiert wurden, ist in Tabelle 4 erkennbar.

Herausforderungen für Unternehmen	Klassifizierung nach MTO	Deduktive Kategorienbildung	Abgeleitete Anforderungen
Eine unternehmensweite Vision zur Anwendung von Digitalisierungsmaßnahmen (MRK) sollte als Ausgangspunkt und zur weiteren Orientierung bei der Implementierung dienen.	Organisation	Strategie und Implementierung	Unternehmen sollten den entsprechenden Zweck der Anwendung von MRK in der langfristigen Vision verankern

Tabelle 4: Kategorisierung des gegenwärtigen Forschungsstandes (Quelle: Eigene Darstellung, inhaltlich nach Appelfeller und Feldmann 2018, S. 193-196)

Nach Appelfeller und Feldmann (2018) dient eine unternehmensweite Vision als Ausgangsbasis für die Einführung und Anwendung von Digitalisierungsmaßnahmen. Im Kontext der gegenwärtigen MRK bedeutet dies, dass Unternehmen die Einführung und Anwendung auf Basis einer Vision verankern sollten. In Anlehnung an den arbeitswissenschaftlichen Ansatz nach MTO ist diese Herausforderung dem Aspekt von Organisation zuzuordnen. Nach dem deduktiven Vorgehen wurde diese Paraphrase zudem der neu geschaffenen Kategorie ‚Strategie und Implementierung' zugeordnet. Hierbei handelt es sich um ein ausgewähltes Beispiel zur transparenten Darlegung der Vorgehensweise. Auf Basis der Abschnitte 2.1 bis 2.4 sowie 3.1 bis 3.4 wurden alle jeweiligen Erkenntnisse zu den bestehenden Herausforderungen nach dem aufgezeigten Vorgehen aufbereitet. Die bereits angesprochene Interdisziplinarität einzelner Themenkomplexe wird dahingehend noch einmal deutlich. Aus dem Prozess der Analyse, Aufbereitung und Kategorisierung ließ sich die Erkenntnis generieren, dass bei der Einführung und Anwendung – sowohl von MRK als auch KI – übergreifende Erfolgsfaktoren vorherrschen. Diese Erfolgsfaktoren werden als übergreifend deklariert, da sie nicht einzelnen Abschnitten oder Kategorien zuzuordnen sind. Es handelt sich hierbei um die Erfolgsfaktoren Akzeptanz, Partizipation und Ganzheitlichkeit, welche im Rahmen der Abschnitte 2.3.1.2 sowie 3.3.1.2 erarbeitet wurden. Auf Basis des grundlegenden und globalen Ansatzes von Mensch, Technik und Organisation sowie der Beachtung der Erfolgsfaktoren von ‚Ganzheitlichkeit', ‚Partizipation' und ‚Akzeptanz' erfolgte die Aufbereitung und Kategorisierung. Im Zuge dessen bildeten sich aus dem gegenwärtigen Forschungsstand zur MRK und KI acht zu synthetisierende Kategorien innerhalb des Systems (Abbildung 21). Die drei übergreifenden Erfolgsfaktoren finden sich ebenfalls in den acht Kategorien wieder. Diese umfassen ‚Strategie und Implementierung', ‚Führung', ‚Unternehmenskultur', ‚Arbeitsplatzgestaltung', ‚Arbeits- und Prozessgestaltung', ‚Datenumgang und Datenschutz', ‚Qualifizierung und Kompetenzentwicklung' sowie ‚Kritikalität und Normung'. Hiervon wurden jeder Kategorie individuelle Herausforderungen zugeordnet, welche mit der Einführung und Anwendung einer KI-basierten MRK einhergehen.

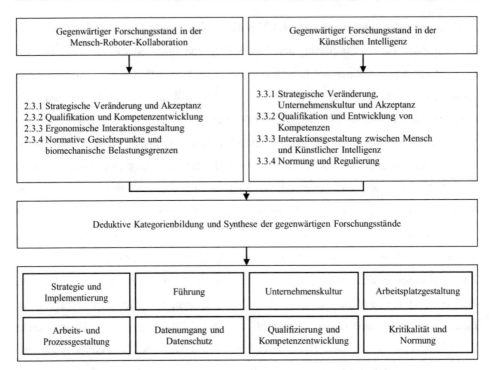

Abbildung 21: Deduktiv abgeleitetes Kategoriensystem (Quelle: Eigene Darstellung)

Im Vergleich zu der vorherigen Darstellung anhand der Abschnitte 2.1 bis 2.4 sowie 3.1 bis 3.4 wird damit eine präzisere Klassifizierung realisiert. Die Kategorien innerhalb des Systems sind dahingehend gebildet, dass im Rahmen der Analyse des jeweiligen Forschungstandes in einem ersten Schritt analysiert wurde, wie sich die umfangreiche Thematik präziser darstellen lässt. Durch ein Zusammensetzen einzelner Aspekte der Abschnitte 2.1 bis 2.4 sowie separat 3.1 bis 3.4 und dem Herausfiltern übergreifender Erfolgsfaktoren ließen sich die Kategorien ableiten. Eine explizite Vorgabe in der Anzahl der Kategorien erfolgte nicht. Die Anzahl von acht Kategorien resultierte ausschließlich aus den Erkenntnissen des aktuellen Forschungsstandes. Übergreifendes Kriterium für die Generierung einer Kategorie war es, dass innerhalb derer sowohl Aspekte der MRK als auch KI einfließen können. Aus Sicht des Autors handelt es sich hierbei um eine Grundvoraussetzung für die Synthese aus MRK und KI. Im Ergebnis kann zu jeder Kategorie eine Aussage über den derzeitigen Stand der Forschung in der MRK sowie der KI getroffen werden. Hierdurch wird eine Synthese erst ermöglicht. Auf Basis dessen erfolgt im nachfolgenden Abschnitt die Synthese der beiden Forschungsstände zur Generierung von Erkenntnissen, welche zur Beantwortung der Forschungsfrage 4 dienen.

4.2 Synthese der aktuellen Forschungsstände aus MRK und KI

Nachdem vorangegangen der erhobene Forschungsstand im Rahmen eines deduktiv erstellten Kategoriensystems aufgezeigt wurde sowie die Synthese der Fachtermini aus MRK und KI hin zur KI-basierten MRK erfolgte, wird in Anlehnung an das aufgezeigte Vorgehen nach Goldenstein, Walgenbach & Hunoldt (2018) im Folgenden die Diskussion Platz finden. Diese bildet den anschließenden Schritt in der Forschungssynthese. In diesem Zusammenhang erfolgt eine inhaltliche Diskussion in Anlehnung an die deduktiv generierten Kategorien. Die Diskussion aus MRK und KI hin zur KI-basierten MRK bildet die inhaltliche Synthese. Um die methodisch geforderte Transparenz sowie Systematik zu gewährleisten, erfolgt die Synthese – unabhängig von der jeweiligen Kategorie – fortlaufend nach dem identischen Vorgehen. Die Ausgangsbasis bildet eine inhaltliche Gegenüberstellung und Diskussion. Innerhalb derer wird anhand eines festgelegten Schemas analysiert, inwiefern die Inhalte zur KI Implikationen auf das Forschungsgebiet der MRK besitzen. Die inhaltliche Gegenüberstellung und Diskussion erfolgen in tabellarischer Form (Tabelle 5).

Implikationen aus der KI für die MRK	
Verringert	
Gleichbleibend	
Erweitert	
Umfänglich neu hinzukommend	

Tabelle 5: Kategorisierung von Implikationen (Quelle: Eigene Darstellung)

Erkennbar ist eine Gliederung anhand von vier Kategorien. Gedanklicher Ausgangspunkt ist der vorherrschende Forschungsstand zur MRK. Im Zuge der Gegenüberstellung und Diskussion von KI-Inhalten erfolgt eine Analyse, inwiefern diese Implikationen auf die MRK besitzen. Es erfolgt eine Differenzierung, ob KI die Herausforderungen der Einführung und Anwendung einer MRK verringern, keinen Einfluss besitzen, diese teilweise erweitern oder um gänzlich neue Gesichtspunkte ergänzen. Durch diese Systematik wird sichergestellt, dass Merkmalsausprägungen abweichender Art berücksichtigt werden. Auf Basis dieser systematischen Einordnung der Inhalte und ihrer Diskussion werden weiterführend Implikationen und Handlungsempfehlungen abgeleitet.

4.2.1 Strategie und Implementierung

Die Kategorie Strategie und Implementierung bildet den Anfang. Inhaltlich konzentriert sich diese auf eine Darstellung von Gesichtspunkten, welche sich auf den Beginn des Veränderungsprozesses beziehen. Hierbei hat der Abschnitt zum Ziel, Erfolgsfaktoren zu benennen, welche dem Segment der Strategie und Implementierung zuzuordnen sind. Die Abgrenzung zu weiteren Kategorien, welche ebenfalls einen inhaltlichen Bezug auf den Veränderungsprozesses nehmen (bspw. die Qualifizierung und Kompetenzentwicklung), zeigt sich dahinhingehend, dass es im vorliegenden Abschnitt ausschließlich um die Herausforderungen bei der Initiierung, Planung und Gestaltung der Einführung und Anwendung einer KI-basierten MRK geht. In diesem Zusammenhang erfolgt eine separate Gliederung in zwei Betrachtungsweisen (Abbildung 22).

Abbildung 22: Differenzierung von Herausforderungen der Implementierung einer KI-basierten MRK in Makro- und Mikroebene (Quelle: Eigene Darstellung)

Dies lässt sich auf die unterschiedlichen Ansprüche zu Beginn des Transformationsprozess zurückführen, beginnend mit einer Makroperspektive, welche sich auf das gesamtheitliche Vorgehen eines Unternehmens im Umgang mit innovativer Technologie bezieht. Auf Basis dessen erfolgt eine Mikroperspektive. Diese hat zum Ziel, Herausforderungen zu benennen, welche sich auf die anfängliche Transformation eines MRK-basierten Arbeitsplatzes beziehen. Die Mikroperspektive erweitert dahingehend die Erkenntnisse aus der Makroperspektive.

4.2.1.1 Diskussion der Implikationen zur Strategie und Implementierung

Die Analyse zeigt, dass der Einfluss von KI auf die MRK Implikationen unterschiedlichster Art besitzen kann (Tabelle 6). Erkennbar ist eine Vielzahl an gleichbleibenden Aspekten. Ebenfalls lassen sich Gesichtspunkte identifizieren, welche die Herausforderungen durch die Integration der KI erweitern.

Implikationen – Anforderungen an die Strategie und Implementierung	
Verringert	▪ Keine signifikanten Auffälligkeiten
Gleichbleibend	▪ Eine vorhandene Vision für die Einführung und Anwendung von Digitalisierungsmaßnahmen als Ausgangspunkt ▪ Die Ermittlung von Zielstellung und Zielkriterien der Einführung und Anwendung ▪ Partizipation der betrieblichen Interessensvertretung zu Beginn des Veränderungsprozesses
Erweitert	▪ Technologische Grenzen in der Anwendung ▪ Identifizierung von potenziellen Einsatzgebieten ▪ Ganzheitliche Betrachtung der Einführung und Anwendung
Umfänglich neu hinzukommend	▪ Ermittlung des individuellen KI-Reifegrades zu Beginn des Einführungsprozesses

Tabelle 6: Implikationen – Anforderungen an die Strategie und Implementierung (Quelle: Eigene Darstellung)

Appelfeller und Feldmann (2018) betonen bei der Implementierung von Digitalisierungsmaßnahmen – konkret MRK – die Relevanz einer vorhandenen Vision als Ausgangspunkt aller Maßnahmen. Pokorni, Braun, und Knecht (2021) sehen das Erarbeiten einer Vision ebenfalls bei der Einführung von KI-Anwendungen als Basis für darauffolgende Schritte. Nach Appelfeller und Feldmann (2018) dient eine Vision dafür, dass sich auf Basis von ihr Zielindikatoren ableiten lassen, welche mit der Einführung und Anwendung verfolgt werden sollen. Erfolgsfaktor ist dahingehend allerdings, dass die Integration einen notwendigen Stellenwert im Vergleich zu weiteren Vorhaben im Unternehmen besitzen muss. Im Kontext der KI betonen dies ebenfalls Kreutzer und Sirrenberg (2019), erweitern dies allerdings noch um den Aspekt der strategischen Sicht bei der Implementierung. Die umfängliche Integration von relevanten Stakeholdern, welche sowohl Beschäftigte als auch die Beschäftigtenvertretung beinhalten, deklarieren Appelfeller und Feldmann (2018) als relevante Aktivität zur Einführung von MRK. Stowasser et al. (2020) stellen dies auch im Umfeld der Integration von KI-Anwendungen als relevanten Gesichtspunkt heraus. Hanefi Calp (2019) bestätigt dies in seiner Ansicht und ergänzt die Inhalte noch um die Relevanz einer gemeinsam verfolgten Zielstellung aller Stakeholder bei der Anwendung von KI. Erkennbar ist demnach, dass eine Vielzahl an Gesichtspunkten, welche bereits bei der Einführung von gegenwärtiger MRK relevant sind, auch die Anwendung von KI betreffen werden. Jedoch erfordert es eine Differenzierung zwischen den Aspekten welche sich auf die unternehmensweite Makroebene sowie die arbeitsplatzspezifische Mikroebene beziehen.

4.2.1.2 Herausforderungen auf der unternehmensweiten Makroebene

Implikationen für die Einführung von KI-basierter MRK sind, dass eine Vision auch hier als Ausgangspunkt aller darauffolgenden Maßnahmen entwickelt werden sollte. Erst auf Basis derer können Zielkriterien und Vorgehensweisen abgeleitet werden. In Anlehnung an die Prinzipien einer menschenzentrierten Arbeitsgestaltung sollte sich diese Ansicht in der Vision eines Unternehmens widerspiegeln. Im Kontext der Einführung einer KI-basierten MRK bedeutet dies, dass bereits vor der strategischen Planung jener Einführung und Anwendung das Zusammenspiel aus Mensch und Technologie berücksichtigt werden sollte. Es empfiehlt sich unter der Berücksichtigung arbeitswissenschaftlicher Sichtweisen und den Dimensionen von Mensch, Technik und Organisation diese Vision zu entwickeln. Dies bedeutet, dass eine vom Unternehmen verfolgte Vision explizit eine langfristige Unterstützung des Menschen durch Technologie umfassen sollte. Eine auf Rationalisierung beruhende Vision der Einführung zukünftiger Technologien, welche den Menschen aus der Produktionsumgebung verschwinden lässt, wird als nicht erfolgsversprechend angesehen. Die Einführung einer KI-basierten MRK sollte den Menschen immer nachhaltig unterstützen. Dies bedeutet, dass eine Unternehmensvision unterstützend ist, wenn sich in ihr die Ansicht widerspiegelt, kontinuierlich technologische Weiterentwicklungen zur Verbesserung der menschlichen Arbeitsbedingungen zu verwenden. Im Sinne einer fortlaufenden Anwendung innovativer Technologien sollte demnach forciert werden, wie die Arbeitsbedingungen des Menschen bei gleichzeitiger Produktivitätssteigerung verbessert werden können. Eine erarbeitete Vision bietet in diesem Zusammenhang Orientierung und ebnet den Weg für zukünftige Maßnahmen. Ihre Aufgabe ist die Bildung und Etablierung eines gedanklichen Fundaments zur Verbesserung von menschlichen Arbeitsbedingungen. Diese menschenzentrierte Sichtweise sollte daraufhin in einer entsprechenden Strategie resultieren. Eine alleinige Vision wird als nicht ausreichend eingestuft. Eine Vision zur nachhaltigen kollaborierenden Zusammenarbeit von Mensch und KI-basiertem Cobot muss in eine strategische Vorgehensweise transformiert werden. Hierzu bedarf es einer Beachtung der Prinzipien von Ganzheitlichkeit, Partizipation und Transparenz. Eine Strategie sollte sich an der visionären Überlegung einer kontinuierlichen Verbesserung menschlicher Arbeit durch Technologie orientieren. Für die eigentliche Umsetzung bedarf es allerdings einer ganzheitlichen Sichtweise. Dies umschließt die Tatsache, dass die Transformationsstrategie einen langfristigen Zeithorizont verfolgen sollte. Die Entwicklung und Umsetzung einer Transformationsstrategie muss hierbei messbar sein.

Dies verdeutlicht die Relevanz von zu Beginn festgelegten Zielsetzungen. Hierzu bedarf es geeigneter Kennzahlen. Im Sinne einer menschenzentrierten Sichtweise können dies unter anderem eine Reduzierung von Arbeitsausfällen auf Grund von Überlastungen oder Unfällen sein, die messbare ergonomische Verbesserung von Arbeitsplätzen sowie eine gleichbleibende oder ansteigende Produktivität trotz alternden Produktionsmitarbeitenden, deren körperliche Leistungsfähig abnimmt. Es bedarf an dieser Stelle einer Unterscheidung zwischen den einzunehmenden Perspektiven und den dabei verfolgten Zielstellungen. Die gegenwärtige strategische Vorgehensweise in ihrer Makroperspektive beinhaltet nicht die Darstellung von Zielen, welche mit der Einführung und Anwendung einer KI-basierten MRK an einem ausgewählten Arbeitsplatz einhergehen. Dies entspricht einer darauffolgenden Ebene. Die Anwendung KI-basierter Cobots sollte dennoch als ein Ergebnis langfristiger Überlegungen resultieren, innerhalb derer die Stärken der Technologie im Hinblick auf die Erreichung der Zielstellungen des Unternehmens ausgewählt wurde. Kuhlenkötter und Hypki (2020) sowie Appelfeller und Feldmann (2018) betonen in diesem Zusammenhang die Relevanz einer Beteiligung von Stakeholdern. Der betrieblichen Interessensvertretung sollte in diesem Zusammenhang die Möglichkeit geboten werden, bei der Erarbeitung sowie Umsetzung von Zielindikatoren und strategischen Maßnahmen mitwirken zu können. Im Sinne einer partizipativen Gestaltung kann diese Beteiligung akzeptanzfördernd wirken. Sowohl bei der betrieblichen Interessensvertretung, welche die strategische Vorgehensweise mitträgt, als auch bei den Mitarbeitenden. Ausgehend von unternehmensweiten Werten zur Unterstützung des Menschen durch Technologie, welche sich in der Vision und jener strategischen Vorgehensweise des Unternehmens widerspiegeln, können hieraus – im

Sinne einer kontinuierlichen Verbesserung – Mitarbeitende dafür sensibilisiert werden, fortlaufend Unterstützungspotenziale zu identifizieren.

4.2.1.3 Herausforderungen auf der Mikroebene des Arbeitsplatzes

Diese unternehmensweit etablierte Arbeitsweise nach definierten Werten zur Unterstützung des Menschen kann bei der anschließenden mikroperspektiven Umsetzung einer KI-basierten MRK an einem ausgewählten Arbeitsplatz akzeptanzfördernd wirken. Dies bildet den Übergang von der Makro- auf die Mikroperspektive. Der Einsatz leistungsfähiger schwacher KI innerhalb kollaborierender Roboter übersteigt das gegenwärtige Level in der Anwendung von herkömmlichen Cobots, welche keine selbstlernenden Eigenschaften besitzen. Abseits der in Abschnitt 2.4 bereits aufgezeigten Potenziale geht die Integration von leistungsfähiger schwacher KI mit neuen Fragestellungen einher. Dahm und Dregger (2020) betonen in diesem Zusammenhang die Interdisziplinarität und Ganzheitlichkeit bei der Einführung von KI-Systemen. Kreutzer und Sirrenberg (2019) bekräftigen zudem die Ermittlung des individuellen KI-Reifegrades als relevante Maßnahme zu Beginn. Im Kontext der Einführung und Anwendung einer KI-basierten MRK an einem ausgewählten Arbeitsplatz bedeutet dies, dass auf Basis einer Vision sowie der strategischen Vorgehensweise eine Ermittlung des gegenwärtigen KI-Entwicklungszustandes im Unternehmen erfolgen sollte. Unabhängig davon, ob das Unternehmen bereits Erfahrungen im Umgang mit KI-Systemen besitzt, erscheint dies als relevanter Aspekt. Zurückführen lässt sich dies auf die Komplexität der damit verbundenen Technologie, welche umfangreich im Abschnitt 3.2 dargelegt wurde. Im Vorfeld der Einführung sollte demnach die Frage beantwortet werden, ob bereits ähnliche Anwendungen realisiert wurden, entsprechende Vorerfahrungen bestehen oder eine zentrale Koordinationsstelle im Unternehmen vorhanden ist, auf deren Kompetenz zurückgegriffen werden kann. Ebenfalls sollte analysiert werden, ob bereits Kompetenzen in der KI-Infrastruktur vorhanden sind, Benchmarks oder soziotechnische Erfahrungsberichte zur Einführung KI-basierter MRK bestehen. Erfahrungsberichte können in diesem Zusammenhang die Kategorien Budget, Partizipation und Umsetzung, Probleme im Umgang mit Daten, dem Aufbau von Arbeitsplätzen oder Auswirkungen auf bestehende Gesetze zur Betriebsverfassung beinhalten. Dies erscheint elementar in der mikroperspektivischen Planung. Sofern der gegenwärtige KI-Entwicklungszustand generiert wurde, sollte in einem integralen Diskurs die Anwendung der KI-basierten MRK besprochen werden. Stowasser et al. (2020) bekräftigen die Relevanz einer Analyse von Zielen sowie Grenzen der Anwendung. Dies bedeutet, dass auf der Mikroebene zwischen Beschäftigten als Nutzende, Führungskräften, der betrieblichen Interessensvertretung sowie technischen Integratoren eine Analyse erfolgen sollte. Diese umfasst sowohl den expliziten Anwendungsbereich, die mit der Einführung verfolgten Zielstellungen sowie die technologischen Grenzen des Systems. Im Gegensatz zur herkömmlichen MRK wären Zielkriterien unter anderem eine Steigerung der Produktivität durch die flexibleren Einsatzmöglichkeiten, die Verkürzung von Durchlaufzeiten mittels einer Reduzierung von Programmier- und Vorbereitungszeiten oder eine Steigerung der Sicherheit und des menschlichen Wohlbefindens durch die antizipative Interaktionsmöglichkeit. Es gilt dabei umfangreich die Wirtschaftlichkeit einer KI-basierten MRK zu analysieren. Ausgehend von der Analyse und Festlegung des Anwendungsbereiches sollte noch vor Beginn der Einführung und Anwendung eine Wirtschaftlichkeitsrechnung durchgeführt werden, um die Rentabilität der Investitionen zu ermitteln. Bereits zu Beginn sollten zudem innerhalb der gesamten Projektgruppe – bestehend aus Nutzenden, Führungskräften, betrieblicher Interessensvertretung, IT-Fachabteilung, Datenschutzbeauftragten, Fachkräften für Arbeitssicherheit und Integratoren – die Grenzen des KI-basierten Cobots erörtert werden. Diese beinhalten sowohl die Unterschiede zu gegenwärtigen Cobots ohne selbstlernende Eigenschaften als auch energetischen und informatorischen Grenzen des Systems. Hierbei handelt es sich zum einen um Grenzen in der Ausführung von Tätigkeiten, welche auf die bestehende Aktorik und Sensorik zurückzuführen sind, sowie zum anderen um fehlende emotionale Intelligenz des KI-basierten Cobots.

4.2.2 Führung

Die Analyse der Anforderungen an Führung bildet die nächste Kategorie. Innerhalb dessen erfolgt eine nähere Betrachtung, welche Rolle die Führung von Mitarbeitenden im Zuge des Veränderungsprozesses einnimmt. Eine explizite Trennung zwischen den Aufgaben von Führung sowie den subjektiven Herausforderungen von Führungskräften bei der Einführung und Anwendung ist nicht immer möglich. Dies liegt daran, dass Führung eine Aufgabe von Führungskräften bildet. Anforderungen entstehen demnach an die Aufgaben von Führungskräften – zu denen Führung zählt – als auch die eigentliche Führungsperson selbst. Bei der Einführung von innovativen Technologien können Führungskräfte demnach ebenfalls vor subjektiven Herausforderungen stehen. Diese finden sich insbesondere in der eigenen Kompetenzentwicklung wieder. Trotz einer starken Interdisziplinarität der Themenbereiche verfolgt die vorliegende Schrift das Ziel einer separaten Darstellung der Herausforderungen, welche an Führung sowie Führungskräfte gestellt werden. Um dies zu erreichen, wird innerhalb der Schrift Führung als Aufgabe von Führungskräften deklariert und in dem vorliegenden Abschnitt separat betrachtet. Begründet wird dies mit der herausgehobenen Relevanz. Weitere mit der Einführung und Anwendung entstehende Herausforderungen für Führungskräfte werden fortlaufend in den einzelnen Kategorien dargelegt.

4.2.2.1 Diskussion der Implikationen zur Führung

Der vorliegende Abschnitt vertieft in diesem Zusammenhang die bereits erarbeiteten Erkenntnisse aus dem vorherigen Abschnitt. Die Aufgabe von Führung ist diesem Zusammenhang stark interdisziplinär und deckt sich zum Teil mit den bereits dargestellten Inhalten aus dem Abschnitt 4.2.1. Tabelle 7 ist hierbei zu entnehmen, dass der Einfluss von KI auf die gegenwärtige MRK unterschiedliche Ausprägungen einnehmen kann.

Implikationen – Anforderungen an die Führung	
Verringert	• Keine signifikanten Auffälligkeiten
Gleichbleibend	• Führung als Schnittstellenaufgabe
Erweitert	• Transparente Kommunikation und Darstellung von Zielen sowie geplanten Maßnahmen • Relevanz der Einführung und Anwendung darstellen • Partizipation von Stakeholdern • Möglichkeiten der Partizipation entwickeln • Umgang mit Widerständen • Analyse von benötigten Kompetenzen
Umfänglich neu hinzukommend	• Einheitliches Verständnis zur KI auf Führungsebene • Interaktionsgestaltung als Aufgabe von Führung

Tabelle 7: Implikationen – Anforderungen an die Führung (Quelle: Eigene Darstellung)

Nach Appelfeller und Feldmann (2018) sollten bereits zu Beginn des Implementierungsprozesses alle relevanten Stakeholder über die übergreifende Vision des Unternehmens, Ziele des Technologie-Einsatzes sowie geplante Maßnahmen Kenntnis besitzen. Appelfeller und Feldmann (2018) stellen in diesem Zusammenhang Transparenz als Erfolgsfaktor dar. Den Mitarbeitenden sollte ihr Zweck am Veränderungsprozess bekannt sein. Im Kontext der KI betonen Werani und Smejkal (2014) ebenfalls die Notwendigkeit der transparenten Kommunikation. Cremers et al. (2019) betonen in diesem Zusammenhang auch die Notwendigkeit, dass allen Mitarbeitenden ihr Zweck am Prozess bekannt sein sollte. Zur Generierung von Akzeptanz sollten Mitarbeitende als künftige Nutzende KI-basierter Technologien die Strategie sowohl kennen, verstehen, wollen als auch sollen. Hanefi Calp (2019) ergänzt, dass dies auch der betrieblichen Interessensvertretung bekannt sein muss. Auch Pokorni, Braun und Knecht (2021) betonen die Relevanz, dass alle relevanten Stakeholder die Zielstellung des Einsatzes von KI-Technologien kennen. Zugleich ergänzen sie, dass zu Beginn der Einführung ein einheitliches Verständnis der Technologie auf Führungsebene vorhanden sein muss.

4.2.2.2 Rollenbild der Führungskraft im Veränderungsprozess

Erkennbar wird, dass Führung als Aufgabe von Führungskräften sowohl bei der Einführung von MRK als auch von KI eine interdisziplinäre Tätigkeit ist. Die Führungskraft hat in diesem Zusammenhang zahlreiche Schnittstellen zu weiteren Stakeholdern (bspw. Mitarbeitende als Nutzende oder technische Integratoren). Führungskräften kommt demnach bei der KI-basierten MRK eine elementare Rolle zu. Führungskräfte nehmen in diesem Zusammenhang die Positionen als Multiplikatoren, Begleiter oder Förderer ein. Führungskräfte in dieser Rolle besitzen hierbei unterschiedliche Aufgaben. Die Summe aller Aufgaben kennzeichnet ein ganzheitliches Bild der Führung.

4.2.2.3 Kommunikation als Aufgabe von Führung

Auf Basis eines eigenen Verständnisses zur KI-basierten MRK ist es die Aufgabe von Führungskräften eine offene und transparente Kommunikation sicherzustellen. Führung sollte in diesem Zusammenhang vermitteln, weshalb die Einführung und Anwendung forciert werden. Hierzu eignet sich ein Rückgriff auf die Erkenntnisse aus dem Abschnitt

4.1.1, innerhalb derer die Visionen, Gründe der Einführung sowie Zielsetzungen erarbeitet wurden. Aufgabe von Führung ist es in einem ersten Schritt demnach zu identifizieren, welche Mitarbeitenden von der Veränderung durch eine KI-basierte MRK betroffen sind. Darauffolgend sollte die direkte Kommunikation mit den Mitarbeitenden erfolgen. Geeignete Austauschformate können Einzelgespräche mit den Betroffenen sein oder die Diskussion im Rahmen eines monatlichen und turnusmäßigen Abteilungstreffens. Aufgabe der Führungskraft ist es in diesem Zusammenhang die langfristige Vision einer Verbesserung von menschlichen Arbeitsbedingungen durch den Einsatz von Technologien darzustellen. Ebenfalls inkludiert dies eine transparente Darstellung der Notwendigkeit jener geplanten Einführung und Anwendung, sowohl auf der Makro- als auch Mikroebene. Die Darstellung des Schmerzpunktes innerhalb der Produktionsumgebung, welcher als Grund zur Veränderung dient sowie der subjektive Nutzen für die Mitarbeitenden kann zu einer Steigerung der Akzeptanz führen. Infolgedessen sollten diese Themenbereiche hinreichend aufgezeigt werden. Ebenfalls müssen ausreichend zeitliche Kapazitäten eingeplant werden, um anschließend in den direkten Austausch mit den Mitarbeitenden gehen zu können.

4.2.2.4 Partizipation und Begegnung von Widerständen

Das Informieren sollte hierbei lediglich den Beginn des Prozesses darstellen und nicht das Ende. Stubbe et al. (2019) betonen im Kontext von MRK bereits die Relevanz einer transparenten Darstellung der Implementierungs-Notwendigkeit. Sowohl Appelfeller und Feldmann (2018) als auch Stubbe et al. (2019) bekräftigen in diesem Zusammenhang die Wichtigkeit der Partizipation von Mitarbeitenden. Plattform Lernende Systeme (2019) betont ebenfalls die Wichtigkeit der Partizipation im Kontext von KI-Anwendungen. Hierdurch könnte den Ängsten von Mitarbeitenden proaktiv begegnet werden. Sowohl Gerdenitsch und Korunka (2019) als auch Niewerth et al. (2019) zeigen auf, dass die Widerstände der Mitarbeitenden auch bereits im Kontext der MRK eine Herausforderung darstellen. Dahm und Twisselmann (2020) bekräftigen zudem, dass die Partizipation dazu genutzt werden sollte, um die Erwartungshaltungen an KI-Technologien zu diskutieren. Dies geht mit den Aussagen von Cremers et al. (2019) einher, nachdem bei der Implementierung von KI darauf zu achten ist, den Nutzenden aufzuzeigen, welche Tätigkeiten die Technologie ausführen kann.

Erkennbar ist demnach, dass die Partizipation sowie das Begegnen von Widerständen sowohl im Kontext der MRK als auch KI relevante Gesichtspunkte abbilden. Obwohl sich diese gleichen, stellen sie im Kontext der Einführung einer KI-basierten MRK erweiterte Implikationen an die Führung dar. Im Vergleich zur gegenwärtigen MRK kommt der Führung zukünftig eine bedeutendere Rolle zu. Begründet wird dies anhand mehrerer Aspekte. Die Implementierung von Robotik bildet bereits gegenwärtig ein Themengebiet, mit dem eine Vielzahl an Ängsten hinsichtlich Rationalisierung verbunden wird. Dies erfordert bereits eine umfangreiche Aufklärung der Mitarbeitenden, dass gegenwärtige LBR nicht in der Lage sind, alle Tätigkeiten des Menschen zu übernehmen. Dieser Prozess ist bereits heutzutage sehr ressourceneinnehmend. Es ist davon auszugehen, dass die Integration von lernfähigen Cobots nicht zu einer Abschwächung von Widerständen führen wird. Begründet wird dies mitunter durch den neu hinzugekommenen Terminus der KI. Das Problem der uneinheitlichen Einordnung, was unter KI zu verstehen ist, wurde bereits in Abschnitt 3.1 dargestellt. In diesem Zusammenhang ist davon auszugehen, dass seitens der betroffenen Stakeholder eine Vielzahl an individuellen Verständnissen zu KI-Technologien besteht. Im Ergebnis können differente Erwartungshaltungen und Ängste entstehen, sowohl im Hinblick darauf, welche neuen Möglichkeiten im Zuge der Interaktion mit einem KI-basierten Cobot realisierbar sind als auch vergrößerte Ängste vor einem Verlust des individuellen Arbeitsplatzes. Aufgabe von Führung ist es, die KI-basierte MRK bereits von Beginn an zu entmystifizieren. Hierbei bedarf es des Zweiklangs aus Information und Partizipation. Die Führungskraft sollte die technologischen Grenzen des Systems aufzeigen. Diese werden vor allem in den nicht umsetzbaren Arbeitsaufgaben erkennbar, für die weiterhin Kreativität oder die intensive Problemlösungskompetenz des Menschen vonnöten sind. Dagegen sollten die positiven Auswirkungen, wie bereits bei der MRK oder KI, auch zukünftig betont werden, ergänzend zu kürzeren Vorbereitungszeiten durch die Reduzierung notwendiger zeitlicher Ressourcen bei der Programmierung, eine erhöhte Sicherheit oder die noch intensivere Entlastung des Menschen durch hinzukommende Einsatzmöglichkeiten des KI-basierten Cobots. Zugleich sollten Nutzende, welche einer Interkation mit dem autonomen System offen und positiv gegenüberstehen, als Befürworter und Förderer eingesetzt werden. Diese können dazu verhelfen, die Akzeptanz bei allen Mitarbeitenden zu erhöhen.

Um eine echte Partizipation zu gewährleisten sowie Widerstände abbauen zu können, bedarf es dafür geeigneter Maßnahmen. Die Formen der Beteiligung sollten hierbei dem Ziel folgen, gemeinsam mit allen betroffenen Stakeholdern in den offenen Austausch gehen zu können. Auf Grund der Subjektivität des Menschen wird empfohlen unterschiedliche Beteiligungsformen anzubieten. Die Mitarbeitenden sollten immer die Gelegenheit haben, im Einzelgespräch mit der Führungskraft zu interagieren. Gleichzeitig bietet es sich an, umfangreichere Formate der Beteiligung zu etablieren, innerhalb derer sowohl Führungskräfte, Mitarbeitende, die betriebliche Interessensvertretung, Datenschutzbeauftrage als auch die Fachkraft für Arbeitssicherheit zusammenkommen. Es empfiehlt sich zudem die Hersteller als auch die technischen Integratoren des eigenen Unternehmens einzubinden. Innerhalb des Formates können sowohl offene Fragen beantwortet als auch weitere Einsatzmöglichen oder Grenzen der Technologie diskutiert werden. Die technologische Komplexität in der Anwendung wurde in den Abschnitten 3.2.1.3 sowie 3.2.2 dargestellt. Die Zusammenführung von Robotik und KI beruht demnach auf der Anwendung des TL sowie komplexen neuronalen Netzwerken. Das Nachvollziehen aller technologischen Schritte innerhalb des Netzwerkes ist oftmals nicht möglich. Das Agieren des Algorithmus kann demnach eine Blackbox darstellen. Infolgedessen können umfangreiche Fragen seitens der Mitarbeitenden nach der Funktion des KI-basierten Cobots entstehen. Dies verdeutlicht die Relevanz von Beteiligungsformaten, welche die Hersteller integrieren. Die Perspektive der Mitarbeitenden als zukünftige Nutzende ist zudem von erheblicher Bedeutung. Sie kennen die operativen Arbeitsplatzstrukturen sowie Prozesse am besten und sollten dazu ermutigt werden, dieses Know-how einbringen zu wollen. Hierdurch können zukünftigen Problemen bei der Anwendung vorgebeugt werden sowie noch unbekannte Potenziale zur Verbesserung der menschlichen Arbeit herausgearbeitet werden. Mitentscheidend ist eine Diskussion, welche von gegenseitigem Respekt geprägt ist. Unterschiedliche Meinungen sollten seitens der Führungskraft als gleichwertig anerkannt werden. Sofern die Nutzenden als auch die betriebliche Interessensvertretung das Gefühl besitzen, Einfluss auf den Veränderungsprozess nehmen zu können, geht dies mit einer gesteigerten Akzeptanz einher. Ergänzend zu den Beteiligungsformaten empfiehlt es sich, auch festgelegte physische Bereiche zu etablieren. Dies können Orte im Unternehmen sein, an denen sich Stakeholder zu KI-basierter MRK sowohl austauschen als diese auch erleben können. Ein separater Raum inmitten der Produktionsumgebung, welcher für alle Mitarbeitenden zugänglich ist, könnte als Demonstrations- und Interaktionsbereich genutzt werden. Zukünftigen Nutzenden könnte somit die Möglichkeit gegeben werden, im Rahmen einer ersten Interaktion den KI-basierten Cobot zu erleben. Dem Gedanken der Transparenz als Erfolgsfaktor folgend sollte der Raum von außen einsehbar sein.

4.2.2.5 Kompetenzentwicklung als Aufgabe von Führung

Offensive Mittelstand (2019) sowie Pokorni, Braun und Knecht (2021) betonen in diesem Zusammenhang ebenfalls die Aufgabe von Führung im Kontext der KI-Kompetenz. Dies betrifft sowohl die Kompetenzentwicklung als auch -verschiebung bei den Mitarbeitenden. Cremers et al. (2019) bekräftigte bereits die Relevanz, dass Führung im Kontext von KI aufzeigen sollte, welche Arbeitsaufgaben durch die Technologie erfüllt werden können. Offensive Mittelstand (2019) erweitert dies zudem um den Aspekt, dass Führung die Aufgabe zukommt, auch die Auswirkungen der Übernahme von menschlichen Arbeitsaufgaben durch die KI-Technologie zu gestalten. Diese Erkenntnisse erweitern die bisherigen Herausforderungen zur MRK, welche im Rahmen der Literaturanalyse generiert wurden. Im Zusammenhang mit der Einführung von KI-basierter MRK hat dies unterschiedliche Auswirkungen. Führungskräften kommt in diesem Zusammenhang die Aufgabe zu, gemeinsam mit den Mitarbeitenden die Auswirkungen auf deren Arbeitsinhalte zu erarbeiten. Im Gegensatz zur gegenwärtigen MRK ist davon auszugehen, dass KI-basierte Cobots in der Lage sein werden, mehrere Arbeitsaufgaben des Menschen zu übernehmen. In Abhängigkeit des individuellen Berufsbildes kann dies zu starken Auswirkungen auf die Arbeitsinhalte führen. Es ist die Aufgabe von Führungskräften diese Transformation zu gestalten und Lösungen zu erarbeiten. Im Zuge der Interaktion innerhalb einer KI-basierten MRK können die Auswirkungen auf die Arbeit der Nutzenden mit einer Reduzierung von Tätigkeiten oder auch einer Erhöhung der Verantwortung einhergehen. Während im Gegensatz zur gegenwärtigen MRK zukünftig noch weitere repetitive und unergonomische Arbeitsaufgaben auf den KI-basierten Cobot übertragen werden können, kann dessen Überwachung allerdings auch mit einer erhöhten Verantwortung einhergehen. Ein Wegfall von manuellen Montagetätigkeiten kann hierbei mit neuen Aufgaben einhergehen. Diese zeigen sich gegebenenfalls in der Kontrolle und Verantwortung für die vom KI-Cobot benötigten Daten.

Dies erfordert neue individuelle und an die Vorkenntnisse angepasste Kompetenzprofile. Hinzukommend ist es die Aufgabe guter Führung die interdisziplinär benötigten Kompetenzbedarfe im Unternehmen zu ermitteln. Hierzu zählen sowohl die Segmente der Informationstechnologie als auch des Daten- und Gesundheitsschutzes. Führungskräfte müssen Nutzende auf dem Transformationsprozess begleiten und mit ihnen Lösungsmöglichkeiten erarbeiten. In diesem Zuge ist es ebenfalls die Aufgabe von Führung, die Interaktion zwischen Nutzenden und KI-basiertem Cobot zu gestalten. Führungskraft und Nutzende sollten demnach gemeinsam erarbeiten, welche Aufgaben der KI-basierte Cobot übernehmen kann. Hierbei sollte sich an der Vision und Zielstellung zur Entlastung des Menschen sowie dessen individuellen Bedürfnissen nach reichhaltigen Tätigkeiten orientiert werden. Daraufhin kann eine Zuteilung der Tätigkeiten erfolgen. Im Gegensatz zur Anwendung gegenwärtiger Cobots wird die Rolle der Führungskraft durch die intensivere Beachtung von Führung bei KI-basierter MRK als Begleiter und Coach von Veränderungsprozessen intensiviert.

4.2.3   Unternehmenskultur

Die Kategorie der Unternehmenskultur bildet den nächsten Abschnitt. In diesem Zusammenhang stehen die damit verbundenen Anforderungen an die Kultur von Unternehmen im Mittelpunkt der Betrachtung. Die erarbeiteten Inhalte aus dem Abschnitt 4.2.2 dienen hierbei als Grundlage. Zurückzuführen lässt sich dies auf die starke Überschneidung beider Themengebiete. Das Verhalten von Führungskräften und deren Führung können Auswirkungen auf die Unternehmenskultur besitzen. Dieser Prozess kann zudem entgegensetzt verlaufen In diesem Kontext kann es zu starken Interdependenzen kommen. Die Führungskultur eines Unternehmens beeinflusst dabei das Führungsverhalten einer Führungskraft.

4.2.3.1 Diskussion der Implikationen zur Unternehmenskultur

Im Zuge einer Gegenüberstellung der gegenwärtigen Erkenntnisse aus dem aktuellen Forschungsstand wird erkennbar, dass die Unternehmenskultur sowohl im Kontext von MRK als auch KI eine starke Relevanz besitzt (Tabelle 8).

Implikationen – Anforderungen an die Unternehmenskultur	
Verringert	▪ Keine signifikanten Auffälligkeiten
Gleichbleibend	▪ Fehlerkultur weiterhin als relevanter Gesichtspunkt
Erweitert	▪ Intensivierung der Rolle von Führungskräften bei der Entwicklung einer Unternehmenskultur ▪ Präzisere Anforderungen an Führungs-, Präventions-, Arbeits- sowie Kommunikationskultur
Umfänglich neu hinzukommend	▪ Transparente Darstellung der Verarbeitung von personenbezogenen Daten

Tabelle 8: Implikationen – Anforderungen an die Unternehmenskultur (Quelle: Eigene Darstellung)

Die Autoren Appelfeller und Feldmann (2018) verweisen im Zusammenhang mit der gegenwärtigen MRK darauf, dass es für die Implementierung einer entsprechenden Fehler- und Arbeitskultur bedarf. Diese muss zeitliche Ressourcen für das Ausprobieren vorsehen. Ebenfalls sollte bei der Einführung auch ein Scheitern erlaubt sein. Im Kontext der KI betonen die Autoren Frost, Jeske und Ottersböck (2020), dass die interne Kultur eines Unternehmens für die Implementierung existenziell ist. Pokorni, Braun und Knecht (2021), Stowasser et al. (2020) sowie die Offensive Mittelstand (2019) verweisen in diesem Zusammenhang ebenfalls darauf, dass die Unternehmenskultur als relevantes Handlungsfeld bei der Einführung und Anwendung von KI-Technologien zu deklarieren ist. Die Offensive Mittelstand (2019) separiert die Kultur für entsprechende Anwendungen in Führungs-, Präventions-, Arbeits- sowie Kommunikationskultur. Eine notwendige Führungskultur sollte hierbei die Partizipation von Stakeholdern über den gesamten Veränderungsprozess gewährleisten. Stowasser et al. (2020) betonen in diesem Fall ebenfalls die Relevanz von Beteiligungsformaten sowie der Notwendigkeit von Mitbestimmung und Beteiligung im kulturellen Kontext. Nach der Offensive Mittelstand (2019) erfordert eine geeignete Präventionskultur ebenfalls die gemeinsame Erarbeitung von Risiken durch Führungskräfte und Beschäftigte. Nach Stowasser et al. (2020) sollte eine Unternehmenskultur die Rückmeldung der Beschäftigten in diesem Fall zu jeder Zeit berücksichtigen. Hinzukommend verdeutlichen die Autoren der Offensive Mittelstand (2019) die Relevanz einer Kommunikationskultur, welche die Sensibilisierung der

Beschäftigten zum Ziel hat, sowie den Aspekt der Arbeitskultur. Im Zusammenhang mit der Arbeitskultur ist im Kontext der KI-Anwendung insbesondere der Umgang mit personenbezogenen Daten zu erarbeiten. Nach Stowasser et al. (2020) sollten insbesondere im Rahmen der Kommunikation Maßnahmen zur Information der Beschäftigten erarbeitet und eingesetzt werden. Pokorni, Braun und Knecht (2021) verweisen zudem darauf, dass der Aspekt von Kultur bei der Einführung von KI ganzheitlich zu betrachten ist. Mikalef und Gupta (2021) verdeutlichen in diesem Kontext die Rolle der Führungskraft. Nach den Autoren ist es die Aufgabe von Führungskräften die Unternehmenskultur zu gestalten.

Die Gegenüberstellung zeigt ein eindeutiges Bild. Die Unternehmenskultur als Aspekt der Einführung und Anwendung ist sowohl im Kontext der MRK als auch KI relevant. Bezugnehmend auf die untersuchte Literatur wird allerdings eine Diskrepanz bei der quantitativen Anzahl und qualitativen Tiefe der Erkenntnisse sichtbar. Mit der quantitativen Anzahl und qualitativen Tiefe der Erkenntnisse werden in diesem Zusammenhang die Anzahl der zitierten Publikationen sowie deren spezifizierte Inhalte beschrieben. Auf Basis der herangezogenen und untersuchten Literatur wird erkennbar, dass die Unternehmenskultur als Herausforderung gegenwärtiger MRK nicht in der identischen Häufigkeit aufgezeigt wird wie bei der KI. Ergänzend zeigt sich, dass die Anforderungen an eine Unternehmenskultur im Kontext der KI eindeutiger und trennscharfer aufgezeigt werden. Die Implikationen für die Einführung einer KI-basierten MRK sind daher eindeutig ableitbar. Neben dem gleichbleibenden Aspekt der Relevanz einer notwendigen Fehlerkultur wird insbesondere die präzisere Unterscheidung in Kommunikations-, Führungs-, Arbeits-, und Präventionskultur erkennbar sowie die damit verbundenen Herausforderungen. Der Autor der vorliegenden Schrift empfiehlt zukünftig eine eindeutige Trennung zwischen den Anforderungen an die separaten kulturellen Gesichtspunkte. Im gesamten Kontext der Unternehmenskultur wird zudem eine noch intensivere Betonung der Rolle von Führungskräften und den damit verbundenen Aufgaben an Führung erkennbar. Aus Sicht des Autors verdeutlicht dies abermals den bereits zu Beginn angesprochenen Aspekt der intensiven Interdependenzen zwischen den Abschnitten 4.2.2 sowie 4.2.3. Im Kontext der Einführung und Anwendung einer KI-basierten MRK sollte die Gestaltung einer Unternehmenskultur als eindeutige Aufgabe der Führungskraft deklariert werden. Der Autor argumentiert dies mit den zahlreichen thematischen Überschneidungen sowie dem separaten Aspekt von Führungskultur als Bestandteil einer Unternehmenskultur. Es liegt an Führungskräften eine Unternehmenskultur zu gestalten, welche die Einführung der KI-basierten MRK unterstützt. Der Einfluss von Führung als Aufgabe von Führungskräften wird hierbei sowohl in der Kommunikations-, Führungs-, Arbeits-, und Präventionskultur erkennbar. In diesem Zusammenhang lassen sich Anforderungen an die individuellen kulturellen Segmente ableiten, welche den Veränderungsprozess unterstützen können. Auf deren Grad der Ausprägung wird im vorliegenden Abschnitt Bezug genommen. Auf die Relevanz von Kommunikation als notwendige Maßnahme in diesem Kontext wurde bereits im Abschnitt 4.2.2 Bezug genommen.

4.2.3.2 Anforderungen im Rahmen der Kommunikationskultur

Ergänzend zu den aufgezeigten Kommunikationsmaßnahmen und -inhalten bedarf es allerdings einer umfassenden Kommunikationskultur. Die Maßnahmen und Inhalte sollten lediglich als Instrumente innerhalb der Kultur betrachtet werden. Aus Sicht des Autors umfasst eine Kommunikationskultur ebenfalls die Kommunikation der Nutzenden an ihre Führungskräfte. Eine alleinige Betrachtung der Kommunikation im Kontext von Führung wäre demnach nicht ausreichend. Führungskräften kommt weiterhin die Aufgabe zu, die Visionen, Gründe der Einführung, Zielsetzungen sowie Veränderungen hinsichtlich Arbeit und Prozesse an Mitarbeitende zu kommunizieren sowie bedarfsgerechte Austauschformate zu erarbeiten. Im Zusammenhang mit der Kommunikationskultur geht es allerdings vielmehr um die Frage, in welchem Kontext sich diese Kommunikation erstreckt. Die Anforderungen an eine gute Kommunikationskultur sind vielseitig. Jegliche Kommunikation sollte vollumfänglich transparent erfolgen. Dies umfasst sowohl positive Aspekte zur Reduzierung von repetitiven Tätigkeiten als auch mögliche Änderungen in Tätigkeitsprofilen von Mitarbeitenden. Eine Veränderung von Tätigkeitsprofilen kann in diesem Zusammenhang mit Widerständen einhergehen und auf Ablehnung stoßen. Die Kultur eines Unternehmens betrifft alle Bereiche der Organisation. In diesem Sinne sollte auch die Kommunikationskultur umfangreich etabliert sein und dem Prinzip der Transparenz folgen. Im Kontext der KI-basierten MRK bedeutet dies, dass es zusätzlich zu den Kommunikationsmaßnahmen in Abschnitt 4.2.2, welche sich auf die Kommunikation in dem von der Veränderung betroffenen Produktionsbereich beziehen, auch unternehmensweiter Instrumente bedarf. Im Sinne einer transparenten Unternehmenskultur sollte fortlaufend über den Einsatz innovativer Technologien im Rahmen der Produktion berichtet werden, welche das Ziel haben, die Arbeit von Mitarbeitenden zu verbessern. Geeignete unternehmensweite Instrumente wären die fortlaufende Berichterstattung in digitalen oder analogen internen Zeitschriften sowie Blog-Beiträgen und Kurzartikeln im Intranet. In jedem Fall sollte der Bezug zum Unternehmen vorhanden sein. Um dieses Ziel zu erreichen wären auch Kurz-Interviews mit Nutzenden, welche bereits durch eine Pilotierung der KI-basierten MRK Erfahrungen sammeln konnten, ein wirksames Instrument. Diese Nutzenden können als Promoter agieren und ebenfalls wertvolle Erfahrungen weiterleiten. In Summe kann dies zu einer Steigerung der Akzeptanz bei den zukünftigen Nutzenden führen. Eine förderliche Kommunikationskultur sollte den Informationsaustausch zwischen Führungskraft und Mitarbeitenden auf Augenhöhe ermöglichen. Dies bedeutet, dass an Nutzende ebenfalls Anforderungen gestellt werden. Nutzende des KI-Cobots sollten die Möglichkeiten besitzen, Probleme und Verbesserungen an Führungskräfte herantragen zu können. Führungskräften kommt daraufhin die Aufgabe zu, dies auch zuzulassen und anzunehmen. Stellen die Nutzenden des KI-Cobots bei der Einführung fest, dass das zu Beginn überlegte Anwendungsgebiet des KI-Cobots nicht realisierbar scheint oder unerwartete Probleme im Betrieb auftreten, sollten sie diese offen kommunizieren können. Auch sollten Nutzende keine Angst davor besitzen, bereits zu Beginn des Veränderungsprozesses den Führungskräften zu widersprechen oder diese zu korrigieren. Erscheinen dem Nutzenden die Funktionen des KI-basierten Cobots zu überdimensioniert und für den eigenen Arbeitsbereich unbrauchbar, sollte er dies im Sinne einer effektiven und effizienten Arbeitsweise aufzeigen können.

4.2.3.3 Anforderungen im Rahmen der Führungskultur

Die Kommunikationskultur endet demnach nicht mit der letztendlichen Einführung. Es bedarf weiterhin einer Feedbackkultur und etablierter Prozesse zwischen den Nutzenden und der Führungskraft, welche dazu verwendet werden sollten, um Informationen über auftretende Probleme, Verbesserungspotenziale oder zukünftige Einsatzgebiete des KI-Cobots im gegenseitigen Austausch weiterleiten zu können. Erkennbar ist in diesem Fall die enge Verbindung zwischen Kommunikations- sowie Führungskultur. Eine unterstützende Führungskultur ebnet hierbei in vielen Aspekten das Grundgerüst für eine Kommunikationskultur. Im Sinne einer förderlichen Führungskultur sollte eine intensive Partizipation der Mitarbeitenden forciert werden. In diesem Zusammenhang kann auf die bereits generierten Erkenntnisse zur Partizipation aus den Abschnitten 4.2.1 sowie 4.2.2 zurückgegriffen werden. Aus Gründen der effizienten Darstellung in der vorliegenden Schrift und der damit verbundenen Vermeidung von Dopplungen werden jene an dieser Stelle nicht noch einmal aufgeführt. Nutzende sollten im Kontext einer förderlichen Führungskultur durch ihre Führungskräfte ermutigt werden, Kritik sowie Verbesserungen an der Einführung und Anwendung der KI-basierten MRK äußern zu dürfen. Die Nutzenden besitzen die Expertise über ihren Arbeitsplatz sowie die damit verbundenen Arbeitsprozesse und sollten deswegen ihr Wissen einbringen können. Dies geht mit einer steigenden Verantwortung der Mitarbeitenden einher. Die Kultur ist also beidseitig gestaltbar und nicht allein von Führungskräften abhängig. Führungskräfte tragen zwar die Verantwortung, die Rahmenbedingungen einer förderlichen Unternehmenskultur zu gestalten, Mitarbeitenden kommt allerdings auch die Aufgabe zu, diese förderliche Unternehmenskultur anzunehmen und sich produktiv in den Einführungs- und Anwendungsprozess einzubringen.

4.2.3.4 Anforderungen im Rahmen der Arbeitskultur

Die Relevanz eines integrativen Zusammenwirkens zwischen Führungskräften und Mitarbeitenden als zukünftige Nutzende wird auch im Kontext der Arbeitskultur sichtbar. Führungskräften kommt auch in diesem Zusammenhang wieder die Aufgabe zu, die Rahmenbedingungen zu gestalten. Generell sollte die Arbeitskultur innerhalb des Unternehmens von Innovationsfreude und einem offenen Umgang mit innovativen Technologien, welche den Menschen unterstützen können, geprägt sein. Dies bedeutet, dass die Vorteile der Einführung und Anwendung einer KI-basierten MRK – die kontinuierliche Verbesserung der Arbeitsbedingungen sowie eine Erhöhung der Sicherheit – durch Führungskräfte aufgezeigt und anschließend gemeinsam mit den Nutzenden diskutiert werden sollten. Aus dem in Abschnitt 4.2.1 erarbeiteten Gedanken der kontinuierlichen Unterstützung des Menschen als ausgehende Unternehmensvision ergeben sich für die Arbeitskultur weitreichende Anforderungen. Im Zuge dessen bedeutet dies, dass die Arbeitskultur ein Rollenverständnis zwischen Nutzenden und KI-Cobot forcieren sollte, welches menschenzentriert ist. Ebenfalls umfasst dies den Umgang mit personenbezogenen Daten der Nutzenden. Wie bereits in den Abschnitten 2.4 und 3.2.2 aufgezeigt wurde, agiert der KI-Cobot auf Basis von Computer Vision. Die Anwendung dieser Kameratechnologie ermöglicht es, visuelle Daten aus der Umwelt aufzunehmen, welche zwangläufig die Mitarbeitenden enthalten. Im Sinne einer förderlichen Arbeitskultur bedarf es definierter Werte und Regelungen, anhand derer diese Daten verwendet werden. Im Kontext der KI-Cobots bedeutet dies, dass die Daten, welche das System erhebt, nicht zur Überwachung des Menschen eingesetzt werden dürfen. Sie müssen also zweckgebunden sein und die Kontrolle der menschlichen Leistungsfähigkeit ausschließen. Diese Werte sollten im Rahmen einer Arbeitskultur gemeinsam von Führungskräften und Mitarbeitenden erarbeitet und gelebt werden. Mitarbeitenden sollte zudem transparent aufgezeigt werden, wie die Verarbeitung der Daten durch den KI-Cobot erfolgt. Wie bereits umfänglich in Abschnitt 4.2.2 aufgezeigt wurde, ist es an der Führungskraft durch unterschiedlichste Instrumente Widerständen konstruktiv zu begegnen. Gefördert werden kann dies durch eine Arbeitskultur, welche einen offenen Einführungs- und Anwendungsprozess erlaubt. Aus Sicht des Autors wird mit der Offenheit der Arbeitskultur ein Ausprobieren des KI-Cobots sowie ein punktuelles Scheitern bei der Einführung assoziiert. Mitarbeitende benötigen ausreichend zeitliche Ressourcen, um den KI-Cobot kennenlernen und diesen spielerisch ausprobieren zu können. Gleichzeitig sollte eine Arbeitskultur vorherrschen, in der Fehler bei der Einführung erlaubt sind, um aus diesen sowohl für aktuelle als auch zukünftige Projekte lernen zu können.

4.2.3.5 Anforderungen im Rahmen der Präventionskultur

Dabei wird der fließende Übergang zur Präventionskultur sichtbar. Innerhalb derer sollten Fehler und Risiken gemeinsam – zwischen Führungskraft und Mitarbeitenden – besprochen werden können. Risiken bei der Anwendung von KI-basierten Cobots sind vielzählig. Diese innovative Technologie besitzt sowohl neue Potenziale der Arbeitsausführungen als auch die Fähigkeit mittels Computer Vision ihre Umgebung wahrzunehmen. Im Sinne einer förderlichen Präventionskultur ist es demnach sowohl entscheidend, Nutzende im Umgang mit der neuen Technologie zu befähigen, die Datenschutzbeauftragen und die Fachkraft für Arbeitssicherheit mit einzubeziehen als auch die bestehenden Maßnahmen zum Arbeits- und Gesundheitsschutz zu überprüfen. Diese Sichtweise bildet das Fundament einer dienlichen Präventionskultur. Auf Grund dessen, dass die KI-basierten Cobots über keine starre Programmierung verfügen, sind Maßnahmen zu etablieren, welche eine regelmäßige Überprüfung vorsehen. Innerhalb derer sollte analysiert werden, ob der KI-Cobot nach den definierten informationstechnologischen Regeln arbeitet, kein diskriminierendes Handeln zeigt oder sich weitere Risiken in der Kollaboration mit dem Menschen aufzeigen. Risiken können sowohl physische als auch psychische Belastungen für den Menschen darstellen. Entsprechend einer dienlichen Arbeitskultur sollte darauf bedacht sein, Vorgehensweisen zu etablieren, nach denen Nutzende in einer solchen Situation handeln können. Ebenfalls sollte analysiert werden, inwiefern durch die Verwendung anonymisierter Daten einer Verletzung des Datenschutzes vorgebeugt werden kann. Die inhaltliche Erarbeitung zur Unternehmenskultur zeigt deren ausgeprägte Interdisziplinarität. Eine explizite und trennscharfe Abgrenzung zu den weiteren Kategorien aus dem Abschnitt 4.1 ist demnach nicht möglich. Die Kultur eines Unternehmens sollte dahingehend als übergreifender und ganzheitlicher Gesichtspunkt betrachtet werden. Hinzukommend werden die intensiven Interdependenzen zwischen Kommunikations-, Führungs-, Arbeits-, und Präventionskultur sichtbar. Kultur ist demnach ein übergreifender Aspekt, welcher die Inhalte einzelner Kategorien aufgreift und erweitert. Gleichzeitig ist die Unternehmenskultur ein separates Handlungsfeld, welches durch das Handeln von Führungskräften und deren Führung beeinflusst werden kann.

4.2.4 Arbeitsplatzgestaltung

Die Gestaltung des Arbeitsplatzes einer KI-basierten MRK wurde als anschließende Kategorie gebildet. Die Arbeitsplatzgestaltung unterscheidet sich in diesem Zusammenhang explizit von den Anforderungen an Arbeit und Prozesse. Im Rahmen des vorliegenden Abschnittes steht demnach ausschließlich der physische Aufbau des Arbeitsplatzes, an dem Mensch und KI-Cobot kollaborativ zusammenarbeiten sollen, im Blickfeld. Um eine eindeutige Abgrenzung zur noch folgenden Kategorie der Arbeits- und Prozessgestaltung vornehmen zu können, wird das Prinzip des Arbeitssystems zugrunde gelegt.

4.2.4.1 Definition des Arbeitssystems

Die DIN ISO EN 6385:2016 definiert ein Arbeitssystem als ein: *„System, welches das Zusammenwirken eines einzelnen oder mehrerer Arbeitender/Benutzer mit den Arbeitsmitteln umfasst, um die Funktion des Systems innerhalb des Arbeitsraumes und der Arbeitsumgebung unter den durch die Arbeitsaufgaben vorgegebenen Bedingungen zu erfüllen."* (DIN ISO EN 6385:2016) Im Vorfeld der Synthese wird dieses nachfolgend dargestellt (Abbildung 23).

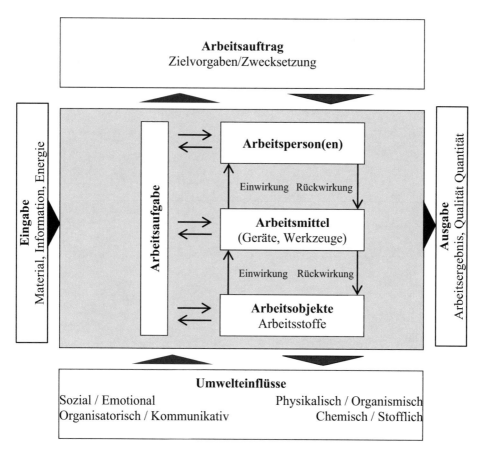

Abbildung 23: Aufbau eines Arbeitssystems (Quelle: Eigene Darstellung in Anlehnung an Schlick, Bruder & Luczak 2018, S. 21)

Ein Arbeitssystem bildet in diesem Zusammenhang einen Ordnungsrahmen. Dieser wird dazu verwendet, um einen ausgewählten Arbeitsplatz zu beschreiben. Der Aufbau gliedert sich in mehrere Elemente. Ein Arbeitssystem enthält dabei sowohl eine Ein- als auch

Ausgabe. Diese werden ergänzt durch die Elemente des Arbeitsauftrages, der damit verbundenen Arbeitsaufgabe, einer Arbeitsperson, deren Arbeitsmittel und -objekte sowie relevanter Umwelteinflüsse (Schlick, Bruder & Luczak, 2018, S. 21). Der vorliegende Abschnitt umfasst unter der Bezugnahme der Abbildung 23 dabei die Elemente Arbeitsmittel, Arbeitspersonen, Arbeitsobjekte sowie Umwelteinflüsse. Sie bilden den Arbeitsplatz der KI-basierten MRK. Auf eine Analyse der Elemente von Eingabe und Ausgabe wird an dieser Stelle verzichtet. Begründet wird dies mit der Tatsache, dass die entsprechenden Inhalte der Elemente – Material, Information, Energie, Arbeitsergebnis, Quantität und Qualität – keine Relevanz für die zu beantwortenden Forschungsfragen innerhalb der Schrift besitzen. Etwaige Gegenstände, welche bei der Interaktion zwischen Mensch und KI-Cobot zur Anwendung kommen, werden hierbei unter dem Element Arbeitsobjekte zusammengefasst. Der KI-Cobot bildet in diesem Fall das zu verwendende Betriebsmittel.

4.2.4.2 Diskussion der Implikationen zur Arbeitsplatzgestaltung

Im Rahmen der gegenwärtigen MRK ist eine ausgeprägte Komplexität in der Arbeitsplatzgestaltung erkennbar (Tabelle 9).

Implikationen – Anforderungen an die Arbeitsplatzgestaltung	
Verringert	▪ Keine signifikanten Auffälligkeiten
Gleichbleibend	▪ Ergonomische Gestaltung des Arbeitsplatzes anhand der Parameter von Arbeitshöhe, Höhe des TCP's, Blick- und Greifbereich sowie Abstand des KI-Cobots zum Nutzenden ▪ Beachtung von Maßnahmen zur Notabschaltung ▪ Anordnung von benötigten Arbeitsmitteln der Mitarbeitenden ▪ Gestaltung des KI-Cobots anhand der Parameter von Größe, Gewicht, Anmutung sowie anthropomorphe Formgebung ▪ Keine Isolierung der Nutzenden
Erweitert	▪ Aktualisierung von Anforderungen an die Arbeitssicherheit und den Gesundheitsschutz
Umfänglich neu hinzukommend	▪ Validierung und Gestaltung der Umwelteinflüsse von Klima, Luftfeuchtigkeit, Akustik sowie Beleuchtung im Hinblick auf die Verwendung von Kameratechnologien ▪ Blick- und Greifbereiche des KI-Cobots auf Basis der verwendeten Kamera neu validieren

Tabelle 9: Implikationen – Anforderungen an die Arbeitsplatzgestaltung (Quelle: Eigene Darstellung)

Es empfiehlt sich eine separate Analyse zwischen dem Arbeitsumfeld sowie dem darin enthaltenden Cobot als Betriebsmittel. Bengler (2012) sowie Müller et al. (2019) verweisen darauf, dass die Parameter Größe, Anmutung, Höhe des TCP's, Annäherungswinkel, Abstand zu den Mitarbeitenden, Informationsaustausch, Geschwindigkeit sowie die Bewegungsbahnen des Cobots von entscheidender Bedeutung sind. Ein Arbeiten oberhalb der Herzhöhe ist zudem für den Menschen zu vermeiden. Weber und Stowasser (2018) betonen in diesem Zusammenhang ebenfalls die Beachtung der physischen Ausprägung des Cobots und verweisen auf die Berücksichtigung entsprechender Richtwerte hinsichtlich des räumlichen Abstandes zum Menschen. Weiterhin verweisen Müller et al. (2019) und AUVA (2018) darauf, dass die Ecken und

Kanten des Cobots weich gestaltet sowie dessen Farbgebung beachtet werden sollte. Die Autoren Neudörfer (2020) sowie AUVA (2018) empfehlen zudem eine Beachtung der Maschinenergonomie sowie, dass Größe und Gewicht des Cobots im Hinblick auf die zu übernehmenden Arbeitsaufgaben, den Arbeitsplatz sowie die Mitarbeitenden ausgewählt werden sollte. Weber et al. (2018) bestätigen dies und führen an, dass darauf geachtet werden muss, dass der Cobot ein maximales Eigengewicht von 30 Kilogramm nicht überschreiten sollte. Ergänzend zu den Anforderungen an den einzuführenden Cobot wurden weitere Anforderungen an die Gestaltung des Arbeitsplatzes erkennbar. Die Autoren Schlund et al. (2018), AUVA (2018) sowie Verwaltungs-Berufsgenossenschaft (2021) verweisen auf die Relevanz der Beachtung einhergehender Umwelteinflüsse. Diese beinhalten sowohl das räumliche Klima als auch die Akustik, Aspekte der Beleuchtung sowie die Luftfeuchtigkeit. Zudem empfehlen Schlund et al. (2018) den Blick- und Greifbereich der Nutzenden sowie die Anordnung von benötigten Arbeits- und Betriebsmitteln zu analysieren. Nach den Autoren sollte der Cobot zentriert zum Nutzenden platziert werden und der Blick- und Greifraum nicht über den individuellen Blickwinkel hinausgehen. Im Kontext der Arbeitsstoffe sollte nach Weber (2017) darauf geachtet werden, dass ein Cobot keine Bauteile bewegt, welche über heiße Oberflächen verfügen oder mit scharfen und spitzen Kanten einherkommen. AQUIAS (2017) betonen in diesem Zusammenhang zudem die ausgeprägte Relevanz einer Interventionsmöglichkeit für den Notfall, welche durch einen Notausschalter realisiert werden kann. Im Zuge der Synthese und der damit verbundenen fachlichen Gegenüberstellung wird eine starke Heterogenität in den quantitativ abzuleitenden Anforderungen an die physische Arbeitsgestaltung erkennbar. Im Kontext der KI empfehlen Lockey et al. (2021) darauf zu achten, dass die anthropomorphe Ausprägung nicht zu stark ist. In zwei unterschiedlichen Publikationen verweisen die Autoren Liu et al. (2018a) und Liu et al. (2018b) darauf, dass zukünftige Arbeitsplätze mit innovativer Sensorik und Kameratechnologie ausgestattet werden müssen, um die Möglichkeiten der KI anwenden zu können und zwar sowohl in dem Erkennen von Bewegungen als auch Sprache. Die Autoren Adler et al. (2020) verstärken dies mit der Aussage, dass sichergestellt werden muss, das zukünftige Cobots ihre Umgebung bei der Interaktion erkennen. Die Implikationen für eine Einführung und Anwendung der KI-basierten MRK sind hierbei eindeutig ableitbar. Die gegenwärtige Kollaboration zwischen Mensch und Cobot geht bereits mit einer Vielzahl an Anforderungen einher. Diese betreffen sowohl die Auswahl und Gestaltung des Cobots am Arbeitsplatz als auch die Arbeitsumgebung und zu verwendenden Arbeitsobjekte. In ihrer Quantität sind die Anforderungen der KI an eine physische Gestaltung des Arbeitsplatzes und Betriebsmittels sowie die zu verwendenden Arbeitsobjekte geringer ausgeprägt.

Im Kontext der KI-basierten MRK sollten demnach weiterhin die bereits stark ausgeprägten Anforderungen an bisherige Cobots herangezogen werden. Im Sinne der kollaborativen Arbeitsweise ist davon auszugehen, dass KI-basierte Cobots in ihrer Bauform den gegenwärtigen Cobots gleichen werden. Dies würde mit der Tatsache einhergehen, dass eine leistungsfähigere schwache KI zu keinen signifikanten Veränderungen der Formgebung führen würde. Bekräftigt wird diese Aussage zum einen dadurch, dass im Rahmen von Kapitel 3 aufgezeigt wurde, dass die Nutzung von KI-Systemen auf die Anwendung von Algorithmen zurückzuführen ist. Zum anderen wurde in Abschnitt 2.4 aufgezeigt, wie KI im Kontext der MRK zukünftig erfolgen wird. Hierbei ist insbesondere auf die Anwendung von innovativer Sensorik und Kameratechnologie zu verweisen. Im Sinne einer menschenzentrierten Einführung und Anwendung sollte die Technologie den Menschen unterstützen und nicht gefährden. Um dies sicherzustellen, bedarf es einer problemlosen technologischen Anwendung.

4.2.4.3 Anforderungen bei der Gestaltung von Umweltbedingungen

Die Sensorik und Kameratechnologie des KI-basierten Cobots steht hierbei besonders im Blickfeld und darf demnach nicht gestört oder verzerrt werden. Hierbei stehen insbesondere die Umweltbedingungen im Fokus. Klimatische und akustische Arbeitsbedingungen sollten auch in Zukunft nicht zu einer Beeinträchtigung des Systems führen. Ebenfalls werden auch zukünftig sowohl die Beleuchtung als auch die Luftfeuchtigkeit von Bedeutung sein. Nimmt der KI-Cobot mittels Kameratechnologie seine Umgebung war, sollte verstärkt darauf geachtet werden, dass keine beeinträchtigte Sicht vorherrscht. Diese kann durch Staub oder herumfliegenden Schmutz entstehen. Eine Anwendung kann demnach für bestimmte Arbeitsbereiche entfallen. Beispielhaft zu erwähnen lässt sich eine Arbeitsumgebung, innerhalb derer in nächster Nähe mit Hilfe von Sandstrahlen Objekte von Schmutz befreit werden. Auch sollte darauf geachtet werden, dass verschmutzende Werkstoffe wie Öle oder Fette nicht an die Kameralinse gelangen.

Jene Maßnahmen sollten unabhängig von der Platzierung der Kamera – ob am Endeffektor des KI-Cobots oder an einem separaten Ort des Arbeitsplatzes – beachtet werden. Der Sichtbereich muss demnach sowohl für den Menschen als auch den KI-Cobot ausgeleuchtet sein. Hinzukommend sollte überprüft werden, inwiefern die Kamera durch weitere Lichtquellen in der Produktion negativ beeinflusst werden kann. Sowohl beim Schweißen, Schleifen als auch Sägen können Lichtquellen entstehen. Sollten diese in der Nähe des kollaborierenden Arbeitsplatzes entstehen, ist zu validieren, inwiefern dadurch negative Einflüsse entstehen. Reagiert der KI-Cobot auf akustische Signale seitens des Mitarbeitenden ist zudem darauf zu achten, dass die Arbeitsumgebung entsprechend gestaltet wird. Eine lautstarke Arbeitsumgebung oder intensive Vibrationen durch weitere Betriebsmittel könnten zu einer Beeinträchtigung der Interaktion führen, sollten die akustischen Signale des Menschen den KI-Cobot nicht erreichen. Auch könnten zu viele unterschiedliche Stimmen von mehreren Mitarbeitenden das Befehlen des KI-Cobots beeinträchtigen. Eine Überprüfung der Luftfeuchtigkeit auf die neue Sensorik und Kameratechnologie ist ebenfalls zu empfehlen. Eine zukünftige und sichere Kollaboration mit dem KI-Cobot beruht in vielerlei Hinsicht auf der Datenqualität. Es sollte demnach eine Situation vorherrschen, innerhalb derer die Kamera Daten in der benötigten Qualität erheben kann. Dies ist bei der Arbeitsplatzgestaltung von erheblicher Bedeutung und sollte berücksichtig werden. In Summe kann die Beachtung aller Maßnahmen dazu dienen, die Interaktion sicher, nachhaltig und für die Mitarbeitenden erwartbar zu gestalten. Dies wiederum hat einen starken Einfluss auf die Akzeptanz. Für eine nachhaltige Interaktion muss der KI-Cobot seine Umgebung sowie die benötigten Arbeitsmittel wahrnehmen können. In diesem Fall sollte berücksichtigt werden, dass die Kamera alle benötigten Gegenstände erfassen kann. Aus Sicht des Autors ist es an dieser Stelle ausreichend, wenn in diesem Zusammenhang die bereits bestehenden Anforderungen an die physische Arbeitsplatzgestaltung berücksichtigt werden.

4.2.4.4 Anforderungen bei der Gestaltung des KI-Cobots

Bei der Anordnung von benötigten Betriebsmitteln sollte demnach darauf geachtet werden, dass sich diese im Blick- und Greifbereich sowohl des Menschen als auch des KI-Cobots befinden. Die Anforderungen an einen ausreichenden Abstand zu den Mitarbeitenden sowie der ergonomischen Arbeitshöhe des TCP's bleiben durch die leistungsfähigere schwache KI unberührt. Dem Gedanken einer menschenzentrierten Anwendung folgend, innerhalb derer die Mitarbeitenden keine negativen Gefühle bei der Kollaboration entwickeln, sollten die bestehenden Anforderungen gegenwärtiger MRK weiterhin herangezogen werden. Aus Sicht des Autors gehen mit der Integration leistungsfähigerer schwacher KI keine veränderten Auswirkungen an eine soziotechnische Einführung und Anwendung einher. Weiterhin ist eine exakte Analyse der benötigten Dimensionierung des KI-Cobots im Kontext der Einführung durchzuführen. Dieser Schritt ist sowohl bei der Einführung und Anwendung gegenwärtiger MRK als auch zukünftiger KI-basierter MRK gleichermaßen von Bedeutung. Bei der Dimensionierung sollte darauf geachtet werden, dass die Arbeitsaufgabe, der Mensch sowie die zu verwendenden Arbeitsmittel mit in die Analyse einbezogen werden. Ein an die individuellen Ansprüche des Arbeitsplatzes angepasster KI-Cobot kann zu einer Steigerung der Akzeptanz bei den Mitarbeitenden führen.

4.2.4.5 Anforderungen bei der Gestaltung des Arbeitsplatzes

Im Sinne der menschenzentrierten Einführung und Anwendung sollte bei der Arbeitsplatzgestaltung zudem darauf geachtet werden, dass der Mensch keine umfängliche Isolation erfährt. Obgleich die Situation entstehen kann, dass ausgewählte KI-basierte MRK-Arbeitsplätze lediglich von einem Mitarbeitenden zu besetzen sind, empfiehlt es sich, umliegende Arbeitsplätze dahingehend anzulegen, dass der soziale Kontakt aufrechterhalten werden kann. Hinzukommend muss darauf geachtet werden, dass für die Mitarbeitenden zu jeder Zeit die Möglichkeit besteht, bei Gefahren eine Abschaltung des KI-Cobots durchzuführen. Um dies zu gewährleisten, bedarf es – in Analogie zur gegenwärtigen MRK – auch zukünftig eines Notausschalters am Arbeitsplatz. Die für den Arbeitsplatz geltenden sowie aktualisierten Dokumente zur Arbeitssicherheit und des Gesundheitsschutzes müssen ebenfalls vorhanden sein. Diese sollten weiterhin Informationen darüber enthalten, ob es einer persönlichen Schutzausrüstung (PSA) für die Mitarbeitenden bedarf. Sollte dies der Fall sein, muss eine PSA am Arbeitsplatz zur Verfügung stehen.

4.2.5   Arbeits- und Prozessgestaltung

Die Kategorie der Arbeits- und Prozessgestaltung bildet den nachfolgenden Abschnitt. Inhaltlich setzt dieser die bereits erarbeiteten Erkenntnisse aus dem Abschnitt 4.2.4 fort. Diesbezüglich erfolgt wiederum eine Bezugnahme auf den Grundgedanken des Arbeitssystems nach Schlick, Bruder & Luczak (2018). Die Arbeits- und Prozessgestaltung fokussiert sich unter Bezugnahme der Abbildung 23 hierbei auf die Segmente Arbeitsperson, Arbeitsaufgabe, Arbeitsauftrag sowie Arbeitsmittel. Infolgedessen, dass bereits zuvor Teilaspekte der Arbeitsperson als auch des Arbeitsmittels bearbeitet wurden, bedarf es an dieser Stelle einer Abgrenzung zum vorherigen Abschnitt. Diese erfolgt auf inhaltlicher Ebene. Die Arbeitsperson sowie das Arbeitsmittel wurden zuvor aus dem Blickwinkel der Arbeitsplatzgestaltung untersucht. Dies entsprach wesentlich einer rein physischen Gestaltung unter der Berücksichtigung von ergonomischen Gesichtspunkten. Die Arbeits- und Prozessgestaltung differenziert sich dahingehend, dass hierbei die Interaktion zwischen Mensch und KI-Cobot im Kontext der Arbeit analysiert wird. Dies umfasst zudem die damit verbundenen Prozesse.

4.2.5.1 Diskussion der Implikationen zur Arbeits- und Prozessgestaltung

Die Abschnitte 4.2.4 sowie 4.2.5 gleichen sich grundsätzlich dahingehend, dass beide eine Gestaltung unter der Beachtungen ergonomischer Gesichtspunkte beabsichtigen. Implikationen an die Arbeits- und Prozessgestaltung werden nachfolgend dargestellt (Tabelle 10).

Implikationen – Anforderungen an die Arbeits- und Prozessgestaltung	
Verringert	▪ Keine signifikanten Auffälligkeiten
Gleichbleibend	▪ Ganzheitliche Synchronisation der Arbeitsabläufe ▪ Mensch gibt den Arbeitsrhythmus vor ▪ Anwendung des KI-Cobots dient der Arbeitsunterstützung ▪ Übernahme von Arbeitsaufgaben anhand der individuellen Stärke ▪ Analyse des Annäherungswinkels, der Bewegungsbahnen sowie der Geschwindigkeiten
Erweitert	▪ Relevanz des gegenseitigen Informationsaustausches ▪ Aspekte des Arbeits- und Gesundheitsschutzes ▪ Kriterien der widerspruchsfreien, transparenten und erklärbaren Interaktion ▪ Kriterien der Handlungsträgerschaft sowie Individualisierbarkeit
Umfänglich neu hinzukommend	▪ Schutz und Qualität personenbezogener Daten ▪ Proaktive Vermeidung von Diskriminierung ▪ Prozessabfolge und Maßnahmen bei auftretender Diskriminierung

Tabelle 10: Implikationen – Anforderungen an die Arbeits- und Prozessgestaltung (Quelle: Eigene Darstellung)

Im Kontext der gegenwärtigen MRK lassen sich aus dem aktuellen Forschungsstand weitreichende Anforderungen an die Interaktionsgestaltung zwischen Mensch und Cobot ableiten. In diesem Fall verweist Weber (2017) darauf, dass eine Interaktion im Sinne einer ganzheitlichen Synchronisation der Arbeitsabläufe effizient gestaltet und Kollisionen sowie Blockaden vermieden werden müssen. Neudörfer (2020) bekräftigt hierbei, dass der Arbeitsrhythmus durch den Menschen vorgegeben werden muss und sich an seinen Eigenschaften orientieren sollte. Weber (2017) fügt hinzu, dass bei der Arbeits- und Prozessgestaltung darauf zu achten ist, dass Mensch und Cobot Arbeitsaufgaben anhand ihrer individuellen Stärken verrichten. Bengler (2012) sowie Müller et al. (2019) verweisen zudem darauf, dass bei der Interaktionsgestaltung der Annäherungswinkel und Informationsaustausch sowie die Bewegungsbahnen und Geschwindigkeiten analysiert werden müssen. Die Autoren zeigen hierbei die ausgeprägte Relevanz der Systemtransparenz des Cobots in der Interaktion mit dem Menschen auf. Nach Müller et al. (2019) sollte ein Cobot nur von unten kommend mit dem Menschen interagieren. Die Autoren Matthias und Ding (2013) bekräftigen zudem die empfohlene Geschwindigkeit eines Cobots von 1,5 m/s innerhalb der kollaborierenden Interaktion. Für die Darstellung der Interaktion zwischen Mensch und KI wurde im Rahmen der vorliegenden Schrift Bezug auf den Kriterienkatalog nach Huchler et al. (2020) genommen. Dieser dient hierbei als Grundlage für die Forschungssynthese. Nach Huchler et al. (2020) sind bei der Interaktionsgestaltung vier Cluster mit separaten Kriterien hinzuzuziehen. Kriterien der Sicherheit sowie des Gesundheits- und Datenschutzes und der Diskriminierungsfreiheit bilden das Cluster ‚Schutz des Einzelnen'. Lockey (2021) bekräftigen hierbei ebenfalls die Relevanz des Umgangs mit benötigten Daten. Die Datenqualität und Transparenz sowie Erklärbarkeit und Widerspruchsfreiheit bilden gemeinsam mit der Verantwortung, Haftung sowie dem Systemvertrauen nach Huchler et al. (2020) das Cluster der Vertrauenswürdigkeit. Scheuer (2020) verweist hierbei auf den subjektiv wahrgenommenen Nutzen zur Vertrauens- und Akzeptanzgenerierung. Die Autoren Heesen, Grunwald, Matzner & Roßnagel (2020) bekräftigen bei der Interaktionsgestaltung die Aspekte von Transparenz und Nachvollziehbarkeit und jene damit verbundenen Anforderungen an die Mitarbeitenden. Nach Huchler et al. (2020) bilden die Kriterien zur angemessenen Entlastung und Unterstützung, zur Handlungsträgerschaft und Situationskontrolle sowie zur Adaptivität das dritte Cluster. Lockey et al. (2021) ergänzen in diesem Zusammenhang, dass die Aspekte der Transparenz, Erklärbarkeit, Zuverlässigkeit sowie Automatisierung zu berücksichtigen sind. Es bedarf hierbei eines Verständnisses des Menschen über die KI. Kriterien einer reichhaltigen Arbeit, der Beachtung von Handlungsspielräumen und Lernförderlichkeit sowie Kommunikation und Kooperation bilden nach Huchler et al. (2020) das vierte Cluster förderlicher Arbeitsbedingungen. Die Autoren Heesen, Grunwald, Matzner & Roßnagel (2020) verdeutlichen dabei die Relevanz der individuellen Selbstbestimmung und dem damit verbundenen souveränen Handeln des Menschen innerhalb der Interaktion.

4.2.5.2 Anforderungen an die Gestaltung von Arbeitsaufgaben

Im Zuge einer Gegenüberstellung gegenwärtiger Erkenntnisse aus dem aktuellen Forschungsstand wird erkennbar, dass sich die Implikationen im Hinblick auf die Arbeits- und Prozessgestaltung stark differenzieren. Eine Verringerung von Implikationen ist hierbei allerdings nicht erkennbar. Die Einführung und Anwendung von KI-Cobots gehen dahingehend allerdings mit einer Vielzahl an gleichbleibenden, erweiterten sowie umfänglich neu hinzugekommenen Anforderungen einher. Im Vergleich zur gegenwärtigen MRK sind auch bei der KI-basierten MRK die Grundsätze einer ganzheitlichen Synchronisation von Arbeitsaufgaben zwischen Mensch und KI-Cobot zu gewährleisten. Sowohl Mensch als auch KI-Cobot werden weiterhin eigenständige Arbeitsaufgaben besitzen. Diese orientieren sich an den individuellen Stärken. Von einer vollkommenen Verdrängung des Menschen ist an dieser Stelle nicht auszugehen. Auf Basis der Erkenntnisse aus den Abschnitten 2.4 sowie 3.2 und jener damit verbundenen technologischen Weiterentwicklung durch die KI begründet sich allerdings die Annahme, dass KI-Cobots zukünftig quantitativ mehr Arbeitsaufgaben ausüben können. Dies bedeutet, dass sich die Anforderungen an eine reichhaltige Arbeit des Menschen zukünftig erweitern werden. Die Anwendung leistungsfähiger schwacher KI hat zur Folge, dass das autonome System fortlaufend neue Arbeitsaufgaben erlernen und seine Ausführung verbessern kann. Hierbei kann nicht ausgeschlossen werden, dass dies mit Auswirkungen auf die Arbeit des Menschen einhergehen wird. Ist der KI-Cobot dazu in der Lage, weitere Arbeitsaufgaben zukünftig besser auszuführen als der Mensch, bedarf es einer Kompensation für die entfallenden Aufgaben. Unzufriedenheit ist in diesem Fall vorzubeugen. Es bedarf dafür standardisierter Prozesse, welche der Überprüfung der zu übernehmenden Arbeitsaufgaben dienen. Demnach sollte im Rahmen von fortlaufenden Iterationsrunden überprüft werden, inwiefern der KI-Cobot neue Arbeitsaufgaben übernehmen kann und welche Kompensation ein Mensch dafür benötigt. Dem menschenzentrierten Gedanken folgend wird eine Integration von leistungsfähiger schwacher KI das Prinzip der Arbeitsunterstützung des Menschen nicht verändern. Dieses bildet sowohl gegenwärtig als auch zukünftig den grundlegenden Gedanken.

4.2.5.3 Anforderungen im Rahmen der Interaktionsgestaltung

Auf Basis dessen sowie dem Prinzip der Kollaboration folgend wird auch der Mensch zukünftig den Arbeitsrhythmus vorgeben. Ebenfalls bleiben die Anforderungen an den Annäherungswinkel sowie die Geschwindigkeiten und Bewegungsbahnen unberührt. Beide Interaktionspartner werden sich auch zukünftig einen gemeinsamen Arbeitsbereich teilen und damit unmittelbar miteinander interagieren. Dies erfordert auch in Zukunft eine barrierefreie Möglichkeit der Interaktion sowie Kommunikation. Die Integration von leistungsfähigerer schwacher KI erweitert dahingehend die Anforderungen. Die

Kollaboration muss hierbei die Kriterien einer widerspruchsfreien, transparenten und erklärbaren Interaktion gewährleisten. Dies bedeutet, dass dem Menschen bewusst ist, weshalb das autonome System eine Arbeitsaufgabe in der von ihm ausgewählten Art durchführt und was die Ursache für seine Entscheidung ist. Die Anforderungen an die Mitarbeitenden sind dahingehend jene, dass sie verstehen, wie das autonome System Daten aus seiner Umwelt erfasst, diese Merkmale aufbereitet und zu Handlungen transformiert. Die Überforderung des Menschen durch eine zu hohe Komplexität in der Anwendung ist zu vermeiden. Die Ziele sollten es sein, dass die Aufgaben in einem festgelegten Maße erfüllt und keine Abweichungen in der Interaktionsqualität entstehen. Dies bedeutet, dass sich die Bewegungen des KI-Cobots gleichen sollten, um für den Menschen vorhersehbar zu sein. Demgegenüber sollte der Mensch ebenfalls wissen, was zu einer Beeinträchtigung und fehlerhaften Verarbeitung von Daten führen kann. Es bedarf einer Erfüllung der Erwartungskonformität des Menschen. Sollte diese nicht mehr erfüllt sein, bedarf es festgelegter Prozesse, deren Abfolge die Mitarbeitenden befolgen müssen, um Probleme zu melden. Dies kann an den direkten Vorgesetzten oder an die technischen Integratoren im Unternehmen geschehen. Sofern die Interaktion mit dem KI-Cobot frei von Widersprüchen ist, erfolgt eine Steigerung der Akzeptanz. Ebenfalls akzeptanzfördernd ist ein gegenseitiger Austausch von Informationen im Rahmen einer lernförderlichen Arbeitsumgebung. Dies führt zu einer Erweiterung der bisherigen Anforderungen. Im Kontext der Einführung und Anwendung sollte sichergestellt werden, dass sowohl der Mensch auf den KI-Cobot als auch umgekehrt einwirken kann. Die Mensch-Maschine-Schnittstelle sollte es erlauben, dass der Mensch dem autonomen System unkompliziert seine Erfahrungen weitergeben kann. Die Anforderungen an die Mitarbeitenden sind dahingehend jene, dass sie verstehen, wie der Informationsaustausch mit dem autonomen System durch alleiniges Vorzeigen erfolgen kann. Im Kontext der Individualisierbarkeit bedeutet dies zudem, dass sichergestellt werden muss, dass unterschiedliche Menschen, welche individuelle Eigenschaften und Handlungen besitzen, mit dem autonomen System interagieren können. Hierzu empfiehlt es sich, dies ausreichend vor dem Serienbetrieb zu testen. Hinzukommend muss auch der KI-Cobot die Fähigkeit besitzen, dem Menschen mitteilen zu können, sollte ein technisches Problem vorliegen (bspw. über vorhandene visuelle Darstellungsmöglichkeiten auf einem Display). Es bedarf demnach eines gegenseitigen Verständnisses sowie festgelegter Kommunikationswege. Mensch und KI-Cobot werden auch zukünftig ein gemeinsames

Prozessziel verfolgen. Dies geht mit erweiterten Anforderungen an die Ausgestaltung der Handlungsträgerschaft einher. Es bedarf in diesem Zusammenhang der eindeutigen Festlegung, wann welcher Interaktionspartner die Zuständigkeit für welche Arbeitsaufgabe besitzt und ab welchem Zeitpunkt die Handlungsträgerschaft übergeht. Es empfiehlt sich, dies verbindlich festzulegen. Entstehen Mängel bei der Produktion oder Montage ist eindeutig identifizierbar, ob der Mensch oder KI-Cobot die Ursache war. Ebenfalls bedarf es einer internen Anordnung, wann der Mensch dem KI-Cobot neue Arbeitsaufgaben beibringen darf und wann diese als vollständig erlernt gelten. Hierdurch kann vermieden werden, dass dem autonomen System unbefugt Arbeitsaufgaben beigebracht und übertragen werden können, deren falsche Ausführung möglicherweise Schäden in der Produktion oder Montage zur Folge hätten. Es gilt dahingehend Prozesse aufzustellen, welche dies und damit mögliche Folgeauswirkungen durch fehlerhafte Bauteile bei Kunden verhindern können. Hierzu sollte sichergestellt werden, wann ein KI-Cobot auf neue Arbeitsaufgaben trainiert wird und wer dies umsetzen darf. Ebenfalls bedarf es Evaluationskriterien, ab wann ein Training auf eine neue Arbeitsaufgabe als erfolgreich abgeschlossen gilt und ob dies noch durch einen technischen Integrator im Unternehmen validiert werden muss. Die Integration leistungsfähiger schwacher KI in den Kontext der gegenwärtigen MRK wird ebenfalls zu umfänglich neuen Anforderungen an die Arbeits- und Prozessgestaltung führen. Im Rahmen der Abschnitte 2.4 und 3.2 wurde bereits die Relevanz von Daten umfassend aufgezeigt.

4.2.5.4 Maßnahmen zum Umgang mit Diskriminierung

Für die Interaktionsgestaltung im Kontext der KI-basierten MRK bedeutet dies eine umfangreiche Ergänzung um jene Anforderungen an den Schutz sowie die Qualität von Daten. Aufgrund der starken Relevanz und Interdisziplinarität des Themas bildet dies allerdings eine eigenständige Kategorie. Im Rahmen dessen wird auch Bezug auf die Anforderungen an die Arbeits- und Prozessgestaltung genommen. Ebenfalls erfordert es, im Gegensatz zu der bisherigen MRK, eine Vermeidung von Diskriminierung durch den KI-Cobot sicherzustellen. Hierbei bedarf es sowohl proaktiven Handelns bei der Einführung und Anwendung zur Verhinderung von Diskriminierung als auch Maßnahmen beim Auftreten. Die proaktiven und vorbeugenden Maßnahmen besitzen einen starken Bezug zum Umgang mit Daten, deren Erkenntnisse in der nachfolgenden Kategorie aufgezeigt werden. Im Kontext der Arbeits- und Prozessgestaltung bedarf es dahingehend festgelegter Maßnahmen, wie beim Auftreten eines diskriminierenden Handelns durch den KI-Cobot seitens des Menschen zu verfahren ist. Für diesen Fall sollte eine festgelegte Prozessabfolge vorherrschen, welche von den Mitarbeitenden, die vom KI-Cobot diskriminiert wurden, durchlaufen werden kann. Die Prozessabfolge sollte Informationen über die anzusprechenden Stakeholder (bspw. Führungskraft oder IT-Fachabteilung) enthalten, welche Informationen diese über den KI-Cobot benötigen, und eventuelle Abschaltungsmaßnahmen vorsehen. Unter Berücksichtigung aller aufgeführten Gesichtspunkte im Rahmen der vorliegenden Kategorie erfordert es eine Überarbeitung und Erweiterung der vorgesehenen Maßnahmen zur Sicherstellung des Arbeits- und Gesundheitsschutzes. Diese sollten zudem um ein individuelles Reglement ergänzt werden, welches die Gesichtspunkte der veränderten Handlungsträgerschaft, des Erlernens von neuen Arbeitsaufgaben sowie des Auftretens von diskriminierendem Handeln enthalten.

4.2.6   Datenumgang und Datenschutz

Der Umgang mit Daten und deren Schutz bildet die nachfolgende Kategorie. Inhaltlich basiert diese auf den erarbeiteten Erkenntnissen zum Umgang mit Daten aus dem Abschnitt 4.2.5 und führt jene fort. Der Datenumgang und -schutz ist ein Themengebiet, welches von starker Interdisziplinarität geprägt ist. Eine vollumfängliche inhaltliche Abgrenzung zu den weiteren Kategorien ist dadurch nicht immer möglich. Auf Grund der ausgeprägten Relevanz des Themas bedarf es auch Sicht des Autors allerdings einer separaten Betrachtung. Daher handelt es sich bei der Einführung und Anwendung um eine separate Kategorie, welche sich dahingehend abgrenzt, dass der vorliegende Abschnitt explizite Anforderungen an den Umgang mit personenbezogenen Daten aufzeigt, um proaktiv Probleme im Unternehmen zu vermeiden. Daher erfolgt keine Darlegung von Implikationen auf die Kompetenzbedarfe und Arbeitsplatzgestaltung sowie der Relevanz von Gegenmaßnahmen bei einem diskriminierenden Handeln.

4.2.6.1 Diskussion der Implikationen zum Datenumgang und Datenschutz

Im Zuge einer Gegenüberstellung der gegenwärtigen Erkenntnisse aus den aktuellen Forschungsständen wird erkennbar, dass der Umgang mit Daten sowie deren Schutz im Kontext aktueller MRK keine ausgeprägte Relevanz besitzt (Tabelle 11). Die Analyse des gegenwärtigen Forschungsstandes anhand der verwendeten Literatur zeigte hierbei wenige Erkenntnisse. Dies steht im starken Kontrast zum erhobenen Forschungsstand der KI. Innerhalb dessen konnten weitreichende Anforderungen abgeleitet werden.

Implikationen – Anforderungen an den Datenumgang und Datenschutz	
Verringert	▪ Keine signifikanten Auffälligkeiten
Gleichbleibend	▪ Beachtung bereits bestehender Grundsätze der Datenschutzgrundverordnung sowie des Arbeitsrechts
Erweitert	▪ Relevanz personenbezogener Daten ▪ Reglement und Werte zur Erhebung und Verarbeitung von Daten ▪ Partizipation und Mitbestimmung von Stakeholdern
Umfänglich neu hinzukommend	▪ Proaktive Vermeidung von Diskriminierung ▪ Vermeidung der Leistungskontrolle ▪ Maßnahmen zur Bewertung von Daten

Tabelle 11: Implikationen – Anforderungen an den Datenumgang und Datenschutz (Quelle: Eigene Darstellung)

Nach den Autoren Beck, Grunwald, Jacob, & Matzner (2019) handelt es sich bei Daten um einen entscheidenden Aspekt, welcher ein diskriminierendes Verhalten zu Folge haben kann. Daher sei die Qualität, Auswahl und Bewertung der Trainingsdaten entscheidend. Huchler et al. (2020) verweisen darauf, dass präzise zu analysieren ist, welche Daten für den Einsatz erhoben werden müssen sowie welche bereits bestehen und ergänzen zudem, dass es hierzu einer intensiven Partizipation der Mitarbeitenden bedarf. Die Autoren Heesen, Grunwald, Matzner & Roßnagel (2020) bekräftigen die Relevanz der Partizipation und ergänzen dies um die Notwendigkeit, unternehmensweite Regelungen für den Umgang mit Daten zu erarbeiten. Mitarbeitende sollten demnach eine Erklärung erhalten, mit der sie der Erhebung und Verarbeitung ihrer personenbezogenen Daten zustimmen. Diese Erklärung sollte für eine explizite KI-Anwendung gelten und jederzeit widerrufbar sein. Nach Huchler et al. (2020) ist durchgängig darauf zu achten, dass die Persönlichkeitsrechte durch die Datenschutzgrundverordnung sowie des Arbeitsrechts gewahrt und die Daten zweckbezogen erhoben werden.

4.2.6.2 Bewusstsein zum konformen Umgang mit Daten

Aus der Integration leistungsfähiger schwacher KI in den Kontext der MRK lassen sich differente Implikationen ableiten. Obgleich die erhobene Literatur zur MRK keine expliziten Ergebnisse für den Umgang und Schutz von personenbezogenen Daten ergab, ist davon auszugehen, dass Unternehmen deren Relevanz bekannt ist. Dahingehend ist davon auszugehen, dass bereits die bestehenden Anforderungen an ein geltendes Reglement zur DSGVO sowie dem Arbeitsrecht beachtet werden. Die Einführung und Anwendung einer KI-basierten MRK führt demnach nicht dazu, dass diese Anforderungen erstmalig Beachtung finden werden. Dennoch ist durch die technologische Entwicklung von einer Veränderung der Relevanz des Umgangs und Schutzes personenbezogener Daten auszugehen. Gegenwärtig erfolgt bei der MRK keine Erfassung dieser Daten. Dies wird sich durch die Integration leistungsfähiger schwacher KI und der damit verbundenen Technologie (bspw. Computervision) zur Erfassung von Daten verändern. Um den neuen Anforderungen gerecht zu werden, ist die Basis ein neues Bewusstsein über das Thema. Das Bewusstsein muss bei den Führungskräften, Data Scientists, technischen Integratoren, Datenschutzbeauftragten und Mitarbeitenden als Interaktionspartner sowie der betrieblichen Interessenvertretung vorherrschen. Dem Gedanken einer partizipativen Gestaltung folgend, ist von Beginn an ein Bewusstsein über die Relevanz, Anforderungen und Schwierigkeiten zu erzeugen.

4.2.6.3 Transparenz im Umgang mit Daten

Der Umgang mit personenbezogenen Daten sollte demnach proaktiv vorangetrieben und gemeinsam diskutiert werden. Dies umfasst Klarheit für alle Beteiligten, welche personenbezogenen Daten der KI-Cobot erfasst sowie verarbeitet, wo diese gespeichert werden, wie deren technischer Schutz erfolgt und wann ein Zugriff durch welche Personengruppe erfolgen darf. Führungskräften kommt in diesem Zusammenhang die Aufgabe zu, von den Mitarbeitenden eine Einwilligungserklärung einzuholen, welche die Erhebung ihrer personenbezogenen Daten durch den KI-Cobot an dem ausgewählten Arbeitsplatz erlaubt. Mitarbeitenden sollte zu jeder Zeit die Möglichkeit gegeben werden, dieser Einwilligungserklärung zu widersprechen. In diesem Kontext ist eine intensive Abstimmung zwischen Führungskräften, Mitarbeitenden, betrieblicher Interessensvertretung sowie Datenschutzbeauftragten essenziell. Hinzukommend sollte allen beteiligten Stakeholdern bekannt sein, wie der KI-Cobot seine Umwelt wahrnimmt und diese für ihn aussieht. Das kann zu einer Akzeptanzsteigerung seitens der Mitarbeitenden führen, wenn sie erkennen, wie der Mensch wahrgenommen wird.

4.2.6.4 Vermeidung von Überwachung und Diskriminierung

In Summe umfasst dies auch die Diskussion darüber, wer zu welchem Zeitpunkt Zugriff auf die Daten haben darf. Hierzu bedarf es eines festgelegten und gemeinsam erarbeiten Reglements. Ergänzt werden sollten diese Regeln durch Werte und innerbetriebliche Vereinbarungen über den Umgang mit personenbezogenen Daten. Sofern der KI-Cobot in seiner Interaktion mit dem Menschen personenbezogene Daten erhebt, dürfen diese nicht zur menschlichen Leistungskontrolle oder Überwachung verwendet werden. Etwaige Ruhezeiten, Bearbeitungszeiten je Bauteil, Produktivitätsquoten oder Gespräche zwischen den Mitarbeitenden dürfen nicht erfasst werden. Unabhängig davon, ob es sich dabei um visuelle oder gesprochene Inhalte handelt. Ebenfalls gilt es, einem diskriminierenden Verhalten des KI-Cobots proaktiv vorzubeugen. Benötigte Trainingsdaten sollten generell anonymisiert verwendet werden. Sie müssen eine ausgeprägte Neutralität besitzen, um Bias zu vermeiden. Diese können dazu führen, dass der Mensch ein diskriminierendes Verhalten erlebt, indem der KI-Cobot im Rahmen der Kollaboration nicht den Regeln entsprechend agiert. Trainingsdaten sind demnach so zu erstellen, dass sie eine Diskriminierung des Menschen nach Hauttypen, Form des Körpers, Eigenschaften oder Handlungen ausschließen. Hierbei sollte es sich um festgelegte Prinzipien handeln. Es empfiehlt sich, diese im Rahmen von unternehmensweiten Werten als auch innerbetrieblichen Vereinbarungen zu verstetigen. Zur kontinuierlichen Validierung sollten im Kontext eines umfassenden Risikomanagements proaktiv Prozesse etabliert werden. Es empfiehlt sich die interdisziplinäre Zusammensetzung eines Komitees aus den zu Beginn genannten Stakeholdern. Ebenfalls sollten technische Verzerrungen ausgeschlossen werden. Um dies sicherzustellen, bedarf es der proaktiven Etablierung von Überprüfungsprozessen, innerhalb derer der KI-Cobot auf ein Fehlverhalten untersucht wird. Auf Grund der Relevanz von personenbezogenen Daten empfiehlt sich eine turnusmäßige Validierung des KI-Cobots auf mögliche Bias.

4.2.7 Kritikalität und Normung

Die Anforderungen an die Kritikalität und Normung wurde als nächste Kategorie identifiziert. Im Rahmen der Synthese soll nachfolgend aufgezeigt werden, welche regulatorischen Anforderungen an Unternehmen gestellt werden. An dieser Stelle erfolgt nochmals ein Verweis auf die Zielstellung der vorliegenden Schrift, welche sich auf die Identifizierung von Anforderungen an die Einführung und Anwendung aus Sicht eines Unternehmens als Anwendende der KI-basierten MRK konzentriert. Dies geht mit der Tatsache einher, dass es im vorliegenden Abschnitt zu keiner detaillierten inhaltlichen Synthese der Normen aus MRK und KI zu Inhalten für neue Normen kommen wird. Es ist nicht das Ziel der vorliegenden Schrift, neue Inhalte zu bestehenden Normen zu erarbeiten, welche auf die Integration von leistungsfähiger schwacher KI zurückzuführen sind.

4.2.7.1 Diskussion der Implikationen zur Kritikalität und Normung

In Analogie zu den Abschnitten 2.3.4 und 3.3.4 wird vielmehr aufgezeigt, welche regulatorischen Anforderungen aus Sicht eines anwendenden Unternehmens zu beachten sind. Im Kontext der gegenwärtigen MRK lassen sich aus dem aktuellen Forschungsstand weitreichende Anforderungen an die Regularität ableiten (Tabelle 12).

Implikationen – Anforderungen an die Kritikalität und Normung	
Verringert	• Keine signifikanten Auffälligkeiten
Gleichbleibend	• CE-Zertifizierung, EG-Konformitätserklärung und Maschinenrichtlinie 2006/42/EG • VDE 0105-100, TRBS 1201, DIN EN 62061, DIN EN ISO 10218-1, DIN EN ISO 10218-2, EN ISO 11161, EN ISO 14121, EN ISO 13855 und ISO/TS 15066
Erweitert	• Generelle Bedeutung von Normen • DIN EN ISO 12100, DIN EN ISO 13849, DIN EN 61508 und DIN EN ISO 6385 • Kontinuierliche und weitergehende Untersuchung nach erweiterten Normen und Rechtsverbindlichkeiten
Umfänglich neu hinzukommend	• EU-weite Risikoeinstufung • Nationale Kritikalitätsanalyse • ISO/IEC TR 24028, DIN SPEC 92001-1 und IEEE 7010-2020 • ISO/IEC 15408, DIN EN ISO/IEC 17000:2020-09, ISO/IEC 27701 und ISO/IEC 29100ff

Tabelle 12: Implikationen – Anforderungen an die Kritikalität und Normung (Quelle: Eigene Darstellung)

Die Autoren Müller et al. (2019) sowie Pfeiffer (2012) betonen in diesem Zusammenhang die Relevanz einer CE-Zertifizierung sowie der 2006/42/EG Maschinenrichtlinie. Weber und Stowasser (2018) verweisen auf die Beachtung der geltenden Unfallverhütungs- und Betriebssicherheitsverordnungen, der TRBS 1201 sowie der VDE 0105-100 und den damit verbundenen Anforderungen an den Betriebszustand. Die Autoren Adolph et al. (2021) heben zudem die ergonomische und arbeitswissenschaftliche Bedeutung der DIN EN ISO 6385 für die MRK heraus. Hinzukommend betonen Weber und Stowasser (2018) die Relevanz der DIN EN ISO 10218-1 und DIN EN ISO 10218-2 für den sicherer Betriebszustand, welche ebenfalls durch Spillner (2015) hervorgehoben werden. Matthias (2015) erweitert diese Erkenntnisse um die sicherheitstechnische Norm der IEC 61508. Nach Markis et al. (2016) bedarf es im Kontext der MRK zusätzlich einer Analyse der EN ISO 13849, EN ISO 11161 und DIN EN 62061 mit den sicherheitstechnischen Anforderungen sowie der ISO 12100. Die Autoren Weber und Stowasser (2018) verweisen weiterhin sowohl auf die Wichtigkeit der EN ISO 14121, deren Ziel eine

Reduzierung von Risiken ist, als auch der EN ISO 13855, welche Anforderungen an den Arbeitsschutz enthält. Gesamtheitlich betonen die Autoren Weber und Stowasser (2018), Markis et al. (2016), Müller (2019), Behrens (2019) sowie Gerst (2020) die ausgeprägte Wichtigkeit der ISO/TS 15066 für die gegenwärtige MRK.

Hinzukommend lassen sich ebenfalls regulatorische Anforderungen aus dem erhobenen Forschungsstand zur KI ableiten. Im Rahmen der vorliegenden Schrift wurde hierfür sowohl die nationale als auch internationale Sichtweise eingenommen. Aus dem Blickwinkel der europäischen Sichtweise betonen die Autoren im Artificial Intelligence Act (2021) die starke Bedeutung der Risikoeinstufung eines KI-Systems und die damit abzuleitenden Anforderungen sowie jene Aspekte zur CE-Kennzeichnung und EU-Konformitätsbewertung. European Commission (2021), Madiega (2021) sowie Carfantan (2021) verweisen hierbei auf die Risikoeinstufung im Rahmen der Risikopyramide zur Regulierung von KI. Eine nationale Risikoeinstufung erfolgt durch die Normungsroadmap Künstliche Intelligenz im Rahmen der publizierten Kritikalitätspyramide. Die Autoren betonen in diesem Zusammenhang jene ausgeprägte Relevanz der Kritikalität in diesem Forschungsgebiet. Nach ISO/IEC TR 24028 (2020), DIN SPEC 92001-1 (2019) sowie Heesen et al. (2020) sind zudem die Anforderungen aus den individuellen Normen zu beachten, welche Aspekte des Vertrauens, der Verständlichkeit, Kompetenzanforderungen als auch ethischer Prinzipien berücksichtigen. Hinzukommend wurden Normen untersucht, welche sich nicht ausschließlich auf KI beziehen, allerdings eine starke Relevanz für das Forschungsgebiet besitzen. Die ISO/IEC 15408 und deren Kriterien für die IT-Sicherheit sind nach Adler et al. (2020) hierbei zu berücksichtigen. Die DIN EN ISO/IEC 17000:2020-09 zur Konformitätsbewertung sowie die ISO/IEC 27701 und ISO/IEC 29100ff sind hinsichtlich des Datenschutzes nach Adler et al. (2020) und DIN EN ISO/IEC 17000 (2020) zu beachten. Die Autoren Adler et al. (2020) empfehlen weiterhin die Beachtung der DIN EN ISO 12100 sowie DIN EN ISO 13849 mit den bestehenden Anforderungen an die Maschinensicherheit. Ebenfalls wird von den Autoren auf die Relevanz der DIN EN 61508-3 und den sicherheitstechnischen Anforderungen an eine Software verwiesen. Stowasser (2019b) erweitert dies um die DIN EN ISO 6385 und den damit verbundenen arbeitswissenschaftlichen Gesichtspunkten. Überdies hinaus wurden Normen identifiziert, welche sich derzeit in der Entwicklung befinden. Nach Adler et al. (2020) sind dies zum einen die ISO/IEC NP 5339 und ISO/IEC

CD 23894 hinsichtlich der Anforderungen an das Risikomanagement, zum anderen die ISO/ IEC AWI TR 24368 sowie ISO/ IEC WD TS 24462 und den damit verbundenen ethischen Anforderungen. Die ISO/IEC DIS 38507 und die Auswirkungen auf die Unternehmensführung sind nach ISO/IEC DIS 38507 (2022) ebenfalls zu berücksichtigen.

4.2.7.2 Anforderungen im Kontext der Normung

Im Zuge einer Gegenüberstellung der gegenwärtigen Erkenntnisse aus den aktuellen Forschungsständen lassen sich differenzierte Implikationen ableiten. Grundsätzlich sollten die bestehenden Normen und regulatorischen Anforderungen, welche mit der Einführung und Anwendung bestehender MRK-Systeme einhergehen, auch zukünftig Beachtung finden. Sie dienen hierbei als Grundlage aller Weiterentwicklungen, weswegen deren Bedeutung und Beachtung sich durch die KI nicht verringern sollte. Beginnend mit einer ganzheitlichen CE-Zertifizierung sowie der EG-Konformitätserklärung nach den Anforderungen der Maschinenrichtlinie 2006/42/EG umfasst dies die Normen VDE 0105-100 und TRBS 1201, DIN EN ISO 12100, DIN EN 61508, DIN EN ISO 13849, DIN EN 62061, DIN EN ISO 10218-1, DIN EN ISO 10218-2, EN ISO 11161, EN ISO 14121, EN ISO 13855, DIN EN ISO 6385 sowie ISO/TS 15066. Hinzukommend bedarf es einer Beachtung von geltenden Unfallverhütungs- und Betriebssicherheitsverordnungen. Die Gegenüberstellung zu den bestehenden KI-Normen zeigt, dass sich die normativen Anforderungen teilweise gleichen. Erkennbar wird dies in der Relevanz einer CE-Kennzeichnung und Konformitätsbewertung sowie der DIN EN ISO 12100, DIN EN ISO 13849, DIN EN 61508 und DIN EN ISO 6385. Für die Einführung und Anwendung einer KI-basierten MRK ergibt sich daher keine quantitative Erweiterung durch diese Normen. Es gilt zu überprüfen, ob sich allerdings qualitative Inhalte der Normen erweitern, welche sich auf die Kombination aus Robotik und KI zurückführen lassen. Darüber hinaus bedarf es einer Beachtung von bereits bestehenden Normen, welche sowohl vollumfänglich als auch teilweise KI betreffen. Dies umfasst hierbei zum einen die ISO/IEC TR 24028, DIN SPEC 92001-1 sowie IEEE 7010-2020 und zum anderen die ISO/IEC 15408, DIN EN ISO/IEC 17000:2020-09, ISO/IEC 27701 und ISO/IEC 29100ff. Aufgrund dessen, dass das Vertrauen in die Technologie und die Vermeidung von Risiken auch von bedeutender Relevanz bei der KI-basierten MRK sein wird, handelt es sich bei der ISO/IEC TR 24028 mit ihren Inhalten um eine nützliche Ergänzung bestehender Normen. Dies gilt ebenfalls für die DIN SPEC 92001-1 als auch für die IEEE 7010-2020. Beide Normen beschreiben die für die KI-basierte MRK relevanten Themengebiete einer ethischen und menschenzentrierten Anwendung sowie notwendige Qualitätsanforderungen an das System.

Auf Grund der intensiven Interaktion zwischen Mensch und KI-Cobot bildet auch die IEEE 7010-2020 mit ihren Qualitätsanforderungen an die Leistung und Funktionalität, Robustheit sowie Verständlichkeit einen wesentlichen Baustein bei der Einführung und Anwendung. Im Vergleich dazu handelt es sich bei der ISO/IEC 15408, DIN EN ISO/IEC 17000:2020-09, ISO/IEC 27701 und ISO/IEC 29100ff nicht um explizite KI-Normen, welche nichtsdestotrotz eine starke Relevanz für die KI-basierte MRK besitzen können. Ausgehend von der DIN EN ISO/IEC 17000:2020-09, welche sich auf die Konformität von Systemen bezieht, konzentrieren sich die ISO/IEC 15408, ISO/IEC 27701 und ISO/IEC 29100ff auf jene für die KI-basierte MRK äußerst relevanten Themenbereiche der Vertrauenswürdigkeit sowie der Gewährleistung des Datenschutzes. Die Relevanz dieser Themen wurde bereits umfänglich in den vorherigen Abschnitten dargelegt. Erkennbar wird, dass sich die bestehenden Ansätze der Normung vorwiegend auf die Sicherheit von Systemen konzentrieren. Es finden sich derzeitig keine expliziten arbeitswissenschaftlichen Normen, welche sich schwerpunktmäßig auf die wichtige Interaktionsgestaltung im Rahmen eines soziotechnischen Systems konzentrieren. Durch die Integration von leistungsfähiger schwacher KI erhöht sich aus Sicht des Autors die Relevanz für derartige Normen. Die Erhebung des aktuellen Forschungsstandes zur KI hat gezeigt, dass sich derzeit entsprechende Normen in der Entwicklung befinden. Hierzu zählen die analysierten ISO/IEC NP 5339, ISO/IEC CD 23894, ISO/ IEC AWI TR 24368, ISO/ IEC WD TS 24462 und ISO/IEC DIS 38507.

4.2.7.3 Anforderungen im Kontext der Kritikalität und Risikoeinstufung

Auf Grund der starken Interdisziplinarität des Themenfeldes zur KI sehen sich Unternehmen ebenfalls in anderen Bereichen einer Ergänzung von zu beachtenden Anforderungen gegenüber. Wesentlicher Unterschied im Vergleich zur gegenwärtigen MRK sind vor allem die Themen Kritikalität und Risikoeinstufung. Hierbei ist insbesondere auf nationale sowie internationale Initiativen zu verweisen. Für

Unternehmen als zukünftige Anwendende von KI-basierter MRK bedeutet dies, dass es im Vorfeld der Einführung und Anwendung einer intensiven Prüfung der Anforderungen bedarf. Auf internationaler Ebene ist davon auszugehen, dass KI-Cobots nach der Abbildung 17 als Hochrisiko-System eingestuft werden. Begründet wird diese Aussage mit den Erkenntnissen aus dem Forschungsstand. Nach dem erhobenen Wissen aus dem Abschnitt 2.4. wird die KI ein elementarer Bestandteil des zukünftigen Cobots sein und dessen Aktionen beeinflussen und steuern. Dies umfasst aus Sicht des Autors auch die Steuerung von Sicherheitskomponenten, etwa das Verhalten der Maschine bei Gefahren für den Menschen. Diese potenzielle Eingliederung als ein System mit einem entsprechenden Risiko würde mit den bereits aufgezeigten Anforderungen an Unternehmen einhergehen. Diese umfassen sowohl die regelkonforme Verwendung und Überwachung des Betriebszustandes, der Zweckbestimmung von Eingabedaten, der Aufbewahrung von Protokollen als auch der Pflicht zur Datenschutz-Folgenabschätzung. Im Vergleich zur gegenwärtigen MRK sind insbesondere die Themen Zweckbestimmung, Protokollierung sowie Datenschutz-Folgenabschätzung neu. Dies sollte durch regelmäßige Überprüfungsprozesse sichergestellt werden. Weiterhin ist eine nationale Kategorisierung anhand der individuellen Kritikalität nach Abbildung 18 vorzunehmen.

Das Ergebnis dieser Kategorisierung könnte für Unternehmen als Anwendende unter anderem bedeuten, dass diese Unternehmen Qualitätsanforderungen an die Interaktion unterliegen würden, KI-Systeme auf individuelles Fehlverhalten zu überprüfen sind und entsprechende Zulassungsverfahren durchlaufen haben müssen sowie, weitere Kontroll- und Transparenzpflichten zu beachten sind. Wie im aktuellen Forschungsstand des Abschnittes 3.3.4 aufgezeigt wurde, existieren derzeit noch keine endgültigen Regelungen zu der detaillierten Aufteilung der Pflichten zwischen anbietenden und abnehmenden Unternehmen. Auch ist es zum derzeitigen Zeitpunkt noch nicht abschließend festgelegt, in welcher Form und wie die Validierung der umgesetzten Maßnahmen zu erfolgen hat. Gleichwohl empfiehlt es sich aus Sicht eines anwendenden Unternehmens für KI-basierte MRK sich sowohl auf nationaler als auch internationaler Ebene prophylaktisch der Kategorisierung zu widmen. Auf Grund des Fortschritts der europäischen sowie nationalen Regulierungs-Initiativen ist davon auszugehen, dass es zu einer regulierenden Bindung kommen wird.

4.2.7.4 Kontinuierliche Überprüfung von Anforderungen

Durch die intensive Interaktion zwischen Mensch und KI-Cobot ist es für Unternehmen als Anwendende von erheblicher Bedeutung, eine kontinuierliche Überprüfung von neuen Normen durchzuführen. Dies betrifft sowohl die soziotechnische Gestaltung als auch Aspekte der Sicherheit. Die bereits vorgeschlagenen Prozesse zur kontinuierlichen Überprüfung von neuen Anforderungen, welche sich aus der internationalen und nationalen Kategorisierung von Systemen ableiten lassen, müssen um administrative Vorgehensweisen ergänzt werden, welche sich ebenfalls auf die Normung beziehen. Das Ziel sollte es sein, durchgängig den aktuellen Forschungsstand zu kennen. Auf Grund der intensiven Forschung in den Bereichen Robotik und KI verändert sich der Forschungsstand kontinuierlich. Die Zielstellung eines regelmäßigen Erfüllens der Audit-Anforderungen an die KI-basierte MRK sollte hierbei verfolgt werden. Für die Einführung und Anwendung empfiehlt sich eine chronologische Analyse (Abbildung 24).

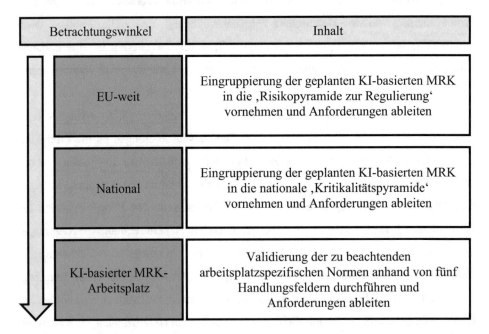

Abbildung 24: Vorgehensweise zur Analyse von Normen und Anforderungen (Quelle: Eigene Darstellung)

Ausgehend von einer Überprüfung der Kategorisierung im Rahmen jener von der EU festgelegten Risikopyramide zur Regulierung sollten die Anforderungen an anwendende

Unternehmen abgeleitet werden. Daraufhin bedarf es einer nationalen Perspektive, welche sich dahingehend erstreckt, dass eine Überprüfung der Kategorisierung innerhalb der Kritikalitätspyramide erfolgt. Sofern dies abgeschlossen ist, bedarf es der internen Validierung nach den zu beachtenden Normen, welche für den individuellen Arbeitsplatz eine Relevanz besitzen können. In diesem Zusammenhang empfiehlt sich eine Untersuchung von fünf separaten Handlungsfeldern. Es ist zu erwähnen, dass es sich bei Normen um keine rechtskräftigen Gesetze handelt. Ihre Anwendung beruht auf der Freiwilligkeit des Unternehmens. Den Erfolgsfaktoren der Transparenz und Ganzheitlichkeit folgend ist eine Berücksichtigung allerdings empfehlenswert. Wesentlich ist von einer noch intensiveren Bedeutung der Normung auszugehen, sowohl auf Grund der technologischen Komplexität KI-basierter MRK, jener Interaktionsgestaltung als auch zur Generierung von Akzeptanz. Diese kann durch die Beachtung von Normen gesteigert werden. Auf Grund der Erkenntnisse empfiehlt es sich für Unternehmen als Anwendende KI-basierter MRK den vorgestellten Screeningsprozess zu etablieren, welcher in seiner dritten Stufe die Analyse arbeitsplatzspezifischer Normen umfasst. Im Rahmen dieser dritten Stufe sollten fünf Handlungsfelder betrachtet werden. Jedes Handlungsfeld geht dahingehend mit einer anderen Perspektive auf das Thema einher, aus der sich Anforderungen an den individuellen Arbeitsplatz ableiten lassen (Abbildung 25).

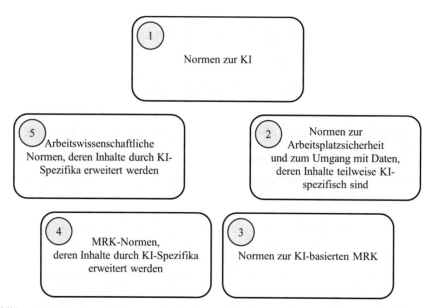

Abbildung 25: Handlungsfelder zur arbeitsplatzspezifischen Analyse von Normen (Quelle: Eigene Darstellung)

Beginnend sollte kontinuierlich überprüft werden, welche vollumfänglich neuen KI-Normen veröffentlicht wurden. Dies sollte um das Handlungsfeld ergänzt werden, welches sich auf Normen konzentriert, die KI teilweise betreffen. Dies sind vor allem Normen zum Schutz von Daten und deren Umgang. Vollumfänglich neue Normen, welche sich ausschließlich auf die Anwendung von KI-basierter MRK beziehen, bilden das dritte Handlungsfeld. Zudem gilt es Normen zu analysieren, welche sich durch den Einfluss von KI verändern und Anforderungen erweitern. Hierzu zählen bereits bestehende MRK-Normen. Das fünfte Handlungsfeld betrifft bestehende arbeitswissenschaftliche Normen, deren Inhalte sich durch die Weiterentwicklung der KI verändern könnten. Dies sind vorwiegend Normen wie die DIN EN ISO 6385.

4.2.8 Qualifizierung und Kompetenzentwicklung

Die Qualifizierung und Kompetenzentwicklung bildet die nächste Kategorie, welche im Rahmen der Forschungssynthese abgeleitet wurde. Innerhalb derer werden unterschiedliche Perspektiven eingenommen. Begründet wird dies mit der bereits dargelegten ausgeprägten Komplexität und Interdisziplinarität. Über generelle Anforderungen an die Qualifizierung werden ebenfalls notwendige Kompetenzbedarfe für unterschiedliche Zielgruppen analysiert.

4.2.8.1 Diskussion der Implikationen zur Qualifizierung und Kompetenzentwicklung

Tabelle 13 stellt die Implikationen daher auf einem allgemeinen Niveau dar. Eine explizite Darstellung der Implikationen einzelner benötigter Kompetenzen und wie sich diese verändern, erfolgt im laufenden Abschnitt. Im Kontext der gegenwärtigen MRK lassen sich aus dem aktuellen Forschungsstand weitreichende Anforderungen an die Qualifizierung und Kompetenzentwicklung ableiten.

Implikationen – Anforderungen an die Qualifizierung und Kompetenzentwicklung	
Verringert	▪ Fachkompetenzen der Nutzer von Cobots
Gleichbleibend	▪ Notwendigkeit der Qualifizierung als Maßnahme zur sicheren Interaktion und Akzeptanzsteigerung ▪ Interdisziplinarität bei der Qualifizierung und Kompetenzentwicklung ▪ Integration des Herstellers sowie realitätsnahe Vermittlung am eigenen Arbeitsplatz ▪ Notwendigkeit der Validierung
Erweitert	▪ Relevanz einer Stakeholderanalyse ▪ Notwendigkeit von Qualifizierungskonzepten ▪ Erweiterung der Qualifizierung um Evaluierungsphase ▪ Inhaltliche Erweiterung von Fachkompetenzen bei Nutzenden ▪ Inhaltliche Erweiterung von Fachkompetenzen bei der Fachkraft für Arbeitssicherheit
Umfänglich neu hinzukommend	▪ Intensivere Betrachtung von Methoden-, Sozial- und Selbstkompetenzen bei Nutzenden ▪ Intensivere Betrachtung von Fach-, Methoden-, Sozial- und Selbstkompetenzen bei Führungskräften ▪ Miteinbeziehung von Datenschutzbeauftragten und IT-Fachabteilugen in die Kompetenzentwicklung

Tabelle 13: Implikationen – Anforderungen an die Qualifizierung und Kompetenzentwicklung (Quelle: Eigene Darstellung)

Weber et al. (2018) verweisen auf die ausgeprägte Relevanz und die unumgängliche Notwendigkeit der Qualifizierung sowie ein dafür geeignetes Lernumfeld. Nach Müller et al. (2019) dient die Qualifizierung als Maßnahme zum Abbau von Widerständen und Ängsten bei Mitarbeitenden. Weber et al. (2018) betonen in diesem Zusammenhang die Notwendigkeit eines dafür geeigneten Qualifizierungskonzeptes. Den Autoren nach sollte dieses eine Sensibilisierungs-, Planungs- und Weiterqualifizierungsphase umfassen, innerhalb derer sowohl grundlegende Anwendungen als auch Sicherheitsmerkmale vermittelt werden. Stubbe et al. (2019) ergänzen in diesem Zusammenhang die Relevanz einer Qualifizierung von Gesundheits- und Arbeitssicherheitsbeauftragen. Müller et al. (2019) verweisen hierbei darauf, dass Nutzende den sicheren und gefahrenfreien Umgang mit dem Roboter erlernen müssen. Nach Weber et al. (2018) sollten die Nutzenden zudem in einer abschließenden Weiterqualifizierungsphase darauf geschult werden, dem Cobot eigenständig neue Aufgaben beibringen zu können. Müller et al. (2019) verdeutlichen zudem, dass die Maßnahmen der Qualifizierung nicht ausschließlich eine Hierarchieebene betreffen, sondern übergreifend erfolgen müssen. Weber et al. (2018) bekräftigen weiterhin, dass eine Durchführung dieser Maßnahmen durch die Hersteller angestrebt werden sollte. Ebenfalls muss auf eine Validierung der Inhalte geachtet und das Prinzip des Trainings-On-The-Job verfolgt werden. Auch Müller et al. (2019) verweisen auf die Notwendigkeit dieses Prinzips. Gleichermaßen lassen sich aus dem aktuellen Forschungstand zur KI weitreichende Anforderungen an die Qualifizierung und Kompetenzentwicklung ableiten. Nach Offensive Mittelstand (2019) bedarf es zu Beginn einer umfangreichen Analyse notwendiger Kompetenzen. Frost und Jeske (2019) betonen hierbei sowohl die Relevanz bei Mitarbeitenden und Führungskräften. Görke et al. (2017) verweisen ebenfalls auf eine hierrachieübergreifende Qualifizierung. Nach Abdelkafi et al. (2019) sollte diese anhand der individuellen Bedürfnisse erfolgen. Pietzonka (2019) und Ernst et al. (2019) betonen in diesem Zusammenhang die Differenzierung in Fach-, Sozial-, Methoden- sowie die Personalkompetenz und deren individuelle Relevanz. Pokorni et al. (2021) erweitern dies zudem um interdisziplinär benötigte Kompetenzen im Unternehmen. Nach Plattform Lernende Systeme (2019) ist die Qualifizierung ein essenzielles Instrument, um auf Veränderungen vorbereitet zu werden. Offensive Mittelstand (2019) betont die notwendigen Fachkompetenzen der Mitarbeitenden im Wissen über Funktionsweisen, Prozessveränderungen, Kommunikation und Interakton, Verhalten in Störungssituationen, Datenumgang sowie Auswirkungen auf Weisungsbefugnisse und Entscheidungsfreiheiten. Cremers et al. (2019) ergänzt dies um Grenzen und Potenziale der KI, den Zweck zur Anwendung sowie dem Bewusstsein über die Interaktion mit einem autonomen System. Nach Stowasser (2019a) sind zudem ein generelles IT-Anwenderwissen sowie die Interpretation von Daten relevant. Wisskirchen et al. (2017) erweitert dies um den grundlegenden technologischen Aufbau. Sozialkompetenzen sehen Offensive Mittelstand (2019) und Stowasser (2019a) vor allem in der kooperativen Zusammenarbeit. Nach Stowasser (2019a) umfassen diese Kompetenzen auch die Verrichtung von Tätigkeiten mit reduzierter sozialer Interaktion. Methodenkompetenzen sehen Offensive Mittelstand (2019) vor allem in dem Verstehen, Annehmen und Umsetzen von Rückmeldungen sowie Stowasser (2019a) in der Einschätzung von Abhängigkeiten sowie der Bereitschaft, Erfahrungen weitergeben zu wollen. Personalkompetenzen sind nach Offensive Mittelstand (2019) wesentlich die individuelle Fähigkeit zur Veränderung sowie ein interdisziplinäres Denken. Stowasser (2019a) verweist auf die Kommunikationsfähigkeit sowie Einschätzung von Vertrauen in die KI. Ebenfalls bedarf es Fachkompetenzen bei Führungskräften. Diese sehen Offensive Mittelstand (2019) vorrangig in dem Wissen über Prozesse, Risiken und Auswirkungen eigener Entscheidungen, Funktionsweisen der KI sowie im Umgang und Schutz von Daten. El Namaki (2019) sowie Braun et al. (2021) verweisen ebenfalls auf die Fähigkeit, Daten analysieren zu können. Stowasser (2019a) erweitert dies dahingehend, als Führungskraft auch Qualifizierungsmaßnahmen festlegen zu können. Sozialkompetenzen werden nach Offensive Mittelstand (2019) im Interaktionsprozess zwischen Mensch und KI gesehen. Stowasser (2019a) verweist darauf, Vertrauen gegenüber dem autonomen System aufbauen zu können. Die Methodenkompetenzen liegen nach Stowasser (2019a) in der Gesprächsführung und der Gestaltung des Veränderungsprozesses sowie der Einbeziehung unterschiedlicher Erfahrungslevel. Nach Frost und Jeske (2019) sind benötigte Selbstkompetenzen eine individuelle Fähigkeit zur Veränderung und Eigenverantwortung. Offensive Mittelstand (2019) betonen die Relevanz einer wirkungsvollen Gestaltung von Veränderungen. Stowasser (2019a) verweist zudem auf individuelle Fähigkeit zur Reflexion und einem interdisziplinären Arbeiten.

4.2.8.2 Interdependenzen zum Erfolgsfaktor Akzeptanz

Eine Gegenüberstellung beider Forschungsstände zeigt ein eindeutiges Bild. Qualifizierung und Kompetenzentwicklung als Kategorie ist sowohl im Kontext der MRK als auch KI relevant. Bezugnehmend auf die untersuchte Literatur wird allerdings eine Diskrepanz bei der quantitativen und qualitativen Tiefe der Erkenntnisse sichtbar. Mit der quantitativen und qualitativen Tiefe der Erkenntnisse wird in diesem Zusammenhang die Anzahl der zitierten Publikationen sowie deren Inhalte beschrieben. Auf Basis der herangezogenen und untersuchten Literatur wird erkennbar, dass die Qualifizierung und Kompetenzentwicklung als Herausforderung gegenwärtiger MRK nicht in der identischen Häufigkeit aufgezeigt wird wie bei KI. Ergänzend wird erkennbar, dass jene Anforderungen an die Qualifizierung und Kompetenzentwicklung im Kontext von KI eindeutiger und trennscharfer aufgezeigt werden. Dies wird vor allem in der differenzierten Betrachtung benötigter Kompetenzen sichtbar. Die Implikationen für die

KI-basierte MRK sind weitreichend. Im Allgemeinen wird der Qualifizierung und Kompetenzentwicklung in beiden Fällen eine elementare Rolle zugesprochen. Im Kontext der KI-basierten MRK bedeutet dies, dass es sich bei der Kategorie auch hier um eine Kategorie mit ausgeprägter Relevanz handelt. Dies wird mitunter dadurch erkennbar, dass der zu Beginn definierte Erfolgsfaktor der Akzeptanz hierdurch positiv beeinflussbar ist. Ein steigendes Kompetenzniveau bei Mitarbeitenden fördert die Akzeptanz zur Interaktion mit dem autonomen System. Ebenfalls sind umfangreiche Kompetenzen die Basis für eine sichere Interaktion. Weiterhin zeigt die Synthese, dass auch bei der KI-basierten MRK die Interdisziplinarität in der Qualifizierung und Kompetenzentwicklung wichtig ist. Das wird vor allem daran erkennbar, dass eine einfache Qualifizierung der Nutzenden als nicht ausreichend deklariert wird. Es bedarf einer Integration von allen betroffenen Stakeholdern. Dies geht mit einer zu Beginn durchzuführenden Analyse einher. Innerhalb derer sollte analysiert werden, wer am Veränderungsprozess beteiligt ist, eine Weiterqualifizierung benötigt und welche Kompetenzen hierbei von Bedeutung sein werden. Umfassen sollte diese Analyse im besten Fall die Nutzenden, Führungskräfte, IT-Fachabteilung, innerbetrieblichen technischen Integratoren in der Produktion, Fachkräfte für Arbeitssicherheit sowie die Datenschutzbeauftragten. Im Gegensatz zur herkömmlichen MRK wird die gänzlich neue Relevanz der Datenschutzbeauftragten, Führungskräfte, IT-Fachabteilung sowie den innerbetrieblichen technischen Integratoren sichtbar. Die Hinzunahme des Herstellers eines KI-Cobots und eine Qualifizierung am direkten Arbeitsplatz ist weiterhin zu empfehlen. Kompetenzen sollten praxis- und realitätsnah vermittelt werden. Zugleich kann dies zu einem besseren Wohlbefinden der Nutzenden führen, wenn eine Vermittlung von Wissen im bekannten Umfeld erfolgt. Hierbei handelt es sich demnach um gleichbleibende Kriterien. Sichtbar wird allerdings die intensivere Differenzierung zwischen den benötigten Kompetenzen.

4.2.8.3 Anforderungen an die Qualifizierungsmaßnahmen

Die bisherigen Fachkompetenzen bei der MRK werden um Methoden-, Sozial- und Selbstkompetenzen erweitert. Im Kontext der KI-basierten MRK ist eine steigende Relevanz abzuleiten, welche sowohl Nutzende als auch Führungskräfte umfasst. Beide benötigen subjektive Fach-, Methoden-, Sozial- und Selbstkompetenzen. Im Gegensatz zur KI-basierten MRK finden sich gegenwärtig wenige Anforderungen an Führungskräfte wieder. Auch bleiben die Methoden-, Sozial- und Selbstkompetenzen der Nutzenden in der Literatur unberührt. Die Implikationen durch die KI sind dahingehend deutlich erkennbar. Zugleich wird es eine inhaltliche Erweiterung von Fachkompetenzen bei den Fachkräften für Arbeitssicherheit sowie eine Verlagerung bei den Nutzenden geben. Gesamtheitlich bleibt die Notwendigkeit von Qualifizierungskonzepten weiterhin nicht nur erforderlich, sondern verstärkt sich auch. Es bedarf ausgereifter Konzepte zur Qualifizierung, um alle betroffenen Stakeholder abzuholen, jeder von seinem individuellen Wissensstandpunkt. Insofern wird eine stufenweise Qualifizierung wie bei der bisherigen MRK auch im Kontext der KI-basierten MRK empfohlen. Inhaltlich bedarf es allerdings einer Veränderung der zu vermittelnden Fachkompetenzen. Auch empfiehlt sich eine zusätzliche Phase der Evaluierung zu integrieren. Diese dient zur turnusmäßigen Überprüfung benötigter Kompetenzen der Nutzenden. Das autonome System ist dazu in der Lage, fortlaufend neue Aufgaben zu erlernen. Im Ergebnis bedarf es der kontinuierlichen Überprüfung, ob Mensch oder KI-Cobot für die zu erledigende Aufgabe besser einsetzbar sind. Dies bedeutet ebenfalls, dass eine Validierung der menschlichen Kompetenzen vonnöten sein wird. Diese sollte dazu dienen, um zu überprüfen, welche neuen Fachkompetenzen der Mensch zukünftig benötigt, um eine reichhaltige Arbeit unter der Beachtung seiner Stärken ausführen zu können. Ergänzend zu der Wissensvermittlung durch den Hersteller empfehlen sich auch weitere Qualifizierungsmaßnahmen. Auf Grund der benötigten digitalen Grundkompetenzen sind vor allem kurze Lernvideos, Workshops und Online-Schulungen Möglichkeiten, um barrierefrei Wissen zu vermitteln. Diese Instrumente sind hierbei für alle Stakeholder geeignet. Von Bedeutung sollte zudem immer die Evaluierung des Lehrerfolgs sein. Dies bedeutet, dass nach Abschluss jeder Qualifizierungsmaßnahme eine Überprüfung des Wissens zu erfolgen hat. Sofern diese Überprüfung als bestanden gilt, sollte dies mit einem Zertifikat belegbar sein. Die Einführung und Anwendung KI-basierter MRK erfordert allerdings, im Vergleich zur herkömmlichen MRK, eine erweiterte Betrachtung über die Fachkompetenzen hinaus. Sowohl Nutzende als auch Führungskräfte benötigen individuelle Fach-, Methoden-, Sozial- und Selbstkompetenzen (Abbildung 26).

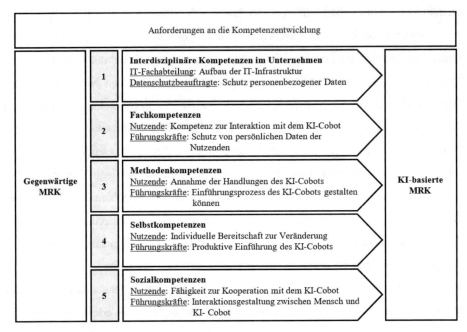

Abbildung 26: Anforderungen an die Kompetenzentwicklung für eine KI-basierte MRK (Quelle: Eigene Darstellung in Anlehnung an Peifer, Weber, Jeske & Stowasser, 2022, S. 4)

4.2.8.4 Fachkompetenzen der Nutzenden eines KI-Cobots

Bei den Fachkompetenzen der Nutzenden des KI-Cobots ist von einer Reduzierung benötigter Kompetenzen zur Programmierung auszugehen, sofern diese den Cobot zuvor selbst programmiert haben und dies nicht durch die Arbeitsvorbereitung erfolgte. Im Vergleich zur herkömmlichen MRK kann bei dem autonomen System zukünftig auf eine Programmierung einzelner Arbeitsschritte verzichtet werden. Die Nutzenden sollten dennoch über Wissen verfügen, wie sie zukünftig den KI-Cobot auf seine neuen Aufgaben vorbereiten können. Gleichbleibende Kompetenzen sind demnach nicht zu erwarten. Es kommt vielmehr zu einer Erweiterung. Obgleich die Nutzenden bereits gegenwärtig die Funktionsweisen des Cobots beherrschen müssen, werden sich diese bei der KI-basierten MRK voraussichtlich erweitern. Dies ist darauf zurückzuführen, dass, im Vergleich zur herkömmlichen Anwendung, zukünftig neue Arbeitsschritte und Greifbewegungen möglich sind. Ebenfalls bedarf es Wissen darüber, wie Nutzende sich bei Störungen zu verhalten haben. Dies umfasst die Fragestellungen, wie das System abgeschaltet werden kann, welcher nachfolgenden Maßnahmen es bedarf und welche Meldewege bei Störungen eingehalten werden müssen. Die Nutzenden sollten zudem wissen, in welcher

Art sie mit dem autonomen System kommunizieren können. Hier ist ebenfalls von einer Erweiterung der Fachkompetenzen auszugehen, da die Kommunikation zukünftig durch Sprache und Gestik erfolgen wird. Generell wird sich die Interaktion intensivieren, was zu einer Veränderung der Handlungsträgerschaft führen wird. Die Nutzenden müssen demnach die Interaktionsprinzipien beherrschen und wissen, wann und in welchem Umfang der Mensch in die Arbeit des Systems eingreifen muss. Dies geht zudem mit den Weisungsbefugnissen im Prozess einher. Hierzu bedarf es eines Reglements, zu welchem Zeitpunkt im Prozess das System oder der Mensch Anweisungsgebender ist. Nutzende müssen dieses Reglement beherrschen und wissen, wann der Mensch durch den KI-Cobot anders ausgeführte Tätigkeiten annehmen kann. Es bedarf demnach der Kompetenz über die Potenziale und Grenzen der Technologie. Sofern die Nutzenden dem System neue Arbeitsaufgaben beibringen, müssen sie wissen, welche davon umsetzbar sind und welche aus Sicherheitsgründen vermieden werden sollten. Auch ist eine Änderung der Prozesse – kommt es zu Änderungen bei der Reihenfolge oder Aufgabeninhalten – vom Menschen zu beherrschen. Im Gegensatz zur herkömmlichen MRK ist die Qualifizierung um das Thema Daten zukünftig von erheblicher Bedeutung. Der Mensch braucht ein Grundverständnis über Informationstechnologie, um Zusammenhänge und die Arbeitsweise des autonomen Systems zu verstehen. Dies beinhaltet ein Verständnis der Technologie, der Einschätzung von Problemen und des Ziehens von Schlussfolgerungen. Exemplarisch lässt sich dies anhand der Situation darstellen, wenn sich der Mensch plötzlich dem autonomen System anpassen muss und es zu Einschränkung der individuellen Entscheidungsfreiheit kommt. Dem Menschen muss demnach zu jeder Zeit bewusst sein, dass der KI-Cobot autonom agiert. Die Arbeitsweise und wie das System seine Umgebung mittels Datenaufnahme, -verarbeitung und -interpretation wahrnimmt, muss dem Menschen bekannt sein. Es bedarf demnach eines Verständnisses über Daten, um auch bei Problemen Lösungen finden zu können, sollte der KI-Cobot auf Grund schlechter Daten seine Arbeitsaufgaben unzureichend ausführen. Hier muss sichergestellt werden, dass die Fachkompetenz vorherrscht, wie die Technologie lernt, um eine Erklärbarkeit zu gewährleisten. Zudem sollten die Nutzenden im Themengebiet des Datenschutzes verstehen, wie der eigene Datenschutz gewährleistet werden kann, wann dies nicht der Fall ist und dass kein Zugriff auf andere personenbezogene Daten erlaubt ist.

4.2.8.5 Methoden-, Sozial- und Selbstkompetenzen der Nutzenden eines KI-
Cobots

Erweitert werden die Fachkompetenzen durch die Methoden-, Sozial- und
Selbstkompetenzen. Generell ist davon auszugehen, dass die Nutzenden auch bereits bei
der herkömmlichen MRK diese Art der Kompetenzen besitzen. Infolgedessen, dass diese
im aktuellen Forschungsstand allerdings nicht sichtbar werden, werden sie im Kontext der
KI-basierten MRK den Kategorien ‚Erweitert' sowie ‚Umfänglich neu hinzukommend'
zugeordnet. Aus dem Blickwinkel der Methodenkompetenzen ist vor allem die
Abhängigkeit gegenüber dem KI-Cobot zu erwähnen. Nutzende sollten die Gefahren
hierüber kennen und wissen, zu welchem Zeitpunkt sie auf die Arbeitsergebnisse des
Interaktionspartners warten müssen. Zudem bedarf es der Kompetenz, in den
Arbeitsvorgang der Technologie intervenieren zu können. Generell entscheidend ist
zudem die Tatsache, dass die Nutzenden die Bereitschaft besitzen, mit dem KI-Cobot
interagieren zu wollen sowie dessen Arbeitsergebnisse zu akzeptieren und ihn als
Unterstützung anzusehen. Dies geht damit einher, dass die Nutzenden die Rückmeldungen
der Technologie verstehen, akzeptieren und auch darauf reagieren. Auf Grund der
integrierten Intelligenz ist dies mitentscheidend im Vergleich zur herkömmlichen MRK.
Gleichermaßen müssen die Nutzenden auch gewillt sein, dem KI-Cobot etwas beibringen
zu wollen. Dies geht mit der Bereitschaft einher, die eigenen menschlichen Erfahrungen
an die Technologie weitergeben zu wollen. Notwendige Sozialkompetenzen lassen sich
vor allem in einer Erweiterung der Notwendigkeit zum kooperativen Arbeiten erkennen.
Dies betrifft sowohl die Zusammenarbeit mit der Technologie als auch mit weiteren
Menschen. Entsteht eine Störung im Rahmen der Zusammenarbeit, müssen die Nutzenden
in der Lage sein, nicht nur eine erste Diagnose ableiten zu können, sondern diese auch
abteilungsübergreifend an die dafür geeigneten Abteilungen weiterzugeben. Dies können
mitunter die IT-Fachabteilung oder jene innerbetrieblichen technischen Integratoren sein.
Weitere Stakeholder sind zudem die direkte Führungskraft, welche über eine Störung des
KI-Cobots zu unterrichten ist, sowie gegebenenfalls auch der Hersteller. Mögliche
Störungen können ein technisches Fehlverhalten oder ein Ausbleiben des Lernens sein.
KI-Cobots sind dazu in der Lage weitreichendere Aufgaben zu übernehmen als
gegenwärtige Cobots. Dies kann zwangsläufig dazu führen, dass die Technologie
Tätigkeiten des Menschen übernehmen wird und es zu einer Umorganisation von

Arbeitsprozessen kommen muss. Deren Folge kann eine Reduzierung des Menschen an einzelnen Arbeitsplätzen sein, weil der Produktionsfaktor Mensch in der Produktion umorganisiert wird. Sollte es in diesem Zusammenhang auch zu einer Reduzierung von menschlichen Beziehungen kommen, müssen die Nutzenden des KI-Cobots, welche vorher gemeinsam mit einem anderen Menschen gearbeitet haben, damit umgehen können. Dies bedarf der individuellen Selbsteinschätzung der Nutzenden, ob es ihnen selbst mit reduzierten sozialen Beziehungen gut geht. Vervollständigt wird das Kompetenzprofil der Nutzenden durch die notwendigen Selbstkompetenzen. Eine individuelle Bereitschaft zur Veränderung ist maßgeblich für den Erfolg der Einführung und Anwendung. Bereits die Einführung von herkömmlichen und nicht intelligenten Robotern verursacht Widerstände, welche oftmals auch auf eine hohe technische Komplexität zurückzuführen sind. KI-Cobots als intelligente Systeme, welche auf Basis von KNN im Bereich des TL agieren, steigern diese Komplexität nochmals. Im Vergleich zur herkömmlichen MRK handelt es sich demnach bei der individuellen Bereitschaft zur Veränderung um einen erweiterten Aspekt als Implikation. Dies gilt ebenfalls für die Kommunikationsfähigkeit. Bei Fehlern und Problemen mit dem KI-Cobot müssen diese an unterschiedliche Dritte – Führungskraft, IT-Fachabteilung, innerbetriebliche technische Integratoren oder Hersteller – verständlich vermittelt werden, um zu beschreiben, was passiert ist, welche Tätigkeiten nicht mehr funktionieren und welche Lösungsmöglichkeiten bereits ausprobiert wurden. Hinzukommend bedarf es einer ausgeprägten Eigenverantwortung, dass keine Manipulation des KI-Cobots durch die Nutzenden erfolgt. Hierdurch sollen Bias und Diskriminierung vermieden werden. Komplettiert wird dies durch die umfänglich neu hinzugekommene Kompetenz, wann ein Vertrauen in die Daten sowie den KI-Cobot angebracht ist oder ab welchem Zeitpunkt beides zu hinterfragen ist. Dies erfordert das angesprochene Verständnis über die Qualität von Daten und deren Auswirkungen, um zu verstehen, wie das autonome System seine Umgebung wahrnimmt und weshalb es in einer ausgewählten Situation entsprechend agiert sowie reagiert. Daraufhin sollten die Nutzenden einschätzen können, dass das eigene Handeln im Arbeitsbereich Auswirkungen haben kann. Dies geht damit einher, immer aufmerksam mit dem autonomen System zu agieren und zu überlegen, welche menschlichen Bewegungen Einfluss auf die Aktionen des Systems besitzen können. Der Mensch sollte demnach zu jedem Zeitpunkt mit der notwendigen Kritik die Handlungen des KI-Cobots beurteilen.

4.2.8.6 Fachkompetenzen der Führungskräfte

Eine erfolgreiche sowie ganzheitliche Einführung und Anwendung geht zudem mit der Qualifizierung und Kompetenzentwicklung von Führungskräften einher. Im Gegensatz zu den vorherigen Abschnitten erfolgt dagegen eine stärkere Präzisierung in das mittlere und untere Management. Dies wird dahingehend begründet, dass sich die notwendigen Kompetenzen im Detail unterscheiden können oder einen anderen inhaltlichen Kontext betreffen. Aufgrund übergreifender Anforderungen an die Führung sowie zur Gestaltung der Unternehmenskultur, bedarf es dort allerdings keiner Separierung zwischen den Managementebenen. Im Rahmen der Schrift entspricht der Industriemeister als direkter Vorgesetzter der Nutzenden der Kategorie des unteren Managements. Abteilungsleiter sind aus Sicht des Autors dem mittleren Management zuzuordnen. Es handelt sich dabei in der Regel um einen Ingenieur als Vorgesetzten des Industriemeisters. Beide benötigen Fach-, Methoden-, Sozial- und Selbstkompetenzen. Das Wissen um den Ablauf der Produktionsprozesse wird hierbei als gleichbleibender Faktor deklariert. Sowohl der Industriemeister als auch der Ingenieur sollten die Fachkompetenz besitzen, die Prozesse zu kennen, welche durch die KI-basierte MRK unterstützt werden sollen. Das Wissen des Ingenieurs ist hierbei interdisziplinär und über mehrere Bereiche hinweg, im Gegensatz zum Industriemeister, welcher oftmals nur für einen ausgewählten Produktionsbereich zuständig ist und dort ein detaillierteres Wissen besitzt. Beides ist allerdings auch im Kontext der MRK bereits der Fall. Etwaige Änderungen der Prozessabfolge, welche auf die neue Technologie zurückzuführen sind, müssen daher nur übernommen werden. Implikationen auf die Fachkompetenzen werden im Kontext der Funktion des KI-Cobots, eines Umgangs mit Daten, einer generellen Weiterqualifizierung sowie dem informationstechnologischen Wissen erkennbar. Sowohl der Industriemeister als auch der Ingenieur benötigen ein elementares Verständnis über den Umgang mit Daten sowie deren Schutz.

Ein Basiswissen über die Aspekte der geltenden DSGVO wird hierbei als nicht ausreichend angesehen. Das bedeutet für den Ingenieur, dass er die Grundprinzipien des Datenschutzes beherrschen sollte und wie sich diese im Kontext der KI-basierten MRK darlegen. Als Vorgesetzter einer Abteilung ist er dafür verantwortlich, Klarheit darüber zu verschaffen, wie die Daten der Nutzenden geschützt sowie weiterverarbeitet werden und welche Handlungsempfehlungen daraus resultieren. Er muss demnach ein detailliertes

Wissen über den gesamten Prozess besitzen und dafür sorgen, dass die Grundprinzipien des Datenschutzes bei der Einführung und Anwendung beachtet werden. Dies umfasst den Schutz der personenbezogenen Daten. Für den Ingenieur ist demnach ein Grundverständnis über den KI-Cobot ausreichend. Vielmehr ist es seine Aufgabe zu wissen, wie das System den Produktionsprozess verbessert und weshalb die Technologie ausgewählt wurde. Der Industriemeister ist oftmals der erste Ansprechpartner für die Nutzenden. Dies bedeutet, er benötigt ein detaillierteres Wissen über die Funktionsweise des KI-Cobots, um bei Problemen helfen zu können. Dies inkludiert die Tatsache, wie das autonome System generell zu bedienen ist und seine Daten erhebt, welche Probleme in der Anwendung sowie bei der Aufnahme von Daten aufkommen können und welche Verhaltensweisen dabei zu befolgen sind. Der Industriemeister benötigt demnach ein tiefergreifenderes Verständnis als der Ingenieur über die Funktionsweisen, um den operativen Nutzenden bei Problemen helfen zu können. Der Ingenieur muss zudem bewerten und entscheiden können, welche Weiterqualifizierung und Kompetenzentwicklung benötigt werden. Dies betrifft sowohl den Industriemeister als auch die interdisziplinären Kompetenzen zur technologischen Integration. Der Industriemeister als direkter Vorgesetzter der Nutzenden ist dagegen für die Entscheidung zuständig, welche Kompetenzen diese benötigen. Beide, Ingenieur und Industriemeister, benötigen zudem elementare digitale und informationstechnologische Fachkompetenzen. Diese sorgen für ein Verständnis der technologischen Zusammenhänge. Zudem bilden sie die Grundlage für ein Verständnis über den Umgang und Wert sowie die Verarbeitung von Daten. Zugleich sind sie elementar, um die Funktionsweise des autonomen Systems zu verstehen.

4.2.8.7 Methoden-, Sozial- und Selbstkompetenzen der Führungskräfte

Führungskräfte werden zudem zu Begleitern und Unterstützern der Nutzenden bei der Einführung und Anwendung. Dies bedarf ausgeprägter Methodenkompetenzen. In ihren Rollen als Begleiter und Unterstützer ist Kommunikation essenziell. Sowohl der Industriemeister als auch der Ingenieur müssen diese beherrschen, um die Nutzenden abzuholen und zu begleiten. Die Verbreitung von Visionen, Zielen und Vorgehen im Veränderungsprozess ist oftmals zu Beginn des Prozesses die Aufgabe des Ingenieurs als Abteilungsleiter. Die Zielgruppe kann sowohl der Industriemeister als auch die gesamte

Abteilung inklusive der Nutzenden sein. Als Verantwortlicher des Veränderungsprozesses liegt es am Ingenieur kommunikativ den Fortschritt über alle Hierarchieebenen hinweg darzustellen, Veränderungen in den Produktionsprozessen gegenüber seiner Abteilung aufzuzeigen und auch turnusmäßige Austauschrunden, welche den Entwicklungsprozess betreffen, zu leiten. Ebenfalls benötigt der Industriemeister die Fähigkeit zur Kommunikation. Als Element zwischen Nutzenden und Ingenieur ist er die Verbindung zwischen den Hierarchieebenen und muss ebenfalls über die Einführung und Anwendung berichten können. Dies umfasst sowohl die Möglichkeiten des Einsatzes als auch potenzielle Probleme. Der Industriemeister kann oftmals auch als Schnittstelle zum Hersteller, zur IT-Fachabteilung sowie zu innerbetrieblichen technischen Integratoren dienen. Beide, Ingenieur und Industriemeister, sollten zielorientiert, präzise und adressatengerecht kommunizieren können. Das Sprechen einer gemeinsamen Sprache zwischen allen Beteiligten ist dabei von großer Bedeutung. Es gilt zudem unterschiedliche Affinitäten zur Technologie zusammenzubringen. Initiativen zur KI-basierten MRK können auch Bottom-up entstehen und von unteren Hierarchieebenen ausgehen. Dann gilt es in umgekehrter Reihenfolge die Führungskräfte kommunikativ mitzunehmen. Zudem bedarf es der Entscheidungs- sowie Problemlösungskompetenz. Sollte der KI-Cobot im operativen Betrieb Probleme haben, müssen seitens des Industriemeisters und Ingenieurs in einem ersten Schritt analytisch mögliche Ursachen validiert werden. Dies wäre der Fall, wenn das autonome System Arbeitsmittel oder den Menschen nicht erkennen würde. Daraufhin bedarf es der Entscheidung, inwiefern Änderungen vorgenommen werden. Möglicherweise bedarf es einer physischen Reorganisation des Arbeitsplatzes zur besseren Datenaufnahme anhand der Merkmale aus dem Abschnitt 4.2.4.

Sozialkompetenzen werden hingegen im Beziehungsmanagement erkennbar. Im Vergleich zur gegenwärtigen MRK wird dies als ein gleichbleibender Aspekt bewertet. Die Relevanz erhöht sich durch die KI nicht. Der Ingenieur sowie der Industriemeister benötigen ein gewisses Maß an Empathie, um zum einen Stakeholder in den Veränderungsprozess zu integrieren und zum anderen auch Widerständen erfolgreich begegnen zu können. Erweiterte Aspekte bilden sich dahingehend in der direkten Interaktionsgestaltung sowie Kommunikation. Ingenieur sowie Industriemeister müssen verstehen, welche Prinzipien für eine menschenzentrierte Interaktionsgestaltung relevant sind. Als direkter Vorgesetzter der Nutzenden und Planer von Arbeitsprozessen im

Produktionsbereich der KI-basierten MRK ist es oftmals Aufgabe des Industriemeisters, die Interaktion mit dem System zu gestalten. Dies umfasst die Tatsache, dass der Industriemeister für den Interaktionsprozess zuständig sein kann und demnach über die Kompetenz verfügen sollte, die Stärken des Menschen mit denen des KI-Cobots in Einklang bringen zu können. Eine Arbeitsteilung sollte demnach anhand der individuellen Stärken und Eigenschaften erfolgen. Es liegt zudem an beiden, das Vertrauen und die Akzeptanz gegenüber der Technologie sowie der damit verbundenen Transformation zu generieren und dem Menschen eine eindeutige Rolle im Produktionsprozess zuzuweisen. Vervollständigt wird das Kompetenzprofil der Führungskräfte durch die benötigten Selbstkompetenzen. Als Begleiter der Nutzenden benötigen sowohl der Ingenieur als auch der Industriemeister die individuelle Fähigkeit zur Veränderung und einem interdisziplinären Arbeiten sowie die Eigenschaft zur Reflexion. Zugleich müssen sie mit den aufkommenden Unsicherheiten umgehen können. Die technologische Komplexität der KI-basierten MRK kann zu Ablehnung seitens der Führungskräfte führen. Eine allgemein starke Ablehnung gegenüber neuen Technologien oder auch demographische Gegebenheiten können zu einer Verweigerung führen. Der Nutzen wird dahingehend nicht erkannt und der Wille, sich mit dieser neuen und sehr komplexen Technologie beschäftigten zu wollen, schwindet. Zur Verhinderung benötigen beide – Ingenieur und Industriemeister – ein ausgereiftes Interesse an neuen Technologien und die Ansicht, dass diese dem Menschen in seiner Arbeit helfen und die Produktivität des Arbeitsplatzes erhöhen können. Insbesondere in undurchsichtigen und unsicheren Phasen der Einführung gilt es von Seiten der Führungskräfte weiterhin die Richtung vorzugeben und alle Stakeholder mitzunehmen. Im Rahmen der Einführung und Anwendung arbeiten zahlreiche Stakeholder eng zusammen. Hierfür müssen auch die Führungskräfte interdisziplinär agieren können und wollen. Zudem gilt es als Organisatoren des Veränderungsprozesses diesen reflektiv zu betrachten. Eine durchgehende Reflektion aller Einführungsschritte sowie die gesamtheitliche und abschließende Beurteilung des ganzen Prozesses hin zur KI-basierten MRK ist essenziell.

4.2.8.8 Interdisziplinäre Kompetenzbedarfe

Der Einführungs- und Anwendungsprozess bedarf hinzukommend noch weitreichender interdisziplinärer Stellen. Im Rahmen dieser Schrift werden diese als interdisziplinär bezeichnet, da sie nicht dem direkten Nutzenden oder seiner Führungskraft zuzuordnen sind. Bei den Stellen handelt es sich um die IT-Fachabteilung, innerbetriebliche technische Integratoren in der Produktion, der Fachkräfte für Arbeitssicherheit sowie den Datenschutzbeauftragten. Alle eint, dass auch sie umfangreiche Fach-, Methoden-, Sozial- und Selbstkompetenzen besitzen müssen, um interdisziplinär im Prozess zusammenzuarbeiten und mittels Kommunikation notwendigen fachlichen Input zu liefern. Die benötigten Fachkompetenzen unterscheiden sich allerdings. Die IT-Fachabteilung benötigt für die Einführung und Anwendung ausreichend Wissen über die Ausgestaltung des neuronalen Netzwerkes, in welcher Art der KI-Cobot seine Umwelt sieht, diese mittels Daten interpretiert sowie eine ganzheitliche Einbindung in den Produktionskontext und ein mögliches Cyber-physisches Produktionssystem (CPPS) erfolgen kann. Innerbetriebliche Integratoren gehören nicht der IT-Fachabteilung an, sondern sind in der Regel Techniker im Produktionsumfeld. Ihre Aufgabe liegt demnach nicht im informationstechnologischen Sektor. Sie sind dahingehend für den Aufbau des KI-Cobots verantwortlich und begleiten die Inbetriebnahme gemeinsam mit dem Hersteller und der IT-Fachabteilung. Daher müssen sie ausreichend Wissen über den Aufbau und die Funktion des Systems besitzen sowie dessen elektronische und mechanische Zusammenhänge verstehen. Die Fachkräfte für Arbeitssicherheit müssen ebenfalls ausreichendes Wissen über die Funktionen und die zu übernehmenden Arbeitsaufgaben besitzen sowie Risiken im Einsatz kennen. Ergänzt um das Wissen über das Arbeitssystem, im Rahmen dessen der KI-Cobot zum Einsatz kommen soll, kann eine Analyse der Gefahren erfolgen. Den Datenschutzbeauftragten kommt dagegen die Aufgabe zu, Aspekte des Umgangs und des Schutzes zu beurteilen. Sie benötigen Wissen darüber, wie und welche Daten erhoben werden, an welchem Ort diese gespeichert werden und wo eine Weiterverarbeitung erfolgt, um den Schutz personenbezogener Daten zu analysieren.

4.3 Zwischenfazit

Mit Kapitel 4 erfolgte die Zusammenführung der Forschungsergebnisse aus den Kapiteln 2 und 3. In diesem Fall wurde dies durch eine umfangreiche Forschungssynthese erreicht. Die Forschungsgebiete zur MRK und KI wurden zur KI-basierten MRK zusammengeführt. Hierbei erfolgte eine Analyse, inwiefern von der KI Implikationen auf das Forschungsgebiet der MRK bestehen. Ausgehend vom aktuellen arbeitswissenschaftlichen Forschungsstand der MRK wurde durch die Forschungssynthese neues Wissen erarbeitet. Auf Basis der theoretischen Forschungsstände wurden im Rahmen einer deduktiven Kategorienbildung übergreifende Erfolgsfaktoren sowie acht Kategorien abgeleitet, welche bei der Einführung und Anwendung einer KI-basierten MRK zu beachten sind. Weiterhin erfolgte eine Kategorisierung der theoretischen Erkenntnisse anhand der arbeitswissenschaftlichen Prinzipien von Mensch, Technik und Organisation.

Im Zuge der Forschungssynthese wurden die individuellen Erkenntnisse zur MRK und KI gegenübergestellt und Implikationen diskutiert. Als übergreifende Erfolgsfaktoren konnten die Prinzipien Akzeptanz, Partizipation und Ganzheitlichkeit abgeleitet werden. Hierbei handelt es sich um Erfolgsfaktoren, welche sowohl bei der MRK als auch KI im Zuge der jeweiligen Einführung und Anwendung von erheblicher Bedeutung sind. Die acht generellen Kategorien umfassen ‚Strategie und Implementierung', ‚Führung', ‚Unternehmenskultur', ‚Arbeitsplatzgestaltung', ‚Arbeits- und Prozessgestaltung', ‚Datenumgang und Datenschutz', ‚Kritikalität und Normung' sowie ‚Qualifizierung und Kompetenzentwicklung'. Diese wurden im Zuge der Kategorisierung der Inhalte sowie deren Synthese abgeleitet. Im Allgemeinen zeigt sich, dass die Implikationen einer leistungsfähigeren schwachen KI auf die MRK differenziert sind. Vereinzelt kommt es zu verringerten oder gleichbleibenden Anforderungen. Vermehrt lassen sich allerdings erweiterte oder umfänglich neu hinzugekommene Anforderungen ableiten.

Mit Kapitel 4 wurde dahingehend die Forschungsfrage 4 hinsichtlich der zukünftigen arbeitswissenschaftlichen Anforderungen und Erfolgsfaktoren, welche bei der Einführung und Anwendung einer MRK zu beachten, deren KI über eine gesteigerte Leistungsfähigkeit verfügt, final beantwortet. Es handelt sich demnach um einen elementaren Bestandteil der vorliegenden Schrift. Kapitel 2, 3 und 4 sowie die Ergebnisse zu den Forschungsfragen 1, 2, 3 und 4 bilden folglich die Grundlage für die weitergehende Entwicklung eines arbeitswissenschaftlichen Handlungsrahmens. Dessen Konzeptionierung erfolgt im anschließenden Kapitel 5.

5. Konzeptionierung eines arbeitswissenschaftlichen Handlungsrahmens

In Kapitel 5 erfolgt eine Konzentration auf die Konzeptionierung des arbeitswissenschaftlichen Handlungsrahmens. Das vorliegende Kapitel untergliedert sich in diesem Zusammenhang in drei Abschnitte. In Abschnitt 5.1 werden die Anforderungen, der Nutzen, die Ziele sowie die Vorgehensweise der Entwicklung aufgezeigt, Abschnitt 5.2 konzentriert sich auf die Darstellung des Aufbaues sowie des Inhalts. Im Anschluss erfolgt im Rahmen von Abschnitt 5.3 die Anwendung und Ergebnisdarstellung. Das Kapitel schließt mit einer zusammenfassenden Darstellung der Inhalte.

5.1 Anforderungen, Nutzen und Ziele

Gegenwärtig bestehen umfangreiche Inhalte zur Einführung und Anwendung der KI-basierten MRK, welche in den vorherigen Abschnitten der Schrift erarbeitet wurden. Zur praxisnahen Anwendung in Unternehmen erfolgt die Konzeptionierung eines dafür geeigneten Instrumentes. Im Rahmen der Schrift wird dafür ein Handlungsrahmen erstellt. Durch die Konzeptionierung werden weitreichende Zielstellungen verfolgt. Der Handlungsrahmen soll zur Sensibilisierung dienen und die relevanten arbeitswissenschaftlichen Themengebiete bei der Einführung und Anwendung der KI-basierten MRK aufzeigen. Im Zuge seiner Anwendung soll es Unternehmen ermöglicht werden, Verbesserungspotenziale und Handlungsmöglichkeiten eigenständig zu identifizieren. Eine Quantifizierbarkeit der Ergebnisse ermöglicht zudem eine vergleichende Betrachtung der generierten Ergebnisse über einen eigenständig ausgewählten Zeithorizont. Der Handlungsrahmen soll in diesem Zusammenhang eine Referenz für einen exemplarischen Einführung- und Anwendungsprozess darstellen. Er bildet dabei in idealtypischer Form die relevanten arbeitswissenschaftlichen Handlungsfelder ab und adressiert Themengebiete, welche für Unternehmen bei der Einführung und Anwendung zu beachten sind.

Ein Handlungsrahmen muss in diesem Kontext unterschiedliche Kriterien erfüllen. Es bedarf einer durchgehenden präzisen Definierung der enthaltenden Inhalte. Diese müssen im Handlungsrahmen dahingehend aufbereitet sein, dass das Verhalten der Menschen, welche ihn anwenden, positiv beeinflussbar ist. Unerwünschtes Verhalten sowie nicht erwünschte Maßnahmen seitens der Nutzenden im jeweiligen Kontext gilt es zudem zu verhindern (Friedl, 2019, S. 95). Zur Erreichung der geforderten Kriterien muss der Handlungsrahmen aus Sicht des Autors mehrere Anforderungen erfüllen. Auf Grund der Komplexität, des Umfanges und der starken Interdependenzen einzelner Themengebiete zueinander bedarf es einer ganzheitlichen Betrachtungsweise. Die Inhalte müssen zudem präzise und gleichzeitig verständlich dargestellt werden. Es bedarf hierbei einer zielgenauen Ausrichtung auf die jeweiligen Anforderungen bei der Einführung und Anwendung. Bedingt durch die Anwendung in Unternehmen müssen die Inhalte praxistauglich aufbereitet werden und als eine direkte Aufforderung zur Handlung verstanden werden. Es gilt dabei Verbesserungspotenziale eigenständig identifizieren zu können. Um diese sichtbar zu machen, müssen die Ergebnisse in der Anwendung des Handlungsrahmens quantifizierbar sein, um einen Vergleich zu ermöglichen.

5.2 Aufbau und Entwicklung

Die inhaltliche Grundlage für den arbeitswissenschaftlichen Handlungsrahmen bilden die Erkenntnisse aus den Abschnitten 4.2.1 bis 4.2.8. Aus Sicht des Autors sind diese Inhalte in ihrer dabei dargestellten Form für die praxisnahe Anwendung nicht vollständig geeignet. Dies wird anhand zweier Argumente begründet. Gegenwärtig sind alle Inhalte der Abschnitte 4.2.1 bis 4.2.8. ausschließlich in einem zusammenhängenden Text dargestellt. Dieser ist hierbei wiederum sehr umfangreich und adressiert nicht zu jeder Zeit die Anforderung, dass er zu einer Handlung des Lesenden auffordert. Weiterhin können Zusammenhänge und relevante Kategorisierungen im Sinne des arbeitswissenschaftlichen Konzeptes nach Mensch, Technik und Organisation gegenwärtig nicht vollumfänglich abgebildet werden. Auf Grund dessen erfolgt die Transformation der erarbeiteten Inhalte. Hieraus bildet sich der ‚Arbeitswissenschaftliche Handlungsrahmen zur Einführung und Anwendung einer auf KI basierten MRK‘. Dessen Aufbau wird nachfolgend dargestellt, beginnend mit einem allgemeinen Aufbau und anschließend einer detaillierten Darstellung enthaltender Inhalte.

5.2.1 Allgemeiner Aufbau

Dem Gedanken des arbeitswissenschaftlichen Prinzips nach Mensch, Technik und Organisation folgend basiert der Handlungsrahmen auf jenem Konzept. Die Darstellung des MTO-Konzeptes kann, in Abhängigkeit der gewählten Literatur, unterschiedlich erfolgen. Der Handlungsrahmen dieser vorliegenden Schrift basiert in diesem Zusammenhang auf den Ausführungen der Autoren Hirsch-Kreinsen (2018), Bundesanstalt für Arbeitsschutz und Arbeitsmedizin (2022) sowie von See & Kersten (2018) (Abbildung 27).

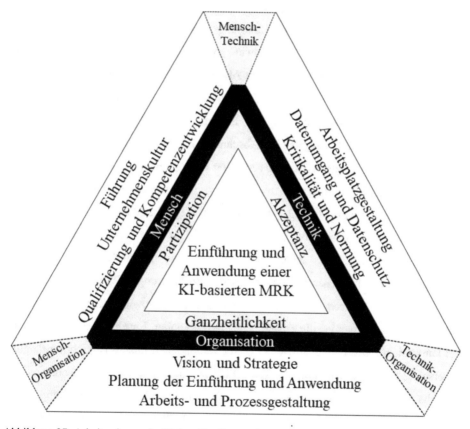

Abbildung 27: Arbeitswissenschaftlicher Handlungsrahmen zur Einführung und Anwendung einer auf Künstlicher Intelligenz basierten Mensch-Roboter-Kollaboration (Quelle: Eigene Darstellung graphisch basierend auf Hirsch-Kreinsen 2018, S. 24, Bundesanstalt für Arbeitsschutz und Arbeitsmedizin 2022 sowie von See und Kersten 2018, S. 10)

Das Zentrum des Handlungsrahmens bildet das Ziel seiner Anwendung, die Einführung und Anwendung einer KI-basierten MRK. Umgeben wird dieses von den in Abschnitt 4.1 abgeleiteten Erfolgsfaktoren der Akzeptanz, Partizipation und Ganzheitlichkeit. Diese gelten als interdisziplinär sowie übergreifend und werden demnach keinem ausgewählten Themengebiet zugeordnet. Eingefasst werden sie von den drei Dimensionen nach Mensch, Technik und Organisation. Auf Basis dieser Gliederung nach MTO lassen sich jeweils drei Handlungsfelder ableiten. Im Kontext von ‚Mensch' sind dies ‚Führung', ‚Unternehmenskultur' sowie ‚Qualifizierung und Kompetenzentwicklung'. ‚Arbeitsplatzgestaltung', ‚Datenumgang und Datenschutz' sowie ‚Kritikalität und Normung' bilden die drei Handlungsfelder des Prinzips ‚Technik'. Im Zusammenhang von ‚Organisation' sind dies die drei Handlungsfelder ‚Vision und Strategie', ‚Planung der Einführung und Anwendung' sowie ‚Arbeits- und Prozessgestaltung'. Alle Handlungsfelder bilden die Kategorien der Abschnitte 4.2.1 bis 4.2.8 ab. Ausgenommen von der Kategorie aus Abschnitt 4.2.1 wurden diese aus der vorgenommenen Forschungssynthese exakt übertragen. Für die Darstellung im Rahmen des Handlungsrahmens wurde lediglich der Abschnitt 4.2.1 ‚Strategie und Implementierung' und seine Inhalte nochmals in die zwei separaten Handlungsfelder ‚Vision und Strategie' sowie ‚Planung der Einführung und Anwendung' gegliedert. Begründet wird dies dadurch, dass es im Zuge von Abschnitt 4.2.1 sowohl eine strategische Makroperspektive als auch eine operative Mikroperspektive zu beachten gilt. Um eine bessere Darstellung und stärkere Abgrenzung der inhaltlichen Ebenen zu gewährleisten, erfolgt im Handlungsrahmen eine separate Betrachtung der Anforderungen. Weiterhin lassen sich die Schnittstellen Mensch-Organisation, Mensch-Technik sowie Technik-Organisation erkennen. Hierdurch werden die Zusammenhänge erkennbar. Eine explizite Trennung der drei Dimensionen nach MTO sowie der damit verbundenen Inhalte ist nicht umfänglich umsetzbar. Exemplarisch umfasst die Qualifizierung und Kompetenzentwicklung ebenfalls Aspekte im Umgang mit Daten oder der Arbeits- und Prozessgestaltung. Diese thematischen Überschneidungen werden durch die Schnittstellen dargestellt. Im Rahmen des Handlungsrahmens existieren demnach ausgeprägte Interdependenzen. Dem Autor ist dabei bewusst, dass im Rahmen der ‚Arbeits- und Prozessgestaltung' auch technische Aspekte (bspw. die maximale Geschwindigkeit des KI-Cobots oder angemessene Beschleunigungs- und Abbremsphasen) enthalten sind. Die Begründung liegt hierbei in der Fokussierung auf den jeweiligen inhaltlichen Kontext. Die Arbeits- und

Prozessgestaltung wird hierbei als Handlungsfeld zur Gestaltung der Mensch-Maschine-Interaktion betrachtet, welches der Dimension ‚Organisation' zuzuordnen ist. Aus Sicht des Autors umfasst dies die problemlose Synchronisation der Arbeitsabläufe und -prozesse zwischen Mensch und KI-Cobot. Hierfür bedarf es der Beachtung von technischen Aspekten, die sich auf die Bewegungen des KI-Cobots beziehen. Aus diesem Grund finden sich auch die weiteren technischen Aspekte (bspw. die anthropomorphe Gestaltung oder eine Ausstattung mit weichen Ecken und Kanten) hingegen im Handlungsfeld ‚Arbeitsplatzgestaltung' und nicht bei der ‚Arbeits- und Prozessgestaltung'. Das Handlungsfeld ‚Arbeitsplatzgestaltung' fokussiert sich dagegen u. a. auf die Gestaltung von Betriebs- und Arbeitsmitteln. Weiterhin existieren zu allen neun Handlungsfeldern individuelle Checklisten, welche die Anforderungen bei der Einführung und Anwendung vereinen. Checklisten gelten im Rahmen der Produktionsumgebung als wertvolle Instrumente, um das Erreichen einer produktiveren Arbeit zu begünstigen. Durch ihre Anwendung wird das Ziel verfolgt, den Mitarbeitenden eines Unternehmens eindeutige Anweisungen und Handlungsempfehlungen zu geben. Weiterhin kann eine notwendige Abfolge von Arbeitsschritten sichtbar dargestellt werden. Den Nutzenden von Checklisten bietet dies hierbei Orientierung (Parsable, 2021, S. 12f). Es handelt sich demnach um ein praxistaugliches Organisationsmittel, welches dazu verwendet werden kann, um spezifische und relevante Aufgaben zu erledigen. Weiterhin kann ihre Anwendung die notwendige Qualität in der Ausführung sicherstellen. Die Anwendung einer Checkliste unterstützt demnach dabei, die Arbeitsleistung eines Menschen zu verbessern (Johannes & Wölker, 2012, S. 52). Die Zielgruppe in der Anwendung des Handlungsrahmens umfasst interdisziplinäre Projektteams in Unternehmen. Auf Basis einer vorherigen Potenzialbestimmung sowie der ökonomischen Entscheidung zur Einführung und Anwendung der KI-basierten MRK bietet das Instrument weitreichende Unterstützung und adressiert weitergehende Anforderungen.

5.2.2 Darstellung der Handlungsfelder

Für die Darstellung der Handlungsfelder wird ein einheitliches Format gewählt. Jedes Handlungsfeld wird als eigene und separat zu betrachtende Checkliste dargestellt. Auf Grund der Anforderungen aus der Praxis nach einem Instrument, welches zielgerichtete und verständliche Anweisungen sowie Handlungsempfehlungen gibt, erfolgt eine übersichtliche Gestaltung. Das Handlungsfeld ist hierbei immer der ersten Zeile einer Checkliste zu entnehmen. Dies begünstigt eine gute Übersicht. Generell untergliedert sich das Instrument in drei separate Kategorien. Das Bewertungskriterium entspricht dabei dem zu untersuchenden Gegenstand. Um dessen Ausprägung bewerten zu können, werden die Inhalte aus den Abschnitten 4.2.1 bis 4.2.8 in zu beantwortende Fragestellungen transformiert. Weiterhin erfolgt in der Beschreibung eine präzise Darstellung des Inhalts sowie seiner Relevanz für den gesamten Kontext. Auf Grund des umfangreichen und stark interdisziplinären Themas dient dies als Unterstützung für die auszufüllende Personengruppe. Im Rahmen der Ausprägung wird die auszufüllende Personengruppe dazu aufgefordert, das Ergebnis der Frage aus dem Bewertungskriterium einzuschätzen. Um den hohen wissenschaftlichen Ansprüchen gerecht zu werden, wird für die Generierung der Kategorien auf die Erkenntnisse der empirischen Sozialforschung Bezug genommen. Nach dieser können Fragestellungen in drei Strukturtypen untergliedert werden. Es wird demnach zwischen offenen, halboffenen sowie geschlossenen Fragen unterschieden. Bei offenen Fragstellungen existieren keine vorgegebenen Antwortmöglichkeiten. Geschlossene Fragestellungen geben dagegen Antwortmöglichkeiten vor. Halboffene Fragestellungen bilden ein Zusammenspiel der vorherigen Strukturtypen, indem geschlossene Antwortmöglichkeiten durch offene erweitert werden (Raithel, 2008, S. 68 und Kuckartz, Ebert, Rädiker & Stefer, 2009, S. 32f). Im Rahmen der vorliegenden Schrift wurde sich für den Strukturtyp der geschlossenen Fragen entschieden. Dies begründet sich vor allem darauf, dass die Ergebnisse quantifizierbar sein und zu einer direkten Handlung aufrufen sollen. Dies kann am besten erreicht werden, wenn keinerlei offene Antwortmöglichkeiten vorhanden sind. Hierdurch kann die angestrebte Vergleichbarkeit sichergestellt werden. Generell sollten Fragestellungen themenspezifisch zusammenhängend dargestellt werden. Adressieren mehrere Fragestellungen den identischen Themenbereich, sind die Fragen hintereinander zu platzieren (Klöckner & Friedrichs, 2014, S. 676). Diese Anforderung wird durch zwei Schritte sichergestellt. Generell erfolgt eine thematische Grobgliederung in die neun separaten Handlungsfelder, zu denen jeweils eine Checkliste generiert wird. Innerhalb derer erfolgt wiederum eine Kategorisierung der Fragestellungen anhand individueller Themengebiete. Sichtbar wird dies unter anderem in der Checkliste zur Unternehmenskultur, wo wiederum eine weitere Feingliederung der Fragestellungen in die Unterkategorien von Führungs-, Arbeits-, Präventions- und Kommunikationskultur erfolgt. Die Erstellung der Fragestellungen folgt in diesem Zusammenhang den Vorgaben von Porst (2014). Dieser untergliedert jene Anforderungen an die Ausformulierung der Fragestellungen anhand mehrerer Aspekte. Es gilt dabei einfache Termini zu verwenden und die Fragestellungen in der Anzahl ihrer Wörter zu begrenzen, um die Komplexität zu reduzieren. Weiterhin gilt es Verneinungen und hypothetische Fragestellungen zu vermeiden. Es muss zudem sichergestellt werden, dass die befragte Person Informationen über den Sachverhalt besitzt und Unterstellungen in der Ausformulierung vermieden werden. Bei einem zeitlichen Bezug gilt es diesen eindeutig darzustellen. Antwortkategorien sollten zudem überschneidungsfrei und eindeutig sein. Weiterhin gilt es ungeklärte Termini sowie eine Beeinflussung der Antwort durch die Fragestellung zu vermeiden (Porst, 2014, S. 689-700). Zudem führt Helfferich (2011) auf, dass schwer verständliche Fragestellungen ebenso zu verhindern sind wie Mehrfachfragen. Es gilt demnach zu vermeiden, dass sich eine Fragestellung aus mehreren zu beantwortenden Fragen zusammensetzt (Helfferich, 2011, S. 108). Die dritte und abschließende Kategorie bildet die Ausprägung. Hierbei handelt es sich um die Einschätzung der auszufüllenden Personengruppe zu dem gewählten Bewertungskriterium. Bei der Generierung werden ebenfalls die Anforderungen aus der quantitativen Sozialforschung zugrunde gelegt. Generell können in der quantitativen Sozialforschung unterschiedliche Skalen unterschieden werden. Im Rahmen der vorliegenden Schrift wird eine Intervallskala gewählt. Mit einem Intervallskalenniveau kann dabei erreicht werden, dass sowohl psychologische als auch soziale Merkmale oder aber Erfolge gemessen werden können. Konkret wird eine Ratingskala ausgewählt. Diese untergliedert sich in mehrere Stufen. Zusammen bilden diese die Intervallskala (Döring & Bortz, 2016, S. 244f). Eine Beschriftung der zu gebenden Antworten erfolgt unipolar. Dies bedeutet, dass die Abstufung beginnend mit ‚stimme sehr stark zu‘ bis hin zu ‚stimme überhaupt nicht zu‘ erfolgt (Franzen, 2014, S. 707). Die Gestaltung der bestmöglichen Anzahl wählbarer Stufen bietet weitreichende Möglichkeiten. Hierbei gilt, dass die Antworten eine notwendige, aber angemessene Differenzierungsfähigkeit durchgehend sicherstellen müssen. Zu wenige oder zu viele Stufen können dies behindern. Die Anzahl von fünf bis neun Stufen im Ranking wird dahingehend als optimal angesehen (Döring & Bortz, 2016, S. 249 und Franzen, 2014, S. 706). Die gewählten Ausprägungsstufen orientieren sich dabei an Franzen (2014). Sie untergliedern sich in ‚trifft sehr stark zu‘, ‚trifft eher zu‘, ‚trifft teilweise zu‘, ‚trifft eher nicht zu‘ sowie ‚trifft überhaupt gar nicht zu‘. Auf Grund der notwendigen Quantifizierbarkeit entspricht jede Stufe einem Wert von eins bis fünf (Tabelle 14). Diese werden in der Checkliste absteigend dargestellt und sind von der auszufüllenden Personengruppe auszuwählen sowie deren kumulierte Summe am Ende einzutragen.

Ausprägungsstufe	Wert
trifft sehr stark zu	5
trifft eher zu	4
trifft teilweise zu	3
trifft eher nicht zu	2
trifft überhaupt gar nicht zu	1

Tabelle 14: Verhältnis von Ausprägungsstufen zu quantifizierbaren Wert (Quelle: Eigene Darstellung, inhaltlich basierend auf Franzen 2014, S. 707)

Der Handlungsrahmen stellt die beschriebene Referenz eines idealtypischen Zustandes dar. Auf Grund dessen entspricht die Ausprägungsstufe ‚trifft sehr stark zu' dem optimalen Zustand, in dem alle Anforderungen erfüllt sind (bspw. die Mitarbeitenden besitzen alle notwendigen Fachkompetenzen). Bei ‚trifft eher zu' sind weitestgehend alle Anforderungen erfüllt (bspw. die Mitarbeitenden weisen noch vereinzelt Kompetenzlücken auf, welche die Einführung und Anwendung aber nicht verhindern). Bei ‚trifft teilweise zu' sind schon offensichtliche Mängel zu erkennen (bspw. die Mitarbeitenden besitzen kaum digitale Fachkompetenzen und wenig individuelle Wandlungsbereitschaft). Die Ausprägungsstufe ‚trifft eher nicht zu' ist auszuwählen, wenn eklatante und weitreichende Mängel sichtbar sind (bspw. die Mitarbeitenden verfügen über unzulängliche digitale Fachkompetenzen, haben kaum Kenntnisse über Robotik sowie KI und auch kein Interesse an der Thematik). Im Zuge von ‚trifft überhaupt gar nicht zu' sind die Mängel am stärksten ausgeprägt (bspw. die Mitarbeitenden besitzen absolut gar keine digitalen Fachkompetenzen sowie keine individuelle Wandlungsbereitschaft oder ein Interesse, was die Einführung und Anwendung unmöglich erscheinen lässt). Dieses Prinzip ist auf die weiteren Handlungsfelder übertragbar. Ausgewählte Bewertungskriterien sind hierbei lediglich mit ‚trifft sehr stark zu' oder ‚trifft überhaupt gar nicht zu' beantwortbar. Alle weiteren Felder sind grau hinterlegt. Hierbei handelt es sich um Bewertungskriterien, welche keine Zwischeninterpretationen zulassen. Beispielhaft zu erwähnen ist die Frage, ob der KI-Cobot über ein maximales Eigengewicht von 30 Kilogramm verfügt. Gemeinsam mit der Beschreibung des jeweiligen Bewertungskriteriums kann aus Sicht des Autors die notwendige Differenzierung zur Ableitung von Verbesserungspotenzialen erreicht werden. Eine Darstellung der individuellen Checklisten erfolgt in den Abschnitten 5.2.2.1 bis 5.2.2.9, deren Reihenfolge auf die nach MTO zurückzuführen ist.

5.2.2.1 Handlungsfeld 1: Führung

Das Handlungsfeld zur Führung bildet die erste abgebildete Checkliste (Tabelle 15). Eine beispielhafte Differenzierung zwischen den Ausprägungsstufen erfolgt nachstehend und dient zur Unterstützung bei der Anwendung. Die Ausprägungsstufe ‚trifft sehr stark zu' ist z. B. auszuwählen, wenn die Führungskraft umfassend und transparent über alle Ziele und Beweggründe der Einführung und Anwendung kommuniziert. Bei ‚trifft eher zu' kommuniziert die Führungskraft weitestgehend und transparent über alle Inhalte zur Einführung und Anwendung. Bei ‚trifft teilweise zu' kommuniziert die Führungskraft nur anteilig und kaum transparent über die Ziele und Beweggründe der Einführung und Anwendung. Die Ausprägungsstufe ‚trifft eher nicht zu' ist auszuwählen, wenn die Führungskraft so unzureichend kommuniziert, sodass nicht alle benötigten Stakeholder Kenntnis von der Einführung und Anwendung besitzen. Im Zuge von ‚trifft überhaupt gar nicht zu' findet z. B. durch die Führungskraft keine Kommunikation über die Ziele der Einführung und Anwendung sowie den Nutzen statt.

Nr.	Handlungsfeld 1: Führung		Ausprägung				
	Bewertungskriterium	Beschreibung	5	4	3	2	1
1.1	Die Führungskraft kommuniziert transparent über den Zweck der geplanten Einführung und Anwendung der KI-basierten MRK.	Führungskräfte sind Multiplikatoren von Veränderungen. In dieser Rolle obliegt es ihnen, Akzeptanz durch transparente Kommunikation zu erzeugen.					
1.2	Die Führungskraft kommuniziert dabei den Zusammenhang zur unternehmensweiten Vision und Strategie.	Die Aufgabe der Führungskraft ist es, den Stakeholdern die Zusammenhänge (bspw. Zweck zur Zielerreichung) zwischen Strategie, Vision und Einführung der KI-basierten MRK darzustellen. Dies fördert die Akzeptanz.					
1.3	Die Führungskraft stellt sicher, dass alle Stakeholder die Unternehmensstrategie kennen und verstehen.	Ein ganzheitliches Verständnis aller Stakeholder fördert die Akzeptanz bei der Veränderung. Es empfiehlt sich einen direkten Bezug zur Einführung herzustellen.					
1.4	Die Führungskraft stellt sicher, dass alle Stakeholder die Unternehmensstrategie wollen.	Eine alleinige Duldung von Veränderungen ist nicht ausreichend. Es obliegt den Führungskräften die Stakeholder von Veränderungen zu überzeugen.					

1.5	Die Führungskraft sorgt dafür, dass alle Stakeholder ein gleiches Verständnis über die KI-basierte MRK besitzen.	Die Aufgabe von Führung ist es, für ein einheitliches Verständnis zu sorgen. Dies dient als Grundlage weiterer Veränderungsmaßnahmen, fördert die Akzeptanz und beugt unrealistischen Erwartungen vor.					
1.6	Die Chancen und Risiken der KI-basierten MRK werden transparent dargestellt.	KI und Robotik können bei Mitarbeitenden Ängste und falsche Erwartungen hervorrufen. Es gilt daher die Auswirkungen transparent zu kommunizieren.					
1.7	Die Führungskraft stellt auf Basis der Stakeholderanalyse ein Projektteam zusammen.	Die Führungskräfte sind oftmals Projektleiter im Veränderungsprozess. Als Schnittstelle obliegt es ihnen, zu analysieren, wer beteiligt und Mitglied im interdisziplinären Projektteam sein muss.					
1.8	Die Führungskraft nimmt die Erwartungen an die Anwendung des KI-Cobots aus dem Projektteam auf.	Bereits zu Beginn des Veränderungsprozesses sollten individuelle Erwartungen aufgenommen werden. Dadurch kann unerfüllbaren Erwartungen sowie Enttäuschungen vorgebeugt werden.					
1.9	Die Führungskraft stellt ausreichend Kapazitäten für die Einführung zur Verfügung.	Die Relevanz der Einführung von KI-basierter MRK sollte hervorgehoben werden. Zur Einführung bedarf es ausreichend zeitlicher und monetärer Kapazitäten, um den Prozess erfolgreich zu gestalten.					
1.10	Das gesamte Projektteam erarbeitet gemeinsam einen Umsetzungsplan für die Einführung.	Alle Stakeholder (u.a. Mitarbeitende, Integratoren etc.) sollten gemeinsam die Einsatzmöglichkeiten und Grenzen in der Anwendung von KI-Cobots diskutieren.					
1.11	Die Führungskraft agiert als Moderator im Veränderungsprozess.	Die Führungskräfte sind Begleiter und Moderatoren von Veränderungen. Es obliegt ihnen, individuelle Ansichten zu vereinen und durch den Veränderungsprozess zu führen.					
1.12	Die Führungskraft stellt sicher, dass die Mitglieder des Projektteams wissen, wie, wann und wo sie sich einbringen können.	Zur Förderung von Akzeptanz sollten alle Stakeholder wissen, in welchem Umfang sie sich in den Veränderungsprozess einbringen können.					
1.13	Die Mitglieder des Projektteams besitzen unterschiedliche Formen, um sich am Prozess beteiligen zu können.	Die Stakeholder besitzen unterschiedliche Eigenschaften. Die Führungskraft sollte daher mehrere Beteiligungsformate (bspw. Workshop, Einzelgespräch, Gruppendiskussion etc.) fördern.					

1.14	Die Führungskraft agiert motivierend.	Die Führungskräfte in ihren Rollen als Begleiter und Multiplikatoren müssen die Stakeholder mitnehmen und zur Partizipation am Veränderungsprozess motivieren.					
1.15	Die Führungskraft fördert ein kreatives Denken.	Die Führungskräfte in ihren Rollen als Begleiter und Multiplikatoren müssen die Stakeholder dazu ermutigen, frei und offen zu denken.					
1.16	Die Führungskraft begegnet den Vorschlägen der Mitglieder im Projektteam wertschätzend.	Die Mitarbeitenden besitzen oftmals Expertenwissen, über dies Führungskräfte nicht verfügen. Ihnen obliegt es, dass dieses Wissen gezielt und wertschätzend eingebracht werden kann.					
1.17	Die Führungskraft agiert empathisch, indem sie die Ängste der Mitarbeitenden aufnimmt.	KI und Robotik können bei Mitarbeitenden Ängste hervorrufen. Es gilt daher empathisch auf Widerstände zu reagieren und diesen lösungsorientiert (bspw. das Hineinversetzen in die Stakeholder) zu begegnen.					
1.18	Die Mitarbeitenden besitzen unterschiedliche Möglichkeiten, eigene Ängste zu kommunizieren.	Die Stakeholder besitzen unterschiedliche Eigenschaften. Die Führungskraft sollte daher mehrere Formate (bspw. Einzelgespräche, Gruppendiskussion etc.) als Plattform anbieten.					
1.19	Eine transparente Kommunikation ist im Unternehmen kulturell verankert und wird durch die Führungskräfte gefördert.	Die Kommunikation ist für Veränderungen elementar. Eine offene und transparente Kommunikation sollte daher durch Führungskräfte vorgelebt und gefördert werden.					
1.20	Die Führungskraft betont durchweg den Wert menschlicher Fähigkeiten für den zukünftigen Arbeitsprozess.	Es obliegt den Führungskräften als Multiplikatoren Visionen und Werte über die zukünftige Interaktion von Mensch und Technologie zu verdeutlichen, um die Akzeptanz zu fördern.					
1.21	Die Führungskraft erarbeitet Möglichkeiten, wie Mitarbeitende reale Erfahrungen mit der KI-basierten MRK sammeln können.	Das Kennenlernen des KI-Cobots ist von großer Bedeutung. Interne Demonstratoren oder Besuche bei Herstellern sind geeignete Instrumente zur Akzeptanzsteigerung.					
1.22	Die Führungskraft analysiert gemeinsam mit den Mitarbeitenden die Auswirkungen auf deren Arbeitsinhalte.	Partizipativ gilt es bereits zu Beginn die Auswirkungen zu analysieren. Dies fördert die Akzeptanz bei den Mitarbeitenden und reduziert ihre Ängste vor dem Arbeitsplatzverlust.					

1.23	Für wegfallende Arbeitsaufgaben der Mitarbeitenden erarbeiten diese mit der Führungskraft Lösungsmöglichkeiten.	Die Mitarbeitenden sollten mit Veränderungen nicht allein gelassen werden. Partizipativ sollten Lösung-en (bspw. neue Aufgaben) erarbeitet werden, um die Akzeptanz gegenüber der Einführung zu erhöhen.					
1.24	Die Führungskraft analysiert, ob veränderte Arbeitsaufgaben Auswirkungen auf Stellenbeschreibungen besitzen.	Eine Kompetenzverschiebung kann mit Auswirkungen auf Stellenbeschreibungen der Mitarbeitenden einhergehen. Es gilt die Auswirkungen nach der Einführung zu bewerten.					
1.25	Die Führungskraft und Mitarbeitenden analysieren die Auswirkungen auf die Handlungs- und Entscheidungsspielräume.	Jeder Arbeitsschritt besitzt eine individuelle Handlungsträgerschaft. Diese gilt es zu untersuchen und negative Auswirkungen (bspw. die starke Reduzierung beim Menschen) zu vermeiden.					
1.26	Die Führungskraft analysiert, inwiefern die Kompetenzbedarfe der Mitarbeitenden verändert werden müssen.	Die Aufgabe von Führung ist es, individuelle Kompetenzen (bspw. Fachkompetenzen) der Mitarbeitenden zu analysieren. Daraufhin muss über die passende Qualifizierung entschieden werden.					
1.27	Die Führungskraft analysiert, inwieweit interdisziplinäre Kompetenzbedarfe benötigt werden.	Die Aufgabe von Führung ist es, unternehmensweite Kompetenzen zu bewerten. Liegen diese nicht ausreichend vor, bedarf es externer Unterstützung (bspw. externe KI-Entwickler).					
1.28	Die Führungskraft und Mitarbeitende analysieren die Auswirkungen auf den Grad der Technisierung im Arbeitsprozess.	Partizipativ gilt es zu bewerten, ob die Arbeit des Menschen weiterhin reichhaltig ist. Es gilt Über- und Unterforderung auf Seiten des Menschen zu verhindern.					
1.29	Die Führungskraft analysiert gemeinsam mit den Mitarbeitenden das Risiko einer sozialen Isolation.	Kommt es zu einer Umorganisation von Arbeitsplätzen und der Reduzierung von menschlicher Interaktion, bedarf es partizipativ erarbeiteter Lösungsmöglichkeiten.					
1.30	Die Führungskraft ermutigt die Mitarbeitenden dazu, ihre Erfahrungen an den KI-Cobot weitergeben zu wollen.	Die Führung muss Akzeptanz gegenüber dem KI-Cobot erzeugen. Die Vorteile der Weitergabe von Erfahrungen und der damit verbundenen Anwendung des KI-Cobots müssen fokussiert werden.					
		$\sum$ Handlungsfeld Führung					

Tabelle 15: Arbeitswissenschaftlicher Handlungsrahmen – Handlungsfeld zur Führung (Quelle: Eigene Darstellung)

5.2.2.2 Handlungsfeld 2: Unternehmenskultur

Das Handlungsfeld zur Unternehmenskultur bildet die zweite abgebildete Checkliste (Tabelle 16). Eine beispielhafte Differenzierung zwischen den Ausprägungsstufen erfolgt nachstehend und dient zur Unterstützung bei der Anwendung. Die Ausprägungsstufe ‚trifft sehr stark zu' ist z. B. auszuwählen, wenn die Mitarbeitenden keine Angst besitzen, Probleme und Sorgen über die Einführung offen darzulegen und darin auch durch die Führungskraft durchgehend ermutigt werden. Bei ‚trifft eher zu' haben die Mitarbeitenden weitestgehend keine Hemmnisse, die Probleme und Sorgen über die Einführung offenzulegen und werden durch die Führungskraft auch überwiegend dazu ermutigt. Bei ‚trifft teilweise zu' sind die Mitarbeitenden verhalten, was die Offenlegung von Ängsten und Problemen angeht und werden dazu nur vereinzelt durch die Führungskraft ermutigt. Die Ausprägungsstufe ‚trifft eher nicht zu' ist auszuwählen, wenn die Mitarbeitenden sehr verhalten sind, was die Offenlegung von Ängsten und Problemen angeht und dazu auch nicht durch die Führungskraft ermutigt werden. Im Zuge von ‚trifft überhaupt gar nicht zu' legen die Mitarbeitenden z. B. keine Ängste und Probleme offen dar, da die Führungskraft sehr patriarchisch agiert und keine offene Unternehmenskultur vorlebt.

Nr.	Handlungsfeld 2: Unternehmenskultur		Ausprägung				
	Bewertungskriterium	Beschreibung	5	4	3	2	1
2.1	Eine partizipative Zusammenarbeit ist im Unternehmen kulturell verankert.	Die Partizipation gilt als Erfolgsfaktor und sollte daher, unabhängig von der KI-basierten MRK, gelebt werden. Gemeinsames Agieren sollte daher elementarer Bestandteil der Führungskultur sein.					
2.2	Die Führungskultur zeichnet sich dadurch aus, dass sie innovationsfreundlich ist, und wird durch die Führungskraft gefördert.	Ideen der Mitarbeitenden sollten durch die Führungskraft Raum eingeräumt werden. Initiativen sollten auch Bottom-up, d.h. von den Mitarbeitenden aus, zugelassen und gefördert werden.					
2.3	Die Mitarbeitenden werden durch Führungskräfte ermutigt, offen über Probleme zu sprechen.	Die Mitarbeitenden sollten keine Angst besitzen, Kritik oder Ideen gegenüber ihrer Führungskraft zu äußern. Es bedarf eines offenen Austausches in der gesamten Projektgruppe über Folgen und Herausforderungen der Einführung.					
2.4	Zwischen den Führungskräften und den Mitarbeitenden herrscht ein ausgeprägtes Vertrauensverhältnis.	Die Führungskraft sollte die Mitarbeitenden nicht kontrollieren. Weiterhin gilt, dass Führungskräfte loslassen und den Mitarbeitenden Vertrauen gegenüber bringen sollten.					

2.5	Der Anwendung von innovativen Technologien wird offen gegenübergestanden und diese durch die Führungskräfte gefördert.	Es sollte eine Arbeitskultur vorherrschen, welche innovationsfreundlich ist, technologischen Fortschritt positiv zur Erreichung unternehmensweite Ziele sieht und experimentell neue Technologien ausprobiert.					
2.6	Die innovativen Technologien werden im Unternehmen als Möglichkeit zur Unterstützung des Menschen gesehen.	Im Unternehmen sollte eine Arbeitskultur vorherrschen, welche technologischen Fortschritt begrüßt. Dieser sollte als Möglichkeit zur Steigerung von Produktivität und Entlastung gesehen werden.					
2.7	Die Fehler und Rückschläge bei der Einführung und Anwendung werden als Lernfortschritte aufgefasst.	Die Arbeitskultur sollte Fehler zulassen. Bei der Einführung KI-basierten MRK bedarf es eines gewissen Maßes an Experimentierfreudigkeit, um Dinge auch ausprobieren zu können.					
2.8	Die Rollenzuweisung in der Arbeitsteilung zwischen Mensch und KI-Cobot ist generell menschenzentriert gestaltet.	Technologie sollte niemals über dem Menschen stehen. In der Arbeitskultur sollte daher verankert sein, dass der Mensch weiterhin das Zentrum inmitten der Interaktion mit einer Technologie bildet.					
2.9	Die Führungskraft, die Mitarbeitenden, deren Interessenvertretung und die Datenschutzbeauftragten haben die Werte gemeinsam erarbeitet.	Die Partizipation und Interdisziplinarität in der Entwicklung betrieblicher Werte muss forciert werden. Eine interdisziplinäre Sichtweise ist hierbei positiv, um weitreichende Anforderungen abzudecken.					
2.10	Die Mitarbeitenden besitzen ausreichend zeitliche Ressourcen, um den KI-Cobot kennenzulernen und spielerisch auszuprobieren.	Die KI-basierte MRK kann Ängste hervorrufen. Die Partizipation der Mitarbeitenden und das Ausprobieren des KI-Cobots wird daher als wichtig erachtet (bspw. mit einem Demonstrator oder beim Hersteller).					
2.11	Eine Beurteilung von Risiken, welche mit der Einführung des KI-Cobots neu entstehen, erfolgt ganzheitlich und transparent.	Die Prävention sollte vor der Reaktion stehen. Bereits bei der Einführung sollten daher auf Sicherheits- und Datenrisiken geachtet und diese im Projektteam diskutiert werden.					
2.12	Eine Beurteilung der zu ergreifenden Maßnahmen zum Arbeits- und Gesundheitsschutz erfolgt ganzheitlich.	Dem Arbeits- und Gesundheitsschutz sollte die notwendige Relevanz eingeräumt werden. Die Auswirkungen der Einführung sollten daher ganzheitlich analysiert und transparent dargestellt.					
2.13	Es erfolgt eine regelmäßige Gefährdungsbeurteilung, ob neue Risiken für den Menschen entstanden sind.	Der Arbeits- und Gesundheitsschutz endet nicht mit der Einführung. Auch im Nachgang sollte eine regelmäßige Validierung von Risiken und notwendigen Maßnahmen erfolgen.					

2.14	Die Anforderungen an den Datenschutz werden durch den Datenschutzbeauftragen regelmäßig validiert.	Der Datenschutz endet nicht mit der Einführung. Auch im Nachgang sollte eine regelmäßige Validierung von Risiken für den Umgang mit personenbezogenen Daten erfolgen.					
2.15	Es existieren Überprüfungsprozesse, um die Arbeitsweise des KI-Cobots auf diskriminierendes Handeln zu überprüfen.	Die neuronalen Netzwerke, Algorithmen, Bewegungen des KI-Cobots sowie seine Kameratechno-logie sollten regelmäßig durch die zuständigen Beauftragten (bspw. IT-Abteilung) überprüft werden.					
2.16	Eine gegenseitige Kommunikation über Hierarchieebenen hinweg wird durch die Führungskräfte gefördert.	Die Führungskräfte sollten die Mitarbeitenden zu einer offenen Kommunikation ermutigen. Ängste, Chancen, Ideen und Probleme müssen hierarchieübergreifend kommuniziert werden können.					
2.17	Es existiert eine Kommunikationskampagne, um über den Fortschritt in der Einführung zu berichten.	Eine interne Kommunikations-kampagne kann dazu verhelfen, die Relevanz der Einführung jener KI-basierten MRK sowie Erfolge darzustellen. Sie schafft Transparenz, was wiederum zu Akzeptanz führt.					
2.18	Die Kommunikationskampagne enthält unterschiedliche Kommunikationsmaßnahmen.	Die Kommunikationsmaßnahmen (E-Mail, Newsletter, Informationsveranstaltungen etc.) sollten vielseitig sein. Nicht alle Mitarbeitenden besitzen den identischen Zugang zu Medien.					
2.19	Die Inhalte, welche mit der Kommunikationskampagne vermittelt werden sollen, sind unternehmensbezogen.	Unternehmensbezogene Inhalte (bspw. Erfolge an einem ausgewählt-en Arbeitsplatz) können die Akzeptanz fördern. Gleichzeitig können kritische Mitarbeitende überprüfen, ob kommunizierte Inhalte stimmen.					
	$\sum$ Handlungsfeld Unternehmenskultur						

Tabelle 16: Arbeitswissenschaftlicher Handlungsrahmen – Handlungsfeld zur Unternehmenskultur (Quelle: Eigene Darstellung)

5.2.2.3 Handlungsfeld 3: Qualifizierung und Kompetenzentwicklung

Die Qualifizierung und Kompetenzentwicklung bildet das dritte Handlungsfeld, welches nachfolgend als Checkliste dargestellt wird (Tabelle 17). Eine beispielhafte Differenzierung zwischen den Ausprägungsstufen erfolgt nachstehend und dient zur Unterstützung bei der Anwendung. Die Ausprägungsstufe ‚trifft sehr stark zu' ist z. B. auszuwählen, wenn die Mitarbeitenden alle notwendigen Fachkompetenzen zur Anwendung des KI-basierten Cobots besitzen. Bei ‚trifft eher zu' weisen die Mitarbeitenden noch vereinzelt Kompetenzlücken auf, welche die Einführung und Anwendung aber nicht verhindern. Bei ‚trifft teilweise zu' besitzen die Mitarbeitenden kaum digitale Fachkompetenzen und nur wenig individuelle Wandlungsbereitschaft. Die Ausprägungsstufe ‚trifft eher nicht zu' ist auszuwählen, wenn die Mitarbeitenden über unzulängliche digitale Fachkompetenzen verfügen, kaum Kenntnisse über Robotik sowie KI haben und auch kein Interesse an der Thematik besitzen. Im Zuge von ‚trifft überhaupt gar nicht zu' besitzen die Mitarbeitenden z. B. absolut gar keine digitalen Fachkompetenzen sowie keine individuelle Wandlungsbereitschaft oder ein Interesse, was die Einführung und Anwendung unmöglich erscheinen lässt.

Nr.	Handlungsfeld 3: Qualifizierung und Kompetenzentwicklung		Ausprägung				
	Bewertungskriterium	Beschreibung	5	4	3	2	1
3.1	**Qualifizierungsmaßnahmen**						
3.1.1	Es existieren Qualifizierungsmaßnahmen zur Vermittlung von grundlegenden Digitalkompetenzen bei den beteiligten Stakeholdern.	Um technische Zusammenhänge der KI-basierten MRK zu verstehen, wird ein digitales Grundverständnis benötigt. Hierzu zählen u.a. die Themen Aktorik, Sensorik oder der Umgang mit digitalen Anwendungen.					
3.1.2	Es existieren Qualifizierungsmaßnahmen für die Vermittlung von Fachkompetenzen zur KI-basierten MRK.	Die KI-basierten Cobots sind komplexe Systeme, deren Umgang intensiv geschult werden muss. Daher bedarf es Qualifizierungsmaßnahmen zur Vermittlung von Fachkompetenzen (bspw. Funktionsweisen).					
3.1.3	Es wird darauf geachtet, dass Qualifizierungsmaßnahmen adressatengerecht gestaltet werden.	Es empfiehlt sich ein stufenweises Konzept zur adressatengerechten Gestaltung. Es bedarf einem Mix aus Instrumenten (bspw. Lernvideos, Workshops und Online- oder Offline-Schulungen) zur Wissensvermittlung.					

3.1.4	Die Maßnahmen enthalten eine Sensibilisierungsphase zur Vermittlung von Grundlagen und der Möglichkeit des Erstkontakts.	Die Vermittlung von theoretischen Grundlagen und der erstmalige Kontakt mit dem KI-Cobot bilden die Basis. Die Vermittlung von Wissen kann bspw. durch den Hersteller vermittelt werden.				
3.1.5	Die Vermittlung von theoretischem Wissen erfolgt im eigenen Unternehmen, um die Akzeptanz zu steigern.	Die Qualifizierungsmaßnahmen sollten im eigenen Unternehmen stattfinden. Ein Schulungsraum im Produktionsumfeld kann ebenfalls dazu genutzt werden, um einen Demonstrator zu platzieren.				
3.1.6	Die Vermittlung von praktischem Wissen erfolgt am eigenen Arbeitsplatz der Mitarbeitenden.	Insbesondere das Erlenen des Umganges mit dem KI-Cobot am eigenen Arbeitsplatz sollte forciert werden. Dies kann Ängste reduzieren sowie einen sicheren Umgang und die Akzeptanz fördern.				
3.1.7	Es besteht nach der grundlegenden Qualifizierung die Möglichkeit, den Umgang mit dem KI-Cobot eigenständig zu verbessern.	Die realitätsnahe Interaktion schafft Akzeptanz. Mitarbeitende haben individuelle Lerneigenschaften, weswegen Freiräume bei der Verbesserung eigener Fachkompetenzen hilfreich sind.				
3.1.8	Es erfolgt eine Überprüfung aller Lernfortschritte nach jeder abgeschlossenen Qualifizierungsmaßnahme.	Auf Grund der sensiblen Interaktion ist eine Überprüfung des Lernfortschritts von hoher Bedeutung. Eine ausgestellte Bescheinigung durch den Wissensvermittler ist zu empfehlen.				
3.1.9	Das Qualifizierungskonzept beinhaltet eine kontinuierliche Evaluierungsphase.	Der KI-Cobot lernt kontinuierlich hinzu. Es bedarf einer Evaluierung, ob Mitarbeitende eine Qualifizierung für neue Aufgaben benötigen, um der Kompetenzverschiebung zu begegnen.				
3.2	**Fachkompetenzen der Mitarbeitenden**					
3.2.1	Die Mitarbeitenden besitzen ein Grundverständnis an informationstechnologischen Zusammenhängen.	Beispielhafte Themen zur Aktorik, Sensorik oder den Umgang mit digitalen Anwendungen bilden die Grundlage, um die Zusammenhänge zu verstehen. Diese sollten bereits zu Beginn vermittelt werden.				
3.2.2	Die Mitarbeitenden besitzen ein Grundverständnis über Daten und kennen deren Relevanz.	Die Daten sind elementar für den Einsatz des KI-Cobots. Deren Bedeutung sowie der korrekte Umgang muss bekannt sein.				
3.2.3	Die Mitarbeitenden können den KI-Cobot auf neue Aufgaben vorbereiten.	Die Mitarbeitenden müssen wissen, zu welchem Zeitpunkt und wie sie dem System neue Aufgaben beibringen oder es auf neue Gegebenheiten vorbereiten können.				

3.2.4	Die Mitarbeitenden kennen die Potenziale und Grenzen des Systems.	Um die Sicherheit des Menschen zu gewährleisten sind die Potenziale und Grenzen zu vermitteln. Insbesondere wenn es um die Vorbereitung neuer Aufgaben geht.					
3.2.5	Die Mitarbeitenden beherrschen den korrekten Umgang mit dem KI-Cobot.	Die Mitarbeitenden müssen alle Funktionsweise und Arten der Kommunikation mit dem KI-Cobot beherrschen. Hierdurch kann die Akzeptanz und eine sichere Interaktion gewährleistet werden.					
3.2.6	Die Mitarbeitenden wissen, wie der KI-Cobot neue Arbeitsschritte und -aufgaben erlernt.	Zur Vorbereitung auf neue Aufgaben ist essenziell zu wissen, wie der KI-Cobot durch die Datenaufnahme lernt. Zugleich können auftretende Probleme ggf. eigenständig gelöst werden.					
3.2.7	Die Mitarbeitenden besitzen Kenntnis darüber, wie der eigene Datenschutz gewährleistet werden kann.	Der Schutz personenbezogener Daten schafft Akzeptanz. Mitarbeitende sollten u.a. wissen, wie eine Überwachung durch die Führungskräfte ausgeschlossen wird.					
3.2.8	Die Mitarbeitenden beherrschen die Interaktionsprinzipien und wissen, wann in die Arbeit eingegriffen werden muss.	Mitarbeitende müssen ein unregelmäßiges Verhalten des KI-Cobots erkennen und darauf weitere Schritte einleiten können. Dies fördert eine Sicherheit des Menschen.					
3.2.9	Der korrekte Umgang bei auftretenden Störungen ist allen Mitarbeitenden bekannt.	Bei auftretenden Problemen müssen die Mitarbeitenden die festgelegten Prozesse (bspw. Abschaltung) kennen, um deren Abfolge zu befolgen.					
3.2.10	Die Mitarbeitenden wissen, wann sie und wann der KI-Cobot eine Weisungsbefugnis für einen Arbeitsschritt besitzt.	Arbeitsschritte werden Weisungsbefugnisse zugeordnet. Im Laufe des Fertigungs- oder Montageprozesses können diese allerdings mehrmals wechseln.					
3.2.11	Den Mitarbeitenden sind eine eventuelle veränderte Abfolge von Arbeitstätigkeiten bekannt.	Verändert sich die Abfolge in Fertigungs- oder Montageprozessen durch eine Neuorganisation am Arbeitsplatz, ist dieses Wissen durch die direkte Führungskraft zu vermitteln.					
3.2.12	Den Mitarbeitenden sind die veränderten Arbeitsinhalte von entsprechenden Arbeitstätigkeiten bekannt?	Verändern sich die Inhalte (bspw. der Wegfall des Entgratens oder das veränderte Handhaben von Bauteilen) von Arbeitstätigkeiten, ist dieses Wissen durch die direkte Führungskraft zu vermitteln.					
3.3	**Methodenkompetenz der Mitarbeitenden**						

3.3.1	Die Mitarbeitenden besitzen eine innere Bereitschaft für die Interaktion mit dem KI-Cobot.	Eine innere Bereitschaft ist essenziell. Es gilt diese dadurch zu fördern, dass der Anwendungsfall problemorientiert ausgewählt wurde, um einen Nutzen für die Mitarbeitenden zu besitzen.				
3.3.2	Die Mitarbeitenden akzeptieren die Arbeitsergebnisse des KI-Cobots und reagieren auf jene	Die Mitarbeitenden müssen die Handlungen des Systems verstehen, akzeptieren und gewillt sein, darauf zu reagieren. Nur bei umfänglicher Akzeptanz können eine Einführung und Anwendung erfolgreich sein.				
3.3.3	Die Mitarbeitenden sind dazu bereit, dem KI-Cobot ihre Erfahrungen weiterzugeben.	Eine innere Bereitschaft ist grundlegend. Es gilt diese dadurch zu fördern, dass den Mitarbeitenden sichtbar die Vorteile (bspw. die ergonomische Verbesserung) dargestellt werden.				
3.3.4	Die Mitarbeitenden können und wollen bei Problemsituationen in den Arbeitsvorgang des KI-Cobots intervenieren.	Zur Sicherstellung der individuellen Gesundheit müssen die Mitarbeitenden in der Lage sein, in den Arbeitsvorgang von sich aus eingreifen zu wollen. Ein alleiniges Können ist nicht ausreichend.				
3.3.5	Den Mitarbeitenden sind die auftretenden Gefahren einer Abhängigkeit zum System bekannt.	Der Algorithmus lernt kontinuierlich dazu. Mitarbeitende müssen daher wissen, ab wann eine Abhängigkeit erreicht wird und wie diese zu vermeiden ist.				
3.4	**Sozialkompetenzen der Mitarbeitenden**					
3.4.1	Die Mitarbeitenden sind dazu in der Lage, abteilungsübergreifend mit unterschiedlichen Stakeholdern zusammenzuarbeiten.	Bei Problemen gilt es abteilungsübergreifend nach Lösungen zu suchen (bspw. mit der IT-Abteilung, externen Herstellern oder den technischen Integratoren).				
3.4.2	Die Mitarbeitenden können kollaborativ mit der Technologie zusammenarbeiten.	Die direkte Kollaboration verlangt eine intensive Zusammenarbeit auch abseits der Mensch-Mensch-Interkation. Die Mitarbeitenden müssen bereit sein, mit dem KI-Cobot interagieren zu wollen.				
3.4.3	Die Mitarbeitenden können mit einer Reduzierung von sozialen Interaktionen umgehen.	Geht eine Einführung mit der Reduzierung von sozialer Interaktion einher, müssen die Mitarbeitenden mit diesem Szenario mental umgehen und Probleme offen ansprechen können.				
3.5	**Selbstkompetenzen der Mitarbeitenden**					

3.5.1	Die Mitarbeitenden besitzen eine individuelle Bereitschaft zur Veränderung.	Nur, wenn die Mitarbeitenden bereit für Veränderungen sind, werden sie den KI-Cobot akzeptieren. Es gilt die Akzeptanz durch das Aufzeigen von Vorteilen (bspw. ergonomische Verbesserungen) zu fördern.					
3.5.2	Es existiert eine umfangreiche Kommunikationsfähigkeit bei den Mitarbeitenden.	Bei Problemen gilt es diese als Mitarbeitende zu kommunizieren. Gleichermaßen müssen Ängsten und Unsicherheiten offen bei den Führungskräften angesprochen werden können.					
3.5.3	Die Mitarbeitenden können die Inhalte adressatengerecht an die jeweilige Stelle kommunizieren.	Auf Grund der interdisziplinären Zusammenarbeit gilt es bei auftretenden Problemen diese verständlich an weitere Stakeholder (bspw. IT-Abteilung) kommunizieren zu können.					
3.5.4	Die Mitarbeitenden besitzen eine ausgeprägte Eigenverantwortung, um im Veränderungsprozess Verantwortung für ihr Handeln zu übernehmen.	Die Interaktion mit dem KI-Cobot sowie das Erlernen von neuen Aufgaben sind sensible Prozesse. Hierzu und zum Einbringen in den Veränderungsprozess bedarf es ausgeprägter Eigenverantwortung.					
3.5.5	Die Mitarbeitenden können einschätzen, zu welchem Zeitpunkt ein Vertrauen in den KI-Cobot angemessen ist.	Um die Abgängigkeiten zu vermeiden, gilt es die Arbeitsschritte kritisch zu hinterfragen. Ein blindes Vertrauen in die Technologie ist nicht förderlich.					
3.5.6	Die Mitarbeitenden können einschätzen, wann ein Vertrauen in die Daten angemessen ist.	Aufbauend auf das Verständnis von Daten muss eingeschätzt werden können, ob diese vertrauenswürdig sind oder ein diskriminierendes Verhalten hervorrufen. Gleichzeitig gilt es die Daten bewerten zu können.					
3.5.7	Die Mitarbeitenden können die Folgen ihres eigenen Handelns im Umgang mit dem KI-Cobot einschätzen.	In der direkten Kollaboration wird ein gegenseitiges Einwirken erzeugt. Der KI-Cobot lernt demnach vom Menschen, was mit einer hohen Verantwortung einhergeht.					
3.6	**Fachkompetenzen der Führungskräfte**						
3.6.1	Der Industriemeister und der Ingenieur besitzen elementare digitale und informationstechnologische Fachkompetenzen.	Die Themen zur Aktorik, Sensorik oder den Umgang mit digitalen Anwendungen bilden die Grundlage, um Zusammenhänge hinsichtlich der Anwendung des KI-Cobots zu verstehen.					
3.6.2	Der Industriemeister und der Ingenieur kennen den Produktionsprozess, welcher durch die KI-basierte MRK unterstützt werden soll.	Beide besitzen Kenntnis darüber, wie das System den Produktionsprozess verbessert und weshalb die Technologie ausgewählt wurde.					

3.6. 3	Der Industriemeister und der Ingenieur wissen um die Bedeutung von Daten und deren Schutz.	Beide wissen um die Bedeutung von Daten für die Arbeit des Systems. Ebenfalls sind der korrekte Umgang und Schutz, insbesondere von personenbezogenen Daten, bekannt.				
3.6. 4	Der Ingenieur beherrscht die Prinzipien des Datenschutzes im Kontext der KI-basierten MRK.	Der Ingenieur weiß, wie die personenbezogenen Daten der Nutzenden geschützt und weiterverarbeitet werden. Zudem kennt er daraus resultierende Handlungsempfehlungen.				
3.6. 5	Der Industriemeister besitzt ein detaillierteres Wissen darüber, wie der KI-Cobot Daten erhebt.	Als erster Ansprechpartner der Mitarbeitenden bei Problemen bedarf es ein Wissen darüber, wie der KI-Cobot durch die Datenaufnahme lernt und daraufhin Tätigkeiten ausführt.				
3.6. 6	Der Ingenieur besitzt ein Grundverständnis über den KI-Cobot.	Als nicht direkter Ansprechpartner reicht ein Grundverständnis. Er sollte bewerten können, wie der KI-Cobot zur übergeordneten Zielstellung (bspw. Produktivitätssteigerung in der Produktion) beitragen kann.				
3.6. 7	Der Industriemeister besitzt ein detaillierteres Wissen über die Funktionsweise des KI-Cobots.	Als direkter Ansprechpartner der Mitarbeitenden muss der Industriemeister - genau wie die Mitarbeitenden - wissen, wie der KI-Cobot funktioniert und auf neue Aufgaben vorbereitet werden kann.				
3.6. 8	Der Industriemeister kennt die Verhaltensweisen, welche bei Problemen zu befolgen sind.	Entstehen Probleme, ist der Industriemeister oftmals der erste Ansprechpartner. Er muss daher Verhaltensweisen und dazugehörige Prozesse kennen, um die Mitarbeitenden zu leiten.				
3.6. 9	Der Ingenieur kennt das Kompetenzprofil des Industriemeisters.	Als direkter Vorgesetzter obliegt es dem Ingenieur zu bewerten, welche Kompetenzen des Industriemeisters erweitert werden müssen.				
3.6. 10	Der Industriemeister kennt die Kompetenzprofile und Stärken der Mitarbeitenden.	Als direkter Vorgesetzter obliegt es dem Industriemeister zu bewerten, welche Kompetenzen der Mitarbeitenden erweitert werden müssen.				
3.7	**Methodenkompetenzen der Führungskräfte**					
3.7. 1	Der Industriemeister und der Ingenieur sind ausreichend kommunikationsfähig.	Beide agieren als Multiplikatoren im Veränderungsprozess. Es obliegt ihnen Veränderungen und Maßnahmen der Einführung gegenüber weiteren Stakeholdern zu kommunizieren.				

3.7.2	Der Industriemeister und der Ingenieur können adressatengerecht kommunizieren.	Auf Grund der ausgeprägten Heterogenität des Projektteams muss die Kommunikation adressatengerecht erfolgen können. Dies ist ebenfalls in der späteren Anwendung relevant.					
3.7.3	Der Industriemeister und der Ingenieur sind moderationsfähig.	Beide agieren als Projekt- bzw. Teilprojektleiter im Veränderungsprozess. Es obliegt ihnen individuelle Ansichten zu vereinen.					
3.7.4	Der Industriemeister und der Ingenieur können unterschiedliche Affinitäten zur Technologie zusammenbringen.	Als Begleiter der Veränderungen gilt es, Mitarbeitende auf ihrem individuellen Level abzuholen und mitzunehmen. Dies betrifft sowohl Industriemeister als auch Mitarbeitende.					
3.7.5	Der Industriemeister und der Ingenieur können als Begleiter der Mitarbeitenden agieren.	Als Begleiter im Veränderungsprozess obliegt es ihnen, die individuellen Ansichten zu vereinen. Ebenfalls ist es die Aufgabe, unterschiedliche Stakeholder zur Teilnahme zu motivieren.					
3.7.6	Der Industriemeister und der Ingenieur können lösungsorientiert agieren.	Sowohl bei kritischen Fragestellungen während der Einführung (bspw. individuelle Ansichten vereinen) oder bei späteren Problemen in der Anwendung gilt es lösungsorientiert zu agieren.					
3.7.7	Der Industriemeister und der Ingenieur können schlussfolgernd weitere Entscheidungen treffen.	Systematisch und analytisch gilt es Lösungsmöglichkeiten (bspw. bei Störungen mit dem KI-Cobot) abzuwägen und daraufhin Entscheidungen zu treffen.					
3.8	**Sozialkompetenzen der Führungskräfte**						
3.8.1	Der Industriemeister und der Ingenieur besitzen ausreichend Empathie.	Bei auftretenden Ängsten und Widerständen gilt es diese konstruktiv aufzunehmen. Hierzu bedarf es ausgeprägter Empathie gegenüber weiteren Stakeholdern.					
3.8.2	Der Industriemeister und der Ingenieur können sich in deren Gegenüber hineinversetzen.	Um Lösungen für Ängste und Widerstände zu finden, müssen sie sich in ihren gegenüberstehenden Menschen (bspw. Mitarbeitende mit Ängsten) hineinversetzen können.					
3.8.3	Der Industriemeister und der Ingenieur verstehen die Prinzipien einer menschenzentrierten Interaktionsgestaltung.	Die Einführung sollte menschenzentriert erfolgen. Eine Sicht auf Rationalisierung wird als nicht erfolgreich bewertet und entspricht nicht dem Prinzip der Kollaboration.					

3.8. 4	Der Industriemeister kann die Stärken von Mensch und KI-Cobot korrekt einsetzen.	Als direkter Ansprechpartner der Mitarbeitenden obliegt es dem Industriemeister, individuelle Stärken zu kennen und im Sinne einer menschenzentrierten Gestaltung optimal zusammenwirken zu lassen.					
3.8. 5	Der Industriemeister und der Ingenieur können dem Menschen eine eindeutige Rolle im Produktionsprozess zuweisen.	Für die Mitarbeitenden muss ihre zukünftige Rolle im Arbeitsprozess eindeutig sein und ihren Vorstellungen einer reichhaltigen Arbeit entsprechen. Dies führt zu einer gesteigerten Akzeptanz.					
3.9	**Selbstkompetenzen der Führungskräfte**						
3.9. 1	Der Industriemeister und der Ingenieur besitzen eine ausgeprägte Bereitschaft zur Veränderung.	Nur, wenn beide bereit für Veränderungen sind, können sie diese erfolgreich gestalten. Führungskräfte besitzen exponierte Rollen als Multiplikatoren sowie Begleiter und müssen vorweg gehen.					
3.9. 2	Der Industriemeister und der Ingenieur besitzen ein Bewusstsein über die Notwendigkeit der Einführung und Anwendung.	Führungskräfte müssen die Notwendigkeit der Einführung (bspw. hohe körperliche Belastung oder sinkende Produktivität) erkennen und verstehen. Daraufhin gilt es dies an die Mitarbeitenden zu vermitteln.					
3.9. 3	Der Industriemeister und der Ingenieur erkennen den Nutzen der Technologie zur Unterstützung des Menschen.	Es gilt den direkten Nutzen des KI-Cobots zur Lösung des Problems zu erkennen. Dies gilt als elementar, um die Mitarbeitenden von den Vorteilen zu überzeugen.					
3.9. 4	Der Industriemeister und der Ingenieur können interdisziplinär zusammenarbeiten.	Während der Einführung gilt es abteilungsübergreifende Stakeholder zu vereinen. Bei der Anwendung müssen in Problemsituationen interdisziplinär Lösungen erarbeitet werden.					
3.9. 5	Der Industriemeister und der Ingenieur können ihr Handeln während des Veränderungsprozesses und danach reflektiert beurteilen.	Während und nach der Einführung gilt es Optimierungen herauszuarbeiten, um künftige Prozesse besser zu gestalten. Es sollte im Sinne eines kontinuierlichen Verbesserungsprozesses (KVP) agiert werden.					
3.10	**Interdisziplinäre Kompetenzen**						
3.10 .1	Die IT-Fachabteilung, die Integratoren, die Fachkraft für Arbeitssicherheit sowie die Datenschutzbeauftragten sind kommunikationsfähig.	Als Bestandteil des heterogenen Projektteams müssen individuelle Themenbereiche (bspw. IT, Datenschutz etc.) adressatengerecht und für alle Mitglieder verständlich kommuniziert werden können.					

3.10.2	Die IT-Fachabteilung, die Integratoren, die Fachkraft für Arbeitssicherheit und die Datenschutzbeauftragten können interdisziplinär arbeiten.	Als Bestandteil des heterogenen Projektteams ist ein interdisziplinäres Arbeiten über die eigene Abteilung hinweg von essenzieller Bedeutung. Sowohl während der Einführung als auch bei der Anwendung.						
3.10.3	Die IT-Fachabteilung besitzt ausreichend Wissen über die Ausgestaltung des neuronalen Netzwerkes sowie der Algorithmen.	Sowohl bei der internen Programmierung der KI als auch bei auftretenden Problemen hinzugekaufter Software muss eine erste Einschätzung vorgenommen werden können.						
3.10.4	Die IT-Fachabteilung weiß, wie der KI-Cobot seine Umwelt sieht und diese mittels Daten interpretiert.	Hierzu bedarf es einer umfangreichen Kenntnis darüber, wie eine Datenaufnahme und Verarbeitung durch den KI-Cobot erfolgt.						
3.10.5	Die IT-Fachabteilung weiß, wie eine ganzheitliche Einbindung in den Produktionskontext erfolgen kann.	Erfolgt eine Integration nicht durch den Hersteller, muss das Wissen intern zur Verfügung stehen. Insbesondere in ein mögliches Cyber-physisches Produktionssystem (CPPS).						
3.10.6	Die innerbetrieblichen Integratoren kennen den Aufbau und die Funktionsweise des KI-Cobots.	Erfolgt der Aufbau des KI-Cobots durch interne Ressourcen, bedarf es der Fachkompetenz bei den jeweiligen Stakeholdern (bspw. Techniker).						
3.10.7	Die innerbetrieblichen Integratoren und die IT-Abteilung wissen, wie eine Inbetriebnahme zu erfolgen hat.	Erfolgt die Inbetriebnahme des KI-Cobots durch interne Ressourcen, bedarf es der Fachkompetenz bei den jeweiligen Stakeholdern (bspw. Techniker und IT-Abteilung).						
3.10.8	Die Fachkraft für Arbeitssicherheit kennt die Funktionen und Risiken des KI-Cobots.	Zur Durchführung einer Gefährdungsbeurteilung und dem Erstellen von Betriebsanweisungen muss die Funktionsweise bekannt sein.						
3.10.9	Die Fachkraft für Arbeitssicherheit kennt das Arbeitssystem, im Rahmen dessen der KI-Cobot agiert.	Zur Durchführung einer Gefährdungsbeurteilung und dem Erstellen von Betriebsanweisungen muss hinzukommend das Arbeitssystem, in dem der KI-Cobot agiert, bekannt sein.						
3.10.10	Die Datenschutzbeauftragen wissen, wie der KI-Cobot welche Daten aufnimmt.	Zur Ableitung von Handlungsmaßnahmen des Datenschutzes gilt es zu wissen, in welcher Form die Daten aufgenommen werden und um welche es sich dabei handelt.						

3.10.11	Die Datenschutzbeauftragen wissen, an welchem Ort die Daten des KI-Cobots gespeichert werden.	Zur Ableitung von Handlungsmaßnahmen des Datenschutzes gilt es zu wissen, wo die Daten (u.a. insbesondere personenbezogene) im Unternehmen oder extern gespeichert werden.					
3.10.12	Die Datenschutzbeauftragen wissen, wie die Weiterverarbeitung der Daten erfolgt.	Zur Ableitung von Handlungsmaßnahmen des Datenschutzes gilt es zu wissen, wie die Daten daraufhin intern im Unternehmen weiterverarbeitet werden.					
3.10.13	Die Datenschutzbeauftragen wissen, wer Zugriff auf die Daten besitzt.	Zur Ableitung von Handlungsmaßnahmen des Datenschutzes gilt es zu wissen, wer zu welchem Zeitpunkt und in welcher Situation Zugriff auf die Daten besitzt.					
	∑ Handlungsfeld Qualifizierung und Kompetenzentwicklung						

Tabelle 17: Arbeitswissenschaftlicher Handlungsrahmen – Handlungsfeld zur Qualifizierung und Kompetenzentwicklung (Quelle: Eigene Darstellung)

5.2.2.4 Handlungsfeld 4: Arbeitsplatzgestaltung

Die Arbeitsplatzgestaltung bildet das vierte Handlungsfeld, dessen Inhalte nachfolgend als Checkliste dargestellt werden (Tabelle 18). Eine beispielhafte Differenzierung zwischen den Ausprägungsstufen erfolgt nachstehend und dient zur Unterstützung bei der Anwendung. Die Ausprägungsstufe ‚trifft sehr stark zu' ist z. B. auszuwählen, wenn sich am Arbeitsplatz alle notwendigen persönlichen Schutzausrüstungen für die Mitarbeitenden befinden, sodass diese während jeder Arbeitsaufgabe umfassend gegen alle Gefahren geschützt sind. Bei ‚trifft eher zu' befinden sich am Arbeitsplatz überwiegend alle persönlichen Schutzausrüstungen für die Mitarbeitenden, sodass diese während jeder Arbeitsaufgabe fast gegenüber allen potenziellen Gefahren geschützt sind. Bei ‚trifft teilweise zu' befinden sich am Arbeitsplatz nicht alle persönlichen Schutzausrüstungen für die Mitarbeitenden, sodass diese während den Arbeitsaufgaben vereinzelten aber vermeidbaren Gefahren ausgesetzt sind. Die Ausprägungsstufe ‚trifft eher nicht zu' ist auszuwählen, wenn sich am Arbeitsplatz kaum die notwendigen persönlichen Schutzausrüstungen für die Mitarbeitenden befinden, sodass diese während den Arbeitsaufgaben größeren Gefahren ausgesetzt sind. Im Zuge von ‚trifft überhaupt gar nicht zu' befinden sich am Arbeitsplatz z. B. gar keine notwendigen persönlichen Schutzausrüstungen für die Mitarbeitenden, sodass diese während den Arbeitsaufgaben erheblichen Risiken und Gefahren ausgesetzt sind.

Nr.	Handlungsfeld 4: Arbeitsplatzgestaltung		Ausprägung				
	Bewertungskriterium	Beschreibung	5	4	3	2	1
4.1	Die Segmente Arbeitsmittel, -person, -objekte sowie Umwelteinflüsse wurden in die Analyse mit einbezogen.	Es gilt eine ganzheitliche Analyse anhand der Kategorien des Arbeitssystems durchzuführen, um alle relevanten Aspekte der Arbeitsgestaltung zu berücksichtigen.					
4.2	Der KI-Cobot verfügt über ein maximales Eigengewicht von 30 Kilogramm.	Die Dimensionierung ist von hoher Relevanz. Ein maximales Eigengewicht sollte vor allem aus Sicherheitsgründen beachtet und nicht überschritten werden.					
4.3	Der KI-Cobot befindet sich zentriert zum Menschen und damit im Blick- und Greifbereich der Mitarbeitenden.	Ein KI-Cobot sollte im Blick- und Greifbereich der Mitarbeitenden sein. Dies fördert die Akzeptanz und erhöht die Sicherheit des Menschen in der Interaktion.					

4.4	Es erfolgte eine Analyse des optimalen Abstandes vom KI-Cobot zum Mitarbeitenden.	Der Abstand sollte so gewählt sein, dass individuelle und gemeinsame Arbeiten optimal verrichtet werden können. Ein zu geringer Abstand kann hinderlich sein und psychische Belastungen erzeugen.		-	
4.5	Der KI-Cobot ist mit weichen Ecken und Kanten ausgestattet.	Aus Sicherheitsgründen sollte darauf geachtet werden, dass diese vorhanden sind. Ein Schaden durch eine unbeabsichtigte Kollision kann hierdurch verringert werden.			
4.6	Die Gestaltung des KI-Cobots ist sehr stark anthropomorph.	Die Gestaltung sollte nicht zu anthropomorph sein. Dies kann den Menschen irritieren und für eine Verringerung der Akzeptanz sorgen.		-	
4.7	Es wurde bei der Farbgebung des KI-Cobots darauf geachtet, dass dieser die Mitarbeitenden in der Interaktion nicht blendet.	Aus Sicherheitsgründen sollte darauf geachtet werden, dass die Mitarbeitenden von der Farbe nicht geblendet werden. Es gilt eine Kollision im Zuge der gemeinsamen Arbeit zu vermeiden.		-	
4.8	Es erfolgte eine Analyse der angemessenen Dimensionierung des KI-Cobots.	Eine Dimensionierung ist unter anderem aus Sicherheitsgründen relevant. Es gilt die Arbeitsaufgabe, den Menschen sowie die zu verwendenden Arbeitsmittel zu beachten.			
4.9	Der TCP ist auf die individuellen Gegebenheiten des Menschen kalibriert worden.	Der TCP sollte nicht außerhalb des menschlichen Blickfeldes liegen. Ebenfalls sollte er sich nicht über der Herzregion des Menschen befinden.		-	
4.10	Der Arbeitsplatz ist in seiner Höhe anpassbar.	Die Mitarbeitenden besitzen individuelle körperliche Eigenschaften. Um den TCP passend einstellen zu können, bedarf es ggf. einer Höhenverstellbarkeit des Arbeitsplatzes.		-	
4.11	Am Arbeitsplatz befinden sich alle relevanten Dokumente zur Arbeitssicherheit und dem Gesundheitsschutz.	Um Arbeitsunfälle und Gefahren zu vermeiden, bedarf es am Arbeitsplatz spezifischer Betriebsanweisungen. Diese müssen entsprechend für die dortigen Arbeiten mit dem KI-Cobot aufbereitet sein und bereitstehen.			
4.12	Am Arbeitsplatz befindet sich eine notwendige persönliche Schutzausrüstung (PSA) für die Mitarbeitenden.	Um Arbeitsunfälle und Gefahren zu vermeiden, bedarf es am Arbeitsplatz einer Auslegung der persönlichen Schutzausrüstung, welche aus der Betriebsanweisung hervorgeht.			

4.13	Der Arbeitsplatz ist umfangreich ausgeleuchtet und besitzt keine verdunkelten Ecken oder Flächen.	Zur sicheren Interaktion sowie der korrekten Datenaufnahme durch die Kamera sollte der Arbeitsplatz gut ausgeleuchtet sein. Es gilt alle relevanten Bereiche zu beachten.					
4.14	In der Nähe des Arbeitsplatzes werden nicht zu vermeidende Tätigkeiten ausgeübt, welche Dunst oder Staub erzeugen.	Es gilt zu überprüfen, ob der Staub oder der Dunst Auswirkungen auf die Kamera besitzen könnten. Es gilt eine nicht ausreichende Qualität in der Datenaufnahme zu vermeiden.					
4.15	Am Arbeitsplatz des KI-Cobots erfolgt ein übermäßiger Gebrauch von Ölen und Fetten.	Den Einsatz von übermäßigen Ölen und Fetten gilt es zu vermeiden. Dies verringert das Risiko einer verschmutzten Kameralinse und der damit unzureichenden Datenaufnahme.					
4.16	Der KI-Cobot arbeitet mit heißen sowie spitzen Gegenständen oder gefährlichen Flüssigkeiten.	Heiße oder spitze Gegenstände und gefährliche Flüssigkeiten sind für den Menschen gefährlich. Es gilt eine Anwendung durch den KI-Cobot zu vermeiden.			-		
4.17	Am Arbeitsplatz existiert ein Notausschalter zur Abschaltung des KI-Cobots.	Bei Problemen mit dem KI-Cobot muss dieser sofort durch die Mitarbeitenden abzuschalten sein. Hierfür bedarf es eines Notausschalters.			-		
4.18	Die umliegenden Arbeitsplätze wurden so angeordnet, dass eine soziale Isolation des Menschen vermieden werden kann.	Eine soziale Isolation des Menschen von weiteren Mitarbeitenden sollte nicht das Ziel der Einführung sein. Es gilt dies zu vermeiden, um die Akzeptanz gegenüber der Einführung zu erzeugen.			-		
4.19	Es wurde validiert, ob die Raumtemperatur negative Auswirkungen auf den Menschen oder die Sensorik und die Kameratechnologie hat.	Eine zu geringe oder hohe Raumtemperatur kann ggf. Auswirkungen auf die menschliche Gesundheit, Sensorik oder Kameratechnologie besitzen. Es gilt dies im Testbetrieb zu validieren.					
4.20	Es wurde validiert, ob die Luftfeuchtigkeit negative Auswirkungen auf den Menschen sowie die Sensorik und die Kameratechnologie hat.	Eine zu geringe oder zu hohe Luftfeuchtigkeit kann ggf. Auswirkungen auf die menschliche Gesundheit, Sensorik oder Kameratechnologie besitzen. Es gilt dies im Testbetrieb zu validieren.					
4.21	Es wurde validiert, ob die Akustik negative Auswirkungen auf den Menschen sowie dessen Interaktion mit KI-Cobots besitzt.	Eine erhöhte Akustik kann möglicherweise Auswirkungen auf die menschliche Gesundheit sowie getätigte Sprachbefehle an den KI-Cobot besitzen. Es gilt dies im Testbetrieb zu validieren.					

4.22	Es wurde validiert, inwiefern die Kamera des KI-Cobots durch weitere Lichtquellen in der Produktion negativ beeinflusst wird.	Externe und grelle Lichtquellen können möglicherweise einen Einfluss auf die Kameratechnologie besitzen. Es gilt dies im Testbetrieb zu validieren.				
		$\sum$ Handlungsfeld Arbeitsplatzgestaltung				

Tabelle 18: Arbeitswissenschaftlicher Handlungsrahmen – Handlungsfeld zur Arbeitsplatzgestaltung (Quelle: Eigene Darstellung)

5.2.2.5 Handlungsfeld 5: Datenumgang und Datennutzung

Das Handlungsfeld zum Datenumgang und zur Datennutzung bildet die fünfte abgebildete Checkliste (Tabelle 19). Eine beispielhafte Differenzierung zwischen den Ausprägungsstufen erfolgt nachstehend und dient zur Unterstützung bei der Anwendung. Die Ausprägungsstufe ‚trifft sehr stark zu' ist z. B. auszuwählen, wenn alle Stakeholder ein ausgeprägtes Bewusstsein über die Anforderungen im Umgang mit Daten sowie deren Relevanz besitzen. Bei ‚trifft eher zu' weisen die Stakeholder vereinzelt Lücken im Bewusstsein über die Anforderungen im Umgang mit Daten sowie deren Relevanz auf. Bei ‚trifft teilweise zu' besitzen die Stakeholder kaum ein Bewusstsein über die Anforderungen im Umgang mit Daten sowie deren Relevanz. Die Ausprägungsstufe ‚trifft eher nicht zu' ist auszuwählen, wenn die Stakeholder über ein unzulängliches Bewusstsein über die Anforderungen im Umgang mit Daten sowie deren Relevanz verfügen. Im Zuge von ‚trifft überhaupt gar nicht zu' verfügen die Stakeholder z. B. über kein Bewusstsein im Hinblick auf die Anforderungen im Umgang mit Daten sowie deren Relevanz.

Nr.	Handlungsfeld 5: Datenumgang und Datennutzung		Ausprägung				
	Bewertungskriterium	Beschreibung	5	4	3	2	1
5.1	Im Unternehmen erfolgt generell eine Beachtung der bestehenden Anforderungen durch die DSGVO.	Ein verantwortungsvoller Umgang mit Daten sowie bestehender Anforderungen gilt u.a. als Grundlage zur Anwendung der KI-basierten MRK. Hierauf kann die Einführung gestaltet werden.					
5.2	Im Unternehmen findet eine Beachtung des geltenden Arbeitsrechts statt.	Ein verantwortungsvoller Umgang mit bestehenden Anforderungen aus dem allgemeinen Arbeitsrecht gilt als elementar. Hierdurch kann negativen Gesichtspunkten (bspw. Überwachung der Mitarbeitenden) vorgebeugt werden.					
5.3	Es existieren innerbetriebliche Vereinbarungen über den Umgang mit personenbezogenen Daten.	Personenbezogene Daten sind sehr sensibel. Es gilt innerbetriebliche Vereinbarungen (bspw. Betriebs- und Dienstvereinbarung) zu erarbeiten und zu analysieren, ob sich neue Anforderungen ableiten lassen (bspw. Schutz von Daten).					
5.4	Die Stakeholder besitzen ein ausgeprägtes Bewusstsein über die Anforderungen im Umgang mit Daten sowie deren Relevanz.	Daten sind elementar für die Interaktion mit einem KI-Cobot. Gleichzeitig gilt es die Anforderungen an den ordnungsgemäßen Umgang zu kommunizieren.					

5.5	Der Umgang mit personenbezogenen Daten wird partizipativ im Projektteam diskutiert.	Ängste und Widerstände im Umgang mit Daten sollten aufgenommen werden. Es gilt partizipativ nach Lösungsmöglichkeiten zu suchen, sollten Anforderungen des Schutzes zu beachten sein.					
5.6	Es existieren Werte und Regelungen zum Umgang mit sensiblen und personenbezogenen Daten.	Die Sicherheit beim Umgang mit Daten ist als äußerst wichtig zu erachten und von Führungskräften zu fördern. Die Arbeitskultur sollte daher die Erarbeitung von Regelungen und Werten unterstützen.					
5.7	Die erhobenen personenbezogenen Daten werden nicht zur Überwachung des Menschen eingesetzt.	Es sollte ausdrücklich ausgeschlossen werden, dass personenbezogene Daten durch Führungskräfte zur Überwachung von Mitarbeitenden eingesetzt werden.					
5.8	Eine Datenerhebung durch den KI-Cobot erfolgt generell nur zweckgebunden.	Die Datenerhebung ist ein sehr sensibler Prozess. Die Arbeitskultur sollte es vorsehen, die Daten nur zweckgebunden und nicht willkürlich zu erheben.					
5.9	Allen Stakeholdern ist bewusst, welche personenbezogenen Daten erfasst, verarbeitet und gespeichert werden.	Es gilt nicht nur zu vermitteln, dass Daten erhoben werden. Auch die darauffolgenden Schritte hinsichtlich der Verarbeitung und Speicherung gilt es transparent durch die Führungskraft zu kommunizieren.					
5.10	Ist allen beteiligten Stakeholdern bewusst, wie personenbezogene Daten geschützt werden.	Der ordnungsgemäße Umgang mit personenbezogenen Daten schafft Akzeptanz. Daher sollten Schutzmaßnahmen transparent durch die Führungskraft kommuniziert werden.					
5.11	Ist allen beteiligten Stakeholdern bewusst, wann ein Zugriff durch welche Personengruppe auf die Daten erfolgen darf.	Der ordnungsgemäße Umgang mit personenbezogenen Daten schafft Akzeptanz. Es muss kommuniziert werden wann (bspw. zur Rekonstruktion von Unfällen) ein Zugriff erlaubt ist.					
5.12	Die Mitarbeitenden haben eine Einwilligungserklärung erhalten, die eine Erhebung der personenbezogenen Daten erlaubt.	Die Anwendung des KI-Cobots darf nur erfolgen, wenn die Mitarbeitenden ihr Einverständnis gegeben haben. Es ist darauf zu achten, dass die Erklärung für einen speziellen Use Case und Arbeitsplatz gilt.					
5.13	Die Mitarbeitenden besitzen zu jeder Zeit die Möglichkeit, dieser Einwilligungserklärung zu widersprechen.	Ein Widerspruch der Einwilligungserklärung muss zu jeder Zeit ohne Angaben von Gründen möglich sein. Es obliegt der Führungskraft dies zu vermitteln.					

5.14	Es wird vermieden, dass personenbezogene Daten zur Leistungskontrolle oder Überwachung verwendet werden.	Der ordnungsgemäße Umgang mit personenbezogenen Daten schafft Akzeptanz. Es bedarf einer Analyse von notwendigen Schutzmaßnahmen durch die Verantwortlichen (bspw. die Datenschutzbeauftragten).					
5.15	Es wurde darauf geachtet, dass die Trainingsdaten des KI-Cobots anonymisiert gestaltet sind.	Die Daten sollten immer zweckgebunden erhoben werden. Für den Trainingsfall des KI-Cobots auf neue Arbeitsaufgaben ist die Verwendung anonymisierter Daten zu prüfen.					
5.16	Es existiert ein Risikomanagement zur kontinuierlichen Validierung der Neutralität von Trainingsdaten.	Um Bias (bspw. Diskriminierung) zu vermeiden, gilt es Trainingsdaten kontinuierlich auf Neutralität zu validieren. Dies sollte von unabhängiger Stelle und anhand festgelegter Kriterien erfolgen.					
		Σ Handlungsfeld Datenumgang und Datennutzung					

Tabelle 19: Arbeitswissenschaftlicher Handlungsrahmen – Handlungsfeld zum Datenumgang und zur Datennutzung (Quelle: Eigene Darstellung)

5.2.2.6 Handlungsfeld 6: Kritikalität und Normung

Die Kritikalität und Normung bildet das sechste Handlungsfeld, welches nachfolgend als Checkliste dargestellt wird (Tabelle 20). Eine beispielhafte Differenzierung zwischen den Ausprägungsstufen erfolgt nachstehend und dient zur Unterstützung bei der Anwendung. Die Ausprägungsstufe ‚trifft sehr stark zu' ist z. B. auszuwählen, wenn die Anforderungen aus der Normung regelmäßig und anhand festgelegter Kriterien überprüft werden. Bei ‚trifft eher zu' werden die Anforderungen aus der Normung unregelmäßig aber anhand festgelegter Kriterien überprüft. Bei ‚trifft teilweise zu' werden die Anforderungen aus der Normung unregelmäßig und nicht anhand festgelegter Kriterien überprüft. Die Ausprägungsstufe ‚trifft eher nicht zu' ist auszuwählen, wenn die Anforderungen aus der Normung kaum überprüft werden. Im Zuge von ‚trifft überhaupt gar nicht zu' werden die Anforderungen aus der Normung niemals überprüft.

Nr.	Handlungsfeld 6: Kritikalität und Normung		Ausprägung				
	Bewertungskriterium	Beschreibung	5	4	3	2	1
6.1	Es erfolgte eine Einstufung des KI-Cobtos anhand seiner europäischen Risikoeinstufung.	Nach der Risikoeinstufung aus dem EU AI Act ist eine Einstufung anhand des Risikos vorzunehmen. Für Unternehmen als Anwendende ergeben sich hieraus Anforderungen bei der Einführung und Anwendung.					
6.2	Es erfolgte eine nationale Kategorisierung des KI-Cobots anhand seiner Kritikalität.	Nach dem nationalen Normungsvorschlag ist eine Einstufung anhand der Kritikalität vorzunehmen. Für Unternehmen als Anwendende ergeben sich hieraus Anforderungen bei der Einführung und Anwendung.					
6.3	Das vollständige System besitzt eine CE-Kennzeichnung und eine Ausstattung mit einer gültigen EG-Konformitätserklärung.	Das gesamte System – bestehend aus dem KI-Cobot, der Applikation und ggf. einem externen Softwaremodul – sollte eine CE-Kennzeichnung besitzen. Es gilt die individuellen Anforderungen zu prüfen.					
6.4	Die VDE 0105-100 und TRBS 1201 wurden im Hinblick auf abzuleitende Anforderungen analysiert.	Es gilt zu prüfen, welche technischen Anforderungen an den Betriebszustand oder die arbeitswissenschaftliche Gestaltung entstehen.					
6.5	Die DIN EN ISO 12100 wurde im Hinblick auf abzuleitende Anforderungen analysiert.	Es gilt zu prüfen, welche technischen Anforderungen an die Gestaltungsansätze im Zuge einer ordnungsgemäßen Konstruktion zu beachten sind.					

6.6	Die DIN EN 61508 wurde im Hinblick auf abzuleitende Anforderungen analysiert.	Es gilt zu prüfen, welche Anforderungen sich an eine Software in Abhängigkeit ihres jeweiligen Sicherheitsintegritäts-Levels (SIL) ergeben.					
6.7	Die DIN EN ISO 13849 wurde im Hinblick auf abzuleitende Anforderungen analysiert.	Es gilt zu prüfen, welche technischen Anforderungen sich an die generelle Sicherheit der elektronischen Roboter-Steuerung ergeben.					
6.8	Die DIN EN 62061 wurde im Hinblick auf abzuleitende Anforderungen analysiert.	Es gilt zu prüfen, welche technischen Anforderungen an die generelle Sicherheit der elektronischen Roboter-Steuerung abzuleiten sind.					
6.9	Die DIN EN ISO 10218-1 und DIN EN ISO 10218-2 wurden auf abzuleitende Anforderungen analysiert.	Es gilt zu validieren, welche technischen Anforderungen zur Sicherstellung des sicheren Betriebszustandes eines Industrieroboters abzuleiten sind.					
6.10	Die EN ISO 11161 wurde im Hinblick auf abzuleitende Anforderungen analysiert.	Es gilt zu validieren, welche sicherheitstechnischen Anforderungen bei integrierten Fertigungssystemen abzuleiten sind.					
6.11	Die EN ISO 14121 wurde im Hinblick auf abzuleitende Anforderungen analysiert.	Es gilt zu prüfen, welche Anforderungen zur Beurteilung sowie Reduzierung von Risiken abzuleiten sind.					
6.12	Die EN ISO 13855 wurde im Hinblick auf abzuleitende Anforderungen analysiert.	Es gilt zu validieren, welche Anforderungen sich aus der Norm an den Arbeitsschutz ergeben.					
6.13	Die DIN EN ISO 6385 wurde im Hinblick auf abzuleitende Anforderungen analysiert.	Es gilt zu validieren, welche ergonomischen Anforderungen sich bei der Einführung und Anwendung ergeben.					
6.14	Die ISO/TS 15066 inkl. der biomechanischen Belastungsgrenzen wurde auf abzuleitende Anforderungen analysiert.	Es gilt eine Analyse der jeweiligen Schutzprinzipien sowie der damit verbundenen biomechanischen Belastungsgrenzen und deren Anforderungen durchzuführen.					

6.15	Die ISO/IEC TR 24028 wurde im Hinblick auf abzuleitende Anforderungen analysiert.	Es gilt Ansätze zu validieren, welche dazu genutzt werden sollten, um Vertrauen in das System zu generieren. Zudem gilt es techno-logische Bedrohungen und Risiken bei der Anwendung abzuleiten.					
6.16	Die DIN SPEC 92001-1 wurde im Hinblick auf abzuleitende Anforderungen analysiert.	Es gilt zu überprüfen, welche Anforderungen im Hinblick auf die Leistung und die Funktionalität des Systems sowie dessen Robustheit und Verständlichkeit abzuleiten sind.					
6.17	Die IEEE 7010-2020 wurde im Hinblick auf abzuleitende Anforderungen analysiert.	Es gilt einer Analyse der acht aufgezeigten ethischen Prinzipien (bspw. Transparenz) sowie den damit verbundenen Anforderungen.					
6.18	Die ISO/IEC 15408 wurde im Hinblick auf abzuleitende Anforderungen analysiert.	Es gilt zu validieren, welche technischen Anforderungen der IT-Sicherheit sich bei der Einführung und Anwendung ergeben.					
6.19	Die DIN EN ISO/IEC 17000:2020-09 wurde im Hinblick auf abzuleitende Anforderungen analysiert.	Es gilt zu validieren, welche Anforderungen an die Konformitätsbewertung sich bei der Einführung und Anwendung ergeben.					
6.20	Die ISO/IEC 27701 und ISO/IEC 29100ff wurden im Hinblick auf abzuleitende Anforderungen analysiert.	Es gilt zu validieren, welche Anforderungen sich an den Datenschutz bei der Einführung und Anwendung ergeben.					
6.21	Es werden regelmäßig neue Anforderungen aus der Normung überprüft.	Auf Grund der starken Volatilität in der Entwicklung bedarf es einer durchgängigen Überprüfung neuer Anforderungen im Kontext der KI-basierten MRK.					
6.22	Es existiert eine Vorgehensweise, welche unterschiedliche Betrachtungsweisen der Normung vereint.	Zur systematischen Überprüfung eignet sich eine festgelegte Vorgehensweise. Diese sollte den Fokus auf EU-weite (Risiko), nationale (Kritikalität) sowie arbeitsplatzspezifische Normen und deren Anforderungen umfassen.					
6.23	Es erfolgt die Erhebung aktueller Anforderungen anhand differenter Handlungsfelder zur arbeitsplatzspezifischen Analyse.	Die Anforderungen sollten den generellen KI-Normen, KI-Normen zur Arbeitsplatzsicherheit, Normen zur KI-basierten MRK, MRK-Normen sowie arbeitswissenschaftlichen Normen entnommen werden.					

$\sum$ Handlungsfeld Kritikalität und Normung

Tabelle 20: Arbeitswissenschaftlicher Handlungsrahmen – Handlungsfeld zur Kritikalität und Normung (Quelle: Eigene Darstellung)

5.2.2.7 Handlungsfeld 7: Vision und Strategie

Das Handlungsfeld zur Vision und Strategie bildet die siebte abgebildete Checkliste (Tabelle 21). Eine beispielhafte Differenzierung zwischen den Ausprägungsstufen erfolgt nachstehend und dient zur Unterstützung bei der Anwendung. Bei der Ausprägungsstufe ‚trifft sehr stark zu' existiert z. B. eine zentrale Koordinationsstelle für KI-Projekte zur Einführung von innovativen Technologien, welche alle Erfahrungen im Unternehmen bündelt. Bei ‚trifft eher zu' existiert eine zentrale Koordinationsstelle für KI-Projekte zur Einführung von innovativen Technologien, welche die Erfahrungen aber nur teilweise bündelt. Bei ‚trifft teilweise zu' verläuft die Koordination von KI-Projekten überwiegend dezentral in der jeweiligen Abteilung und Erfahrungen werden nur teilweise weitergegeben. Die Ausprägungsstufe ‚trifft eher nicht zu' ist auszuwählen, wenn die Koordination von KI-Projekten überwiegend dezentral in der jeweiligen Abteilung verläuft und Erfahrungen nicht weitergegeben werden. Im Zuge von ‚trifft überhaupt gar nicht zu' existiert z. B. keine zentrale Koordinationsstelle für KI-Projekte und die Koordination in der jeweiligen Abteilung läuft ebenfalls unzureichend.

Nr.	Handlungsfeld 7: Vision und Strategie		Ausprägung				
	Bewertungskriterium	Beschreibung	5	4	3	2	1
7.1	Es existiert eine langfristige Vision über die Zukunft des Unternehmens.	Eine Vision dient als Ausgangspunkt des Veränderungsprozesses. Sie ist die Grundlage einer Strategie, bietet Orientierung und kann durch die Führungskraft in den Kontext zur KI-basierten MRK gesetzt werden.					
7.2	Die Vision beschreibt Ansätze zur zukünftigen Anwendung von innovativen Technologien.	Eine Vision sollte immer auf die Zukunft ausgerichtet sein. Für den Kontext der KI-basierten MRK ist eine Technologiezentrierung wichtig, um einen Zusammenhang durch die Führungskräfte herzustellen.					
7.3	Es lässt sich der Vision entnehmen, wie zukünftig Produkte im Unternehmen hergestellt werden sollen.	Es bedarf des Fokus auf das Produktionsumfeld und der Einbindung von Technologie. Die KI-basierte MRK verändert die Prinzipien der Herstellung von Produkten.					
7.4	Die Vision umfasst ein Zukunftsszenario, wie Mensch und Technologie gemeinsam agieren.	Ein elementarer Baustein der KI-basierten MRK ist das Zusammenspiel von Mensch und KI-Cobot. Die Vision zur Anwendung sollte menschenzentriert ausgerichtet sein, um einen Zusammenhang herzustellen.					

7.5	Die Vision umfasst das Thema der Produktivitätssteigerung durch den Einsatz von Technologie.	Die KI-basierte MRK kann Produktivitätspotenziale erschließen. Die ökonomische Verbesserung muss im Einklang mit der Entlastung des Menschen sein und sollte in der Vision erkennbar sein.				
7.6	Es existiert auf Basis der Vision eine unternehmensweite Strategie.	Eine alleinige Vision ist nicht ausreichend für die Zielerreichung. Aus ihr und den einzelnen Aspekten (bspw. das Zusammenspiel von Mensch und Technologie) heraus bedarf es einer Strategieentwicklung.				
7.7	Die Strategie enthält dabei die Aspekte Mensch, Technik und Organisation gleichermaßen.	Die Beachtung der Aspekte sind bei der Strategieentwicklung aus arbeitswissenschaftlicher Sicht elementar zu berücksichtigen. Aus ihnen heraus lässt sich ein Zusammenhang zur KI-basierten MRK ableiten.				
7.8	Es existieren makroperspektivische Zielindikatoren, welche aus der Unternehmensstrategie abgeleitet wurden.	Einer Strategie sollten Zielindikatoren (bspw. die Produktivitätssteigerung in der Produktion) zu entnehmen sein. Sie werden zur Orientierung und Überprüfung des Erfolges benötigt.				
7.9	Die Einführung der KI-basierten MRK erfolgt auf Basis der unternehmensweiten Vision.	Die Einführung sollte auf die Vision zur zukünftigen Interaktion von Mensch und Technologie zurückgehen. Ein Zusammenhang hierzu schafft die benötigte Akzeptanz der Mitarbeitenden.				
7.10	Die Einführung der KI-basierten MRK basiert auf den Inhalten der unternehmensweiten Strategie.	Die Einführung sollte ein Ergebnis langfristiger Überlegungen sein und der strategischen Orientierung des Unternehmens folgen sowie zur Zielerreichung (bspw. Produktivitätssteigerung) dienen.				
7.11	Es wird durch die Anwendung der KI-basierten MRK das Erreichen von strategischen Unternehmenszielen unterstützt.	Unterstützt die Anwendung das Erreichen strategischer Ziele (bspw. unternehmensweite Produktivitätssteigerung), schafft dies Akzeptanz bei den Mitarbeitenden. Führungskräfte müssen die Zusammenhänge zeigen.				
7.12	Es existiert eine zentrale Koordinationsstelle für KI-Projekte zur Einführung von innovativen Technologien.	Es gilt in einer zentralen Koordinationsstelle unternehmensweite Erfahrungen zur KI zu bündeln. Führungskräfte sollten diese separate Abteilung (bspw. das Inhouse-Consulting) einbeziehen.				
		$\sum$ Handlungsfeld Vision und Strategie				

Tabelle 21: Arbeitswissenschaftlicher Handlungsrahmen – Handlungsfeld zur Vision und Strategie (Quelle: Eigene Darstellung)

5.2.2.8 Handlungsfeld 8: Planung der Einführung und Anwendung

Die Planung der Einführung und Anwendung bildet das achte Handlungsfeld, welches nachfolgend als Checkliste dargestellt wird (Tabelle 22). Eine beispielhafte Differenzierung zwischen den Ausprägungsstufen erfolgt nachstehend und dient zur Unterstützung bei der Anwendung. Bei der Ausprägungsstufe ‚trifft sehr stark zu' wurde z. B. eine Stakeholderanalyse in allen betreffenden Bereichen (bspw. IT, Datenschutz) durchgeführt, im Rahmen derer alle notwendigen Stakeholder identifiziert werden konnten. Bei ‚trifft eher zu' wurde eine Stakeholderanalyse in fast allen betreffenden Bereichen durchgeführt, im Rahmen derer annähernd alle notwendigen Stakeholder identifiziert werden konnten. Bei ‚trifft teilweise zu' wurde eine begrenzte Stakeholderanalyse durchgeführt, im Rahmen derer zudem kaum notwendige Stakeholder identifiziert werden konnten. Die Ausprägungsstufe ‚trifft eher nicht zu' ist auszuwählen, wenn eine Stakeholderanalyse nur unzulänglich durchgeführt wurde, weswegen fast keine notwendigen Stakeholder identifiziert werden konnten. Im Zuge von ‚trifft überhaupt gar nicht zu' erfolgte z. B. gar keine Stakeholderanalyse.

Nr.	Handlungsfeld 8: Planung der Einführung und Anwendung		Ausprägung				
	Bewertungskriterium	Beschreibung	5	4	3	2	1
8.1	Der Use-Case zur KI-basierten MRK wurde problemorientiert ausgewählt und enthält einen Nutzen für die Mitarbeitenden.	Der subjektive Nutzen für die Mitarbeitenden (bspw. die Verbesserung der Arbeitsbedingungen) muss vorhanden sein. Dies führt zu einer Steigerung der Akzeptanz.					
8.2	Die zu erreichenden Ziele durch die Anwendung der KI-basierten MRK sind quantifizierbar.	Zur Überprüfung des Erfolges bedarf es messbarer Zielindikatoren (bspw. Reduzierung von Durchlaufzeiten oder Arbeitsunfällen). Eine Sichtbarkeit von Erfolgen fördert die Akzeptanz der Mitarbeitenden.					
8.3	Es wurden messbare Kennzahlen für die Anwendung der KI-basierten MRK abgeleitet.	Messbare Ziele sollten zur Vergleichbarkeit in Kennzahlen transformiert werden (bspw. die Produktivität am ausgewählten Arbeitsplatz oder die Reduzierung der ergonomischen Belastung bei den Mitarbeitenden).					
8.4	Es wurde analysiert, ob im Unternehmen bereits Erfahrungen zur Einführung und Anwendung der KI-basierten MRK bestehen.	Zu Beginn sollte der Reifegrad analysiert werden. Bestehen Erfahrungen zu den Handlungsfeldern, sollten auf diese zurückgegriffen werden (bspw. Integration von Mitarbeitenden mit Erfahrung).					

8.5	Es wurde eine Stakeholderanalyse durchgeführt, wer am Veränderungsprozess beteiligt werden muss.	Zu Beginn sollte von den Führungskräften analysiert werden, wer an der Einführung beteiligt werden muss. Dies schafft Akzeptanz und kann Promoter identifizieren.					
8.6	Es existiert ein einheitliches Verständnis über den KI-Cobot und seinen zukünftigen Arbeitsbereich.	Alle beteiligten Stakeholder (bspw. Führungskräfte, Betriebsräte, Mitarbeitende etc.) benötigten das identische Verständnis über die Technologie. Dies beugt falschen Erwartungen vor.					
8.7	Alle betroffenen Stakeholder kennen die energetischen und informatorischen Grenzen des KI-Cobots.	Es handelt es sich um Grenzen in der Ausführung von Tätigkeiten durch bestehende Leistungen in der Aktorik, Sensorik und Intelligenz. Diese sind zu vermitteln, um nicht erfüllbare Erwartungen zu verhindern.					
8.8	Es wurden alle Stakeholder bei der Erarbeitung von funktionalen und nicht funktionalen Anforderungen an den KI-Cobot beteiligt.	Bereits zu Beginn müssen funktionale und nicht funktionale Anforderungen festgelegt werden. Ein Over- und Underengineering gilt es zu verhindern.					
8.9	Es wurde durch die Führungskraft, die Integratoren und die IT-Abteilung analysiert, in welchem Umfang es externer Unterstützung bedarf.	Fehlt es an Fachkompetenzen (bspw. technologische zur Entwicklung von KI), muss dies zu Beginn analysiert werden. Daraufhin sollte externe Unterstützung (bspw. externe KI-Entwickler) eingeholt werden.					
8.10	Es existiert ein gemeinsam erarbeiteter Umsetzungsplan für die Einführung.	Das Projektteam aus identifizierten Stakeholdern sollte einen gemein-samen Umsetzungsplan erarbeiten. Dieser sollte auf etablierte Prinzipien aus dem Projektmanagement (bspw. Gantt-Chart) zurückgreifen.					
8.11	Es sind innerhalb des Umsetzungsplanes Meilensteine zur Einführung und Anwendung ersichtlich.	Bei der Umsetzung sollte auf die elementaren Instrumente des Projektmanagements (bspw. eine Meilensteintrendanalyse) zurückgegriffen werden.					
8.12	Die beteiligten Stakeholder können dem Umsetzungsplan Partizipationsmöglichkeiten entnehmen.	Die Stakeholder besitzen individuelles Expertenwissen. Dieses sollte in den Prozess einfließen, um die Partizipation sicherzustellen und die Akzeptanz zu erzeugen.					
8.13	Der Umsetzungsplan zur Einführung und Anwendung sieht Phasen der Iteration vor.	Eine kontinuierliche Überprüfung des Fortschritts sowie der Ergebnisse gilt als essenziell. Auftretenden Problemen kann so schneller begegnet werden.					
	$\sum$ Handlungsfeld Planung der Einführung und Anwendung						

Tabelle 22: Arbeitswissenschaftlicher Handlungsrahmen – Handlungsfeld zur Planung der Einführung und Anwendung (Quelle: Eigene Darstellung)

5.2.2.9 Handlungsfeld 9: Arbeits- und Prozessgestaltung

Die Checkliste zur Arbeits- und Prozessgestaltung bildet die Inhalte zum neunten und abschließenden Handlungsfeld ab (Tabelle 23). Eine beispielhafte Differenzierung zwischen den Ausprägungsstufen erfolgt nachstehend und dient zur Unterstützung bei der Anwendung. Bei der Ausprägungsstufe ‚trifft sehr stark zu' existieren z. B. Prinzipien, welche die Interaktionsqualität quantifizieren lassen und vollumfänglich partizipativ erarbeitet wurden. Bei ‚trifft eher zu' existieren Prinzipien, welche die Interaktionsqualität quantifizieren lassen und die überwiegend partizipativ erarbeitet wurden. Bei ‚trifft teilweise zu' existieren Prinzipien, welche die Interaktionsqualität überwiegend quantifizieren lassen und die teilweise partizipativ erarbeitet wurden. Die Ausprägungsstufe ‚trifft eher nicht zu' ist auszuwählen, wenn nur unzureichende und nicht gemeinsam erarbeitete Prinzipien existieren, durch die eine Interaktionsqualität nicht quantifizierbar ist. Im Zuge von ‚trifft überhaupt gar nicht zu' existieren z. B. gar keine Prinzipien, welche die Interaktionsqualität quantifizieren lassen.

Nr.	Handlungsfeld 9: Arbeits- und Prozessgestaltung		Ausprägung				
	Bewertungskriterium	Beschreibung	5	4	3	2	1
9.1	Es wurden die Segmente Arbeitsperson, -aufgabe, -auftrag sowie -mittel in die Analyse mit einbezogen.	Es gilt eine ganzheitliche Analyse anhand der Kategorien des Arbeitssystems durchzuführen, um alle relevanten Aspekte der Arbeitsgestaltung zu berücksichtigen.					
9.2	Es erfolgte eine Analyse der individuellen Stärken und Schwächen des Menschen und des KI-Cobots.	Zur Arbeits- und Prozessgestaltung sollten die individuellen Stärken und Schwächen von Mensch und KI-Cobot bekannt sein. Darauf kann die Interaktion gestaltet und Arbeitsaufgaben zugeordnet werden.					
9.3	Es erfolgte eine Zuteilung der Arbeitsaufgaben anhand der individuellen Stärken von Mensch und KI-Cobot.	Zur Zielerreichung (bspw. die ergonomische Entlastung) sind die individuellen Eigenschaften gezielt einzusetzen. Der KI-Cobot sollte z. B. vorwiegend repetitive und unergonomische Arbeiten ausführen.					
9.4	Es wurde für jeden Arbeitsschritt die individuelle Handlungsträgerschaft festgelegt.	Es gilt festzulegen, wann der Mensch oder KI-Cobot die Verantwortung für den Arbeitsschritt trägt und das Arbeitsergebnis verantwortlich ist. Das Ziel sollte ein harmonischer und festgelegter Arbeitsfluss sein					

9.5	Die Prozessabfolge am Arbeitsplatz ist ganzheitlich synchronisiert.	Zur Produktivitätssteigerung und Akzeptanzschaffung gilt es die Arbeitsschritte zwischen Mensch und KI-Cobot zu synchronisieren. Ein gegenseitiges Blockieren muss verhindert werden.				
9.6	Es wurde analysiert, ob die Neuorganisation der Arbeitsaufgaben Potenzial zur Änderung der Abfolge am Arbeitsplatz bietet.	Die Integration des KI-Cobots kann das Potenzial einer Neuorganisation der Arbeitsschritte besitzen. Es gilt zu überprüfen, ob eine Abfolge zukünftig effizienter und in einer anderen Reihenfolge erfolgen kann.				
9.7	Es wurde analysiert, ob die Neuorganisation der Arbeitsaufgaben Einfluss auf die Durchlaufzeiten am Arbeitsplatz hat.	Eine Neuorganisation kann zu einer Verkürzung von Durchlaufzeiten pro hergestelltem Produkt führen, wenn der Mensch zukünftig nicht mehr allein arbeitet.				
9.8	Es wurde analysiert, ob die Veränderung von Durchlaufzeiten Auswirkungen auf nachgelagerte Arbeitsplätze besitzt.	Führt eine Neuorganisation zu einer Verkürzung der Durchlaufzeiten am Arbeitsplatz A, kann dies Auswirkungen auf den nachgelagerten Arbeitsplatz B besitzen (bspw. Materialstau).				
9.9	Der Mensch gibt zu jeder Zeit den Arbeitsrhythmus in der gemeinsamen Interaktion mit dem KI-Cobot vor.	Zur Akzeptanzschaffung gilt es, dass der Mensch zu jeder Zeit den Arbeitsrhythmus vorzugeben hat. Der KI-Cobot sollte sich immer dem Menschen anpassen müssen.				
9.10	Es wurde analysiert, ob es zu einer Kompensation wegfallender Arbeitsaufgaben beim Menschen kommen muss.	Führt die Anwendung des KI-Cobots zu einer Verringerung menschlicher Arbeitsaufgaben, müssen diese kompensiert werden. Der Mensch sollte Arbeitsaufgaben bekommen, die seinen Stärken entsprechen.				
9.11	Der Annäherungswinkel des KI-Cobots ist so ausgerichtet, dass er von unten kommend mit dem Menschen interagiert.	Der KI-Cobot sollte sich immer im Blickbereich des Menschen befinden. Von unten kommend führt es zu einer Akzeptanzsteigerung und reduziert ein Unwohlsein.				
9.12	Die Bewegungsbahnen besitzen anthropomorphe und nicht lineare Eigenschaften.	Bewegt sich der KI-Cobot anthropomorph, steigert dies die Akzeptanz bei den Mitarbeitenden. Lineare Bewegungen führen dahingehend zu Abneigung und sind unvorhersehbarer.				
9.13	Der KI-Cobot besitzt angemessene Beschleunigungs- sowie Abbremsphasen.	Die Bewegungen müssen für den Menschen vorhersehbar und auf ihn angepasst sein. Hierdurch kann die Akzeptanz erzeugt und einigen Arbeitsunfällen vorgebeugt werden.				

9.14	Der KI-Cobot agiert mit einer maximalen Geschwindigkeit von 1,5 m/s.	Eine zu hohe Geschwindigkeit kann für den Menschen gefährlich sein. Dieser muss die Bewegungen abschätzen können, um die Akzeptanz zu entwickeln, weshalb der Grenzwert eingehalten werden muss.		-	
9.15	Die Arbeitsumgebung ist lernförderlich gestaltet, sodass Mensch und KI-Cobot gegenseitig aufeinander einwirken können.	Der KI-Cobot lernt vom Menschen. Um dies zu ermöglichen, müssen die Umweltbedingungen (Licht, Akustik etc.) förderlich gestalten werden. Im Gegenzug muss der Mensch die Aktionen des Systems erkennen.			
9.16	Es bestehen gegenseitige Möglichkeiten der Kommunikation zwischen dem Menschen und dem KI-Cobot.	Ein gegenseitiges Einwirken, sollte zu jeder Zeit möglich sein. Der Mensch muss auf den KI-Cobot einwirken können sowie umgekehrt (bspw. über Gesten- oder Sprachsteuerung).			
9.17	Der KI-Cobot besitzt die Fähigkeit, dem Menschen bei Problemen eine Mitteilung zu geben.	Technische Probleme müssen dem Menschen über die Mensch-Maschine-Schnittstelle (bspw. durch Displays für Fehlermeldungen) mitgeteilt werden können, damit dieser reagieren kann.			
9.18	Es existieren Prinzipien, welche die Interaktionsqualität quantifizieren.	Die Interaktion mit dem KI-Cobot muss für den Menschen widerspruchsfrei, transparent und erklärbar gestaltet sein. Diese Prinzipien gilt es partizipativ im Projektteam zu erarbeiten.			
9.19	Die Interaktion mit dem KI-Cobot erfolgt diskriminierungsfrei und in einer gleichbleibenden Qualität unabhängig der nutzenden Person.	Zur Akzeptanzschaffung gilt es die diskriminierungsfreie Anwendung regelmäßig zu überprüfen. Unregelmäßigkeiten (bspw. Bias) sollten schnellstmöglich erkannt bzw. vermieden werden.			
9.20	Es existieren Notfallprozesse, deren Abfolge die Mitarbeitenden befolgen müssen, um bestehende Probleme zu melden.	Handelt der KI-Cobot falsch (bspw. diskriminierend), bedarf es einer Aufnahme des Problems. Um dies zu gewährleisten, braucht es festgelegter Prozesse.			
9.21	Es sind im Rahmen der Notfallprozesse für jeweilige Ablaufschritte dazugehörige Ansprechpartner festgelegt.	Die gemeinsame Interaktion gilt als sehr sensibel. Auftretende Probleme müssen direkt an festgelegte Ansprechpartner (bspw. die Führungskraft oder IT-Abteilung) weitergeleitet werden können.			
9.22	Es erfolgte eine Gefährdungsbeurteilung durch den Arbeits- und Gesundheitsschutz auf neue Anforderungen bei der Anwendung.	Es gilt die Sicherheit des Menschen in den Fokus zu rücken. Ein neues technisches System kann zu einer Veränderung von Anforderungen (bspw. Schutzausrüstung) führen.			

9.23	Es wurde festgelegt, zu welchem Zeitpunkt ein Mensch dem KI-Cobot neue Aufgaben beibringen darf.	Zur Vermeidung von Problemen und diskriminierendem Fehlverhalten (bspw. Bias) muss festgelegt werden, wann dem autonomen System neue Aufgaben beigebracht werden dürfen.					
9.24	Es wurde festgelegt, wer dem KI-Cobot neue Arbeitsaufgaben beibringen darf.	Zur Vermeidung von Problemen und diskriminierendem Fehlverhalten (bspw. Bias) muss festgelegt werden, wer dem autonomen System neue Aufgaben beibringen darf.					
9.25	Es existieren Prozesse zur kontinuierlichen Validierung neu erlernter Fähigkeiten des KI-Cobots.	Auf Grund der sensiblen Interaktion zwischen Mensch und KI-Cobot bedarf es einer Prozessbeschreibung für die Validierung neu erlernter Fähigkeiten. Diese sollten das Vorgehen beschreiben.					
9.26	Es existieren festgelegte Evaluationskriterien zur Validierung der beigebrachten Arbeitsaufgaben.	Zur Vermeidung von Problemen und Fehlverhalten sollten dabei Evaluationskriterien (bspw. diskriminierungsfreies Agieren, Reichhaltigkeit menschlicher Arbeit) festgelegt und herangezogen werden.					
9.27	Es existieren innerbetriebliche Institutionen, welche diese Kriterien regelmäßig überprüfen.	Das Agieren des KI-Cobots gilt es regelmäßig von unabhängiger Stelle zu überprüfen. Ein interdisziplinäres Team (bspw. aus Mitarbeitenden, Datenschutzbeauftragten, Hersteller) kann dies erfüllen.					
	$\sum$ Handlungsfeld Arbeits- und Prozessgestaltung						

Tabelle 23: Arbeitswissenschaftlicher Handlungsrahmen – Handlungsfeld zur Arbeits- und Prozessgestaltung (Quelle: Eigene Darstellung)

5.3 Anwendung

Die Anwendung des arbeitswissenschaftlichen Handlungsrahmens bedarf in diesem Zusammenhang der Beachtung festgelegter Kriterien. Um Verbesserungspotenziale bei der Einführung und Anwendung zu ermitteln, wird deren Betrachtung empfohlen. Generell sollte darauf geachtet werden, dass alle beteiligten Stakeholder des Projektteams – Führungskraft, Mitarbeitende, Personen des Datenschutzes, die Fachkraft für Arbeitssicherheit, der externe Hersteller, interne technische Integratoren sowie die betriebliche Interessensvertretung – bei der Anwendung mitwirken. Die individuellen Bewertungskriterien sollten gemeinsam analysiert, mit der real bestehenden Situation abgeglichen und daraufhin Punkte pro Bewertungskriterium vergeben werden. Insgesamt gilt es 238 Bewertungskriterien zu beantworten. Die Anwendung der einzelnen Checklisten sollte dabei während des Einführungs- und Anwendungsprozesses erfolgen. Eine alleinige Betrachtung nach der Einführung und demnach nur während der Anwendung gilt als nicht erfolgsversprechend. Einzelne Themenbereiche adressieren bereits frühzeitig die Einführungsphase (bspw. Planung der Einführung oder Führung) und sollten deswegen beachtet werden. Auch gilt eine alleinige Anwendung des Handlungsrahmens vor der Einführung als nicht ausreichend. Der Handlungsrahmen und die darin enthaltenen Checklisten entsprechen keinem Reifegradmodell. Für die Anwendung und das Ausfüllen der Checklisten sollte demnach der gesamte Einführungs- und Anwendungsprozess forciert werden. Es empfiehlt sich in regelmäßigen und zeitlich festgelegten Austauschformaten im gesamten Projektteam die einzelnen Checklisten auszufüllen. Hierdurch kann eine umfassende Bewertung der Situation erreicht werden. Dies wird zudem dadurch erreicht, dass der Handlungsrahmen Empfehlungen für unterschiedliche Projektphasen (bspw. Arbeitsplatzgestaltung oder Kompetenzentwicklung) bereitstellt. Eine Anwendung in der Reihenfolge jener separaten Checklisten kann in Abhängigkeit des individuellen Projektes im Unternehmen erfolgen. Empfehlenswert ist dabei, dass die Person, welche für das Projekt verantwortlich ist, den Handlungsrahmen bereits frühzeitig und für sich individuell heranzieht. Angenommen, dass die Führungskraft einer Abteilung zugleich die Projektleitung inne hat, sollte diese den Handlungsrahmen bereits vor Beginn des Projektes prüfen. Die Relevanz zeigt sich dahingehend, dass der Handlungsrahmen ebenfalls Hilfestellungen zu anfänglichen Planungsphasen oder dem Verhalten von Führungskräften bereitstellt. Hierdurch kann die

Führungskraft bereits frühzeitig für elementare Schritte (bspw. Stakeholderanalyse, Aufnahme von Anforderungen oder Partizipation) sensibilisiert werden und Fehler vermeiden. Daraufhin sollte das Unternehmen den Ablauf des Einführungs- und Anwendungsprozesses für sich individuell konzipieren. Der Handlungsrahmen erhebt nicht den Anspruch eines Einführungsmodells, welches einer festgelegten Abfolge von Prozessschritten folgt. Er betrachtet indes die relevanten arbeitswissenschaftlichen Handlungsfelder und verfolgt dabei die Zielstellung, nutzende Personengruppen auf zu beachtende Themenbereiche aufmerksam zu machen, für die Relvanz einzelner Inhalte zu sensibilisieren und für sich daraus ergebende Anforderungen passende Informationen als Handlungsempfehlungen bereitzustellen. Empfehlenswert ist demnach eine Analyse und Bearbeitung aller neun Handlungsfelder, um Verbesserungspotenziale zu generieren. Um Potenziale zu ermitteln, gilt es den Istzustand in Erfahrung zu bringen und ihn mit dem zu erreichenden Zielzustand zu vergleichen. Hierfür wurde eine Berechnungslogik abgeleitet. Zu Beginn gilt es den Istzustand zu ermitteln. Dies erfolgt im Rahmen einer festgelegten Kennzahl (Formel 1).

$$ISTZ_X = \frac{KMP_x}{KMF_x}$$

Formel 1: Ermittlung des Istzustandes im ausgewählten Handlungsfeld

$ISTZ_X$	=	Istzustand im Handlungsfeld x
KMP_x	=	Kumulierte Punkte im Handlungsfeld x
KMF_x	=	Anzahl der kumulierten Bewertungskriterien im Handlungsfeld x

In der Ermittlung des Istzustandes existiert keine Unterscheidung in Abhängigkeit des gewählten Handlungsfeldes. Das ‚X' kann hierbei jedem der Handlungfelder (bspw. Führung) entsprechen. Es gilt, die Ermittlung eines Istzustandes für jedes Handlungsfeld zu erreichen. Die Handlungsfelder ‚Arbeitsplatzgestaltung' sowie Arbeits- und Prozessgestaltung' enthalten allerdings Bewertungskriterien, welche ausschließlich mit zwei Antwortmöglichen zu beantworten sind. Eine Vermischung mit Bewertungskriterien, welche fünf Antwortmöglichkeiten besitzen, gilt es daher zu vermeiden, um einer statistischen Verfälschung vorzubeugen. Die Bewertungskriterien, welche ausschließlich mit zwei Antwortmöglichen zu beantworten sind, müssen demnach separat bewertet werden. Dies erfolgt durch die Einbindung einer dafür eigenen Rubrik, welche fortlaufend als ‚Technische Gestaltung' bezeichnet wird und zur Berechnung des Ist- und Zielzustandes anhand der elf Bewertungskriterien, welche lediglich zwei Antwortmöglichkeiten besitzen, dient. Im Vergleich zu den neun Handlungsfeldern erfolgt dabei keine Unterscheidung hinsichtlich der Ermittlung des jeweiligen Zustandes (bspw. Istzustand). Aus diesem Grund wird auf eine wiederholte Darstellung aller Formeln inklusive einer geänderten Bezeichnung aus Gründen der Effizienz verzichtet. Innerhalb der jeweiligen Formel ist es demnach möglich, die Bezeichnung ‚Handlungsfeld x' durch ‚Rubrik' zu ersetzen. Der maximal zu erreichende Zustand für ein ausgewähltes Handlungsfeld oder der Rubrik entspricht immer einem Wert von 5,00. Dieser bildet die Referenz und ermöglicht es das noch austehende Delta zu ermitteln. Dieses Delta entspricht dem noch erreichbaren prozentualen Verbesserungswert. Der maximal zu erreichende Wert von 5,00 entspricht hierbei einem theoretischen Optimum. In vielerlei Hinsicht kann es bei der praxisnahen Anwendung des Handlungsrahmens zu der Situation kommen, dass die nutzende Projektgruppe nicht den Wert von 5,00 als zu erreichendes Ziel deklariert. Der Handlungsrahmen dient hierbei der Sensibilisierung von wichtigen arbeitswissenschaftlichen Handlungsfeldern. Im Zusammenhang mit der praxisnahen Anwendung kann es allerdings zu der Situation kommen, dass bei einzelnen Bewertungskriterien, gar ganzen Handlungsfeldern oder der Rubrik ein niedrigerer Wert dem zu erreichenden Ziel einer Projektgruppe entspricht. Demnach sollte immer vor der Anwendung analysiert und festgelegt werden, welche Ausprägungsstufe bei den Bewertungskriterien, Handlungsfeldern oder der Rubrik als zu erreichendes Ziel ausgegeben werden soll. Eine beispielhafte Abstufung auf den Wert 4,00 im Rahmen der Qualifizierung und Kompetenzentwicklung kann beispielsweise damit einhergehen, dass die Nutzenden eines KI-Cobots gar nicht die maximale Ausprägung an digitalen Fachkompetenzen für die erfolgreiche Interaktion mit dem autonomen System benötigen. Weiterhin kann der maximal zu erreichende Wert von 5,00 für die vorherschenden Prozesse zu überdimensinoniert und damit unnötig sein. Ebenfalls können auch fehlende monetäre Mittel oder Fachkräfte zur Einführung dazu führen, dass eine maximale Ausprägung nicht dem zu erreichenden Ziel entspricht.

Es gilt also bei der Festlegung des Zielzustandes die Faktoren der Angemessenheit und Effizienz miteinzubeziehen. Der Handlungsrahmen sollte in diesem Zusammenhang nicht als ein allgemeingültiges Konzept betrachtet werden, bei dem der Wert von 5,00 dem passgenauen Ziel für jeden entsprechenden Anwendungsfall einer KI-basierten MRK bildet. Er bildet stattdessen ein Referenzobjekt zur Sensibilisierung relevanter Handlungsfelder, welches die Möglichkeit bietet, Verbesserungspotenziale und Handlungsmöglichkeiten eigenständig zu identifizieren. Hierbei sollten allerdings zu jeder Zeit die individuellen Gegebenheiten eines Arbeitsplatzes und Anforderungen an die zukünftige Anwendung und Durchführung von Tätigkeiten mit einbezogen werden. Auf Basis dessen gilt es, für jede Projektgruppe individuell die zu erreichenden Anforderungen im Handlungsrahmen zu beurteilen und als spezifisches und für den einzelnen Anwendungsfall passendes Ziel festzulegen. Dies erfolgt anhand einer festgelegten Kennzahl (Formel 2).

$$ZST_X = \frac{ZSTP_x}{KMF_x}$$

Formel 2: Ermittlung des Zielzustandes im ausgewählten Handlungsfeld

ZST_X	=	Zu erreichender Zielzustand im Handlungsfeld x
$ZSTP_x$	=	Festgelegte Anzahl zu erreichender Punkte im Handlungsfeld x
KMF_x	=	Anzahl der kumulierten Bewertungskriterien im Handlungsfeld x

Um den Zielzustand zu ermitteln, sollte die projektverantwortliche Person in einer ersten Instanz die Bewertungskriterien analysieren und den jeweiligen Zielzustand hierfür festlegen. Das Ergebniss sollte dabei in die gesamte Projektgruppe eingebracht werden. Zum einen aus Gründen der transparenten Darstellung des Vorhabens sowie der Ziele und zum anderen, um die Impulse aus der Projektgruppe aufgreifen zu können. Diese Impulse können auf der einen Seite Anforderungen der Mitarbeitenden an die Anwendung des KI-Cobots umfassen (bspw. werden mehr Funktionalitäten benötigt als von der projektverantwortlichen Person festgelegt). Auf der anderen Seite können Impulse auch durch den Hersteller oder die internen technischen Integratoren aufkommen (bspw. eine zu hohe und technisch nicht umsetzbare Funktionalität als Zielzustand). Die Projektgruppe sollte im Anschluss einen gemeinsamen Zielzustand ermitteln und festhalten. Dieser gilt nachfolgend als Referenz für den Projekterfolg. Um den Erfolg messbar zu machen, muss eine Ermittlung des prozentualen Verbesserungspotenzials im ausgewählten Handlungsfeld oder der Rubrik durchgeführt werden. Dies kann anhand nachfolgender Formel 3 erfolgen.

$$\text{VEPOTH}_X = 100\ \% - \left(\frac{\text{ISTZ}_x * 100\ \%}{\text{ZST}_X} \right)$$

Formel 3: Ermittlung des prozentualen Verbesserungspotenzials im ausgewählten Handlungsfeld

VEPOTH_X	=	Prozentuales Verbesserungspotenzial im Handlungsfeld x
ISTZ_X	=	Istzustand im Handlungsfeld x
ZST_X	=	Zu erreichender Zielzustand im Handlungsfeld x

Analog hierzu kann auch das Delta zum maximal zu erreichenden Zustand von 5,00 ermittelt werden. Hierfür bedarf es einer Substitution des Wertes des zu erreichenden Zielzustandes durch den Wert von 5,00. Anhand der Ermittlung des prozentualen Verbesserungspotenzials kann eine Einschätzung durch die Projektgruppe vorgenommen werden. Hierdurch kann ermittelt werden, welche Handlungsfelder ein geringes Delta besitzen und bereits stark positiv ausgeprägt sind als auch jene, deren Ausprägung noch vermehrtes Verbesserungspotenzial bieten. Es empfiehlt sich eine Ergebnisdarstellung in tabellarischer Form (Tabelle 24).

Handlungsfeld	1	2	3	4	5	6	7	8	9
Istzustand	4,42	3,75	2,81	4,01	3,83	2,56	4,31	2,27	4,21
Zielzustand	4,56	4,02	3,85	4,92	4,10	3,87	4,95	4,60	4,21
Potenzial in %	3,00	6,72	27,01	18,50	6,59	33,85	12,93	50,65	0,00
Dimension	**Mensch**			**Technik**			**Organisation**		
Istzustand	10,98			10,40			10,79		
Zielzustand	12,43			12,89			13,76		
Potenzial in %	11,67			19,32			21,58		

Tabelle 24: Exemplarische Ergebnisdarstellung der Anwendung des Handlungsrahmens für die Handlungsfelder 1 bis 9 (Quelle: Eigene Darstellung)

Auf Grund der Interdisziplinarität der Rubrik ‚Technische Gestaltung' ist diese keiner alleinigen Dimension von MTO zuzuordnen. Aus diesem Grund erfolgt eine separate Darstellung der Ergebnisse zu den Zuständen anhand der nachfolgenden Tabelle 25.

Rubrik	Technische Gestaltung
Istzustand	4,02
Zielzustand	5,00
Potenzial in %	19,60
Dimension	**Dimensionsübergreifend**
Istzustand	4,02
Zielzustand	5,00
Potenzial in %	19,60

Tabelle 25: Exemplarische Ergebnisdarstellung der Anwendung des Handlungsrahmens für die übergreifende Rubrik (Quelle: Eigene Darstellung)

Im Rahmen der tabellelarischen Form wird jedem der neun Handlungsfelder der quantifizierbare Istwert zugeordnet. Dem nachfolgend ist jeweils der Zielzustand zu entnehmen. Aus der Darstellung des Deltas als prozentuales Verbesserungspotenzial lässt sich schnell und übersichtlich ableiten, welches Handlungsfeld wenig und welches bereits stark ausgeprägt ist. Der Vorteil liegt in dem sofort erkennbaren Potenzial zur gesamtheitlichen Verbesserung. Dieses kann ebenfalls den drei Dimensionen von Mensch, Technik und Organisation zugeordnet werden. Der jeweilige Istzustand einer Dimension entspricht den kummulierten Einzelwerten der dazugehörigen Handlungsfelder. Kongruent hierzu wird auch der Zielzustand einer Dimension ermittelt. Eine Ermittlung des prozentualen Verbesserungspotenzials in der ausgewählten Dimension erfolgt in Analogie zur Rechenlogik eines Handlungsfeldes (Formel 4). Um Unklarheiten zu vermeiden, bedarf es an dieser Stelle allerdings einer Veränderung der Bezeichnungen.

$$VEPOTD_y = 100\,\% - \left(\frac{ISTZD_y * 100\,\%}{ZSTD_y}\right)$$

Formel 4: Ermittlung des prozentualen Verbesserungspotenzials in der Dimension

$VEPOTD_y$ = Prozentuales Verbesserungspotenzial in der Dimension y

$ISTZD_y$ = Istzustand in der Dimension y

$ZSTD_y$ = Zu erreichender Zielzustand in der Dimension y

Alle Bewertungskriterien sind im entsprechenden Kontext gleichgewichtet. Dies gilt ebenfalls von Handlungsfeld zu Handlungsfeld sowie bei den entsprechenden Dimensionen zueinandern. Begründet wird dieser Ansatz mit dem Argument, dass ausschließlich die gesamtheitliche und gleichermaßen betrachtete soziotechnische Gestaltung als erfolgsversprechend gilt. In diesem Zusammenhang wird aus Sicht des Autors nur dann die KI-basierte MRK erfolgreich einzuführen und anzuwenden sein, wenn alle drei Dimensionen die gleiche Relevanz zugeschrieben bekommen. Hinzukommend erfolgt eine visuelle Darstellung der Ergebnisse. Anhand dieser können individuelle Ausprägungen eines vorhandenen Istzustandes optisch aufgezeigt werden (Abbildung 28).

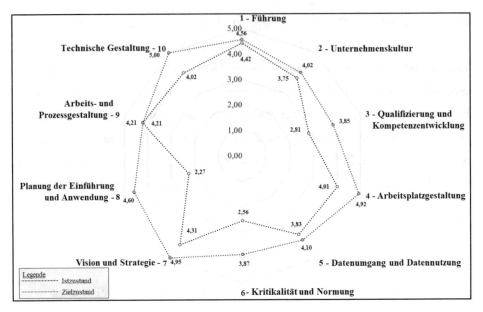

Abbildung 28: Exemplarische visuelle Ergebnisdarstellung der Anwendung des arbeitswissenschaftlichen Handlungsrahmens (Quelle: Eigene Darstellung)

Erkennbar sind auch hier die neun Handlungsfelder sowie die zusätzliche Rubrik, welche im Rahmen eines Netzdiagrammes visualisiert werden. Auf Basis einer Skala von 0,00 (Mitte) bis zu dem maximal erreichbaren Wert von 5,00 (äußerer Rand) werden die Ergebnisse der Analyse dargestellt. Der Istzustand ist durch eine schwarze Linie dargestellt. Die rote Linie entspricht dem Zielzustand. Auf Grund der invidividuellen Wahrnehmung eines jeden Menschen empfiehlt es sich immer die tabellarische sowie visuelle Ergebnisdarstellungen heranzuziehen. Durch die visuelle Ergebnisdarstellung können die Handlungsfelder mit einem Verbesserungspotenzial einfach sowie eindeutig erkannt werden. Im Anschluss an die Analyse bedarf es einer Definition von Maßnahmen, welche dazu dienen, das jeweilige Delta zum maximal zu erreichenden Zustand zu reduzieren. Hierbei sollten die individuellen Beschreibungen zu jedem Bewertungskriterium herangezogen werden, Maßnahmen abgeleitet und diese innerhalb eines Maßnahmenplanes festgehalten werden. Dem Maßnahmenplan sollten dabei Informationen zu entnehmen sein, was es zu erreichen gilt, welche Ansprechperson zuständig ist, bis zu welchem Zeitpunkt die jeweilige Maßnahme vollständig zu bearbeiten ist und welche Priorität diese besitzt. Hierbei ist zu beachten, dass dieser Prozess nicht immer und für jedes Bewertungskriterium umsetzbar ist. Hintergrund sind vor allem die individuellen Themenaspekte. Demnach ist eine Umsetzung einfacher, wenn es beispielsweise um die Frage geht, ob Prozesse zur kontinuierlichen Validierung neu erlernter Fähigkeiten des KI-Cobots existieren. Demgegenüber stehen allerdings auch beispielsweise Fragen zur langfristigen Vision des Unternehmens und ob diese ein Zukunftsszenario umfasst, in dem Mensch und Technologie gemeinsam agieren. In diesem Kontext ist eine Ableitung von Maßnahmen in einen Maßnahmenplan schwieriger umsetzbar, da es sich hierbei um strategische Gesichtspunkte handelt, deren Ausarbeitung nicht in den Aufgabenbereich einer Produktionsabteilung fallen wird, sondern die Aufgabe der Geschäftsleitung bildet. Der Gesichtspunkt eines Zukunftsszenarios, in dem Mensch und Technologie gemeinsam agieren, kann allerdings die Einführung und Anwendung der KI-basierten MRK unterstützen. Es bedarf demnach einer individuellen Abwägung.

5.4 Zwischenfazit

Mit Kapitel 5 wurde das übergreifende Forschungsziel, die Entwicklung eines arbeitswissenschaftlichen Handlungsrahmens für die Einführung und Anwendung der KI-basierten MRK, erreicht. Die Basis der Realisierung bildete das neu erarbeitete Wissen aus Kapitel 4. Im Rahmen von Kapitel 5 wurde dieses dahingehend transformiert, dass es im arbeitswissenschaftlichen Handlungsrahmen zur Einführung und Anwendung einer auf KI-basierten MRK mündete. Dieser erfüllt dabei weitreichende Anforderungen. Der Handlungsrahmen soll zur Sensibilisierung dienen und die relevanten arbeitswissenschaftlichen Themengebiete aufzeigen. Im Zuge seiner Anwendung soll es Unternehmen ermöglicht werden, Verbesserungspotenziale und Handlungsmöglichkeiten eigenständig zu identifizieren. Er bildet in idealtypischer Form die relevanten arbeitswissenschaftlichen Handlungsfelder ab und adressiert Themengebiete, welche für Unternehmen bei der Einführung sowie Anwendung zu beachten sind. Es handelt sich demnach um eine Referenz, deren Ergebnisse quantifizierbar sind. Die Basis bildet das arbeitswissenschaftliche Prinzip nach MTO. Der Handlungsrahmen vereinigt sowohl neun Handlungsfelder, ihre Zuordnung zur jeweiligen Dimension nach Mensch, Technik und Organisation, als auch die bei der Einführung und Anwendung zu beachtenden Erfolgsfaktoren. Hierzu wurden die Inhalte aus Kapitel 4 in neun Checklisten transformiert, welche jeweils ein individuelles Handlungsfeld abbilden. Im Kontext von

‚Mensch' sind dies ‚Führung', ‚Unternehmenskultur' sowie ‚Qualifizierung und Kompetenzentwicklung'. ‚Arbeitsplatzgestaltung', ‚Datenumgang und Datenschutz' sowie ‚Kritikalität und Normung' bilden die drei Handlungsfelder des Prinzips ‚Technik'. Im Zusammenhang von ‚Organisation' sind die drei Handlungsfelder ‚Vision und Strategie', ‚Planung der Einführung und Anwendung' sowie ‚Arbeits- und Prozessgestaltung'.

Die Zielgruppen in der Anwendung sind interdisziplinäre Projektteams, welche am Einführungs- und Anwendungsprozess beteiligt sind. Im Rahmen des Handlungsrahmens gilt es zu Beginn den Istzustand zu erfassen und diesen mit einem zu erreichendem Zielzustand zu vergleichen. Dies gibt Aufschluss darüber, in welchem Handlungsfeld ein Delta besteht und welchen Umfang dieses besitzt. Das Delta entspricht einem prozentualen Verbesserungspotenzial. Zur Realisierung wurde eine Rechenlogik konzipiert. Im Anschluss erfolgt die Darstellung der Ergebnisse. Hierfür eignet sich sowohl eine tabellarische als auch visuelle Darstellungsform im Rahmen eines dafür entwickelten Netzdiagrammes.

6. Evaluation des arbeitswissenschaftlichen Handlungsrahmens

Aufbauend auf die Konzeptionierung des arbeitswissenschaftlichen Handlungsrahmens bedarf es seiner Evaluation. Im Rahmen der Schrift werden hierbei die Inhalte zur Evaluationsforschung herangezogen. Infolgedessen, dass die Technologien zur KI im Kontext der MRK gegenwärtig noch keine Marktreife besitzen, sodass autonom agierende KI-Cobots in Unternehmen bereits mit den hier beschriebenen Fähigkeiten und Funktionalitäten eingesetzt werden, bedarf es einer alternativen Methode. Diese findet sich in den Inhalten der wissenschaftlichen Evaluationsforschung. Kapitel 6 führt zu Beginn in das genannte Themengebiet ein, erläutert relevante Aspekte aus der Evaluationsforschung und nimmt eine Abgrenzung zu weiteren Forschungsmethoden vor. Nach Abschluss werden im darauffolgenden Abschnitt die Inhalte zur Durchführung der Evaluation aufgezeigt und die Ergebnisse präsentiert. Das Kapitel schließt mit einer zusammenfassenden Darstellung aller Inhalte.

6.1 Evaluationsforschung

Um zu verstehen, wie sich die Evaluationsforschung in den Kontext weiterer Forschungsmethoden eingliedert, bedarf es einer Analyse des Terminus der Evaluation. In Abgängigkeit der gewählten Literatur finden sich dabei unterschiedliche definitorische Einordnungen. Stufflebeam und Shinkfield (2007) definieren den Terminus wie folgt: *„Evaluation: The systematic process of delineating, obtaining, reporting, and applying descriptive and judgemental information about some object's merit, worth, probity, feasibility, safety, significance, or equity. The result of an evaluation process is an evaluation as product"* (Stufflebeam & Shinkfield, 2007, S. 698).

© Der/die Autor(en), exklusiv lizenziert an
Springer-Verlag GmbH, DE, ein Teil von Springer Nature 2024
Y. Peifer, *Konzeptionierung eines arbeitswissenschaftlichen
Handlungsrahmens zur Einführung und Anwendung einer auf
Künstlicher Intelligenz basierten Mensch-Roboter-Kollaboration*,
ifaa-Edition, https://doi.org/10.1007/978-3-662-68561-7_6

Nach Hussy, Schreier & Echterhoff (2013) ist Evaluation dagegen: „*(...) in der allgemeinen Bedeutung des Begriffs die Beschreibung, Analyse und Bewertung von Prozessen und Organisationseinheiten, insbesondere im Bildungsbereich, in den Bereichen Gesundheit und Entwicklungshilfe, der Verwaltung oder der Wirtschaft. Evaluation kann sich sowohl auf den Kontext (Voraussetzungen, Rahmenbedingungen), die Struktur, den Prozess als auch auf das Ergebnis (Produkt) beziehen*" (Hussy, Schreier & Echterhoff, 2013, S. 29). Scriven (1994) präzisiert den Begriff dahingehend folgendermaßen: "*Evaluation is simply the process of determining the merit or worth of entities, and evaluations are the product of that process. Evaluation is an essential ingredient in every practical activity – where it is used to distinguish between the best or better things to make, get or do, and less good alternatives (...).*" (Scriven, 1994, S. 152). Die unterschiedlichen Autoren und Autorinnen eint, dass es sich bei der Evaluation um die Beschreibung eines Produktes sowie dessen Beurteilung und Bewertung handelt. Demnach handelt es sich bei der Evaluationsforschung um eine Methode, welche dazu genutzt wird, einen entsprechenden Sachverhalt wissenschaftlich fundiert zu bewerten. Dies erfolgt wiederum anhand festgelegter Kriterien. Es gilt am Ende der Evaluation eine Aussage über die Nutzung oder auch Nichtnutzung des Bewerteten treffen zu können. Dies differenziert die Methode in diesem Zusammenhang auch von der Grundlagen- sowie Interventionsforschung, welche sich unter anderem auf die Entwicklung von Theorien fokussieren (Döring & Bortz, 2016, S. 977).

6.1.1   Elemente der Evaluationsforschung

Innerhalb der Evaluationsforschung finden sich zahlreiche relevante Termini. Diese gilt es vor einer Durchführung der geplanten Evaluationsstudie systematisch zu beschreiben und dabei ihre Relevanz für den gesamten Kontext aufzuzeigen. Hierbei handelt es sich nach Döring (2014) um den Evaluationsgegenstand, die Anspruchsgruppe, notwendige Evaluationskriterien, jene Evaluationsfunktion sowie die Evaluationsnutzung (Abbildung 29).

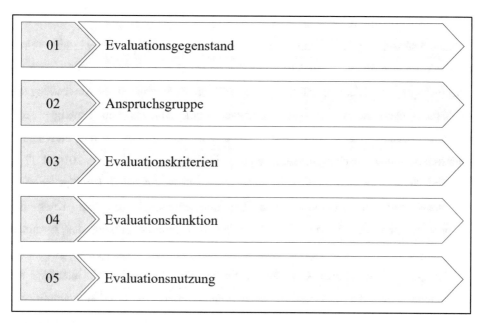

Abbildung 29: Elemente der Evaluationsforschung (Quelle: Eigene Darstellung, inhaltlich basierend auf Döring 2014, S. 170-182)

Diese gilt es nachfolgend separat und differenziert zu analysieren, um die dabei wichtigsten Erkenntnisse herauszuarbeiten sowie darzustellen.

6.1.1.1 Evaluationsgegenstand

Der Evaluationsgegenstand bezeichnet in der Evaluationsforschung den zu untersuchenden Gegenstand. In der Grundlagenforschung als Forschungsobjekt bezeichnet, kann ein Evaluationsgegenstand im Kontext der Evaluationsforschung unterschiedliche Bezeichnungen besitzen. Vielfach wird auch der Terminus Evaluandum verwendet. Inhalte können beispielhaft Lehrveranstaltungen, Methoden oder technologische Innovationen sein (Döring, 2014, S. 170). Weiterhin wird ein Evaluationsgegenstand auch als Evaluationsobjekt bezeichnet. Hierbei kann es sich ebenfalls um ein Produkt oder Programm sowie konkrete Forschungsergebnisse handeln. Erkennbar ist eine Vielzahl an Möglichkeiten, was alles als Gegenstand oder Objekt herangezogen werden kann. Die Evaluationsforschung vereint diese in einem gemeinsamen Kontext, indem es sich bei ihnen immer um etwas handelt, dessen Bewertung es bedarf (Stowasser, 2006, S. 55).

6.1.1.2 Anspruchsgruppe

Evaluationsforschung hat zum Ziel, die wissenschaftliche Bewertung eines Evaluationsgegenstandes zu erreichen. Um dies zu erzielen, bedarf es der Sichtweise von Anspruchsgruppen. Hierunter zählt unter anderem die Zielgruppe in der Anwendung des Evaluationsgegenstandes. Es bedarf demnach einer Analyse von benötigten und relevanten Stakeholdern. Diese bilden jene Anspruchsgruppe, deren individuelle Sichtweisen in den Forschungsprozess eingebracht werden sollen (Döring, 2014, S. 171). Die Stakeholder können hierbei in unterschiedlichster Intensität beteiligt werden. Beginnend mit der Einholung von Expertenmeinungen aus dem Kreis der Anspruchsgruppe bis hin zur gleichberechtigten Integration entlang des gesamten Forschungsprozesses. Eine Entscheidung für die passende Integration gilt es in Abhängigkeit des jeweiligen Kontextes zu treffen. Eine Integration gilt allerdings als unabdingbar, um die wissenschaftlichen Gütekriterien zu erfüllen. Nimmt die Anspruchsgruppe im Rahmen von Interviews oder Fragebogenerhebungen teil, handelt es sich um eine reaktive Datenerhebung mit den dazugehörigen Evaluationsrespondenten (Döring & Bortz, 2016, S. 981-983).

6.1.1.3 Evaluationskriterien

Um eine fundierte Bewertung des Evaluationsgegenstandes zu erreichen, bedarf es festgelegter Bewertungskriterien. Diese müssen eindeutig definiert werden, um auf Basis dessen entsprechende Daten zu erheben und zu interpretieren. Das Ergebnis der Evaluation ist dabei maßgeblich von den ausgewählten Kriterien abhängig (Döring, 2014, S. 171). Die Bewertungskriterien lassen sich auf unterschiedliche Art festlegen. Im Rahmen von Auftragsevaluationen sind diese oftmals vom Auftraggebenden festgelegt. Des Weiteren kann auch der Evaluator selbst Kriterien bestimmen. Dies wird mitunter damit begründet, dass es sich beim Evaluator in der Regel um einen Experten im entsprechenden Kontext handeln kann. Die dritte Variante entspricht einem emanzipativen Vorgehen, innerhalb dessen die Zielgruppe selbst Bewertungskriterien festlegt. Jene Variante ist in der Regel allerdings selten (Stockmann, 2016, S. 44). Die Evaluationskriterien bilden demnach einen Rahmen und legen fest, wonach ein Evaluationsgegenstand oder -objekt zu bewerten ist. Dieser Kriterienrahmen wird auch als

Kriteriensystem deklariert und bildet die Menge an Kriterien ab, welche es bei Evaluationen heranzuziehen gilt (Stowasser, 2006, S. 60).

6.1.1.4 Evaluationsfunktionen

Das Ergebnis einer Evaluation, welche anhand festgelegter Kriterien durchgeführt wurde, kann unterschiedlichen Funktionen dienen. Diese Evaluationsfunktionen können auch als Evaluationszwecke bezeichnet werden. Hierbei unterscheidet die Fachliteratur in fünf separate Funktionen. Evaluationsforschungen können eine Erkenntnisfunktion besitzen, indem sie wissenschaftliche Erkenntnisse über einen festgelegten Evaluationsgegenstand zusammentragen. Hierzu bedarf es im Rahmen der Studie konkreter und untersuchbarer Evaluationsfragen. Weiterhin kann im Zusammenhang mit der Lern- und Dialogfunktion ein Austausch über einen Evaluationsgegenstand forciert werden. Die Evaluationsstudie kann diesen Prozess unterstützen. Hierzu bedarf es allerdings einer aktiven Einbindung von heterogenen Stakeholdern in den Evaluationsprozess. Ebenfalls gibt es die Optimierungsfunktion, innerhalb derer das Ziel verfolgt wird, explizites Wissen zu sammeln, welches dazu eingesetzt werden kann, um einen Evaluationsgegenstand zu verbessern. Dies geht in der Regel über die reine Lern- und Dialogfunktion hinaus, indem Verbesserungsvorschläge erarbeitet werden, welche explizit und detailliert sind. Die Optimierungsfunktion kann dabei sowohl formativ als auch summativ erfolgen. Durch die Entscheidungsfunktion soll es ermöglicht werden, zwischen zwei Optionen auszuwählen. Ein Ergebnis der Evaluation hilft demnach zur Auswahl zwischen zwei Evaluationsgegenständen. Weiterhin kann diese Funktion dazu genutzt werden, um Entscheidungen zu treffen, ob eine Maßnahme weitergeführt werden soll. Abschließend ist die Legitimationsfunktion zu erwähnen. Die Evaluationsforschung sowie jene darin erarbeiteten Ergebnisse sollen in diesem Zusammenhang dazu genutzt werden, um eine Legitimation herzustellen. Um dies zu erreichen, bedarf es einer transparenten Darstellung (Döring & Bortz, 2016, S. 987). Es gilt dadurch die Wirksamkeit eines ausgewählten Evaluationsgegenstandes zu bestätigen. Hierdurch soll ein Rückschluss darauf erfolgen, inwiefern dessen Existenz seine Berechtigung findet (Stowasser, 2006, S. 56).

6.1.1.5 Evaluationsnutzung

Ist eine Evaluation erfolgt, gilt es darauf aufbauend die generierten Ergebnisse darzulegen. Hinsichtlich der Evaluationsnutzung liegt diese Verantwortung bei den Evaluierenden. Es bedarf hierbei einer transparenten Darlegung in Form eines verständlichen Berichtes. Dies geht mit der Tatsache einher, dass in diesem Zuge eine objektive Bewertung der Ergebnisse vorgenommen werden muss. Weiterhin sind abzuleitende Praxisempfehlungen zu generieren. Die Evaluationsforschung verfolgt hierbei die Zielstellung, ihre Ratgeberpflicht sicherzustellen. Dies kann allerdings nur erfolgen, wenn die generierten Ergebnisse in praxisnahe Handlungsempfehlungen transformiert werden (Döring, 2014, S. 172f).

6.1.2   Differenzierung von Evaluationsstudien

Weiterhin lassen sich Evaluationsstudien anhand unterschiedlicher Typen clustern. Nach Döring (2014) erfolgt dies anhand unterschiedlicher Einstellungskriterien. Eine erste Differenzierung erfolgt dahingehend, ob es sich um eine formative oder summative Evaluation handelt. Während eine formative Evaluation darauf bedacht ist, den Evaluationsgegenstand kontinuierlich zu verbessern, wird mit der summativen Form eine abschließende Bewertung verfolgt (Döring, 2014, S. 173). Es gilt demnach bei der formativen Evaluation bereits während der Realisierung eines Evaluationsgegenstandes seine Erstellung zu verbessern. Diese Form wird hierbei auch oftmals als Begleitevaluation deklariert. Für die summative Evaluation kann dabei ebenfalls die Beschreibung Ex-post-Evaluation verwendet werden (Stowasser, 2006, S. 69f).

Weiterhin kann die Evaluationsforschung intern oder extern erfolgen. Erfolgt sie intern, wird diese durch Personengruppen derselben Organisation durchgeführt. Eine exemplarische Darstellung ist die Evaluation eines Lehrenden durch eine Institution an derselben Hochschule. Die Selbstevaluation bildet eine spezielle Form der internen Evaluation. Dies ist dann der Fall, wenn jene Personengruppe, welche die Verantwortung für einen Evaluationsgegenstand trägt, auch für deren Evaluation verantwortlich ist (Döring, 2014, S. 174). Hierbei ist zu erwähnen, dass es sich dabei nicht um eine Selbsteinschätzung handelt, sondern vielmehr die Expertise von Experten oder Teilnehmenden eingeholt wird (Döring & Bortz, 2016, S. 989).

Ebenfalls kann eine Differenzierung dahingehend erfolgen, zu welcher Lebenszyklusphase ein Evaluationsgegenstand bewertet wird. Hierbei wird zwischen Konzept-, Prozess- oder Ergebnisevaluation unterschieden. Die Konzeptevaluation konzertiert sich hierbei auf die Bewertung des Konzeptes, bevor dieses umgesetzt wird. Mit der Prozessevaluation erfolgt eine durchgehende Bewertung jener Maßnahme und mit der Ergebnisevaluation dessen abschließende Validierung (Döring, 2014, S. 174).

Döring und Bortz (2016) zeigen zudem auf, dass eine Unterscheidung auch nach den Merkmalen der empirischen Sozialforschung erfolgen kann. Hierbei verweisen sie auf die quantitative, qualitative sowie Mixed-Methods-Evaluation. Dabei erfolgt eine Hinzunahme der jeweiligen qualitativen oder quantitativen Forschungsmethoden. Enthält eine Evaluationsstudie Aspekte aus beiden Segmenten und erhebt dahingehend Daten, kommt ein Methodenmix zur Anwendung (Döring & Bortz, 2016, S. 991). Insbesondere in den Segmenten der angewandten Forschung sowie der Evaluation erfolgt eine breite Anwendung von Mixed-Methods. Dies lässt sich darauf zurückführen, dass weder reine Zahlen als Ergebnisse noch alleinige verbale Äußerungen als ausreichend für eine qualitativ hochwertige Evaluation gelten. Als besonders vielversprechend hat sich in diesem Zusammenhang eine Staffelung ausgewählter Methoden bewiesen. Hierbei wird es ermöglicht, einen Evaluationsgegenstand aus unterschiedlichen Perspektiven bewerten zu lassen (Kuckartz, 2014, S. 52). Obgleich eine Differenzierung von Evaluationsstudien anhand der aufgezeigten Einteilungskriterien möglich ist, existieren durchweg Mischformen (Döring & Bortz, 2016, S. 989).

6.1.3 Standards der Evaluationsforschung

Die Durchführung einer Evaluationsstudie verlangt zudem eine Beachtung bestehender Standards. Evaluationsstandards bilden hierbei verbindliche Vorgaben, nach denen eine für gut zu befindende Evaluation zu erfolgen hat. Diese werden von der Gesellschaft für Evaluation e.V. (DeGEval) vorgegeben. Demnach gilt es vier Eigenschaften bei der Konzeptionierung einer Studie zu berücksichtigen. Diese setzen sich aus insgesamt 25 Einzelstandards zusammen. Eine gesamtheitliche Realisierung aller Einzelstandards ist allerdings nicht immer möglich (Tabelle 26).

Standards der Evaluationsforschung			
Nützlichkeit	Durchführbarkeit	Fairness	Genauigkeit
N1: Identifizierung der Beteiligten und Betroffenen	D1: Angemessene Verfahren	F1: Formale Vereinbarungen	G1: Beschreibung des Evaluationsgegenstandes
N2: Klärung der Evaluationszwecke	D2: Diplomatisches Vorgehen	F2: Schutz individueller Rechte	G2: Kontextanalyse
N3: Kompetenz und Glaubwürdigkeit des Evaluators/der Evaluatorin	D3: Effizienz von Evaluation	F3: Umfassende und faire Prüfung	G3: Beschreibung von Zwecken und Vorgehen
N4: Auswahl und Umfang der Informationen		F4: Unparteiische Durchführung und Berichterstattung	G4: Angabe von Informationsquellen
N5: Transparenz von Werthaltungen		F5: Offenlegung von Ergebnissen und Berichten	G5: Valide und reliable Informationen
N6: Vollständigkeit und Klarheit der Berichterstattung			G6: Systematische Fehlerprüfung
			G7: Angemessene Analyse qualitativer und quantitativer Informationen
N7: Rechtzeitigkeit der Evaluation			G8: Begründete Bewertungen und Schlussfolgerungen
N8: Nutzung und Nutzen der Evaluation			G9: Meta-Evaluation

Tabelle 26: Standards der Evaluationsforschung (Quelle: Eigene Darstellung, inhaltlich basierend auf DeGEval – Gesellschaft für Evaluation e.V., 2021, S. 18-21)

Im Zuge der Nützlichkeit gilt es sicherzustellen, dass sich eine Evaluation an den Zwecken und Informationsbedarfen der Stakeholder auszurichten hat. Gleichzeitig gilt es zugrundeliegende Werte transparent darzustellen sowie die Interessen der beteiligten Stakeholder zu berücksichtigen. Hinzukommend müssen die Evaluatorinnen sowie Evaluatoren vertrauenswürdig sein und eine benötigte Kompetenz mitbringen. Bei der Auswertung von Daten im Rahmen eines Berichtes gilt es diesen verständlich, klar und rechtzeitig vorzulegen. Mit der Durchführbarkeit soll sichergestellt werden, dass die Evaluationsstudie realitätsnah, fundiert, diplomatisch und unter Beachtung anfallender Kosten erfolgt. Die Akzeptanz der beteiligten Stakeholder soll im Zuge einer diplomatischen Durchführung sichergestellt werden. Finanzielle Mittel sind in Relation zum auftretenden Nutzen einzusetzen. Es gilt zudem während der Durchführung etwaige Störungen zu vermeiden. Während einer Evaluationsstudie bedarf es eines fairen und respektvollen Umganges miteinander. Aus diesem Grund bildet die Fairness den dritten

Standard. Es sollte darauf geachtet werden, dass alle Vereinbarungen zwischen den Beteiligten in Schriftform fest- und nachgehalten werden. Individuelle Rechte sind dabei zu jeder Zeit zu wahren. Es gilt weiterhin auftretende Stärken und Schwächen des Programms transparent und vollständig aufzuzeigen. Ergebnisse sind zudem zugänglich zu machen. Die Genauigkeit bildet den vierten und abschließenden Standard. Hierdurch soll sichergestellt werden, dass über das Evaluationsobjekt Ergebnisse generiert werden, welche eine Gültigkeit besitzen. Dies umfasst ebenfalls die Evaluationsfragestellungen. Hinzukommend sollte das Programm explizit dargelegt werden und Informationsquellen eine Reliabilität und Validität besitzen. Abschließend gilt es die erhobenen Daten systematisch aufzuarbeiten und zu interpretieren. Alle Maßnahmen der Evaluation sind durchgehend festzuhalten (Döring & Bortz, 2016, S. 991f).

6.2 Evaluationsstudie

Nachdem die relevanten Termini detailliert aufgezeigt wurden sowie deren Einordnung in den Kontext der Evaluationsforschung stattfand, erfolgt nun die Darstellung jener Evaluationsstudie der vorliegenden Schrift. Hierbei wird Bezug auf die erarbeiten Erkenntnisse der vorherigen Abschnitte genommen. Es erfolgt eine Darstellung der Systematik, der teilnehmenden Stakeholder sowie der ausgewählten Forschungsmethoden und deren Durchführung sowie Auswertung.

6.2.1 Systematik

Mit der Systematik soll die Konzeptionierung der Evaluationsstudie aufgezeigt werden. Hierzu erfolgt eine Bezugnahme auf die Abschnitte 6.1.1.1.1 bis 6.1.1.1.5. Ausgangspunkt ist eine Einordnung anhand der Erkenntnisse aus dem Abschnitt 6.1.2. Das bereits dargelegte Ziel der Evaluation ist die Bewertung des entwickelten arbeitswissenschaftlichen Handlungsrahmens. Eine übersichtliche Darstellung der erarbeiten Systematik erfolgt in Tabelle 27, welche inhaltlich auf Döring und Bortz (2016), Döring (2014), Kuckartz (2014), Stockmann (2016) sowie Stowasser (2006) basiert. Grau hinterlegte Felder deklarieren die für die vorliegende Schrift gewählten Inhalte.

Typen der Evaluationsstudie	Formativ		Summativ	
	Intern		Extern	
	Selbstevaluation		Fremdevaluation	
	Konzeptevaluation	Prozessevaluation		Ergebnisevaluation
	Quantitativ	Qualitativ		Mixed-Methods
Evaluationsgegenstand	Arbeitswissenschaftlicher Handlungsrahmen			
Anspruchsgruppen	Stakeholder aus Wissenschaft und betrieblicher Praxis			
Evaluationskriterien	Inhaltliche und konzeptionelle Kriterien			
Evaluationsfunktionen	Optimierungsfunktion			
Evaluationsnutzung	Verbesserung oder Anpassung des Handlungsrahmens			

Tabelle 27: Systematik der konzipierten Evaluationsstudie (Quelle: Eigene Darstellung)

Im Rahmen dieser Schrift erfolgt eine summative Evaluation. Dies begründet sich mit der Fertigstellung des arbeitswissenschaftlichen Handlungsrahmens. Die Evaluation erfolgt intern. Zugleich wird auf das Konzept der Selbstevaluation zurückgegriffen. Dies bedeutet, dass der fertiggestellte Handlungsrahmen durch externe Stakeholder bewertet werden soll, eine Durchführung der Evaluation allerdings durch den Autor erfolgt. Es wird eine Ergebnisevaluation angestrebt. Methodisch soll diese anhand einer Mixed-Methods-Evaluation erfolgen. Hierzu werden sowohl Methoden aus der quantitativen als auch qualitativen Forschung verwendet. Im Rahmen der qualitativen Forschung wird dies durch eine Fokusgruppendiskussion realisiert. Im Kontext der quantitativen Forschung wird auf die Methode einer standardisierten Befragung zurückgegriffen. Der Methodenmix wird damit begründet, dass durch eine Staffelung der Erhebungen eine aussagekräftige Evaluation zu erwarten ist. Die quantitative wie auch die qualitative Methode verfolgen hierbei unterschiedliche Zielsetzungen. Im Rahmen der quantitativen Methode soll eine inhaltliche Überprüfung des arbeitswissenschaftlichen Handlungsrahmens erfolgen. Es gilt zu überprüfen, inwiefern die Inhalte den wissenschaftlichen und praktischen Anforderungen entsprechen. Die Methode der quantitativen Forschung wird zur Überprüfung der Konzeptionierung des erarbeiteten Handlungsrahmens verwendet. Die Evaluation erfolgt dabei gestaffelt, beginnend mit der inhaltlichen Validierung.

Aufbauend darauf erfolgt die konzeptionelle Bewertung. In diesem Zusammenhang bildet der arbeitswissenschaftliche Handlungsrahmen den Evaluationsgegenstand. Diesen gilt es wissenschaftlich und praxisnah zu überprüfen. Die Anspruchsgruppen bilden hierbei Stakeholder, welche, zusätzlich zum Autor der vorliegenden Schrift, an der Evaluation teilnehmen. Ihre Ansichten gilt es in der durchzuführenden Evaluation zu erheben. Die Evaluationskriterien existieren hierbei für die qualitative sowie quantitative Forschungsmethode. Hierbei bilden die inhaltlichen Abweichungen oder Übereinstimmungen der Anspruchsgruppe zu den Inhalten des Handlungsrahmens jene Kriterien. Diese werden dabei in drei Themenbereiche differenziert. Themenbereich eins bildet die gegenwärtige MRK. Es gilt zu validieren, welche arbeitswissenschaftlichen Themen- und Handlungsfelder die Stakeholder aus der Anspruchsgruppe für relevant halten, wenn es um die Einführung und Anwendung von gegenwärtiger MRK geht. Ebenfalls erfolgt eine Überprüfung, welche Erfolgsfaktoren seitens der Anspruchsgruppe für wichtig erachtet werden. Eine deckungsgleiche Untersuchung findet für das Themenfeld der KI statt. Dies erfolgt sowohl für die arbeitswissenschaftlichen Themen- und Handlungsfelder als auch die Erfolgsfaktoren. Daraufhin gilt es die Ansichten der Anspruchsgruppe zur KI-basierten MRK einzuholen, um eine umfängliche Validierung zu gewährleisten. Kongruent zur MRK und KI gilt es auch hier Themen- und Handlungsfelder sowie Erfolgsfaktoren zu validieren. Hierdurch sollen die Ansichten und Erfahrungen der Stakeholder zur Weiterentwicklung der gegenwärtigen MRK eingeholt werden. Ebenfalls gilt es die Wichtigkeit der Themen- und Handlungsfelder sowie Erfolgsfaktoren zueinander zu bewerten. Alle Ergebnisse aus den Betrachtungsbereichen werden daraufhin mit den Inhalten aus dem aufgezeigten Handlungsrahmen abgeglichen. Eine Übereinstimmung würde demnach mit einer positiven Bewertung der Inhalte aus dem Handlungsrahmen einhergehen. Hinzukommend bedarf es der quantitativen Validierung. Diese erfolgt dagegen numerisch. Die Evaluationskriterien bilden hierbei drei Kategorien. Diese sind ‚Aufbau und Verständlichkeit‘, ‚Anwendbarkeit‘ sowie ‘Angemessenheit‘. Zur Validierung wurden die drei Kategorien in jeweils fünf bewertbare Items gegliedert, deren detaillierte Darstellung im noch folgenden Abschnitt 6.2.4. erfolgt. Im Rahmen einer fünfstufigen Ratingskala sind diese von ‚stimme voll zu‘ bis ‚stimme überhaupt nicht zu‘ bewertbar. Eine Validierung gilt als positiv, wenn die überwiegenden Antworten im positiven Bereich erfolgen. Im Rahmen der Evaluationsfunktion wird eine Optimierungsfunktion angestrebt. Dies begründet sich dahingehend, dass mit der

Evaluation das Ziel verfolgt wird, bewerten zu können, ob der Handlungsrahmen den inhaltlichen sowie konzeptionellen Anforderungen aus der Praxis und der Wissenschaft genügt. Eine Nutzung der Ergebnisse, welche im Fortlauf der Arbeit aufgezeigt werden, erfolgt zur Verbesserung oder Anpassung des Handlungsrahmens.

6.2.2   Auswahl der Teilnehmenden

Die Auswahl der Teilnehmenden folgte einem Prozess, innerhalb dessen explizite Kriterien zu Grunde gelegt wurden. Die übergeordnete Zielstellung einer Evaluation durch wissenschaftliche und praxisnahe Personengruppen fungierte bei der Suche als Leitbild. Auf dieser Grundlage wurden Organisationen zur Kontaktaufnahme ausgewählt, welche sich mit den Themengebieten der vorliegenden Schrift sowohl wissenschaftlich als auch in der praxisnahen Umsetzung beschäftigen. Die akquirierten Teilnehmenden ergaben sich demnach aus ihrer Position in der jeweiligen Organisation heraus. Die Akquise der Teilnehmenden erfolgte auf Basis des eigenen Netzwerkes des Autors. Hierbei wurden sowohl Kontaktpersonen ersten Grades, demnach potenzielle Teilnehmende, zu denen der Autor bereits Kontakt hatte, als auch Kontaktpersonen zweiten und dritten Grades angefragt. Kontaktpersonen des zweiten und dritten Grades ergaben sich dabei aus den Erstgesprächen mit den Kontaktpersonen ersten Grades und waren dem Autor zuvor unbekannt. In Anbetracht dessen, dass es sich hierbei um ein begrenztes Themengebiet handelt, konnte dennoch eine ausgeprägte und zugleich notwendige Heterogenität bei den Teilnehmenden erreicht werden. Insgesamt ergab sich eine Stichprobe aus sechs Teilnehmenden. Diese fungieren hierbei sowohl als Teilnehmende für die Durchführung der qualitativen als auch quantitativen Forschung. Bei den Organisationen ist eine Untergliederung in wissenschaftlich sowie nicht wissenschaftlich zu erkennen. Die wissenschaftlichen Organisationen wiederum sind ebenfalls in private oder öffentliche Institutionen zu separieren. Unabhängig von der jeweiligen Zugehörigkeit eint alle Teilnehmenden die Kriterien, nach denen sie ausgewählt wurden. Hierbei wurde explizit darauf geachtet, dass diese als erfüllt gelten. Mittels der nachstehenden Aspekte wurden die teilnehmenden Personen für die Evaluation ausgewählt:

- Die teilnehmende Person war in der betrieblichen Praxis an der Einführung und Anwendung von MRK oder KI beteiligt
- Die teilnehmende Person beschäftigt sich im Rahmen ihrer wissenschaftlichen Tätigkeit mit den Themenfeldern MRK oder KI
- Die teilnehmende Person beschäftigt sich im Rahmen ihrer beruflichen Tätigkeit (bspw. innerhalb des Arbeitsschutzes oder der Qualifizierung) mit den arbeitswissenschaftlichen Themengebieten zur MRK oder KI
- Die teilnehmende Person ist daran interessiert und befähigt, die Entwicklung von zukünftigen Handlungsempfehlungen und Modellen für die betriebliche Praxis mitzugestalten

Eine Person wurde als geeignet eingestuft, wenn sie mindestens zwei der oben genannten Kriterien erfüllt. Die erste Kontaktaufnahme erfolgte mittels E-Mail. Hierbei wurde darauf geachtet, dass die potenziell teilnehmende Person bereits relevante Informationen erhielt. Zur Realisierung wurde eine Informationsbroschüre (siehe Anhang 1) konzipiert. Diese enthielt Informationen über die Inhalte und Ziele des Forschungsvorhabens, den Ablauf und das Ziel der Evaluation, die Teilnahmevoraussetzungen und den Datenschutz sowie die Kontaktdaten des Autors, welche für Rückfragen genutzt werden sollten. Bei einer positiven Rückmeldung seitens der ausgewählten Personen, wurde eine zweite Informationsbroschüre (siehe Anhang 2) übermittelt. Dieser konnten die Teilnehmenden sowohl den Ablauf der Evaluation, zu diskutierende Fragestellungen als auch weitergehende Informationen entnehmen. Eine Koordination des Termines für die Evaluationsveranstaltung erfolgte über das Programm Doodle. Im Ganzen konnten deutschlandweit sechs Teilnehmende aus der entsprechenden Zielgruppe akquiriert werden, deren Vorstellung nachfolgend stattfindet. Im weiteren Verlauf der Schrift werden diese als Gesprächspersonen bezeichnet. Jene hier aufgeführte Bezeichnung wird wiederum in die Auswertung weitergetragen:

Gesprächsperson A ist in der angewandten Wissenschaft tätig. Ihr Fachgebiet konzentriert sich auf die Arbeitswissenschaft. In diesem Kontext ist sie in den Themengebieten der allgemeinen Digitalisierung, KI sowie MRK tätig und beschäftigt sich dabei u.a. mit den arbeitswissenschaftlichen Herausforderungen. Bei der Organisation von Gesprächsperson A handelt es sich um ein privates arbeitswissenschaftliches Forschungsinstitut. Ihre

Eignung wird mit der praxisnahen Forschung in den für die Evaluation relevanten Themengebieten begründet.

Gesprächsperson B ist ebenfalls in der angewandten Wissenschaft tätig. Hierbei konzentrieren sich ihre Themengebiete auf die Segmente KI und MRK, welche sie im Rahmen ihrer Anstellung an einem privaten arbeitswissenschaftlichen Forschungsinstitut bearbeitet. In Analogie zur Gesprächsperson A findet dies in einem intensiven Praxisbezug statt. Auf Grund dessen sowie der thematischen Überschneidung beruht die Annahme auf Eignung für die Evaluation.

Gesprächsperson C hat eine Leitungsfunktion in der Produktion einer produzierenden Organisation inne. Die Gesprächsperson C war in diesem Zusammenhang sowohl für die Einführung von MRK als auch KI verantwortlich. Zusätzlich zu der technologischen Umsetzung galt es hier auch arbeitswissenschaftliche Kriterien mit einzubeziehen. Die Eignung für die Evaluation wird dahingehend mit den umfassenden praxisnahen Erfahrungen begründet, welche sich vor allem im Kontext der Arbeitswissenschaft bei KI und MRK wiederfinden.

Gesprächsperson D ist in der angewandten Wissenschaft tätig. Ihr Fachgebiet konzentriert sich hierbei auf die Mensch-Maschine-Interaktion. In diesem Zusammenhang konnte Gesprächsperson D bereits umfassende arbeitswissenschaftliche Erfahrungen in mehreren praxisnahen Forschungsprojekten generieren (bspw. zur Potenzialanalyse bei MRK). Bei der Organisation handelt es sich um ein arbeitswissenschaftliches Forschungsinstitut, welches einer öffentlichen Hochschule angehört. Die Eignung für die Evaluation wird mit der umfangreichen wissenschaftlichen und praxisnahen Erfahrung in den relevanten Themengebieten begründet.

Gesprächsperson E ist an einem Forschungsinstitut beschäftigt, welches einer öffentlichen Hochschule angehört. Das Fachgebiet konzentriert sich dabei auf die MRK. Die Gesprächsperson E konnte in diesem Zusammenhang bereits umfangreiche Erfahrungen sammeln. Diese generierten sich aus einem praxisnahen Forschungsprojekt (u.a. zu Einsatzfeldern und Potenzialanalysen bei MRK). Eine Eignung wird durch die praxisnahe Forschung in dem für die Evaluation relevanten Themengebiet begründet.

Gesprächsperson F ist in der angewandten Arbeitswissenschaft tätig. Ihr Fachgebiet konzentriert sich hierbei auf die psychischen Belastungen am Arbeitsplatz sowie das betriebliche Gesundheitsmanagement. In diesem Kontext weist die Gesprächsperson F eine umfangreiche Erfahrung aus Praxis sowie Wissenschaft auf. Diese generierte sich u.a. aus der Arbeit in den Themengebieten zur MRK und KI. Auf Basis dessen beruht die Annahme auf Eignung für die Evaluation.

6.2.3 Fokusgruppendiskussion

Die Fokusgruppendiskussion bildet die erste Methode der Evaluation. Es handelt sich hierbei um eine Methode aus der qualitativen Sozialforschung. Das Ziel ihrer Anwendung liegt in der Erhebung von Informationen. In Abhängigkeit der gewählten Literatur wird sie auch als Gruppendiskussion oder Fokusgruppe bezeichnet. Der Unterschied zu einer alltäglichen Unterhaltung liegt in dem festgelegten thematischen Schwerpunkt, dem sogenannten Fokus (Hussy, Schreier & Echterhoff, 2013, S. 231). Es handelt sich demnach um eine Diskussionsrunde in der Gruppe, innerhalb derer alltägliche Gesprächs- und Kommunikationsprozesse initiiert werden sollen. Es gilt eine natürliche Erhebungssituation, Kommunikativität sowie Offenheit zu generieren. Dies unterscheidet jene Methode von Einzelinterviews. Geleitet wird die Fokusgruppendiskussion von einem Moderator. An ihn wird der Anspruch gerichtet, neutral zu agieren und nicht die eigene Meinung einzubringen (Vogl, 2014, S. 581-586). Im Rahmen der Evaluation gilt die Fokusgruppendiskussion als besonders geeignete Methode. Die Evaluation verfolgt das bereits dargelegte Ziel, Aufschlüsse zu generieren. Dies wird dahingehend realisierbar, wenn es innerhalb des Prozesses gelingt, individuelle Bewertungen von unterschiedlichen Stakeholdern zu erheben und diese anschließend zu vergleichen oder zu kontrastieren. Die Fokusgruppendiskussion bietet aus diesem Grund einen idealen Zugang zur Realisierung (Flick, 2009, S. 13). Der Literatur sind dabei weitreichende Anforderungen zu entnehmen, was die Gestaltung anbelangt.

Die Planung ist hierbei mitentscheidend für die Qualität der Durchführung und Ergebnisse. Es gilt in diesem Zusammenhang mehrere Fragen zu beantworten. Zu Beginn sollte geklärt werden, welche Personengruppen beteiligt werden müssen und wie diese zu akquirieren sind. Darauffolgend gilt es festzulegen, wo die Fokusgruppendiskussion durchgeführt werden soll und in welchem Umfang eine Strukturierung erfolgen darf. Dies inkludiert ebenfalls die Frage nach der Gruppengröße. Hierbei wird ein Bereich von sechs bis zehn Teilnehmenden als ideal bewertet (Vogl, 2014, S. 583f). Hussy, Schreier & Echterhoff (2013) geben zudem an, dass auch eine Mindestanzahl von fünf Teilnehmenden ausreichend sein kann (Hussy, Schreier & Echterhoff, 2013, S. 231). Die Homogenität oder Heterogenität der Gruppe ist dabei mitentscheidend für den Erfolg der Evaluation. Alle Teilnehmenden sollten ausreichend Gemeinsamkeiten besitzen, um an der Diskussion teilzunehmen. Gleichzeitig inkludiert ein homogener Erfahrungshintergrund nicht die identische Einstellung der Teilnehmenden. Es sollte darauf geachtet werden, dass diese nicht zu gleich ist. In der Regel erfolgt eine Strukturierung der Gesprächssituation anhand eines dafür entwickelten Leitfadens. Der Anspruch ist, diesen allgemein zu halten, indem er offene Fragen enthält (Vogl, 2014, S. 583f). Die Dauer der Evaluation richtet sich dabei an dem zu untersuchendem Gegenstand aus. Hierbei wird in der Regel eine Spanne von ein bis drei Stunden angegeben (Tausch & Menold, 2015, S. 5). Die Anzahl der Themenbereiche, welche vorab im Rahmen des Leitfadens festgehalten werden, ist ebenfalls von der Dauer abhängig. Vier bis sechs Fragen werden hierbei für eine Dauer von ein bis zwei Stunden empfohlen. Hinzukommend gilt es festzulegen, welche Erkenntnisabsicht mit der Evaluation verfolgt wird, wie eine Auswertung zu erfolgen hat und in welcher Form die generierten Ergebnisse dargestellt werden sollen. Weiterhin werden umfangreiche Anforderungen an den Moderator gestellt. Er ist mitunter für den Erfolg und die Ergebnisse verantwortlich. Ihm obliegt hierbei die Aufgabe, alle Aspekte einer Diskussion zu verstehen und diese gleichzeitig zu lenken (Vogl, 2014, S. 583-586).

6.2.3.1 Durchführung

Die Durchführung der Fokusgruppendiskussion zur vorliegenden Schrift erfolgte anhand von sieben Tagesordnungspunkten und umfasste einen Zeitumfang von fast drei Stunden. Als Begleitmaterial für die Veranstaltung wurde eine dazugehörige Präsentation erstellt (siehe Anhang 3). Den ersten Tagesordnungspunkt bildete die Begrüßung durch den Autor, welcher gleichzeitig als Moderator der Veranstaltung fungierte. Weiterhin wurde zu Beginn für die Teilnahme gedankt und über den Schutz der personenbezogenen Daten aufgeklärt sowie die Zeiträume erläutert, welche mittels eines Tonaufnahmegerätes aufgenommen würden. Hierbei handelte es sich ausschließlich um die Diskussionsinhalte. Alle Teilnehmenden hatten im Vorfeld der Veranstaltung ihr Einverständnis dafür schriftlich gegeben (siehe Anhang 4). Innerhalb einer kurzen Vorstellungsrunde hatte jede teilnehmende Person anschließend die Möglichkeit, ihren fachlichen Hintergrund darzustellen sowie aufzuzeigen, in welchem Kontext bereits Erfahrungen mit der MRK und KI gesammelt wurden. Im Anschluss erfolgte innerhalb des zweiten Tagesordnungspunkts eine thematische Einführung durch den Autor. Diese umfasste die Problem- und Zielstellung der vorliegenden Schrift, eine inhaltliche Abgrenzung zwischen der MRK und KI-basierten MRK sowie jene Zielstellung der Veranstaltung. Nach Abschluss wurde in die erste von drei Diskussionsrunden eingeleitet. Tagesordnungspunkt drei umfasste dabei die Diskussion zu den arbeitswissenschaftlichen Themen- und Handlungsfeldern sowie Erfolgsfaktoren der MRK. Die Ergebnisse wurden hierbei parallel durch den Moderator für alle Teilnehmenden sichtbar in der Begleitpräsentation festgehalten. Eine Dokumentation erfolgte im Zuge einer Mindmap (siehe Anhang 3, Seite 9 und 10). Darauffolgend umfasste der Tagesordnungspunkt vier eine Diskussion zu den arbeitswissenschaftlichen Themen- und Handlungsfeldern sowie Erfolgsfaktoren der KI. Kongruent zur vorherigen Diskussion wurden durch den Moderator auch hier zu Beginn die offenen Fragegestellungen dem Auditorium präsentiert und deren Antworten visuell festgehalten (siehe Anhang 3, Seite 12 und 13). Dem Tagesordnungspunkt vier folgte eine geplante Pausierung der Veranstaltung. Im Anschluss wurden innerhalb des fünften Tagesordnungspunktes die arbeitswissenschaftlichen Themen- und Handlungsfelder sowie Erfolgsfaktoren der KI-basierten MRK offen diskutiert und für alle Teilnehmenden sichtbar festgehalten (siehe Anhang 3, Seite 16). Zum Ende der Diskussionsrunde wurden die Teilnehmenden abschließend dazu befragt, ob sie noch relevante Inhalte ergänzen möchten. Nachdem keine Wortmeldungen mehr vorhanden waren, wurde die Diskussion durch den Moderator geschlossen. Alle diskutierten Fragestellungen entsprachen den in Abschnitt 6.2.1 aufgezeigten Fragestellungen. Den sechsten Tagesordnungspunkt bildete die Vorstellung des bereits konzipierten arbeitswissenschaftlichen Handlungsrahmens. Dies umfasste die Darlegung seines Ziels, jene Anforderungen bei der Gestaltung sowie dessen Aufbau. Hinzukommend wurde auf die Zielgruppe eingegangen sowie das Vorgehen in der Anwendung erläutert. Darauffolgend erhielten die Teilnehmenden im siebten und abschließenden Tagesordnungspunkt die Informationen zur standardisierten Befragung und deren Ablauf. Den Abschluss bildete ein Dank für die Teilnahme durch den Moderator und dessen Frage, ob noch offene Anmerkungen seitens der Teilnehmenden bestehen würden. Nachdem keine Wortmeldungen mehr zu verzeichnen waren, wurde die Veranstaltung für beendet erklärt.

6.2.3.2 Qualitative Methode der Datenauswertung

Zur Auswertung der erhobenen Daten können unterschiedliche Methoden herangezogen werden. Eine Analyse und Auswertung von Notizen, welche durch den Moderator niedergeschrieben wurden, bildet eine mögliche Variante. Alternativ greift die Fokusgruppendiskussion auch hier auf die etablierten Methoden der empirischen Sozialforschung zurück. Im Rahmen derer gilt die qualitative Inhaltsanalyse nach Mayring (2015) als eine äußerst geeignete Methode zur Auswertung von Fokusgruppendiskussionen (Tausch & Menold, 2015, S. 7 und Döring & Bortz, 2016, S. 381). Diese wird auch im Rahmen der vorliegenden Schrift verwendet und nachfolgend vorgestellt. Bei der qualitativen Inhaltsanalyse handelt es sich in diesem Zusammenhang um eine bestimmte Auswertungsmethode, welche dazu genutzt wird, um Textinhalte zu analysieren. Hierbei erfolgt eine starke Konzentration auf den Kontext der empirischen Sozialwissenschaft. Die Methode zeichnet sich hierbei vor allem dadurch aus, dass ihr Ablauf stark regelgeleitet erfolgt und die Möglichkeit besteht, erhebliche Mengen an empirischen Daten auszuwerten. Daten bilden in diesem Kontext oftmals transkribierte Aufzeichnungen (Mayring & Fenzl, 2014, S. 543). Im Rahmen der vorliegenden Arbeit erfolgte eine Transkription jener durchgeführten und mit einem Tonaufnahmegerät aufgezeichneten Fokusgruppendiskussion. Hieraus ergab sich ein Textumfang von 25 Seiten (siehe Anhang 7). Für die Transkription wurde das Programm MAXQDA verwendet. Um den geforderten Qualitätsansprüchen gerecht zu werden, erfolgte dabei eine Beachtung der Transkriptionsregeln nach Kuckartz (2010). Nach diesen gilt es die erhobenen Daten wörtlich zu transkribieren sowie Dialekte und Zusammenfassungen zu vernachlässigen. Weiterhin sind Interpunktionen zu glätten und alle potenziellen Angaben auf Rückschlüsse zu den Gesprächspersonen zu vermeiden. Pausen sind mit ‚(…)' darzustellen und ausgeprägte Betonungen deutlich zu kennzeichnen. Zustimmungen, welche vom Interviewer stammen, sind auszulassen. Sprachliche Einwürfe sind mit Klammern zu versehen. Lautäußerungen, welche in Form von Lachen oder Seufzen entstehen, sind ebenfalls in Klammern darzustellen. Hinzukommend bedarf jede Gesprächsperson einer eindeutigen Identifizierung. Die interviewende Person wird hierbei durch ein ‚I' dargestellt. Befragte Gesprächspersonen sind ebenfalls zu klassifizieren. Im Rahmen der vorliegenden Schrift erfolgt dies mit ‚GA' bis ‚GF'. Abschließend gilt es, Sprecherwechsel eindeutig aufzuzeigen. Im Transkript bedarf es hierfür einer Leerzeile (Kuckartz, 2007, S. 43). Die qualitative Inhaltsanalyse nach Mayring (2015) folgt hierbei einem festgelegten Ablaufmodell (Abbildung 30)

Abbildung 30: Ablaufmodell qualitative Inhaltsanalyse nach Mayring (Quelle: Eigene Darstellung in Anlehnung an Mayring, 2015, S. 62)

Zu Beginn gilt es das Material zu bestimmen, welches einer Analyse unterzogen werden soll. Dieses bildet in diesem Zusammenhang das gesamte Transkript aus der Fokusgruppendiskussion. Mit der Fokusgruppendiskussion ist hierbei ausschließlich der

Diskussionsteil zu den in Abschnitt 6.2.1 festgelegten Fragestellungen gemeint. Dies bildet den Übergang zum zweiten Schritt, einer Analyse der Erhebungssituation. Hierbei gilt es darzulegen, wer an der Entstehung des Materials beteiligt war und wie dieses erhoben wurde. Die Teilnehmenden der Fokusgruppendiskussion waren dabei ausschließlich die in Abschnitt 6.2.2 bereits aufgezeigten Gesprächspersonen sowie der Moderator, welcher hierbei durch den Autor repräsentiert wurde. Die Bedingungen der Fokusgruppendiskussion bilden jene in Abschnitt 6.2.3.1 transparent dargelegten Inhalte. Mit den formalen Charakteristika werden die Eigenschaften deklariert, wie sich das erhobene Material darstellt. Dies umfasst vorwiegend die Frage nach der Darstellungsform. Innerhalb der vorliegenden Schrift bildet das primär zu analysierende Material das Transkript mit einem Textumfang von 25 Seiten. Dieses wird als primär bezeichnet, weil es dessen Inhalt mittels der qualitativen Inhaltsanalyse zu untersuchen gilt. Sekundäres Material bilden die visuellen Aufzeichnungen (siehe Anhang 3), welche innerhalb der Fokusgruppendiskussion durch den Autor erstellt wurden. Sie enthalten die Informationen aus dem Transkript in visueller Darstellungsform. Darauffolgend gilt es die Fragestellung zu konkretisieren, welche bei der Analyse verfolgt werden soll. Um eine präzise Analyse zu ermöglichen, erfolgte in der Schrift eine Untergliederung in mehrere zu beantwortende Fragestellungen (Mayring, 2015, S. 54-60). Diese umfassen die bereits dargelegten aus dem Abschnitt 6.2.1:

- ‚Welche arbeitswissenschaftlichen Themen- und Handlungsfelder sind bei der Einführung und Anwendung von MRK aus Sicht eines Unternehmens zu beachten?‘
- ‚Welche arbeitswissenschaftlichen Erfolgsfaktoren sind bei der Einführung und Anwendung von MRK aus Sicht eines Unternehmens zu beachten?‘
- ‚Welche arbeitswissenschaftlichen Themen- und Handlungsfelder sind bei der Einführung und Anwendung von KI aus Sicht eines Unternehmens zu beachten?‘
- ‚Welche arbeitswissenschaftlichen Erfolgsfaktoren sind bei der Einführung und Anwendung von KI aus Sicht eines Unternehmens zu beachten?‘
- ‚Welche arbeitswissenschaftlichen Themen- und Handlungsfelder sowie Erfolgsfaktoren werden zukünftig bei der Einführung und Anwendung einer KI-basierten MRK aus Sicht eines Unternehmens zu beachten sein?‘
- ‚Wie würden Sie die Wichtigkeit der Themen- und Handlungsfelder zueinander beurteilen?‘

- ,Wie würden Sie die Wichtigkeit der einzelnen Erfolgsfaktoren zueinander beurteilen?'

Weiterhin wurde in der vorliegenden Schrift die inhaltliche Strukturierung in Kombination mit einer induktiven Kategorienbildung als anzuwendende Analysetechnik gewählt. Mayring (2015) unterscheidet hierbei zwischen sieben Ausprägungsformen von Analysetechniken, deren Kombination erlaubt ist. Die Auswahl der inhaltlichen Strukturierung wird mit den Vorteilen der Technik begründet. Im Allgemeinen wird es durch ihre Anwendung ermöglicht, ausgewählte Inhalte aus einem vorhandenen Datensatz herauszufiltern. Dies erfolgt anhand eines konstruierten Kategoriensystems. Für Fokusgruppendiskussionen bildet für die inhaltliche Strukturierung ein geeignetes Instrument. Die Analysetechnik folgt einem festgelegten Ablaufmodell. Zu Beginn bedarf es der Festlegung von Hauptkategorien, welche theoriebegleitend zu entwickeln sind (Mayring, 2015, S. 103-107). Diese bilden in der Schrift: ,Handlungsfelder zur Einführung und Anwendung von MRK', ,Erfolgsfaktoren der Einführung und Anwendung von MRK', ,Handlungsfelder zur Einführung und Anwendung von KI', ,Erfolgsfaktoren der Einführung und Anwendung von KI', ,Handlungsfelder zur Einführung und Anwendung von KI-basierter MRK' sowie ,Erfolgsfaktoren der Einführung und Anwendung von KI-basierter MRK'.

Ziel ist es mittels eines Kategoriensystems eine Struktur in die vorhandenen Daten zu bringen. Es gilt hierbei Textbestandteile, welche den Kategorien zuzuordnen sind, daraufhin zu extrahieren. Auf Basis der Hauptkategorien bedarf es einer weiteren und detaillierten Strukturierung des Kategoriensystems durch die Konstruktion von Unterkategorien. Von hoher Relevanz ist dabei, dass jede Kategorie im System einer exakten Definition bedarf, zu welchem Zeitpunkt eine Textpassage der Kategorie zuzuordnen ist. Hinzukommend müssen Ankerbeispiele – Beispiele für konkrete Textpassagen – sowie Kodierregeln und Regeln zur Zuordnung von Textinhalten festgelegt werden. Die Bildung von Kategorien innerhalb der inhaltlichen Strukturierung erfolgt dabei durchgehend deduktiv und aus der Theorie heraus. Daraufhin wird das erhobene Material sukzessiv und ganzheitlich gesichtet sowie relevante Textpassagen extrahiert. Von großer Bedeutung ist ebenfalls die durchgängige Revision des Kategoriensystems im Rahmen eines iterativen Prozesses (Mayring, 2015, S. 97). Diese

durchgängige deduktive Bildung erscheint aus Sicht des Autors nicht passend für die
Zielsetzung, welche mit der Evaluation verfolgt wird. Aus diesem Gedanken heraus
begründet er die Kombination mit der induktiven Kategorienbildung. Dies bedeutet, dass
eine deduktive Kategorienbildung ausschließlich für die Hauptkategorien erfolgte. Diese
sind aus Sicht des Autors unumstößlich festgelegt, weil sie sich aus dem Ziel der
Evaluation herausgebildet haben. Um nun eine unvoreingenommene und offene
Evaluation durch die Stakeholder zu ermöglichen, wäre es zweckwidrig für Themen- und
Handlungsfelder zur MRK, KI oder KI-basierten MRK bereits inhaltlich fertige
Unterkategorien während der Evaluation zu präsentieren. Dies würde den Grundsatz der
Evaluation beschädigen, dass diese offen zu gestalten ist und der Moderator eine neutrale
Haltung einzunehmen hat. Auf Grund dessen erfolgte eine Bildung von Unterkategorien
rein induktiv aus den Textpassagen des erhobenen Materials heraus. Hieraus ergab sich
ein Kategoriensystem für die durchgeführte Fokusgruppendiskussion. Der Abschnitt des
Kategoriensystems für die Inhalte zur MRK wird in Abbildung 31 dargestellt.

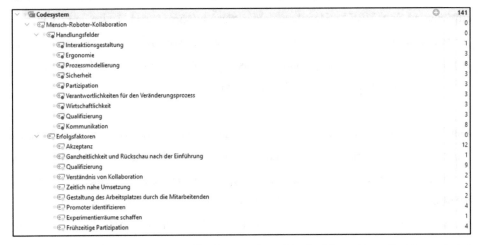

Abbildung 31: Kategoriensystem zur MRK in MAXQDA (Quelle: Eigene Darstellung)

Abbildung 32 visualisiert den Abschnitt des Kategoriensystems zu den transkribierten Inhalten der KI.

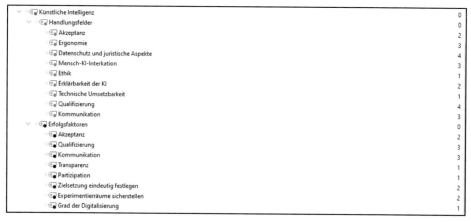

Abbildung 32: Kategoriensystem zur KI in MAXQDA (Quelle: Eigene Darstellung)

Der Abschnitt des Kategoriensystems inklusiver Ober- und Unterkategorien zur KI-basierten MRK wird in Abbildung 33 dargestellt.

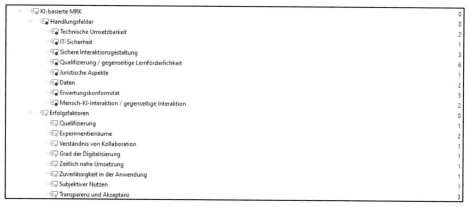

Abbildung 33: Kategoriensystem zur KI-basierten MRK in MAXQDA (Quelle: Eigene Darstellung)

Nachdem das Kategoriensystem vollständig erstellt wurde, bedarf es das extrahierte Material zu paraphrasieren. Dies erfolgt sowohl für die Unter- als auch Hauptkategorien (Mayring, 2015, S. 103). Den Abschluss der qualitativen Inhaltsanalyse bildet neben der Zusammenstellung jener Ergebnisse auch deren Interpretation sowie eine Anwendung inhaltsanalytischer Gütekriterien (Mayring, 2015, S. 62).

6.2.3.3 Ergebnisdarstellung

Ausgehend von der Vorstellung der Methoden, werden nachfolgend die Ergebnisse der Fokusgruppendiskussion dargestellt. Jene Vorstellung orientiert sich an der in Abschnitt 6.2.3.2 präsentierten Reihenfolge der Fragestellungen. Beginnend mit dem Themenkomplex zur MRK wurde die Fokusgruppendiskussion eröffnet. Die Ergebnisse zu den relevanten Themen- und Handlungsfeldern werden in Abbildung 34 aufgezeigt.

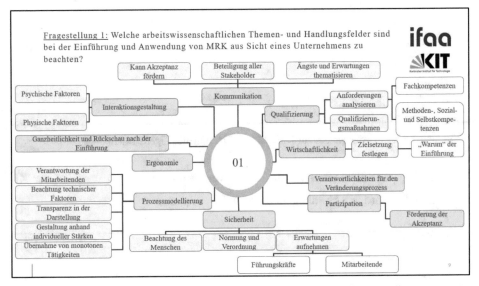

Abbildung 34: Ergebnisse der Fokusgruppendiskussion zu den Themen- und Handlungsfeldern der MRK (Quelle: Eigene Darstellung)

Die Kommunikation bildet hierbei das erste Themen- und Handlungsfeld hinsichtlich der Einführung und Anwendung von MRK. Sowohl GA, GC, GD als auch GE verweisen auf die ausgeprägte Relevanz: GC betont: *„Was auch noch sehr, sehr wichtig ist, ist die offene Kommunikation, warum kommt jetzt an diesen Arbeitsplatz ein Cobot, warum unterstützt er dich jetzt."* (GC, Pos. 97-98). Kommunikation wird dabei durch GD als ein Aspekt der Beteiligung von Stakeholdern deklariert und kann positive Auswirkungen auf die Akzeptanz besitzen: *„Kurz zu dem Kommunikationsthema, das würde ich auch unterstreichen, dass es sehr, sehr wichtig ist, dass wir eben alle Beteiligten bei der Einführung mit einbeziehen."* (GD, Pos. 113-114). Ebenfalls sollten Ängste und realistische Erwartungen thematisiert werden. Ängste entstehen nach GE oft auch aus der Nutzung von Medien: *„ Und das ist halt oft durch Medien oder durch irgendwelche Filme* *oder was auch immer geprägt, weshalb Mitarbeitende oftmals irgendwelche Ängste gegenüber Robotern haben, die man so gar nicht auf dem Schirm hat.* " (GE, Pos. 147-149). Ebenfalls wird von GA, GE und GF die Qualifizierung in Unternehmen als relevant betrachtet: *„Ich glaube, im Rahmen von den Handlungsfeldern wäre das Thema der Qualifizierung noch ein wichtiger Aspekt (...).* " (GE, Pos. 186-187). GA ergänzt in diesem Zusammenhang: *„(...) dass die Leute, die daran beteiligt sind an solch einem Projekt, auch die entsprechende Fachkompetenz haben und dass sie es auch technisch umsetzen können"* (GA, Pos. 301-302). Damit geht vor allem einher, dass die Anforderungen analysiert werden müssen, um sowohl benötigte Fach-, Methoden-, Sozial als auch Selbstkompetenzen zu ermitteln. Auch bedarf es passender Qualifizierungsmaßnahmen. Weiterhin betonen GA und GD die Wirtschaftlichkeit als Themen- und Handlungsfeld sowie die damit verbundene Frage nach der Zielsetzung: *„Oftmals ist die Peripherie, die man zusätzlich zu dem Roboter selbst kaufen muss, die Effektoren und so weiter steigern dann oftmals die Anfangsinvestition, was es dann schnell zu Frustrationsgefühl führen kann, gerade bei kleineren Unternehmen, die da wirklich auch wirtschaftlich entscheiden müssen, das einzuführen. Das ist wäre dann schon ein nächstes Handlungsfeld, Wirtschaftlichkeit und Kalkulationen (...).* " (GD, Pos. 135-140). GB ergänzt weiterhin, dass auch die Verantwortlichkeit im Prozess eindeutig dargestellt sein muss: *„Vielleicht auch als Herausforderung, die Verantwortung richtig einzuteilen. Wer ist denn jetzt für den Einsatz von diesem Cobot verantwortlich?* " (GB, Pos. 268-269). Partizipation zur Förderung der Akzeptanz bei den Mitarbeitenden wird von GA und GC als essenziell betrachtet, um die Einführung und Anwendung erfolgreich zu gestalten: *„Deshalb ist es glaube ich essenziell, sowohl für die Einführung an sich als auch für die Akzeptanz.* " (GC, Pos. 95-96). Partizipation sollte nach den Teilnehmenden ganzheitlich und unabhängig von der individuellen Veränderung erfolgen. Die Einbeziehung von den Ideen der Mitarbeitenden wird hierbei als beispielhafter Aspekt aufgeführt. Die Sicherheit in der Anwendung wird zudem von GD und GE als relevant deklariert. Die Teilnehmenden unterscheiden hierbei in die gefühlte Sicherheit des Menschen als auch der Beachtung von festgelegten Richtlinien: *„Sicherheit würde ich auch unterteilen einerseits in tatsächliche Sicherheit, die auf jeden Fall gegeben sein muss, da gibt es ja auch Richtlinien (...) aber auch das Thema der wahrgenommenen Sicherheit spielt da eine extrem wichtige Rolle, wenn wir auch wieder Richtung Akzeptanz sprechen.* " (GE, Pos. 82-85). Weiterhin gilt es dabei vor allem die Erwartungen der Mitarbeitenden als auch ihre Führungskräfte mit einzubeziehen. Als sehr umfangreiches Themen- und Handlungsfeld betiteln vor allem GB, GC, GE und GF die Prozessmodellierung. Diese umfasst nach den Teilnehmenden vor allem die individuelle Verantwortung der Mitarbeitenden, eine Beachtung technischer Faktoren bei der Einführung und Anwendung, die Transparenz in der Darstellung von Sachverhalten sowie die Gestaltung der individuellen Interaktion. In diesem Zusammenhang gilt es nach den Teilnehmenden die individuellen Stärken von Mensch und Roboter sowie Unterstützungspotenziale zu beachten. Als technische Faktoren nennt GB vor allem den Aspekt, dass die Fähigkeiten des Roboters und seine technischen Aspekte wie Reichweite in die Layoutplanung mit einbezogen werden müssen: *„Unabhängig von der Interaktion, dass man wirklich den Prozess genau weiß. Weiß, was ist jetzt sinnvoll, was der Cobot als Unterstützung übernimmt und welche Fähigkeiten bringt eigentlich der Mensch mit. Also wirklich, jeder bringt seine Vorteile in den Arbeitsprozess mit ein (...). Und die andere Seite ist halt wirklich diese ganz nüchterne Layoutplanung, Arbeitsplatzgestaltung, die ich einfach dann dementsprechend anpassen muss, wenn ich so einen Cobot einsetzen möchte."* (GB, Pos. 59-65). Die Themen- und Handlungsfelder der Interaktionsgestaltung sowie Ergonomie erweitern jene bereits aufgezeigten Inhalte. Nach GD und GE sollte darauf geachtet werden, dass sowohl physische als auch psychische Beanspruchungen beachtet werden sowie der Arbeitsplatz flexibel für verschiedene Benutzergruppen anpassbar ist: *„Und ein anderer Aspekt, wenn wir bei diesen menschzentrierten Faktoren sind, ist eben allgemein die Ergonomie, einmal auf kognitiver, mentaler Ebene, also Beanspruchung, Belastung und auch die physische Ergonomie, die Teil dieser menschzentrierten Faktoren sind."* (GD, Pos. 18-21). Eine Betrachtung der Ergebnisse zu den Erfolgsfaktoren erfolgt darauf aufbauend. Im Rahmen der Fokusgruppendiskussion generierte Ergebnisse sind in Abbildung 35 visualisiert.

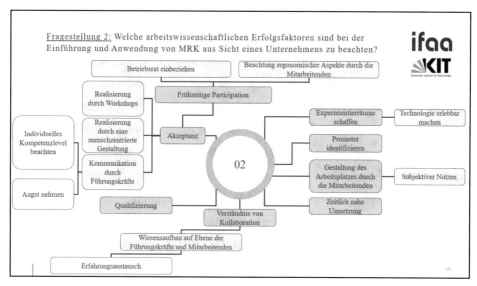

Abbildung 35: Ergebnisse der Fokusgruppendiskussion zu den Erfolgsfaktoren der MRK (Quelle: Eigene Darstellung)

Hierbei wurde vor allem eine ganzheitliche Betrachtung der Einführung und Anwendung betont als auch, dass eine Rückschau vorgenommen wird, um für zukünftige Projekte Verbesserungen zu analysieren (GC). GE verdeutlicht zudem die Relevanz von Experimentierräumen und das Erlebbarmachen von MRK: *„Ich würde vielleicht noch als Erfolgsfaktor aufführen so etwas wie Experimentierräume schaffen (...), also das ist glaube ich aus mehrerer Sicht wichtig. Einerseits im Sinne von einer Qualifizierung, dass man weiß, wie das Ganze funktioniert, dass man sich damit vertraut macht. Andrerseits auch aus so einer Vertrauens-/Akzeptanz- Richtung her gedacht.“* (GE, Pos. 305-309). Die Generierung von Promotern wird ebenfalls als erfolgversprechend für den Veränderungsprozess betitelt. Durch das Gewinnen von Unterstützenden können sowohl positive Aspekte hervorgehoben als auch Zweifler überzeugt werden. Weiterhin können die Promoter auch als Vermittelnde agieren, um sich über Erfahrungen hinsichtlich der bereits umgesetzten Projekte auszutauschen (GA, GC und GD). GC betont hinzukommend den subjektiven Nutzen bei den Mitarbeitenden sowie deren individuelle Gestaltung des eigenen Arbeitsplatzes als Erfolgsfaktor: *„Ich wollte (...) zustimmen, dass ich auch die Akzeptanz definitiv als Erfolgsfaktor sehe. Und ich glaube, die Akzeptanz und die Motivation kommt ganz stark aus dem subjektiven Nutzen.“* (GC, Pos. 25-27). GC verbindet dies ebenfalls mit der Akzeptanz als Erfolgsfaktor. Diese wird dabei durch mehrere Teilnehmende als bedeutender Erfolgsfaktor hinsichtlich der Einführung und Anwendung von MRK betont. GF verdeutlicht die Relevanz als Erfolgsfaktor: *„(...) die Akzeptanz der Beschäftigten. Weil damit steht und fällt es, ob das erfolgreich ist, ob das genutzt wird und dass es auch produktiv genutzt wird.“* (GF, Pos. 4-5). Akzeptanz sollte nach den Teilnehmenden unter anderem durch eine frühzeitige Partizipation sichergestellt werden. Sowohl bei den Mitarbeitenden als auch der betrieblichen Interessensvertretung. Als geeignete Formate werden Workshops angesehen. Akzeptanz lässt sich weiterhin auch durch eine menschenzentrierte Gestaltung der Interaktion fördern. Demnach sollte darauf geachtet werden, dass die Nutzenden der MRK eine Erleichterung ihrer Arbeit erfahren und ergonomische Gesichtspunkte beachtet werden. Akzeptanz ist nach den Aussagen der Teilnehmenden auch bereits zu Beginn der Einführung beeinflussbar. Hierbei rückt insbesondere die Kommunikation in den Vordergrund. Es gilt transparent darzustellen, zu welchem Zweck die MRK eingeführt werden soll sowie frühzeitig Ängste zu nehmen und realistische Erwartungen an die Anwendung zu erzeugen. Hierzu sollten Mitarbeitende bereits zu Beginn beteiligt werden. Weiterhin muss auch das individuelle Level der Kompetenzen analysiert werden. Mitarbeitende besitzen hierbei unterschiedliche Voraussetzungen, weswegen es einer adressatengerechten Kommunikation und Partizipation bedarf (GB, GC, GD und GF). GC betont dies damit: *„(...) zudem wird es auch sicherlich Menschen geben, die einfach Angst vor dem Thema haben und einfach nicht mit MRK arbeiten können oder wollen.“* (GC, Pos. 399-400). Die Beachtung des individuellen Kompetenzlevels gilt als essenziell, wenn es um die Qualifizierung im Kontext der MRK geht. Die Qualifizierung wird dabei zum einen als Themen- und Handlungsfeld und zum anderen als Erfolgsfaktor betitelt. Im Unternehmen benötigt es ein umfangreiches Grundverständnis über den Themenkomplex der MRK. Das individuelle Verständnis der beteiligten Stakeholder ist hierbei abhängig von der Position im Unternehmen. Sowohl auf Ebene der Führungskräfte als auch der Mitarbeitenden werden entsprechende Fachkompetenzen benötigt. Es gilt neben diesen aber auch noch weitere Kompetenzen zu beachten. Wichtig für die Einführung und Anwendung von MRK ist demnach auch die offene und positive Einstellung gegenüber Neuerungen und speziell der Robotik (GC, GE, GD und GF). An die Qualifizierung schließt sich auch das notwendige Verständnis von Kollaboration an, welches von GD als Erfolgsfaktor betitelt wird: *„Dann ist eventuell noch hilfreich oder es könnte einen Erfolgsfaktor mit darstellen, dass man die Technologie MRK oder das Verständnis von MRK (...). Dass man weg von*

Vollautomatisierung hin zu tatsächlicher Kollaboration, also auch weg von Koexistenz und so weiter kommt. (...) Von daher ein Umdenken, dass man diese Technologie MRK komplett verinnerlicht und sich im Prozess dann tatsächlich darauf konzentriert und nicht dann am Ende einen Roboterarm da stehen hat, der kollaborationsfähig ist, aber dann komplett eigenständig, koexistent arbeitet." (GD, Pos. 190-200). Abschließend ist die zeitlich nahe Umsetzung zu nennen, welche von GA als relevant deklariert wird: *„(...) als Erfolgsfaktor der zeitliche Entwicklungsprozess. Also der Aspekt, dass man zum einen nach der Ankündigung, dass man solche Technologien im Unternehmen nutzen und einführen möchte, relativ schnell in die Umsetzung kommt und nicht zwei Jahre im stillen Kämmerlein rumgedoktert wird und die Mitarbeiter alles längst schon wieder vergessen.*" (GA, Pos. 288-292).

Darauffolgend sollen die Ergebnisse im Kontext der KI dargestellt werden. Die Ergebnisse zu den relevanten Themen- und Handlungsfeldern werden in Abbildung 36 aufgezeigt.

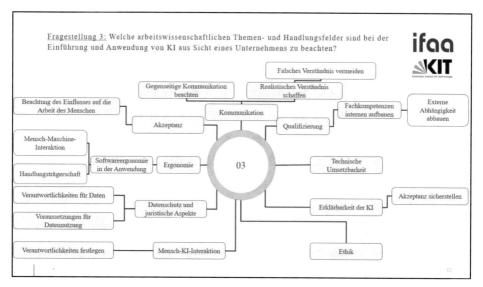

Abbildung 36: Ergebnisse der Fokusgruppendiskussion zu den Themen- und Handlungsfeldern der KI (Quelle: Eigene Darstellung)

Die Kommunikation bildet dabei das erste Themen- und Handlungsfeld. Hierbei wurde insbesondere die gegenseitige Kommunikation im Veränderungsprozess sowie die Notwendigkeit, ein realistisches Verständnis aufzuzeigen, als relevant eingestuft. Es gilt dabei nach GA ein falsches Verständnis zur KI zu vermeiden: *„(...) ich glaube, das Thema*

KI oder auch der Begriff ein recht breites Themenspektrum schon abdeckt und insbesondere durch kulturelle Hintergründe jeder glaube ich mit dem Begriff KI dem Thema KI eine gewisse Assoziation verbindet. (...) Und deswegen ist es glaube ich beim Thema KI, wenn man das in den Betrieb hereinbringt und man möchte eine KI-Entwicklung verfolgen, (...) ein realistisches Verständnis zu schaffen." (GA, Pos. 462-472). Hinzukommend wird der Qualifizierung durch die Teilnehmenden eine ausgeprägte Relevanz zugesprochen. Eine Betreuung von KI-Projekten sowie deren Einführung und Anwendung benötigt ausgeprägte Fachkompetenzen. Gleichzeitig gilt es auch die Machbarkeiten einschätzen zu können sowie technologische Grenzen kennenzulernen. Dies wird erweitert durch interdisziplinäre im Unternehmen benötigte Kompetenzen, welche über die Anwendung hinausgehen. Insbesondere um die Abhängigkeit von externen Stakeholdern zu reduzieren, sollten interdisziplinäre Kompetenzen aufgebaut werden. Dies umfasst insbesondere den Bereich der Datenhandhabung. Hierbei handelt es sich um einen Bereich, welcher auch nach der Einführung einer dauerhaften Betreuung bedarf (GA und GC). Der Aspekt von Daten wird in diesem Zusammenhang durch das Themen- und Handlungsfeld der technischen Umsetzbarkeit durch GA ergänzt: *„(...) Einführung eines KI-Systems steht ja der Punkt Datenschutz. Was quasi der Türöffner ist für den ganzen Datenbereich. Da sollte man einmal schauen, sind überhaupt die ganzen Voraussetzungen erfüllt, ein KI-System nutzen zu können im Betrieb. Habe ich die ganzen Daten. Wenn ja, wie liegen sie automatisiert aufbereitet digital vor. Sprich der Themenbereich Voraussetzungen, sind die da, um ein KI-System effizient nutzen zu können."* (GA, Pos. 667-672). Ebenfalls wird durch GE der Erklärbarkeit eine hohe Relevanz als Themen- und Handlungsfeld zugesprochen, welche beachtet und sichergestellt werden muss: *„(...) ich glaube, ein Handlungsfeld, was natürlich im KI-Kontext immer viel diskutiert wird und auch spezifisch ist, ist die Erklärbarkeit. Erklärbare KI, also verstehe ich (...), warum die KI zu dieser Entscheidung gekommen ist. Kann ich das ein stückweit nachvollziehen. (...) Einmal, um das Ganze bewerten zu können, ob das wirklich Sinn ergibt, sinnvoll ist. Andererseits vielleicht auch wiederum aus einer Akzeptansicht, dass ich das Ganze irgendwo nachvollziehen kann."* (GE, Pos. 518-528).

Die Beachtung von ethischen, juristischen und datenschutztechnischen Aspekten bilden zwei weitere Themen- und Handlungsfelder, welche sich inhaltlich überschneiden. Den Themen Datenschutz und -umgang sowie rechtlichen Aspekten werden dabei ausgeprägtere Rollen als bei der MRK zugesprochen. Insbesondere wenn es um die Entscheidung geht, welche Daten in das KI-System eingespielt werden und wer hierfür die Verantwortung trägt. Hierbei muss vor allem gewährleistet werden, dass das System regelkonform arbeitet. Es geht dabei ebenfalls um die Entscheidung, wer für den gesamten Prozess der Datenhandhabung verantwortlich ist (GF). Dies wird durch GE hierbei durch die ethische Sichtweise ergänzt: *„Ich glaube, eine größere Rolle, als es vielleicht im MRK-Bereich spielt, ist das Thema Datenschutz und rechtliche Themen. Also Umgang mit Daten spielt da im KI-Bereich eine sehr große Rolle. Vielleicht auch aus einer ethischen Sicht, wenn man jetzt nicht nur die rein rechtlichen Themen angeht, sondern das Thema Ethik, Diskriminierung durch Algorithmen (...)."* (GE, Pos. 443-447). Der Aspekt von Verantwortung findet sich ebenfalls im Themen- und Handlungsfeld der Mensch-KI-Interaktion wieder. Zum einen geht es um die Frage, wer für die Entscheidungen, welche durch die KI getroffen werden, verantwortlich ist. Zum anderen aber auch um die dabei entstandenen Folgen. Hierbei gilt es die Frage zu beantworten, zu welchem Zeitpunkt der Mensch und wann das System verantwortlich ist (GC). Weiterhin wird durch GE die Akzeptanz als ein Themen- und Handlungsfeld deklariert, welches es auch bei der KI umfangreich zu beachten gilt: *„Ich denke, Akzeptanz ist wieder ein Riesenthema."* (GE, Pos. 440-441). Insbesondere sollte nach GD darauf geachtet werden, wie die Aufgabenverteilung zwischen Mensch und KI erfolgt: *„Zu dem Punkt Akzeptanz, vielleicht ist das im Themenbereich KI noch stärker vorhanden, wenn man sich anschaut, welche Selbstwahrnehmung oder Identifikation haben denn verschiedene Berufsfelder von sich und welche Aufgaben würde dann die KI diesen Personen entreißen sozusagen."* (GD, Pos. 557-560). Das abschließende Themen- und Handlungsfeld bildet nach GF eine Beachtung ergonomischer Gesichtspunkte: *„Ja, beim Thema Ergonomie können wir vielleicht das Thema Softwareergonomie noch ein bisschen spezialisieren. Dass man da noch darauf achtet, dass das gut ausgeprägt ist."* (GF, Pos. 532-534). Dies umfasst nach GA hierbei vor allem die Aspekte einer eindeutigen Festlegung der Handlungsträgerschaft aber auch die Verteilung von Arbeitstätigkeiten: *„Bei der Softwareergonomie, speziell im Bereich der KI, ist die Sache der Handlungsträgerschaft wichtig. Also wie gestalte ich meine KI, welche Funktionen vielleicht des Menschen werden substituiert, aber inwieweit* *hat der Mensch noch in dem Rahmen die Handlungsträgerschaft über die Ausführung bestimmter Prozesse."* (GA, Pos. 545-548). Eine Betrachtung der Ergebnisse zu den Erfolgsfaktoren erfolgt darauf aufbauend. Die im Rahmen der Fokusgruppendiskussion generierten Ergebnisse sind in Abbildung 37 visualisiert.

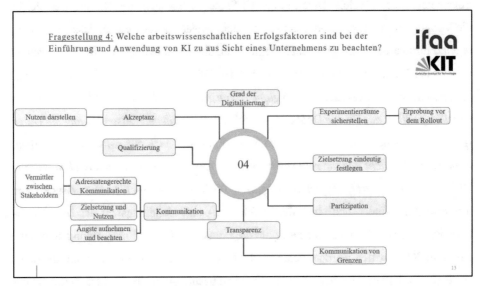

Abbildung 37: Ergebnisse der Fokusgruppendiskussion zu den Erfolgsfaktoren der KI (Quelle: Eigene Darstellung)

Hierbei wird dem Aspekt, KI erlebbar zu machen, durch GA eine hohe Relevanz zugesprochen. Im Detail handelt es sich hierbei um Experimentierräume, deren Initiierung bereits vor der Einführung erfolgen sollte: *„ (...) die Pilot- oder Experimentierräume, die geschaffen werden. Das ist auch das, was wir in der Praxis verfolgen oder wahrnehmen. Die meisten Unternehmen, je größer sie sind, desto eher machen sie das auch, dass sie Erfahrungen mit der Anwendung von KI sammeln, bevor es dann in den großen Roll-Out geht."* (GA, Pos. 577-581). Weiterhin sollten nach GA bereits zu Beginn die verfolgte Zielstellung eindeutig und für alle verständlich festgelegt werden: *„Ich könnte jetzt auch hier wieder das von der MRK wiederholen, dass man die Zielsetzung des KI-Systems klar festlegt und kommuniziert. (...). Das ist der erste Schritt bei einem gelungenen Change-Management."* (GA, Pos. 635-638). Die Zielstellungen sollten daraufhin kommuniziert werden. Der Kommunikation wird eine ausgeprägte Relevanz als Erfolgsfaktor zugesprochen. Neben der Vermittlung von Zielsetzungen und Nutzen, gilt es eine Kommunikation auch adressatengerecht zu gestalten. Kommunikation als zu beachtender

Erfolgsfaktor sollte dabei helfen, aufkommenden Ängsten positiv entgegenzuwirken. Eine Kommunikation sollte hierbei in unterschiedliche Richtungen erfolgen. Der Einsatz von vermittelnden Personen wird als Erfolgsfaktor deklariert (GA und GE). GE betont hierbei: *„Also mein Eindruck ist, dass bei KI-Einführungsprozessen es oft interdisziplinär zugeht, dass da viele verschiedene Parteien aufeinandertreffen, und ich halte es für wichtig, dass man da Vermittler:innen hat, (...). Also Leute, die zwischen verschiedenen Parteien kommunizieren können, (...)."* (GE, Pos. 590-594). Der Kommunikation wird weiterhin eine wichtige Rolle zugesprochen, wenn es um den Kontext des Erwartungsmanagements geht. KI weist in seiner Anwendung technologische Grenzen auf. Es gilt bei der Einführung und Anwendung darauf zu achten, dass der Mensch seine Fähigkeiten weiterhin einbringen kann und ihm die KI folgt. Hierbei wird insbesondere auf die Handlungsträgerschaft verwiesen (GE). Ebenfalls handelt es sich nach GC bei der Qualifizierung um einen der wesentlichen Erfolgsfaktoren: *„Ich denke auch, dass die Qualifizierung ein ganz wichtiges Thema bei dem Thema KI ist, weil ich denke, jeder hat da seine Gedanken im Kopf, was machbar ist, was nicht machbar ist. In der Realität sieht das dann denke ich ein bisschen anders aus. Und deshalb sehe ich die Qualifizierung ganz, ganz wichtig und auch das Thema, wo sind die Grenzen von KI (...)."* (GC, Pos. 492-496). Hierbei erfolgt durch GE wiederum eine Bezugnahme auf die bereits dargelegten Inhalte der Handlungsträgerschaft: *„Die Qualifizierung halte ich dafür extrem wichtig. Also was für Kompetenzen haben einerseits meine Nutzer-/innen, aber auch andre Personen im Unternehmen, die das ganze KI-Projekt betreuen müssen."* (GE, Pos. 441-443). Die Akzeptanz als weiterer Erfolgsfaktor besitzt nach GE dabei ebenfalls einen Bezug zur Qualifizierung: *„Ich denke, Akzeptanz ist wieder ein Riesenthema."* (GE, Pos. 440-441). Die Akzeptanz wird dabei als Element aufgeführt, welches mit der Erklärbarkeit der KI zusammenhängt: *„Das muss ich vielleicht als Endnutzer oder Endnutzerin verstehen, da kann natürlich Erklärbarkeit eine große Rolle spielen. So ein Blick in die Black Box aus verschiedenen Perspektiven. Einmal, um das Ganze bewerten zu können, ob das wirklich Sinn ergibt, sinnvoll ist. Andererseits vielleicht auch wiederum aus einer Akzeptansicht, dass ich das Ganze irgendwo nachvollziehen kann."* (GE, Pos. 523-528). Die technischen Voraussetzungen bilden im Kontext der Erfolgsfaktoren das abschließende Segment. Im Rahmen derer werden die Voraussetzungen für eine Nutzung von Daten oder dem Aspekt, wie viel Investition nicht geschaffen werden muss, als Erfolgsfaktor betitelt (GA und GD). GD betont: *„Das wäre auch ein Erfolgsfaktor. Der Grad der Digitalisierung im*

Unternehmen. Wie viele Daten sind für die KI zugreifbar und wie viele eben nicht. " (GD, Pos. 683-684). Den abschließenden Teil bildet die Darlegung der Ergebnisse zur KI-basierten MRK (Abbildung 38). Im Rahmen der Fokusgruppendiskussion wurden die erarbeiteten Ergebnisse zur MRK sowie KI herangezogen und diskutiert, inwiefern diese eine Relevanz für die KI-basierte MRK besitzen.

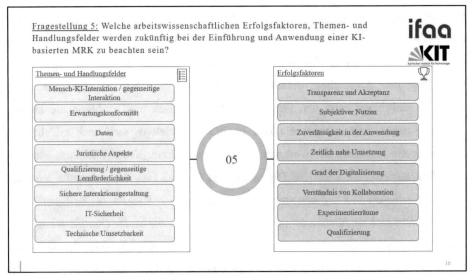

Abbildung 38: Ergebnisse der Fokusgruppendiskussion zu den Themen und Handlungsfeldern sowie Erfolgsfaktoren der KI-basierten MRK (Quelle: Eigene Darstellung)

Auf Seiten der Themen- und Handlungsfelder wird dabei der Interaktion zwischen Mensch und autonom System die bedeutendste Relevanz zugesprochen. Insbesondere wird dies dadurch begründet, dass bei der KI-basierten MRK der physische Aspekt des Roboters mit dem kognitiven Part der KI zusammenkommt. Gleichzeitig gilt es ebenfalls die Bewegungsbahnen des Systems und dessen Verhalten zu beachten. Die Erwartungskonformität wird demnach als signifikantes Themen- und Handlungsfeld deklariert. Im Kontext der Interaktionsgestaltung betrifft dies auch vorwiegend ein gegenseitiges aufeinander Einwirken, welches sichergestellt sein muss (GA, GB, GD und GF). GD betont: *„Also ich würde eigentlich alle Themenbereiche, die den Menschen betreffen und so wichtiger ansehen. Also weil es hier ja die Fähigkeiten einer KI, so quasi die kognitiven Fähigkeiten und aber auch die physische Instanz des Roboters, zusammenkommen. "* (GD, Pos. 712-714). Der Umgang mit Daten sowie juristische

Aspekte erweitern dahingehend die Inhalte zur Interaktionsgestaltung. Zum einen wird durch GF dem Aspekt von Daten zukünftig eine hohe Relevanz zugesprochen: *„Ich kann mir vorstellen, dass zukünftig das Thema Daten generell wichtiger ist. Ja wir haben heute schon an vielen Dingen, Produkten Sensoren, aber ich kann mir vorstellen, dass das in Zukunft noch sehr wahrscheinlich sogar exponentiell explodieren wird. (...) da kann ich mir vorstellen, dass das ein besonderer Schwerpunkt sein wird."* (GF, Pos. 739-743). Zum anderen verweist GC auf den Umgang mit juristischen Aspekten im Hinblick auf die gemeinsame Zusammenarbeit von Mensch und Technologie. Insbesondere auch unter dem zu beachtenden Gesichtspunkt der Datenaufnahme: *„Ich bin auch der Meinung, sozio und juristische Aspekte, wenn der Roboter als Mensch-Roboter-Kollaboration mit KI mit verschiedenen Menschen zusammenarbeitet, wäre es natürlich auch denkbar, dass man gewisse Leistungsdaten relativ abgleichen kann. Jetzt ist der Roboter programmiert, macht immer alles das Gleiche danach kann er sich an den Menschen anpassen. Ich glaube, da ist schon ein großes Handlungsfeld, dass da nichts schiefgeht."* (GC, Pos. 744-749). Weiterhin bildet die Qualifizierung ein umfangreiches Themen- und Handlungsfeld. Hierbei sollte zum einen sichergestellt werden, dass die Mitarbeitenden, welche mit dem System interagieren sollen, dieses auch bedienen und es auf Arbeitsvorgänge vorbereiten können. Zum anderen sollte die Arbeitsumgebung dahingehend gestaltet werden, dass Mitarbeitenden auch vom KI-Cobot lernen können. In diesem Zusammenhang gilt es, das individuelle Level der Kompetenzen und den Grad der technischen Komplexität zu betrachten. Die Qualifizierung wird dabei als ein Aspekt deklariert, dessen Umfang in Zukunft steigen wird (GB und GF). GF betont in diesem Zusammenhang: *„Ja ich denke Qualifizierung. Weil es ja auch immer komplexer wird und entsprechende Qualifizierung oder die Ansprüche an Beschäftige steigen könnten. Je nach Aufgabenfeld."* (GF, Pos. 766-768). Ebenfalls wird der technologischen Weiterentwicklung zur KI-basierten MRK das Potenzial zugesprochen, die Anforderungen an die Qualifizierungen gegebenenfalls auch reduzieren zu können. GC verweist darauf: *„Zum Thema Qualifizierung ein anderer Blickwinkel. Vielleicht kann es uns in Zukunft auch helfen, weniger Qualifizierung zu brauchen, wenn die Usability relativ einfach ist und wenn diese Anlernphase an neue, ja Umstände, einfacher ist. Vielleicht kann man es auch zusätzlich noch so sehen."* (GC, Pos. 840-843). Dem Aspekt von Sicherheit wird auch im Zuge der KI-basierten MRK eine hohe Relevanz zugesprochen. Sowohl aus dem Blickwinkel der informationstechnologischen Sicherheit als auch der Interaktionsgestaltung. GE betont dabei: *„Ja, das Thema*

Sicherheit könnte man jetzt sogar doppelt zählen. Einmal im Sinne der Zusammenarbeit, die physisch sicher sein muss. Anderseits aber auch die IT-Sicherheit, die vielleicht davor, wo das Ganze noch nicht so digitalisiert war, noch nicht die große Relevanz gespielt hat. " (GE, Pos. 848-851). Die Bewegungen des Systems sollten zudem vorhersehbar und menschenähnlich sein. Es sollte sichergestellt werden, dass der Mensch die Bewegungen des Systems und sein generelles Verhalten antizipieren kann. Durch die Integration der KI wird diesem Aspekt zukünftig eine bedeutendere Relevanz zugesprochen (GA). Das abschließende Themen- und Handlungsfeld bildet die technische Umsetzbarkeit. Hierbei gilt es nach GD insbesondere die erwartbare Steigerung in der Komplexität von Daten und Sensorik zu bewältigen: *„Der Aspekt der technischen Umsetzbarkeit wird dann natürlich immer komplexer je mehr Sensorik, Daten und so weiter eingesetzt wird. Das heißt, ja also ja zum einen ist man natürlich abhängig, je nachdem welchen Anwendungsfall, aber auch oftmals ist es ja auch video- oder kamerabasierte Erkennungsalgorithmen, ist man natürlich sehr abhängig von der Sensorik und entsprechend davon die Umsetzbarkeit der Anwendung. "* (GD, Pos. 853-857).

Im Kontext der Erfolgsfaktoren werden den menschenzentrierten Gesichtspunkten die größte Relevanz zugesprochen. Hierbei handelt es sich vor allem um die Transparenz und Akzeptanz bei den Mitarbeitenden als auch deren subjektiver Nutzen, den es sicherzustellen gilt (GB, GC und GD). GD gibt an: *„Also ich würde eigentlich alle Themenbereiche, die den Menschen betreffen und so wichtiger ansehen. (...) Das heißt, hier sind eher so die Bedenken, welche Erwartungen Akzeptanz, Vertrauen und so weiter noch viel stärker gefragt als ohne KI. "* (GD, Pos. 712-717). GB ergänzt dies wiederum durch: *„(...) bei den Erfolgsfaktoren sehe ich halt ganz stark die Transparenz. Ich denk mal, dass wenn man so KI als denkenden Teil ansieht und den Cobot als handelnden, dann haben die Menschen jetzt wohl was Handelndes gegenüber. (...) Und da ist glaube ich die Transparenz, dass das nur ein einfacher Algorithmus ist, der hier programmiert ist für die Zusammenarbeit, schon sehr wichtig, dass man das den Mitarbeitenden vor Augen führt, um eben Akzeptanz und die ganzen anderen Sachen zu gewährleisten. "* (GB, Pos. 787-793). Ebenfalls wird die zeitlich nahe Umsetzung der Einführung und Anwendung einer KI-basierten MRK als Erfolgsfaktor aufgeführt. Bei der Anwendung gilt es hierbei sicherzustellen, dass die Zuverlässigkeit innerhalb der Interaktion zwischen Mensch und KI-Cobot stark ausgeprägt sein muss (GC und GE). Hinzukommend entspricht die

Ausprägung des Digitalisierungsgrades nach GA einem zu beachtenden Erfolgsfaktor. In diesem Zusammenhang wird ebenfalls das Verständnis von Kollaboration eingebracht: *„Ja, ganz trivial einfach, wenn ich einen hohen Grad an Digitalisierung schon erreicht habe, habe ich gute Voraussetzungen, um KI-basierte MRK erfolgreich bei mir im Betrieb umzusetzen. Ich sag mal so als Grundvoraussetzung."* (GA, Pos. 817-819). In diesem Zusammenhang wird durch GA ebenfalls das Verständnis von Kollaboration als Erfolgsfaktor eingebracht: *„Und wenn ich auf Seiten der Mitarbeiter und derjenigen, die mit dem System zu tun haben oder für die Umsetzung verantwortlich sind. Wenn ich da das Verständnis von Kollaboration erreicht habe, weil ich doch als Nutzer und Nutzerin mit dem System doch anders umgehen muss, als wenn ich jetzt einen vollautomatisierten Roboter dastehen habe. Ein kollaborierender Roboter ist anders zu bedienen als andere Systeme oder wenn ich vorher keine Roboter habe. Deswegen ist das Verständnis von Kollaboration ein Erfolgsfaktor."* (GA, Pos. 819-825). Sowohl ein Themen- und Handlungsfeld als auch einen Erfolgsfaktor bildet die Qualifizierung. Im Kontext der Erfolgsfaktoren wird ihr durch GD ebenfalls eine hohe Relevanz zugesprochen, um in der Serienanwendung die Abhängigkeit von externen Unternehmen zu reduzieren: *„(...) der Punkt der Qualifizierung wird damit extrem wichtig oder zumindest wäre es ein Erfolgsfaktor, wenn man in der eigenen in der Firma entsprechende Personen hat, die sich um die einzelnen Anwendungen kümmern und man nicht abhängig ist von externen Dienstleistern."* (GD, Pos. 833-836). Abschließend gilt es die Experimentierräume zur Anwendung im Kontext der Erfolgsfaktoren aufzuzeigen. Bedeutende Relevanz besitzen die Experimentierräume nach GE vor allem im Zusammenhang mit dem Ausprobieren des KI-Cobots sowie seiner Verbesserung: *„Ich könnte mir vorstellen, dass dieses Thema Experimentierräume schaffen noch mehr an Relevanz dazugewinnt. Auch wenn man in die Richtung einlernen denkt. (...) Ich könnte mir vorstellen, dass es sehr sehr relevant ist, dass man entsprechende Experimentierräume hat, wo man das ausprobieren kann. Wo man das ganze System verbessern kann."* (GE, Pos. 826-831).

6.2.4 Standardisierte Befragung

Die Evaluation in der vorliegenden Schrift wird durch die Hinzunahme einer quantitativen Methode vervollständig. In diesem Zusammenhang wird auf die standardisierte Befragung als Instrument der empirischen Sozialforschung zurückgegriffen. Die standardisierte Befragung bildet eine wichtige Methode innerhalb von Evaluationen (Strobl, 2013, S. 3).

Für jene Methode wird dabei auf vollstandardisierte Fragebögen zurückgegriffen. Im Gegensatz zu den Fragen aus der Fokusgruppendiskussionen werden bei vollstandardisierten Fragebögen vorwiegend geschlossene Fragestellungen und die dazugehörigen Antworten vorgegeben. Fragestellungen können dabei auch durch Aussagen ersetzt werden. Nach Döring und Bortz (2016) ist eine Konstruktion des Fragebogens in zwei Schritte zu separieren. Auf Basis einer Grobkonzeptionierung erfolgt eine feinere Abstimmung. Dies wird ergänzt durch eine Fragebogenrevision. Im Rahmen der Grobkonzeptionierung sind Fragebogentitel und dessen Instruktion, inhaltliche Frageblöcke, statistische Angaben zu soziodemographischen Merkmalen, Feedbackfelder sowie eine Verabschiedung festzulegen (Döring & Bortz, 2016, S. 405f). Für die vorliegende Schrift wurde ein Fragebogen entwickelt, welcher den Titel ‚Evaluation Handlungsrahmen' trägt. Dieser enthält jene in Abschnitt 6.2.1 bereits aufgezeigten Frageblöcke ‚Aufbau und Verständlichkeit', ‚Anwendbarkeit' sowie ‚Angemessenheit', welche aus den Zielen der Evaluation abgeleitet wurden. Jeder Kategorie sind jeweils fünf Items zugeordnet. Diese enthalten immer eine individuelle Aussage, welche es zu bewerten gilt. Durch eine fünfstufige Ratingskala sind diese von ‚stimme voll zu' – fünf Punkte – bis ‚stimme überhaupt nicht zu' – ein Punkt – bewertbar. Jedes Item ist hierbei ein Pflichtfeld. Die Nutzenden des Fragebogens werden hierauf, auf die Kontaktdaten des Autors, das Ziel der Anwendung und jene Aspekte des Datenschutzes hingewiesen. Auf eine Aufnahme von statistischen Angaben zu Alter, Geschlecht oder Nationalität wird hierbei verzichtet, da diese Angaben keinen Mehrwert für die Auswertung bringen und im Sinne des Datenschutzes gilt, nicht relevante personenbezogene Daten auch nicht zu erheben. Auf der letzten Seite des Fragebogens findet sich ein offenes Feld für Kommentare. Nach Abschluss erfolgt eine Verabschiedung, innerhalb derer auch eine Danksagung für die Teilnahme ausgesprochen wird. Nach Abschluss der Grobplanung erfolgt in Anlehnung an Döring und Bortz (2016) die Feinplanung. Hierbei wird die Art der Items, deren Reihenfolge, Filterfragen, Layout, Distributionsaspekte sowie interkulturelle Aspekte festgelegt (Döring & Bortz, 2016, S. 407-412). Die Items wurden in Anlehnung an die bereits dargelegten Erkenntnisse zur Erarbeitung von Fragestellungen aus dem Abschnitt 5.2.2 von Helfferich (2011) sowie Porst (2014) erarbeitet (u.a. Anforderungen an die Ausformulierung von Fragestellungen). Auf Grund einer effizienten Darstellung werden die Inhalte hier nicht doppelt dargestellt. Jene Frageblöcke sind in die Kategorien ‚Aufbau und Verständlichkeit', ‚Anwendbarkeit' sowie ‚Angemessenheit' untergliedert (Tabelle 28). Filterfragen existieren dabei nicht. Eine Erstellung erfolgte mit dem Programm SoSci Survey. Interkulturelle Aspekte wurden auf Grund der ausschließlich nationalen Anwendung nicht beachtet.

Aufbau und Verständlichkeit
• Der Aufbau des Handlungsrahmens ist sinnvoll
• Der Aufbau der Checklisten ist sinnvoll
• Die Bewertungskriterien sind verständlich
• Die Beschreibungen sind verständlich
• Die Detailtiefe der Fragen ist angemessen
Anwendbarkeit
• Der Handlungsrahmen umfasst die relevanten arbeitswissenschaftlichen Handlungsfelder zur Einführung und Anwendung der KI-basierten MRK
• Der Handlungsrahmen ist geeignet, um Informationen über relevante Inhalte zur Einführung und Anwendung der KI-basierten MRK zu erhalten
• Der Handlungsrahmen hilft bei der Identifikation von Verbesserungspotenzialen beim Einführungs- und Anwendungsprozess der KI-basierten MRK
• Die Anwendung des Handlungsrahmens ist verständlich
• Der Handlungsrahmen ist Unternehmen zu empfehlen, die Unterstützung bei der Einführung und Anwendung von KI-basierter MRK benötigen
Angemessenheit
• Der Sinn und Zweck des Handlungsrahmens sind verständlich
• Die Bewertungslogik ist praxistauglich
• Die Ergebnisdarstellung des Handlungsrahmens ist praxistauglich
• Der praxisnahe Nutzen des Handlungsrahmens ist erkennbar
• Der Handlungsrahmen bildet eine idealtypische Referenz für die Einführung und Anwendung von KI-basierter MRK

Tabelle 28: Frageblöcke und Items quantitative Methode (Quelle: Eigene Darstellung)

Vor der Anwendung des Fragebogens wurde dieser einer Fragebogenrevision unterzogen. Nach Döring und Bortz (2016) erfolgt dies durch die Anwendung einer sogenannten Fragebogenkonferenz. Diese Methode zeichnet sich dadurch aus, dass der Fragebogen Experten oder Expertinnen zur Verfügung gestellt wird, um deren Rückmeldung einzuholen. Die Experten oder Expertinnen sind dabei keine Befragungspersonen, besitzen allerdings eine ausgeprägte Expertise in der quantitativen Forschung und dem damit verbundenen Generieren von Fragebögen. Wird der Fragebogen als positiv bewertet, wird ihm eine hohe Inhaltsvalidität zugesprochen (Döring & Bortz, 2016, S. 411). Innerhalb der vorliegenden Schrift erfolgte die Fragebogenrevision durch einen Pretest mit zwei unabhängigen Personen. Diese wurden individuell voneinander um eine Bewertung des Fragebogens gebeten, um eine aussagekräftige und objektive Rückmeldung zu erhalten. Die beiden Personen verfügen auf Grund ihrer hohen wissenschaftlichen Ausbildung und beruflichen Tätigkeit über eine ausgeprägte Erfahrung in der Entwicklung von standardisierten Befragungen sowie der Durchführung von quantitativen empirischen Studien. Die verfolgte Zielstellung war es, eine Verständlichkeit der Durchführung sowie aller Items sicherzustellen. Die Fragebogenrevision führte dazu, dass einzelne Items in ihrer Formulierung überarbeitet wurden. Dies umfasste sowohl den Aspekt einer einheitlichen Formulierung als auch der Reduzierung von Umgangssprache. Beispielhaft zu erwähnen ist hier, dass kein Item nun mehr aus der Ich-Perspektive formuliert wird. Weiteres Ergebnis der Fragebogenrevision ist eine kürzere Formulierung der Items. Dies verbesserte die Verständlichkeit, da überflüssige Wörter eliminiert wurden. In Gänze konnte durch die Fragebogenrevision eine bessere Verständlichkeit aller Items erreicht werden. Dies ist in diesem Zusammenhang von großer Bedeutung, da die Teilnehmenden bei der Durchführung jener standardisierten Umfrage keine Möglichkeit besitzen, Rückfragen an den Autor zu stellen. Nach Abschluss der Fragebogenrevision erfolgte eine Anpassung durch die Hinzunahme der individuellen Bewertungen. Eine Bereitstellung des Fragebogens an die Teilnehmenden erfolgte über einen Online-Link zu einer Webseite. Eine vollständige Darstellung des gesamten Fragebogens findet sich im Anhang 5. Alle 15 Items konnten dabei in maximal 10 Minuten beantwortet werden. Auf der abschließenden Seite erfolgten eine Danksagung sowie der Hinweis, dass die Daten gespeichert wurden und die Befragung geschlossen werden kann.

6.2.4.1 Durchführung

Eine Durchführung erfolgte im Anschluss an die Fokusgruppendiskussion. Mit dem Abschluss der Veranstaltung wurde der Handlungsrahmen, wie er in der vorliegenden Schrift dargestellt ist, den Teilnehmenden vorgestellt. Hierzu wurde durch den Autor eine dafür eigens konzipierte Präsentation verwendet (siehe Anhang 3). Durch diese konnten den Teilnehmenden die Ziele der Anwendung sowie beachtete Anforderungen an die Gestaltung übersichtlich vorgestellt werden. Daraufhin wurde der Handlungsrahmen, jene enthaltenen Checklisten zu allen neun Handlungsfeldern, sowie die Zielgruppe der Anwendung aufgezeigt. Den Abschluss bildete eine Präsentation, wie der Handlungsrahmen anzuwenden ist und seine Ergebnisse dargestellt werden können. Hierdurch sollte bei den Teilnehmenden der Evaluation ein umfangreiches Verständnis erzeugt werden, welches für die Durchführung der standardisierten Befragung vonnöten ist. Um sicherzustellen, dass die Antworten der Teilnehmenden frei von externen Einflüssen entstehen, wurde die Durchführung der standardisierten Befragung eine Woche nach der Fokusgruppendiskussion angesetzt. Hierzu erhielten die Teilnehmenden zwei Links, zu zwei Dateien, welche mit Hilfe des Programms Microsoft Teams freigegeben wurden. Die erste Datei entsprach der gezeigten Präsentation. Diese wurde den Teilnehmenden als Hintergrundmaterial zur Verfügung gestellt. Die zweite Datei enthielt den Handlungsrahmen. Dieser wurde mit dem Programm Excel für die Teilnehmenden erstellt, damit jene diesen einem Test unterziehen konnten. Im Rahmen der interaktiven Anwendung konnten alle Fragen individuell beantwortet und daraus resultierende Ergebnisdarstellungen entnommen werden. Ebenfalls erhielten die Teilnehmenden in diesem Zuge den Link zu SoSci Survey, um die standardisierte Befragung durchzuführen. Nach Ablauf von zwei Wochen wurden die erhobenen Daten ausgewertet. Begründet wird die zeitlich versetzte Durchführung der standardisierten Befragung mit der individuellen Verarbeitung von Wissen einzelner Teilnehmenden. Es wurde angenommen, dass individuelle Teilnehmende individuelle Zeiträume benötigen, um eine fundierte Aussage über den Handlungsrahmen treffen zu können. Der Qualität jener erhobenen Daten wurde eine höhere Priorität zugesprochen als der schnellen Verfügbarkeit. Zwar wäre eine direkte Befragung im Anschluss an die Fokusgruppendiskussion umsetzbar gewesen, allerdings hätte dies ggf. zu Daten mit geringerer Aussagekraft geführt, wenn die Teilnehmenden keine ausreichende Zeit gehabt hätten, den Handlungsrahmen in Ruhe und individuell für sich zu prüfen.

6.2.4.2 Quantitative Methode der Datenauswertung

Die Auswertung der quantitativ erhobenen Daten erfolgte hierbei mit Hilfe der Methoden aus der deskriptiven Statistik. Die beschreibende Statistik verfolgt dabei das Ziel, erfasste Daten zusammenzufassen, zu organisieren und darzustellen (Rasch, Friese, Hofmann & Naumann, 2014, S. 1). Im Zuge der Auswertung bietet die deskriptive Statistik drei Optionen. Neben einer Darstellung von Häufigkeitstabellen und graphischen Darstellungen werden zudem auch statistische Kennwerte berechnet (Kuckartz, Rädiker, Ebert & Schehl, 2010, S. 33). Für die quantitative Auswertung kam, wie bereits im Abschnitt 6.2.4 erwähnt, eine Ratingskala zum Einsatz. Enthält diese fünf oder mehr Stufen, entspricht sie einem Intervallskalenniveau. Die Ratingskala als Messinstrument ist demnach intervallskaliert (Döring & Bortz, 2016, S. 241-250). Die deskriptive Statistik umfasst weitreichende statistische Messzahlen, welche bei der Auswertung zugrunde gelegt werden können. Ihre Auswahl ist dabei von dem gewählten Skalentyp abhängig. In diesem Zusammenhang wird zwischen der Nominal-, Ordinal-, Intervall- sowie Ratioskala unterschieden. Ausgehend von der Nominalskala bietet es sich an, aufsteigend und sukzessiv unterschiedliche statistische Messzahlen zu untersuchen (Raithel, 2008, S. 43). Für die vorliegende Schrift wurde entschieden, dass eine Auswertung anhand der statistischen Messzahlen des arithmetischen Mittels, der relativen Häufigkeit und der Standardabweichung am geeignetsten ist. Begründet wird diese Auswahl vor allem mit der Zielsetzung, welche durch die standardisierte Umfrage verfolgt wird. Es soll eine Aussage darüber getroffen werden können, ob der Handlungsrahmen von Experten und Expertinnen aus Wissenschaft und Praxis als verständlich, anwendbar und angemessen beurteilt wird. Hierzu bedarf es einer präzisen Analyse der relativen Häufigkeiten ausgewählter Antworten und deren anschließende Darstellung. Weiterhin gilt es die ausgewählten Antworten der einzelnen Experten und Expertinnen in einen Gesamtzusammenhang zu stellen und deren Vergleichbarkeit zueinander zu realisieren. Hierfür werden die statistischen Messzahlen des arithmetischen Mittels sowie der Standardabweichung als ideal angesehen. Für die Aufbereitung und Auswertung der Daten wurde das Programm Microsoft Excel verwendet. Zu Beginn der Aufbereitung wurden die erhobenen Daten auf ihre Vollständigkeit kontrolliert. Dies umfasste die Analyse, ob alle abgegebenen Antworten sowie Freitextanmerkungen bei der Übertragung von SoSci Survey in Microsoft Excel vorhanden sind. Im Anschluss an die erfolgreiche Überprüfung wurde analysiert, inwiefern Fragen mit ‚Weiß nicht' beantwortet wurden. Diese wurden separat markiert, um sie in Abhängigkeit der abgegebenen zählbaren Antwortmöglichkeiten zu analysieren. Innerhalb der gesamten Befragung wurde dabei lediglich eine Frage von einer Person mit ‚Weiß nicht' beantwortet. Auf Basis der Datenaufbereitung wurde zuerst die relative Häufigkeit ermittelt. Für die Ermittlung des arithmetischen Mittels sowie des Mittelwertes wurden die Antworten aller 15 Items in ihren jeweiligen Zahlenwert transformiert. Dies bedeutet, dass die ermittelten Antworten von ‚stimme voll zu' bis ‚stimme überhaupt nicht zu' in die Zahlenwerte fünf bis eins umgewandelt wurden. Antworten mit ‚Weiß nicht' erhielten keinen Punkt und wurden bei der Ermittlung der statistischen Kennzahlen entsprechend so berücksichtigt, dass diese nicht in das Ergebnis hineinzählen. Die entsprechende Frage wurde dabei in der Darstellung der Ergebnisse kenntlich gemacht. Die Ergebnisse für die relative Häufigkeit wurden in die entsprechende Form eines jeweiligen Balkendiagramms pro Kategorie transformiert. Die Darstellung des arithmetischen Mittels sowie der generierten Standardabweichung erfolgt innerhalb der Schrift in tabellarischer Darstellungsform. Eine Darstellung aller individueller Antworten der teilgenommenen Expertinnen und Experten findet sich im Anhang 6.

6.2.4.3 Ergebnisdarstellung

Ausgehend von der Vorstellung der Methode zur Datenauswertung werden nachfolgend die Ergebnisse der standardisierten Befragung dargestellt. Diese Vorstellung orientiert sich an der in Abschnitt 6.2.4 dargestellten Reihenfolge der Themenkomplexe. Beginnend mit ‚Aufbau und Verständlichkeit‘, der darauffolgenden ‚Anwendbarkeit‘ sowie der ‚Angemessenheit‘. Im Anschluss werden die jeweiligen Freitextanmerkungen der befragten Personen aufgezeigt. Der Abschnitt schließt mit einer Darstellung der Ergebnisse zum arithmetischen Mittel sowie der Standardabweichung. Die Ergebnisse zum Aufbau und der Verständlichkeit werden in Abbildung 39 aufgezeigt.

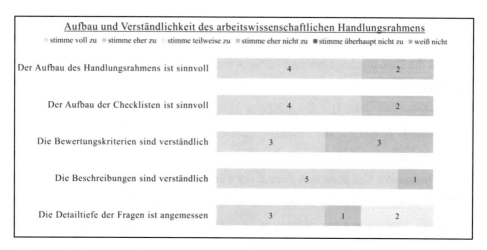

Abbildung 39: Ergebnisse der standardisierten Befragung zum Aufbau und zur Verständlichkeit des arbeitswissenschaftlichen Handlungsrahmens (Quelle: Eigene Darstellung)

Im Zuge der Befragung stimmten über 66 Prozent der befragten Personen voll zu, dass der Aufbau des Handlungsrahmens sowie seiner enthaltenen Checklisten als sinnvoll gilt. Hinsichtlich der Bewertungskriterien, aus denen jede Checkliste besteht, stimmten 50 Prozent voll zu, dass sie verständlich formuliert sind. Die weiteren 50 Prozent stimmten hierbei eher zu. Der Aussage, dass die dabei enthaltenden Beschreibungen zu jedem Bewertungskriterium verständlich sind, stimmten über 83 Prozent der befragten Personen voll zu. Eine befragte Person stimmte dieser Aussage eher zu. Inwiefern die Detailtiefe der Fragen angemessen sei, beantworten 50 Prozent die Aussage mit ‚stimme voll zu'. Eine befragte Person stimmte dieser Aussage eher zu. Zwei befragte Personen antworteten, dass sie dieser Aussage nur teilweise zustimmen. Hierbei korrelieren diese Angaben mit den Antworttexten der befragten Personen, welche jene im Freitextfeld hinterlassen haben. Die befragte Person mit der technischen Interviewnummer 23 erwähnte, dass ein hoher Detailierungsgrad negative Auswirkungen auf die Praxistauglichkeit besitzen könnte: *„Sehr umfangreicher Handlungsrahmen, der auf jeden Fall mögliche noch so kleine Schwachstellen identifizieren kann und das Verständnis der entscheidenden Faktoren fördert. Durch den hohen Umfang besteht aber auch die Gefahr, dass die Praxistauglichkeit leidet. Eine Kurzversion mit den essenziellen Kriterien wäre ggf. eine Möglichkeit."* (Interviewnummer 23). Weiterhin bewertete die befragte Person mit der technischen Interviewnummer 23 den Handlungsrahmen als sehr umfangreich, wodurch es ermöglicht wird, detailliert Verbesserungspotenziale zu identifizieren und gleichzeitig für ein ausgeprägtes Verständnis bei den elementaren Gesichtspunkten zu sorgen. Die befragte Person mit der technischen Interviewnummer 25 erwähnte die thematischen Überschneidungen und legte dar, dass die Ausführlichkeit die Anforderungen aus der Praxis gegebenenfalls übersteigen könnte: *„Die Kategorien und vielen Informationen des Handlungsrahmen sind gut recherchiert und gefallen mir sehr gut. Allerdings kommt mir der Handlungsrahmen für ein Praktikertool sehr ausführlich vor und es auch zu häufigen thematischen Überschneidungen zwischen den verschiedenen Kategorien kommt. Ggf. kann man das z.T. noch etwas nachschärfen."* (Interviewnummer 25). Ergänzend bewertete die befragte Person den Handlungsrahmen generell und seine enthaltenen Inhalte allerdings als sehr gut. Die generierten Ergebnisse zur Anwendbarkeit werden in Abbildung 40 aufgezeigt.

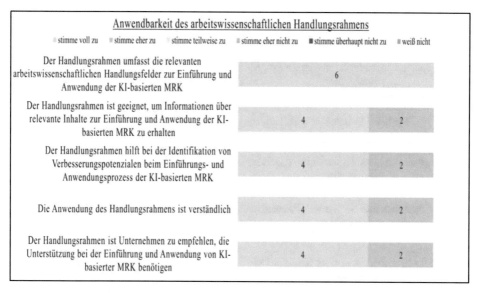

Abbildung 40: Ergebnisse der standardisierten Befragung zur Anwendbarkeit des arbeitswissenschaftlichen Handlungsrahmens (Quelle: Eigene Darstellung)

Im Zusammenhang mit der Anwendbarkeit des Handlungsrahmens stimmten alle befragten Personen der Aussage zu, dass dieser alle relevanten arbeitswissenschaftlichen Handlungsfelder enthält, welche bei der Einführung und Anwendung der KI-basierten MRK zu beachten sind. Weiterhin stimmten jeweils über 66 Prozent der befragten Personen den Aussagen voll zu, dass der Handlungsrahmen dafür geeignet ist, um relevante Informationen zur Einführung und Anwendung zu erhalten und bei der Identifikation von Verbesserungspotenzialen unterstützen kann. Die weiteren befragten Personen antworteten hier jeweils mit 'stimme eher zu'. Der Aussage, dass die Anwendbarkeit des Handlungsrahmens verständlich ist sowie dieser Unternehmen zu empfehlen sei, welche Unterstützung bei der Einführung und Anwendung benötigten, stimmten jeweils über 66 Prozent der befragten Personen mit voll zu. Die jeweils weiteren befragten Personen antworteten in diesem Zusammenhang mit 'stimme eher zu'. Die abschließenden Ergebnisse zur Angemessenheit werden in Abbildung 41 aufgezeigt.

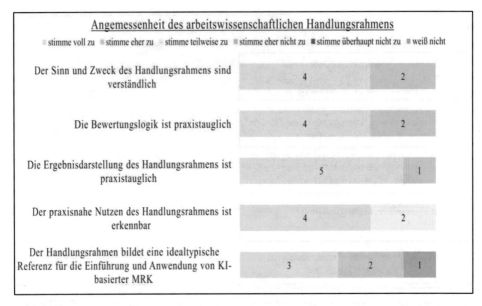

Abbildung 41: Ergebnisse der standardisierten Befragung zur Angemessenheit des arbeitswissenschaftlichen Handlungsrahmens (Quelle: Eigene Darstellung)

Sowohl hinsichtlich der Verständlichkeit des Sinnes und Zweckes jenes Handlungsrahmens als auch der praxistauglichen Bewertungslogik gaben jeweils über 66 Prozent an, dass sie der jeweiligen Aussage voll zustimmen würden. Zwei befragte Personen hingegen gaben an, dass sie in diesem Zusammenhang jeweils eher zustimmen. Der Praxistauglichkeit bei der Ergebnisdarstellung stimmten über 83 Prozent der befragten Personen voll zu. Eine Person stimmte dieser Aussage dahingehend eher zu. Der praxisnahe Nutzen war für über 66 Prozent aller befragten Personen voll erkennbar. Zwei befragte Personen gaben an, dass sie dieser Aussage teilweise zustimmen. Hierbei lässt sich wiederum die Korrelation zu den zuvor aufgezeigten Freitextantworten erkennen. Die Personen mit den technischen Interviewnummern 23 und 25 gaben hier jeweils an, dass sie dieser Aussage teilweise zustimmen. Mit über 66 Prozent wurde dieser Aussage voll zugestimmt. Inwiefern der Handlungsrahmen eine idealtypische Referenz für die Einführung und Anwendung der KI-basierten MRK bildet, gaben 50 Prozent der befragten Personen an, dass sie dieser Aussage voll zustimmen. Während zwei weitere Personen dieser Aussage eher zustimmten, wurde die Aussage durch eine Person mit ‚weiß nicht' angegeben. Die erkennbare Aufteilung der abgegebenen Antworten wird ebenfalls sichtbar, wenn die generierten Mittelwerte sowie die damit verbundene Streuung in Form der Standardabweichung zugrunde gelegt werden (Tabelle 29).

	M	SD
Aufbau und Verständlichkeit		
Der Aufbau des Handlungsrahmens ist sinnvoll	4,67	0,47
Der Aufbau der Checklisten ist sinnvoll	4,67	0,47
Die Bewertungskriterien sind verständlich	4,50	0,50
Die Beschreibungen sind verständlich	4,83	0,37
Die Detailtiefe der Fragen ist angemessen	4,17	0,90
Anwendbarkeit		
Der Handlungsrahmen umfasst die relevanten arbeitswissenschaftlichen Handlungsfelder zur Einführung und Anwendung der KI-basierten MRK	5,00	0,00
Der Handlungsrahmen ist geeignet, um Informationen über relevante Inhalte zur Einführung und Anwendung der KI-basierten MRK zu erhalten	4,67	0,47
Der Handlungsrahmen hilft bei der Identifikation von Verbesserungspot-enzialen beim Einführungs- und Anwendungsprozess der KI-basierten MRK	4,67	0,47
Die Anwendung des Handlungsrahmens ist verständlich	4,67	0,47
Der Handlungsrahmen ist Unternehmen zu empfehlen, die Unterstützung bei der Einführung und Anwendung von KI-basierter MRK benötigen	4,67	0,47
Angemessenheit		
Der Sinn und Zweck des Handlungsrahmens sind verständlich	4,67	0,47
Die Bewertungslogik ist praxistauglich	4,67	0,47
Die Ergebnisdarstellung des Handlungsrahmens ist praxistauglich	4,83	0,37
Der praxisnahe Nutzen des Handlungsrahmens ist erkennbar	4,33	0,94
Der Handlungsrahmen bildet eine idealtypische Referenz für die Einführung und Anwendung von KI-basierter MRK	4,60	0,49

Tabelle 29: Mittelwert und Standardabweichung zur standardisierten Befragung (Quelle: Eigene Darstellung)

Im Segment des Mittelwertes wird ersichtlich, dass dieser bei allen Items über 4,00 liegt und damit deutlich im positiven Bereich. Weitestgehend liegt dieser Wert sogar knapp unter der maximalen Anzahl von 5,00, welche einmal erreicht wurde. Mit 4,33 und 4,17 besitzen die Items zur Detailtiefe der Fragen sowie dem praxisnahen Nutzen den geringsten Mittelwert. Den zweithöchsten Mittelwert erreichen die Items zur praxistauglichen Ergebnisdarstellung und der Verständlichkeit jener Beschreibungen mit jeweils 4,83. Das Item, ob der Handlungsrahmen die relevanten arbeitswissenschaftlichen Handlungsfelder zur Einführung und Anwendung der KI-basierten MRK umfasst, erreicht mit 5,00 den höchsten Wert. Übereinstimmend damit wird ersichtlich, dass die jeweiligen Items mit dem geringsten Mittelwert auch die größte Streuung aufweisen. Mit einer

Standardabweichung von 0,94 sowie 0,90 betrifft dies die Items zur Detailtiefe der Fragen sowie dem praxisnahen Nutzen. Im Allgemeinen ist allerdings eine geringe Streuung bei den Items zu erkennen. Mit Ausnahme der bereits aufzeigten besitzen die weiteren Items eine Standardabweichung von unter 0,50. Den zweitgeringsten Wert zur Standardabweichung besitzen mit jeweils 0,37 die Items zur praxistauglichen Ergebnisdarstellung und der Verständlichkeit jener Beschreibungen. Die niedrigste Standardabweichung mit 0,00 fällt auf das Item zur Relevanz der aufgezeigten Handlungsfelder.

Zusätzlich zu den bereits aufgezeigten Anmerkungen im Freixtextfeld der Teilnehmenden mit den Interviewnummern 23 und 25 ergaben sich noch weitere Inhalte. Die teilnehmende Person mit der technischen Intervienummer 22 regte einen einheitlichen Abschluss des Satzes bei den Bewertungskriterien an: *„Bei den Bewertungskriterien werden unter manchen Reitern die Aussagen am Ende mit Fragezeichen versehen - das würde ich ändern, da es sich nicht um Fragen handelt und es uneinheitlich zu anderen Reitern gehandhabt wird.“* (Interviewnummer 22). Weiterhin kommentierte die teilnehmende Person mit der technischen Interviewnummer 25 den identischen Sachverhalt mit den Worten: *„Wieso ist nach den Bewertungskriterien ein Fragezeichen?“* (Interviewnummer 25). Hinzukommend regte sie eine Klärung einzelner inhaltlicher Unklarheiten an: *„Die Mitglieder des Projektteams besitzen unterschiedliche Formen, um sich am Prozess beteiligen zu können? -> unverständlich, eher: „Den Mitgliedern des Projektteams stehen unterschiedliche Möglichkeiten/ Formate o.ä. zur Verfügung, um sich am Prozess zu beteiligen.“ (Ebenso bei „Die Mitarbeitenden besitzen unterschiedliche Möglichkeiten, eigene Ängste zu kommunizieren?“)“* (Interviewnummer 25). Weiterhin ergänzte die Person mit der technischen Intervienummer 25: *„Die Führungskraft ermutigt die Mitarbeitenden dazu, ihre Erfahrungen an den KI-Cobot weitergeben zu wollen? – Wofür? Und was bedeutet das Genau? Zum Einlernen des KI-Cobots? Das könnte man in der Beschreibung erklären. (Ebenso bei 3.3.3)“* (Interviewnummer 25). Ebenfalls merkte sie an, dass es gegebenenfalls zu Unklarheiten bei den beschriebenen Stakeholdern kommen kann: *„Personen/Rollen, z. B. bei den Fragen zu Qualifizierung und Kompetenzen: Wer sind „die Mitarbeitenden“? Sind das die Mitarbeitenden, die später mit dem Cobot zusammenarbeiten, oder sind das die Mitarbeitenden im Projektteam? Ggf. wäre da eine einführende Definition sinnvoll, die die verschiedenen Rollen*

(Mitarbeitende, Führungspersonen, Industriemeister, Ingenieur, Stakeholder etc.) kurz definiert und abgrenzt. Der „Industriemeister" könnte beispielsweise in unterschiedlichen Unternehmen unterschiedliche Bezeichnungen haben: „Team-/Abteilungs-Bereichsleiter*in, Vorarbeiter*in". Ebenso: Was ist z. B. der Unterschied zwischen z. B. Ingenieur und Integrator?" (Interviewnummer 25). Überdies hinaus wies die teilnehmende Person mit der technischen Intervienummer 25 auf einen Rechtschreibfehler im Abschnitt 3.3.1 des Handlungsrahmens hin und unterbreitete den Vorschlag einer alternativen Bewertungsskala: *„Skala: Die Skala (trifft überhaupt gar nicht zu, trifft eher nicht zu, trifft teilweise zu, trifft eher zu, trifft sehr stark zu) wirkt auf mich nicht symmetrisch und äquidistant (z. B. „teilweise" zu „eher" ist ein anderer Abstand als „eher" zu „sehr stark"). Ich nehme zwar an, die Daten aus dem Handlungsrahmen sollen nicht wissenschaftlich ausgewertet werden. Man könnte dennoch überlegen eine standardisierte, quasi-metrische Skala zu nehmen (z. B. Rohrmann 1978: trifft nicht, wenig, mittelmäßig, ziemlich, sehr zu) oder die Begriffe etwas zu vereinheitlichen (trifft überhaupt nicht zu, trifft eher nicht zu, trifft mittelmäßig zu, trifft eher zu, trifft voll zu)."* (Interviewnummer 25).

6.3 Zwischenfazit

Aufbauend auf die Konzeptionierung des arbeitswissenschaftlichen Handlungsrahmens galt es diesen zu evaluieren. Insbesondere im Hinblick auf die Erfüllung der wissenschaftlichen Gütekriterien wurde dies als unabdingbar angesehen. Infolgedessen, dass die Technologien zur KI im Kontext der MRK gegenwärtig noch keine Marktreife besitzen, sodass autonom agierende KI-Cobots in Unternehmen bereits mit den beschriebenen Fähigkeiten und Funktionalitäten eingesetzt werden können, wurden im Rahmen der Schrift die Inhalte zur Evaluationsforschung herangezogen. Hierbei erfolgte eine summative und interne Evaluation. Weiterhin wurde auf das Konzept der Selbstevaluation zurückgegriffen und eine Ergebnisevaluation des Handlungsrahmens angestrebt. Methodisch wurde dies durch eine Mixed-Methods-Evaluation realisiert. Im Kontext der qualitativen Forschung erfolgte dies innerhalb einer Fokusgruppendiskussion. Im Zusammenhang mit der quantitativen Forschung wurde auf die Methode der standardisierten Befragung zurückgegriffen.

Die Anwendung der quantitativen wie auch qualitativen Methode verfolgte dabei jeweils eine individuelle Zielsetzung. Im Rahmen der qualitativen Methode wurde eine inhaltliche Überprüfung des arbeitswissenschaftlichen Handlungsrahmens durchgeführt. Die Methode der quantitativen Forschung wurde zur Überprüfung der Konzeptionierung des erarbeiteten Handlungsrahmens verwendet. Die Evaluation erfolgte gestaffelt, beginnend mit der inhaltlichen Validierung. Für die Teilnahme an der Evaluation wurden sechs Teilnehmende aus der Wissenschaft und der Praxis ausgewählt, welche sowohl umfassende Erfahrungen im Kontext von MRK als auch KI besaßen. Innerhalb der Fokusgruppendiskussion wurden dabei arbeitswissenschaftliche Themen- und Handlungsfelder sowie Erfolgsfaktoren bei der Einführung und Anwendung von MRK, KI und KI-basierter MRK offen und transparent diskutiert. Eine Auswertung der Ergebnisse erfolgte mit Hilfe der qualitativen Inhaltsanalyse.

Die Hinzunahme der quantitativen Methode vervollständigte die Evaluation. In diesem Zusammenhang wurde eine standardisierte Befragung durchgeführt. Die Teilnehmenden aus Wissenschaft und Praxis bewerteten den Handlungsrahmen anhand weitreichender Items aus den Kategorien ‚Aufbau und Verständlichkeit‘, ‚Anwendbarkeit‘ sowie ‚Angemessenheit‘. Die Auswertung der erhobenen Daten erfolgte mit Hilfe der Methoden aus der deskriptiven Statistik. Kapitel 6 bildet in diesem Zusammenhang einen essenziellen Bestandteil der Schrift, deren inhaltliche Ergebnisse im nachfolgenden Kapitel 7 einer Diskussion unterzogen werden sollen.

7. Diskussion

Auf Basis der erhobenen Ergebnisse erfolgt eine Diskussion. Im Rahmen dieser werden sowohl die Ergebnisse aus der Fokusgruppendiskussion als auch der standardisierten Befragung kritisch hinterfragt und bewertet. Weiterhin werden, in Abhängigkeit der gewählten Methode, die jeweiligen wissenschaftlichen Gütekriterien herangezogen und deren Erfüllung daraufhin überprüft. Ziel ist es, eine kritische und offene Auseinandersetzung mit dem erhobenen Material im Vergleich zum bestehenden Handlungsrahmen sowie der Überprüfung wissenschaftlicher Gütekriterien zu erreichen. Im Anschluss an die Darstellung von Limitationen der Schrift und zukünftigen Forschungsbedarfen schließt das Kapitel mit einer zusammenfassenden Betrachtung der aufgeführten Inhalte.

7.1 Diskussion der Ergebnisse

Die Diskussion der Ergebnisse bildet den ersten Abschnitt. Hierbei werden separat die erhobenen Ergebnisse in Abhängigkeit zur gewählten Methode kritisch hinterfragt und eingeordnet. Dies umfasst dabei einen inhaltlichen Abgleich der Ergebnisse aus der Fokusgruppendiskussion mit den bestehenden Inhalten aus dem Handlungsrahmen. Weiterhin werden die generierten Ergebnisse aus der standardisierten Befragung eingeordnet und die aufgezeigten Inhalte aus dem Freitextfeld aufgegriffen.

7.1.1 Fokusgruppendiskussion

Im Zusammenhang mit der Diskussion aus der Fokusgruppendiskussion werden die Inhalte in Abhängigkeit ihrer Generierung kritisch bewertet, beginnend mit der MRK. Daraufhin werden Aspekte zu den Themen und Handlungsfeldern der KI und weiterhin jene zur KI-basierten MRK diskutiert. Grundlage sind jeweils die aufgezeigten Inhalte aus dem Abschnitt 6.2.3.3. Im Hinblick auf die Inhalte zur MRK wird ersichtlich, dass diese umfangreiche Themengebiete adressieren.

© Der/die Autor(en), exklusiv lizenziert an
Springer-Verlag GmbH, DE, ein Teil von Springer Nature 2024
Y. Peifer, *Konzeptionierung eines arbeitswissenschaftlichen
Handlungsrahmens zur Einführung und Anwendung einer auf
Künstlicher Intelligenz basierten Mensch-Roboter-Kollaboration*,
ifaa-Edition, https://doi.org/10.1007/978-3-662-68561-7_7

Die Teilnehmenden aus der Fokusgruppe sprechen dabei vor allem ergonomischen Gesichtspunkten, der Beachtung physischer und psychischer Faktoren, der Interaktionsgestaltung oder generellen Aspekten aus der Prozessmodellierung eine hohe Relevanz zu. Weiterhin sind es dazu ebenfalls die Aspekte von Kommunikation, Partizipation und Qualifizierung, welche als äußerst relevant bei den Themen- und Handlungsfeldern gelten. Mit der Wirtschaftlichkeit und einer Festlegung von Zielen schließen die Ergebnisse. Hinzukommend haben die Teilnehmenden bei den Erfolgsfaktoren die frühzeitige Partizipation, ein Verständnis von Kollaboration und jene Akzeptanz als wichtig beschrieben. Weiterhin sind die Qualifizierung, die Notwendigkeiten Experimentierräume zu erschaffen und Promoter zu identifizieren, sowie einen subjektiven Nutzen für die Nutzenden zu erzeugen hervorzuheben. Ähnlichkeiten zu den Inhalten der MRK finden sich im Bereich der KI. Ebenfalls wird die Akzeptanz, die Kommunikation, die Qualifizierung, eine Sicherstellung der Erklärbarkeit und jene technische Umsetzung als wichtig aufgezeigt. Ebenfalls gilt es nach den Teilnehmenden ethische, juristische und datenschutztechnische Gesichtspunkte zu beachten. Zudem wird der Ergonomie als Themen- und Handlungsfeld eine wichtige Rolle zugesprochen. Bei den Erfolgsfaktoren sind es neben den weichen Faktoren hinsichtlich der Transparenz, Kommunikation, Akzeptanz und Partizipation auch harte Aspekte wie jener Grad der Digitalisierung. Zudem gilt es Experimentierräume sowie Qualifizierungen sicherzustellen und Zielsetzungen zu erarbeiten. Im Zuge der Gegenüberstellung zu den Ergebnissen der MRK wird bereits eindeutig sichtbar, dass sich die Inhalte in vielen Aspekten gleichen. Dies wird auch nochmals verdeutlicht, wenn man die Ergebnisse zur KI-basierten MRK betrachtet. Den Themen- und Handlungsfeldern zur gegenseitigen Interaktion und Erwartungskonformität wird dabei eine hohe Relevanz zugesprochen. Weiterhin werden juristische und datenschutztechnische Aspekte genauso für wichtig erachtet wie eine ausreichende Qualifizierung, die sichere Interaktion und eine technische Umsetzbarkeit. Bei den Erfolgsfaktoren sind es die Transparenz und Akzeptanz, ein subjektiver Nutzen, die Zuverlässigkeit in der Anwendung und eine zeitlich nahe Umsetzung. Ebenfalls wird jener Grad der Digitalisierung, ein Verständnis von Kollaboration, entsprechende Experimentierräume sowie die Qualifizierung für die KI-basierte MRK als wichtig angesehen.

Eine Gegenüberstellung mit den Inhalten aus dem arbeitswissenschaftlichen Handlungsrahmen zeigt deutlich, dass sich die Anzahl der Erfolgsfaktoren aus der Fokusgruppendiskussion erheblich davon unterscheidet. Aus Sicht des Autors erscheint dies allerdings als unkritisch. Diese Aussage wird damit begründet, dass sich die Erfolgsfaktoren der Teilnehmenden thematisch im Handlungsrahmen wiederfinden. Sie entsprechen dabei sowohl einzelnen Aspekten, Bewertungskriterien oder sind im Rahmen der dazugehörigen Beschreibungen zu finden. Mit Ausnahme des Grades der Digitalisierung werden alle Inhalte im Handlungsrahmen aufgegriffen, allerdings nicht immer als separater Erfolgsfaktor aufgeführt. Aus Sicht des Autors besitzen die Partizipation, Akzeptanz und Ganzheitlichkeit bei der Einführung und Anwendung einer KI-basierten MRK eine entsprechende Relevanz und ziehen sich über den gesamten Veränderungsprozess. Im Zusammenhang mit den Inhalten zu den Themen- und Handlungsfeldern wird ebenfalls sichtbar, dass sich diese innerhalb des Handlungsrahmens wiederfinden. Hierbei weisen diese allerdings oftmals eine andere Bezeichnung auf. Die Themen Interaktionsgestaltung, Erwartungskonformität und sichere Interaktion finden sich vor allem bei den Handlungsfeldern zur Arbeitsplatz-, Arbeits- und Prozessgestaltung wieder. Das Handlungsfeld der Daten entspricht dabei einem eigenen Handlungsfeld innerhalb des Handlungsrahmens. Die von den Teilnehmenden angesprochenen juristischen Aspekte werden im Handlungsrahmen vor allem bei der Kritikalität und den Pflichten jener Nutzenden als auch bei der Arbeits- und Prozessgestaltung aufzeigt, wenn es um die Frage geht, wer die Verantwortung für beispielsweise Arbeitsergebnisse trägt. Die Qualifizierung ist ebenfalls ein eigenständiges Handlungsfeld im Handlungsrahmen und damit deckungsgleich mit den Aussagen der Teilnehmenden aus der Evaluation. Aspekte der IT-Sicherheit finden sich hingegen nicht im Handlungsrahmen. Dies wird vor allem damit begründet, dass es sich aus Sicht des Autors weniger um arbeitswissenschaftliche Inhalte handelt. Ebenfalls ergaben sich bei der Literaturstudie anhand jener aufgezeigten Kriterien aus dem Abschnitt 1.3 keine signifikanten Ergebnisse. Aus Sicht des Autors mindert dies allerdings nicht die Relevanz der Inhalte. Es wird diesen eine hohe Relevanz zugesprochen. Jene finden sich jedoch nicht unbedingt in dem Kontext der Schrift und ihres Handlungsrahmens wieder. Weiterhin wird deutlich, dass der arbeitswissenschaftliche Handlungsrahmen in Gänze weitaus mehr Inhalte adressiert als von den Teilnehmenden aufgezeigt wurden. Demnach sind es vor allem Inhalte zu den Handlungsfeldern von Führung, einer Einbettung in unternehmensweite Ziele und Visionen und einer generellen Gestaltung von Veränderungen, welche im Handlungsrahmen hinzukommen. Ebenfalls umfasst dieser neben der Gestaltung von Veränderungen in Organisationen auch den Aspekt der Unternehmenskultur. Diese finden sich, im Gegensatz zu den Ergebnissen der Fokusgruppendiskussion, im Handlungsrahmen wieder. Auf Grund der Deckungsgleichheit zwischen den Inhalten aus der Fokusgruppendiskussion und dem zuvor erarbeiteten Handlungsrahmen sowie seine durchaus umfassendere Betrachtung wird die inhaltliche Evaluation aus Sicht des Autors als erfüllt angesehen.

7.1.2 Standardisierte Befragung

Im Kontext der Diskussion zu den Inhalten der standardisierten Befragung gilt es die dabei generierten Ergebnisse ebenfalls kritisch zu bewerten. Auf Basis der bereits aufgezeigten Ergebnisse aus dem Abschnitt 6.2.4.3 erfolgt nachfolgend deren Diskussion. Beginnend mit den Ergebnissen zu den vorgegebenen Antwortmöglichkeiten wird im darauffolgenden Teil Bezug auf die Freitextanmerkungen zum Handlungsrahmen genommen und diese diskutiert. Im Allgemeinen ist bei den Items zu den Kategorien ‚Aufbau und Verständlichkeit‘, ‚Anwendbarkeit‘ sowie ‚Angemessenheit‘ ersichtlich, dass alle Items mit einem Mittelwert von über vier deutlich im positiven Antwortbereich liegen. Weitestgehend sogar knapp unter der maximalen Anzahl von fünf, welche einmal erreicht wurde. Aus Sicht des Autors kann hieraus in einer ersten Instanz eine deutlich positive Bewertung des Handlungsrahmens abgeleitet werden. Ebenfalls ist die Standardabweichung bei den gegebenen Antworten teilweise sehr gering oder kaum vorhanden. Mit Ausnahme einer Standardabweichung von 0,94 sowie 0,90 bei den Items zur Detailtiefe sowie dem praxisnahen Nutzen ist diese ansonsten sehr gering oder kaum vorhanden. Es werden demnach keine Ausreißer bei den Antworten erkennbar. Die heterogene Zusammensetzung der Expertinnen und Experten und ihre kritische Überprüfung in Kombination mit einem positiven homogenen Antwortverhalten wird dabei als wichtiges Argument deklariert, um die Legitimität des Handlungsrahmens sicherzustellen. Vor allem die durchweg positive Zustimmung mit einer Standardabweichung von Null bei der Frage, inwiefern der Handlungsrahmen die relevanten arbeitswissenschaftlichen Handlungsfelder zur Einführung und Anwendung der KI-basierten MRK umfasst, unterstreicht dabei noch einmal die Interpretation und

Aussage des Autors aus dem Abschnitt 7.1.1, dass die inhaltliche Evaluation als erfolgreich deklariert werden kann. Um die Evaluation offen und kritisch durchzuführen, besaß jede Expertin und jeder Experte die Möglichkeit, in einem offenen Textfeld weitere Anmerkungen zu hinterlassen, welche nachfolgend aufgegriffen werden sollen. Hinsichtlich der Kritik an einer reduzierten Praxistauglichkeit des Handlungsrahmens durch eine möglicherweise zu detaillierte Konzeptionierung wird entgegnet, dass die Einführung und Anwendung der KI-basierten MRK ein sehr komplexer Prozess ist, was unter anderem an einer Vielzahl an unterschiedlichen Handlungsfeldern (z. B. Führung, Arbeits- und Prozessgestaltung) sichtbar wird. Zugleich kann eine Einführung und Anwendung unzureichend sein und mit Verletzungen der Nutzenden einhergehen, wenn nicht alle aufgezeigten Aspekte und Bewertungskriterien detailliert betrachtet werden. Aus diesem Grund wird am Umfang des Handlungsrahmens festgehalten. Hinsichtlich der Kritik einer teilnehmenden Person, dass die Rollen der Stakeholder im Projektteam nicht definiert wurden, wird entgegnet, dass wenn man lediglich den Handlungsrahmen aus dem Kapitel 5 betrachtet, diese Situation gegeben ist. Innerhalb der Forschungssynthese und den erweiterten Handlungsempfehlungen aus Kapitel 4 erfolgt allerdings eine Definition über die Teilnehmenden (z. B. Nutzende, Ingenieur oder Industriemeister) bei der Einführung und Anwendung der KI-basierten MRK. Würde in Zukunft eine Publikation in Form einer kürzeren Broschüre erfolgen, wäre die Vorabdefinition in der Problemstellung angebracht. Weiterhin könnte die Aussage, dass der Handlungsrahmen gegebenenfalls zu komplex ist, durch eine zukünftige Anwendung in einem Unternehmen, sobald die Technologie eine Marktreife besitzt, weiter evaluiert werden. Der Tatsache, dass einzelne Bewertungskriterien durch die Teilnehmenden als zu kompliziert und unverständlich deklariert wurden, wird aus Sicht des Autors entgegnet, dass es bei 238 Bewertungskriterien immer dazu kommen kann, dass subjektiv die Verständlichkeit eine andere ist. In Anbetracht dessen, dass es sich allerdings um drei ausgewählte Bewertungskriterien handelt, erscheint dies als nicht zu relevant zu bewerten, vor allem in Hinblick darauf, dass diese Aussage von lediglich einer teilnehmenden Expertin oder einem teilnehmenden Experten getroffen wurde. Im Gegensatz dazu merkten zwei Teilnehmende an, weshalb die Bewertungskriterien mit einem Fragezeichen enden. Aus ihrer Sicht würden dies eher Aussagen sein. Aus Sicht des Autors wurden die Bewertungskriterien bei der Konzeptionierung als Fragestellungen interpretiert, welche im Rahmen der jeweiligen Checkliste bearbeitet werden müssen. Aus Sicht des Autors wurde dabei zugrunde gelegt, dass eine Checkliste generell nur Fragestellungen und keine Aussagen enthält. Obwohl es sich hierbei um eine rein stilistische Anmerkung handelt, welche aus Sicht des Autors wenig bis keine Aussagekraft über die konzeptionelle Legitimität des Handlungsrahmens besitzt, wird dieser trotzdem eine hohe Bedeutung zugeschrieben. Im Nachgang der Auswertung wurde das Fragezeichen daher bei allen Bewertungskriterien durch einen Punkt ersetzt.

Weiterhin ist auch Sicht einer Expertin oder eines Experten zu überdenken, ob das Skalenniveau angemessen erscheint und in seiner Symmetrie zu überarbeiten sei. Dem Vorschlag, das Skalenniveau in ‚trifft nicht', ‚wenig', ‚mittelmäßig', ‚ziemlich', ‚sehr zu' zu ändern, wird entgegnet, dass sich die Auswahl des in dieser Schrift ausgewählten Niveaus an den etablierten Ausführungen von Franzen (2014) orientiert. Es entspricht demnach keiner vom Autor selbst ausgedachten Variante. Aus Sicht des Autors ist der wichtigste Aspekt, dass die Anzahl der gewählten Stufen eine notwendige und angemessene Differenzierungsfähigkeit sicherstellen kann. Auf Grund dessen, dass die neu vorgeschlagene Abstufung ebenfalls fünf Stufen enthält und jede Checkliste des Handlungsrahmens bereits zu Beginn eine Einordnung der jeweiligen Stufen enthält, wird von einer Abänderung zum derzeitigen Zeitpunkt abgesehen. Allerdings wird dem Kritikpunkt die nötige Gewichtung zugesprochen. Zwar wurde dies nur durch eine Expertin oder einen Experten erwähnt, könnte allerdings dennoch nicht minder relevant sein. Aus Sicht des Autors wird an dieser Stelle an dem ausgewählten Skalenniveau auf Grund der etablierten Auswahl nach Franzen (2014) festgehalten. Sollte zukünftig allerdings eine kürzere Version des Handlungsrahmens in einer praxistauglichen Broschüre erscheinen und diese in Unternehmen Anwendung finden, gilt es zu validieren, ob das Skalenniveau die zugesprochene und an dieser Stelle angenommene Praxistauglichkeit auch nachweisen kann. Aus Sicht des Autors erscheint eine Orientierung an den Inhalten von Franzen (2014) zudem als angemessen, da es sich hierbei um einen Ausprägungsgrad bei den Antwortmöglichkeiten handelt, welcher nicht zu gering erscheint und keine zu detaillierte Konzeptionierung mit zu vielen Abstufungen aufweist. Insgesamt gesehen wird damit die konzeptionelle Evaluation des Handlungsrahmen im Hinblick auf die verfolgte Zielstellung aus Sicht des Autors als erfüllt angesehen.

7.2 Diskussion wissenschaftlicher Gütekriterien

Im Anschluss an die Diskussion der erhobenen Daten und der damit verbundenen kritischen Betrachtung gilt es diesen Prozess auch bei den angewendeten wissenschaftlichen Methoden durchzuführen. In diesem Zusammenhang besteht die Zielsetzung darin, einen transparenten Diskurs zu erzeugen, inwiefern bei der Durchführung jener Methoden wissenschaftliche Gütekriterien eingehalten wurden. Aus Sicht des Autors ist dieser Prozess unabdingbar, um die hohen Qualitätsansprüche innerhalb der Schrift zu erfüllen. Eine Diskussion der Methoden erfolgt dabei individuell anhand ihrer jeweiligen Gütekriterien. Dies beginnt mit der qualitativen Forschung. Im Anschluss werden die Gütekriterien zur quantitativen Forschung und der Evaluationsforschung diskutiert. Zum Abschluss wird diskutiert, inwiefern der Handlungsrahmen die wissenschaftlichen Gütekriterien erfüllt. Dieser Schritt bildet den Abschluss, innerhalb dessen Bezug auf die vorherigen Ergebnisse zur inhaltlichen und methodischen Diskussion genommen wird.

7.2.1 Qualitative Forschung

Mayring (2002) legt im Rahmen der Anwendung qualitativer Forschungsmethoden sechs Gütekriterien zugrunde. Er führt dabei die Verfahrensdokumentation, eine argumentative Interpretationsabsicherung, die Regelgeleitetheit und Nähe zum Gegenstand, jene kommunikative Validierung sowie die Triangulation als wissenschaftliche Gütekriterien auf. Nach diesen bedarf es einer spezifischen Darlegung verwendeter Methoden, der Tatsache, dass Interpretationen argumentativ begründet werden müssen sowie eine Sicherstellung der Systematik im Rahmen der Materialbearbeitung, bei der vor allem ein sequenzielles Vorgehen wichtig ist. Weiterhin gilt es, eine möglichst intensive Nähe zur Alltagswelt bei den Beteiligten sicherzustellen und Interessensübereinstimmungen zu erreichen. Hinzukommend muss im Kontext der kommunikativen Validierung erreicht werden, dass die interpretierten Ergebnisse den befragten Personen vorgelegt werden. Die Triangulation beschäftigt sich mit der Fragestellung, inwiefern unterschiedliche Methoden zum Einsatz kommen, um wissenschaftliche Fragestellungen zu beantworten (Mayring, 2002, S. 144-148). Um die wissenschaftlichen Anforderungen hinsichtlich der Gütekriterien nach Mayring (2002) zu erfüllen, wurden im Rahmen der qualitativen Forschung alle Prozessschritte transparent dokumentiert. Dies umfasste sowohl den

Erhebungs- als auch Auswertungsprozess, beginnend mit der Auswahl der teilnehmenden Expertinnen und Experten sowie der argumentativen Begründung ihrer Auswahl. Anhand festgelegter Kriterien konnte sichergestellt werden, dass die beteiligten Personen fachlich die geforderten Kriterien erfüllten, um verwendbare Ergebnisse zu erzeugen. Hinzukommend erfolgte eine detaillierte Darstellung, aus welchen Gründen die Fokusgruppendiskussion sowie jene qualitative Inhaltsanalyse als wissenschaftliche Methoden zur Anwendung kamen. Eine Dokumentation der Auswertungsmethode erfolgte dabei lückenfrei und transparent. Die erzeugten Ergebnisse wurden sowohl visuell als auch in Form des Transkriptes offengelegt. Um die argumentative Interpretationsabsicherung sicherzustellen, wurden die transparent dargestellten Ergebnisse analysiert. Eine Interpretation der Ergebnisse erfolgte innerhalb der Schrift in reduzierter Form, was auf die Frage zurückzuführen ist, welche durch die Fokusgruppendiskussion beantwortet werden sollte. Interpretationen waren deswegen nicht in dem Umfang vorhanden, wie es bei der Erarbeitung von neuem Wissen durch qualitative Forschung der Fall ist. Die Begründung liegt darin, dass es das Ziel war, mit Hilfe der Fokusgruppendiskussion inhaltliche Übereinstimmungen mit den Inhalten des Handlungsrahmens sichtbar zu machen oder Lücken aufzudecken. Interpretationen finden sich demnach weniger in den einzelnen Sachverhalten und mehr in der Aussage darüber, inwiefern der Handlungsrahmen als geeignet angesehen werden kann. Diese Interpretation beruht dabei auf den transparent erhobenen Daten und ist in ihrer Argumentationsfindung nachvollzieh- und reproduzierbar. Im Rahmen der Regelgeleitetheit wird das geforderte sequenzielle Vorgehen als erfüllt bewertet. Dies begründet sich darauf, dass sowohl bei der Erhebung der Daten im Rahmen der Fokusgruppendiskussion als auch deren Auswertung mittels der qualitativen Inhaltsanalyse die regelgeleiteten Vorgaben aus der Literatur stringent befolgt wurden. Insgesamt wurde der gesamte Prozess in aller Transparenz offengelegt, beginnend mit dem Ablauf der Fokusgruppendiskussion anhand des Ablaufplanes, dem Vorgehen der Datenerhebung, einer Aufbereitung von Ergebnissen sowie deren Interpretation und Einordnung. Die Nähe zum Gegenstand bildet das nächste wissenschaftliche Gütekriterium. Die geforderte Interessensübereinstimmung wurde dadurch erreicht, dass alle Teilnehmenden ohne Zwang, aus eigenem Antrieb und dem alleinigen Interesse an der Thematik einer Teilnahme an der Fokusgruppendiskussion zugesagt haben. Sie haben in diesem Zusammenhang frei, offen und transparent über ihre individuellen Erfahrungen berichtet. Um die Anforderungen an die kommunikative

Validierung zu erfüllen, galt es die Offenlegung der Ergebnisse zu realisieren. Diese wurde dadurch realisiert, dass im Rahmen des Workshops die Ergebnisse zu jeder Zeit für alle Teilnehmenden ersichtlich waren. Es bestand also zu jeder Zeit die Möglichkeit, Fehler in der Datenaufnahme und Interpretation gesprochener Inhalte zu korrigieren. Im Nachgang wurden die erhobenen und aufbereiteten Ergebnisse den Teilnehmenden nochmals übersendet, damit diese jene selbst noch einmal einsehen können, um gegebenenfalls Korrekturen vorzunehmen. Weiterhin beschränkte sich die Interpretation darauf, ob der Handlungsrahmen mit den Inhalten der Fokusgruppendiskussion übereinstimmt. Da den Teilnehmenden sowohl bei der Fokusgruppendiskussion die Ergebnisse zu jeder Zeit vorlagen, diese im Nachgang aufbereitet übersendet wurden sowie der bereits fertiggestellte Handlungsrahmen zugänglich gemacht wurde, wird dieses wissenschaftliche Gütekriterium als erfüllt angesehen. Die Triangulation bildet das letzte wissenschaftliche Gütekriterium. Um die Fragestellung zu beantworten, inwiefern der Handlungsrahmen eine inhaltliche sowie konzeptionelle Gültigkeit besitzt, wurden mehrere wissenschaftliche Methoden angewendet. Innerhalb der Mix-Methods-Anwendung erfolgte ein Rückgriff auf die Methoden und Instrumente aus der qualitativen sowie quantitativen Forschung. Aus Sicht des Autors der vorliegenden Schrift erhöht die Mix-Methods-Anwendung die Qualität und damit die Aussagekraft, inwiefern der Handlungsrahmen eine inhaltliche sowie konzeptionelle Gültigkeit besitzt. Aus diesem Grund wird das wissenschaftliche Gütekriterium als erfüllt angesehen. Insgesamt gesehen, können demnach alle sechs Gütekriterien als erfüllt angesehen werden.

7.2.2 Quantitative Forschung

Im Rahmen der quantitativen Forschung werden die Gütekriterien der Objektivität, Reliabilität und Validität herangezogen. Die Objektivität durchgeführter Forschungsmethoden wird dann erreicht, wenn es möglich ist, dass unterschiedliche Personen, die gewählte Methode durchführen sowie die Ergebnisse auswerten und interpretieren und hierbei zu den identischen Ergebnissen kommen. Die Objektivität wird dadurch gefördert, wenn der Forschungsprozess von der Durchführung, über die Auswertung bis hin zur Interpretation eine ausgeprägte Standardisierung aufweist (Hussy, Schreier & Echterhoff, 2013, S. 23). Um die geforderte Objektivität innerhalb der Anwendung jener standardisierten Befragung sicherzustellen, erfolgte die Erstellung aller

Items sowie eine Auswertung der erhobenen Ergebnisse stark regelgeleitet. Es wurde hierbei auf das etablierte und anerkannte Vorgehen aus der deskriptiven Statistik zurückgegriffen. Die standardisierte Befragung verfolgte in diesem Zusammenhang ein spezifisch festgelegtes Ziel, welches innerhalb der Evaluationsforschung festgelegt wurde. Es galt den Handlungsrahmen konzeptionell zu bewerten. Im Kontext der standardisierten Befragung war es möglich, eine objektive Aussage darüber treffen zu können, inwiefern die konzeptionelle Erstellung des Handlungsrahmens den Anforderungen aus Wissenschaft und Praxis genügt. Fehlinterpretationen wurden dahingehend ausgeschlossen, da die Antwortmöglichkeiten vorgegeben waren. Die dazugehörigen Fragen in Form von Items wurden zudem als geschlossen formuliert. Um ebenfalls die Objektivität bei der Interpretation der Antworten aus dem Freitextfeld zu gewährleisten, wurden die Antworten transparent aufgezeigt. Eine individuelle Bewertung und Deutung inklusive der Argumentation durch den Autor wurden jeweils begründet dargelegt. Insgesamt gesehen ist daher von einer hohen Objektivität auszugehen, da die Ergebnisse durch die starke Regelleitung und kaum vorhandenen Interpretationsspielraum als sehr reproduzierbar gelten. Hinzukommend gilt es die Reliabilität sowie Validität sicherzustellen. Nach Appelfeller und Feldmann (2018) ist im Zusammenhang mit der Reliabilität sicherzustellen, dass die Zuverlässigkeit innerhalb der Anwendung jener empirischen Methode ausreichend gewährleistet wird. Hierbei beschreibt die Reliabilität wie genau und wiederholbar eine durchgeführte Messung ist. Eine hohe Reliabilität ist dann vorhanden, wenn unter den identischen Bedingungen die gleichen Ergebnisse hervorgebracht werden. Dies kann durch einen ausgeprägten Grad an Standardisierung gewährleistet werden. Im Zuge der Validität wird weiterhin untersucht, ob die gewählte Methode eine Eignung besitzt, um die zuvor aufgezeigte Zielsetzung überhaupt zu erreichen. Dabei kann Validität nur dann erreicht werden, wenn zuvor eine ausgeprägte Objektivität sowie Reliabilität vorhanden ist (Appelfeller & Feldmann, 2018, S. 210f). Innerhalb der vorliegenden Schrift wird dem quantitativen Forschungsprozess eine hohe Reliabilität zugesprochen. Dies begründet sich vor allem darauf, dass sich sowohl die Erstellung als auch Auswertung der standardisierten Befragung an festgelegten Regeln orientierte. Wie bereits aufgezeigt wurde, sind die Items geschlossen und die Antwortmöglichkeiten vorgegeben. Bei einer wiederholten Messung ist daher davon auszugehen, dass die Ergebnisse identisch wären. Durch den hohen Grad der Standardisierung auch abseits des Ausfüllens jener Befragung wird die Reliabilität als gegeben beurteilt. Jede teilnehmende Person wurde dabei anhand spezifischer Kriterien ausgewählt und hatte beim Ausfüllen identische Voraussetzungen. Alle beteiligten Personen erhielten vorab Informationen über die Ergebnisse aus der Fokusgruppendiskussion. Zudem standen ihnen die gesamten Inhalte zum Handlungsrahmen zur Verfügung. Hinzukommend wird dem Prozess der empirischen quantitativen Forschung die notwendige Validität zugesprochen. Begründet wird dies zum einen dahingehend, dass zuvor bereits gezeigt wurde, dass eine ausgeprägte Objektivität sowie Reliabilität sichergestellt werden konnte. Zum anderen kann die standardisierte Befragung als nutzbringend bewertet werden bei der Frage, ob sie die zuvor festgelegte Zielsetzung im Rahmen der Evaluationsforschung erreicht hat. Durch die Anwendung der standardisierten Befragung war es möglich, eine objektive und reliable Aussage darüber treffen zu können, inwiefern die konzeptionelle Erstellung des Handlungsrahmens den Anforderungen aus Wissenschaft und Praxis genügt. Sowohl die Methode zur Datenerhebung als auch Auswertung kann dabei als nutzbringend und geeignet angesehen werden, um eine Aussage über die zuvor festgelegte Zielsetzung treffen zu können. Hierbei konnte sowohl eine Aussage über den Aufbau und die Verständlichkeit, die relevante Anwendbarkeit sowie jene notwendige Angemessenheit des Handlungsrahmen getroffen werden. Im Ganzen kann dem gesamten empirischen Vorgehen bei der standardisierten Befragung demnach eine ausgeprägte Objektivität, Reliabilität sowie Validität zugesprochen werden.

7.2.3 Evaluationsforschung

Neben den wissenschaftlichen Gütekriterien erfordert die methodische Diskussion auch eine Beachtung der vier Eigenschaften aus der Evaluationsforschung. Hierbei wird Bezug auf die in Abschnitt 6.1.3 dargelegten Inhalte nach DeGEval – Gesellschaft für Evaluation e.V. (2021) genommen. Eine Erfüllung der vier Eigenschaften – Nützlichkeit, Durchführbarkeit, Fairness und Genauigkeit – inklusive ihrer jeweiligen individuellen Standards gilt es nachfolgend zu diskutieren. Um die Nützlichkeit der durchgeführten Evaluation sicherzustellen, wurde bei der Identifizierung der beteiligten Stakeholder darauf geachtet, dass diese bereits zu Beginn umfangreiche Informationen über den geplanten Ablauf erhielten. Aus diesem Grund wurden umfangreiche Informationsbroschüren erarbeitet und im Vorfeld zugesendet. Weiterhin wurden die individuellen Nachfragen der beteiligten Stakeholder im Vorfeld beantwortet. Allen Beteiligten wurde dabei aufgezeigt, dass die Evaluation im Rahmen der vorliegenden Schrift erfolgt. In diesem Kontext wurde ausführlich dargelegt, worin das Ziel der Evaluation und des Mitwirkens der Stakeholder besteht – der Evaluation des Handlungsrahmens. Im Hinblick auf die notwendige Kompetenz und Glaubwürdigkeit des Evaluators – welcher in diesem Fall durch den Autor repräsentiert wurde – lässt sich erwähnen, dass dieser bereits umfangreiche Erfahrungen in der Anwendung qualitativer Forschungsprozesse besitzt. Diese erlangte er vor allem durch seine wissenschaftliche Berufstätigkeit, innerhalb derer er regelmäßig qualitative sowie quantitative empirische Forschungen durchführt. Um ebenfalls zu garantieren, dass die wissenschaftlichen Methoden zur Beantwortung der zu untersuchenden Fragestellung als nutzbringend einzustufen sind, wurde ebenfalls auf die Mindestanzahl an Teilnehmenden bei der Fokusgruppendiskussion geachtet. Weiterhin erfolgte eine Ausrichtung der qualitativen und quantitativen wissenschaftlichen Methoden auf die zu erreichende Zielstellung der inhaltlichen wie konzeptionellen Evaluation. Um die geforderte Transparenz bei der Werthaltung sicherzustellen, wurden die beruflichen und fachlichen Hintergründe der Teilnehmenden und weshalb sie als geeignet angesehen wurden, aufgezeigt. Weiterhin erfolgte eine transparente und lückenlose Darstellung der erzielten Ergebnisse sowie deren Erstellungsprozess. Dies umfasst unter anderem die Tatsache, dass die Erzählpassagen aus der Fokusgruppendiskussion den einzelnen Experten und Expertinnen zuzuordnen sind. Auf Grund dessen, dass die Vollständigkeit der Berichterstattung sowie die Rechtzeitigkeit der Evaluation ebenfalls neuralgische Aspekte sind, wurden alle Ergebnisse und Interpretationen transparent offengelegt und eine Evaluation direkt nach der Fertigstellung des Handlungsrahmens angestrebt. Der Nutzen der Evaluation bestand für die Beteiligten vor allem im fachlichen Austausch sowie der Erweiterung individueller Erkenntnisse. Die Ergebnisse aus der Fokusgruppendiskussion sowie jener standardisierten Befragung ergaben weiterhin einen bedeutenden Nutzen für die vorliegende Schrift. Demnach konnte ein Nutzen für beide Seiten hergestellt werden. Insgesamt gesehen ist demnach die Eigenschaft der Nützlichkeit der durchgeführten Evaluation als gegeben zu bewerten. Im Rahmen der Durchführbarkeit als zweite Eigenschaft sind vor allem die Angemessenheit und Diplomatie sowie die Effizienz zu betrachten. Um den Aufwand für die Teilnehmenden so gering wie möglich zu halten, erfolgte die Evaluation innerhalb eines Onlineformates. Neben den aufwandsbezogenen

Faktoren konnten dabei hinzukommend sowohl ökonomische als auch ökologische Belastungen auf ein Minimum reduziert werden. Bereits vor der Durchführung der Evaluation wurden alle Beteiligten über den geplanten Ablauf aufgeklärt und innerhalb welches Tagesordnungspunktes ihr Input gefragt sein würde. Eine Aufklärung erfolgte sowohl bei der Anfrage als auch noch einmal vor der Durchführung. Dabei wurden die beteiligten Stakeholder zu jeder Zeit ermutigt, Unstimmigkeiten offen darzulegen. Um ebenfalls die geforderte Effizienz von Evaluationen sicherzustellen, wurden – hinzukommend zu den aufwandsbezogenen, ökonomischen und ökologischen Faktoren – ausschließlich die inhaltlichen Aspekte bearbeitet, welche für die Evaluation als nutzbringend und sinnvoll anzusehen waren. Zusammengefasst lässt sich demnach die Eigenschaft der Durchführbarkeit als sehr ausgeprägt deklarieren. Überdies hinaus muss die Fairness einer Evaluation sichergestellt werden. Um sowohl die formalen Aspekte sicherzustellen als auch den Schutz der individuellen Rechte der Stakeholder zu wahren, haben alle Teilnehmenden im Vorfeld eine Erklärung zur Verarbeitung personenbezogener Daten unterschrieben. Ebenfalls wurden die Rollen vom Autor als neutralen Moderator und den Teilnehmenden als Stakeholder besprochen. Um eine umfassende und faire Prüfung des Evaluationsgegenstandes zu erreichen, wurde der gesamte Evaluationsprozess transparent dargestellt. Dies umfasste vor allem auch die transparente Prüfung und kritische Auseinandersetzung mit dem erhobenen Material. Hierdurch konnte sowohl eine inhaltliche als auch konzeptionelle Überprüfung, ob der Handlungsrahmen als geeignet angesehen werden kann, erreicht werden. Generell war die gesamte Evaluation unparteiisch und frei von externen Einflüssen. Alle Teilnehmenden waren aus eigenem Antrieb und ohne Zwang an der Evaluation beteiligt. Es konnte demnach erreicht werden, dass persönliche Erfahrungen und Ansichten frei geteilt wurden. Der Moderator war ebenfalls neutral in seiner Haltung. Im angehängten Transkript wird erkennbar, dass keine Einflussnahme auf die Inhalte der Teilnehmenden erfolgte. Das abschließende Kriterium bildet die Offenlegung der Ergebnisse. Im Nachgang der Fokusgruppendiskussion haben alle Beteiligten die Ergebnisse erhalten. Weiterhin erfolgt eine Publikation aller generierten Ergebnisse im Rahmen der vorliegenden Schrift. Hierdurch kann eine ausreichende Offenheit und Transparenz gewährleistet werden. In der Gesamtheit kann der Evaluation demnach die notwendige Fairness als relevante Eigenschaft zugesprochen werden. Die vierte und abschließende Eigenschaft ist die Genauigkeit. Um diese zu gewährleisten, wurde der

Evaluationsgegenstand und seine Entwicklung detailliert dargelegt. Die notwendige Transparenz bei der Anwendung des Handlungsrahmens findet sich demnach in der Datenerhebung, Auswertung und Interpretation. Um dabei die notwendige Nähe zum Kontext zu gewährleisten, wurde dieser bei der Entwicklung des Handlungsrahmens umfassend analysiert. Dies bedeutet, dass der aus dem theoretischen Forschungsstand entstandene Evaluationsgegenstand sowohl empirisch und praxisnah validiert als auch kritisch betrachtet wurde. Die kritische Betrachtung findet sich unter anderem dahingehend wieder, dass ein Erreichen der maximalen Punktezahl ausgewählter Handlungsfelder in der Realität nicht immer dem Ziel eines Unternehmens entsprechen muss. Das Ziel der Evaluation, ihr Zweck und das damit verbundene Vorgehen der wissenschaftlichen Datenerhebung, Interpretation und Auswertung wurde zudem zu jeder Zeit transparent dargelegt. Auch wurde die Auswahl der wissenschaftlichen Methoden und alle Quellen, welche zur Erarbeitung der Evaluationsstudie genutzt wurden, offengelegt. Hinzukommend wurde die Erfüllung relevanter wissenschaftlicher Gütekriterien diskutiert. Um eine systematische Fehlerprüfung zu realisieren, wurden die erhobenen Daten ganzheitlich und transparent kontrolliert. Um Fehler bei der Fokusgruppendiskussion zu vermeiden, erfolgte eine Transkription der gesprochenen Inhalte sowie die visuelle Dokumentation zur Kontrolle durch die Teilnehmenden. Gleichzeitigt wurde explizit darauf geachtet, dass die quantitativen Daten frei von Fehlern sind. Die Angemessenheit der qualitativen und quantitativen Informationen wurde dadurch sichergestellt, dass im Rahmen der Evaluation ausschließlich etablierte Verfahren zur Datenerhebung und -auswertung angewendet wurden. Jede Interpretation innerhalb der Schrift erfolgte dabei ausschließlich auf Basis dieser Daten. Alle Prozessschritte wurden hierbei offengelegt, um die Nachvollziehbarkeit sicherzustellen. Um abschließend den Aspekt der Meta-Evaluation sicherzustellen, erfolgt eine Publikation aller Ergebnisse im Rahmen der vorliegenden Schrift. Durch die angestrebte öffentliche Publikation werden die Inhalte für alle Personen zugänglich. Generell wird demnach ersichtlich, dass die Evaluation die geforderte Genauigkeit umfasst. Insgesamt gesehen kann der durchgeführten Evaluation eine ausgeprägte Nützlichkeit, Durchführbarkeit, Fairness sowie Genauigkeit zugesprochen werden.

7.2.4 Entstehungsprozess und Anwendung des Handlungsrahmens

Die Diskussion der wissenschaftlichen Gütekriterien im Hinblick auf den konzipierten Handlungsrahmen bildet den vierten und letzten Abschnitt. In diesem Zusammenhang wird auf die bereits dargelegten Erkenntnisse nach Hussy, Schreiner & Echterhoff (2013) sowie Appelfeller & Feldmann (2018) zurückgegriffen. Nach denen handelt es sich bei den wissenschaftlichen Gütekriterien von Objektivität, Reliabilität sowie Validität um die zu erfüllenden Faktoren. Nachstehend erfolgt eine individuelle Diskussion. Diese bezieht sowohl den Entstehungsprozess des Handlungsrahmens als auch seine Anwendung mit ein. Um die geforderte Objektivität bereits innerhalb der Konzeptionierung jenes Handlungsrahmens sicherzustellen, erfolgte diese durchweg transparent und unter der Einbeziehung von etablierten wissenschaftlichen Methoden. Bereits bei der Festlegung der verwendeten Literatur im Rahmen des narrativen Reviews wurden umfangreiche Kriterien zugrunde gelegt. Dies betraf sowohl den Auswahlprozess verwendeter Publikationen unter anderem anhand des Erscheinungsdatums, der verwendeten Sprache sowie den definierten Suchbegriffen. Weiterhin erfolgte eine spätere Aufbereitung der gewonnenen Erkenntnisse im Vorfeld der Forschungssynthese durch die Hinzunahme etablierter Methoden. Nach den Erkenntnissen von Goldenstein, Walgenbach & Hunoldt (2018) wurde der Prozess transparent dargelegt. Dies inkludiert sowohl die deduktive Kategorienbildung als auch die eigentliche Synthese aus MRK und KI. Im Rahmen derer wurde stringent überprüft, inwiefern sich Implikationen zeigen. Es erfolgte eine Differenzierung, ob KI die Herausforderungen der Einführung und Anwendung einer MRK verringern, keinen Einfluss besitzen, diese teilweise erweitern oder um gänzlich neue Erkenntnisse ergänzen. Auf Basis der Ergebnisse zu den jeweiligen Handlungsfeldern wurden diese in einen Handlungsrahmen transformiert. Innerhalb des Prozesses wurde dabei durch die Hinzunahme etablierter wissenschaftlicher Methoden aus der quantitativen Forschung zur Erstellung der individuellen Bewertungskriterien sowie deren Ausprägungsstufe eine ausgeprägte Standardisierung realisiert. Weiterhin wird die Objektivität auch im Zuge der Anwendung des Handlungsrahmens sichtbar. Der gesamte Prozess von der Aufnahme individueller Daten anhand jener Checklisten, über die Auswertung bis hin zur Ergebnisdarstellung folgt festgelegten Regeln. In diesem Zusammenhang sind sowohl zu beachtende Erfolgsfaktoren bei der Einführung und Anwendung der KI-basierten MRK, zu bearbeitende Handlungsfelder, die enthaltenen

Checklisten sowie jene integrierten Bewertungskriterien und deren Ausprägungsstufen standardisiert. Für eine jeweilige Projektgruppe ist demnach zu Beginn objektiv ersichtlich, welche Erfolgsfaktoren und Handlungsfelder zu beachten und zu bearbeiten sind. Generell gibt der Handlungsrahmen bei den Ausprägungsstufen die Stufe fünf als maximal zu erreichendes Ziel vor. Innerhalb dieses Kontextes ist es allerdings der Projektgruppe eines Unternehmens selbst überlassen, welche Ausprägungsstufe sie als zu erreichendes Ziel deklariert. Hierbei wird der Projektgruppe im Unternehmen der benötigte Freiraum eingeräumt, um die individuellen Gegebenheiten und Anforderungen vor Ort berücksichtigen zu können. Unabhängig des gewählten Zieles bei der Anwendung des Handlungsrahmens handelt es sich bei der Auswertung sowie Darstellung von Ergebnissen um ein standardisiertes Verfahren. Insgesamt gesehen wird dem Handlungsrahmen damit eine ausgeprägte Objektivität zugesprochen. Die Überprüfung der Reliabilität schließt sich an die Objektivität an. Im Allgemeinen wird auf Grund der hohen Transparenz und Standardisierung im Entstehungs- sowie Anwendungsprozess des Handlungsrahmens eine hohe Reliabilität vermutet. Nach Appelfeller und Feldmann (2018) gilt es daher sicherzustellen, dass eine Messung bei einer Wiederholung zu identischen Ergebnissen führt, sofern die Bedingungen sich gleichen. Der ausgeprägte Grad an Standardisierung und Regelgeleitetheit wurde dabei bereits ausführlich im Kontext der Objektivität dargelegt. Auf Grund dessen, dass bereits zu Beginn aufgezeigt wurde, wie die Literaturauswahl erfolgte und im Rahmen der Schrift sichtbar wird, welche Literatur wo gesucht und zu welchem Zeitpunkt verwendet wurde, gilt die Darstellung der theoretischen Inhalte zur MRK und KI als stark reproduzierbar. Auf Grund dessen, dass auch im Rahmen der Forschungssynthese ein Rückgriff auf etablierte und standardisierte Verfahren erfolgte, ist auch hier von einer ausgeprägten Reproduzierbarkeit auszugehen. Die Diskussionen und Interpretationen innerhalb der Forschungssynthese besitzen allerdings unvermeidlich einen individuellen Charakter des Autors der vorliegenden Schrift. Um diesen weitestgehend zu reduzieren, wurde bei der Forschungssynthese stringent überprüft, ob sich die Implikationen verringern, gleichbleibend sind, den Forschungsstand erweitern oder umfänglich neu um Erkenntnisse ergänzen. Eine hohe Reproduzierbarkeit der Ergebnisse ist ebenfalls im Rahmen der Anwendung zu erwarten, was mit der benötigten Reliabilität einhergeht. Kommt der Handlungsrahmen innerhalb eines Unternehmens zur Anwendung und würde die Projektgruppe im Anschluss noch einmal die Handlungsfelder sowie die darin enthaltenen Bewertungskriterien bearbeiten, ist eine Übereinstimmung jener Ergebnisse zu erwarten. Dies begründet sich vor allem durch die ausgeprägte Standardisierung von der Datenerhebung, Auswertung bis hin zur Darstellung. Wie bereits aufgezeigt wurde, sind die Bewertungskriterien geschlossen und die Ausprägungsstufen vorgegeben. Bei einer wiederholten Messung ist daher davon auszugehen, dass die Ergebnisse identisch wären. Zwei unterschiedliche Unternehmen werden dabei aller Voraussicht nach zu keinem identischen Ergebnis kommen. Dies begründet sich vor allem durch die individuellen Voraussetzungen im Unternehmen, eigenständig festgelegte Ziele sowie individuelles Interpretationsverhalten der beteiligten Stakeholder. Zusammenfassend wird dem Handlungsrahmen demnach eine ausgeprägte Reliabilität zugesprochen. Auf Grund dessen, dass bis zum jetzigen Zeitpunkt sowohl eine Objektivität als auch Reliabilität in der Konzeptionierung sowie Anwendung festgestellt werden konnte, wird nachfolgend die Validität diskutiert. Nach Appelfeller und Feldmann (2018) gilt es demnach zu analysieren, ob die gewählte Methode eine Eignung besitzt, um die zuvor aufgezeigte Zielsetzung zu erreichen. Im Zusammenhang mit der Konzeptionierung des Handlungsrahmens wird der Auswahl des narrativen Reviews sowie der Forschungssynthese eine hohe Validität zugesprochen. Diese stützt sich vor allem darauf, dass bei der Literaturstudie die verwendete Literatur passgenau ausgewählt wurde. Hierbei wurde demnach zu jeder Zeit versucht, den geforderten arbeitswissenschaftlichen Schwerpunkt beizubehalten. Um dies zu realisieren, wurden unter anderem exakte Suchstrings verwendet. Durch deren Anwendung war es möglich, das zu betrachtende Forschungsumfeld präzise abzustecken. Zugleich wurde vorrangig aktuelle Literatur verwendet, um die aktuellen arbeitswissenschaftlichen Anforderungen innerhalb der dynamischen Forschungsfelder zur MRK und KI aufzuzeigen. Es galt dahingehend sicherzustellen, dass die verwendete Literatur den Ansprüchen genügt, um einen Handlungsrahmen zu konzipieren, welcher durch seinen Umfang und seine Aktualität von praxisnahen und wissenschaftlichen Expertinnen und Experten als nutzbringend bewertet wird. Ebenfalls war es möglich, durch die verwendete Methode der Forschungssynthese die Implikationen der KI auf die MRK zu untersuchen, um daraufhin den zukünftigen Einfluss bewerten zu können. Durch diesen Prozessschritt konnte umfangreiches Wissen zur KI-basierten MRK erarbeitet werden, welches daraufhin in den Handlungsrahmen transformiert wurde. Um ebenfalls die Validität in seiner Anwendung zu gewährleisten, erfolgte ein Rückgriff auf die Methoden der Evaluationsforschung. Hierbei konnte sowohl eine inhaltliche als auch konzeptionelle Evaluation realisiert werden, deren Ergebnisse die Validität vermuten lassen. Im Hinblick auf die inhaltliche Evaluation konnte eine Übereinstimmung mit den Inhalten der beteiligten Expertinnen und Experten abgeleitet werden. Zudem wurde im Rahmen einer konzeptionellen Evaluation bestätigt, dass der Handlungsrahmen den Anforderungen von Expertinnen und Experten im Hinblick auf die Segmente ‚Aufbau und Verständlichkeit‘, ‚Anwendbarkeit‘ sowie ‚Angemessenheit‘ entspricht. Im Zuge einer objektiven Evaluation konnten dabei durchweg positive Ergebnisse generiert werden, inwiefern der Aufbau des Handlungsrahmens und seiner Checklisten als sinnvoll zu erachten sowie die Bewertungskriterien und Beschreibungen verständlich sind. Hinzukommend konnte mit einem positiven Ergebnis validiert werden, ob der Handlungsrahmen alle relevanten arbeitswissenschaftlichen Handlungsfelder beinhaltet, Unternehmen zur Unterstützung zu empfehlen ist und dabei unterstützt, Verbesserungspotenziale bei der Einführung und Anwendung zu identifizieren. Abschließend konnte auch die Praxistauglichkeit positiv validiert und die Aussage bestätigt werden, inwiefern der Handlungsrahmen eine idealtypische Referenz für die Einführung und Anwendung der KI-basierten MRK bildet. In der Gesamtheit wird dem Handlungsrahmen demzufolge sowohl in seiner Konzeptionierung als auch Anwendung eine hohe Objektivität, Reliabilität sowie Validität zugesprochen.

7.3 Grenzen der Schrift und zukünftige Forschungsbedarfe

Zum Abschluss der Diskussion gilt es die Grenzen der Schrift sowie zukünftige Forschungsbedarfe aufzuzeigen. Hierbei werden die Grenzen der Schrift als Limitationen verstanden, welche sich im Rahmen des Forschungsprozesses aufzeigen. Der Fokus liegt auf der Konzeptionierung sowie Evaluation des entwickelten Handlungsrahmens. Darauffolgend gilt es zukünftige Forschungsbedarfe, welche im Rahmen der KI-basierten MRK gesehen werden und den Kontext des Handlungsrahmens betreffen, aufzuzeigen.

7.3.1   Grenzen der Schrift

Auf Grund dessen, dass die Konzeptionierung des Handlungsrahmens auf Basis einer umfassenden Studie des vorhandenen Forschungsstandes beruht, wird der Literaturstudie eine ausgeprägte Relevanz zugesprochen. Auf Grund dessen wurde diese anhand fester Kriterien, welche im Abschnitt 1.3 dargelegt sind, durchgeführt. Trotz des Umfanges sowie der Orientierung an festgelegten Kriterien sind Limitationen in diesem Zusammenhang nicht umfänglich auszuschließen. Es wird vermutet, dass trotz der umfassenden Literaturstudie nicht alle Publikationen gefunden wurden, welche möglicherweise eine Relevanz für die Themen MRK und KI besitzen und demnach innerhalb der Schrift betrachtet werden könnten. Ungeachtet dessen beruht die Konzeptionierung des Handlungsrahmens auf einer umfassenden Literaturstudie, welche unter Einbeziehung der aufgezeigten Kriterien und bekannten Informationen durchgeführt wurde. Weitere Limitationen und Grenzen werden bei der Evaluation des Handlungsrahmens gesehen. Grundsätzlich folgte die Anzahl der Teilnehmenden in der Fokusgruppendiskussion den Vorgaben aus der Literatur. Dennoch besteht die Möglichkeit, die Anzahl der durchgeführten Fokusgruppendiskussionen zu erhöhen, um einen breiteren inhaltlichen Abgleich mit den vorhandenen Handlungsfeldern aus dem Handlungsrahmen zu ermöglichen. Im Rahmen der Schrift konnte dies allerdings nicht durchgeführt werden, da sich in diesem Zusammenhang Grenzen in dem eigenen Netzwerk des Autors zeigten. Dies betrifft sowohl Kontaktpersonen des ersten, zweiten und dritten Grades. Weiterhin besitzen die jeweiligen Kompetenzen der Teilnehmenden, deren fachlicher Schwerpunkt sowie subjektiven Sichtweisen einen nicht zu vermeidenden Einfluss auf den Diskussionsverlauf sowie die Ergebnisse. Ebenfalls zeigen sich Limitationen in einer Durchführung der standardisierten Befragung. In Analogie zur Fokusgruppendiskussion besteht hier ebenfalls das Problem, dass das Netzwerk mit Grenzen konfrontiert ist. Eine unkontrollierte öffentliche Streuung der standardisierten Umfrage wird ebenfalls als nicht angebracht angesehen. Dies begründet sich darauf, dass es sich beim Handlungsrahmen um ein erklärungsbedürftiges Produkt handelt. Eine Befragung von Personen, von denen nicht bekannt ist, dass sie Expertinnen oder Experten im entsprechenden Themenfeld sind und welche den Handlungsrahmen nicht erklärt bekommen haben, wird als nicht zielführend deklariert, um aussagekräftige Ergebnisse zu erhalten. Darüber hinaus wurden die Kriterien zur Evaluation sowie die damit verbundenen qualitativen Fragestellungen und quantitativen Items durch den Autor festgelegt. Dies geht an dieser Stelle mit einem nicht zu vermeidenden subjektiven Charakter einher. Die geforderte Objektivität im Zuge der Evaluation konnte allerdings durch die vorangegangene Diskussion, der damit verbundenen vier grundlegenden Eigenschaften und ihrer individuellen Kriterien nachgewiesen werden, indem sowohl die Nützlichkeit, Durchführbarkeit, Fairness als auch Genauigkeit belegt wurde.

Hinzukommend wurden auch die weiteren wissenschaftlichen Gütekriterien zur qualitativen und quantitativen Forschung erfüllt.

7.3.2 Zukünftiger Forschungsbedarf

Der zukünftige Forschungsbedarf zeigt sich bei der KI-basierten MRK zudem in unterschiedlichen Segmenten. Der Betrachtungsbereich der Gestaltung des Einführungs- und Anwendungsprozesses der KI-basierten MRK, auf den sich die Schrift konzentriert, bildet hierbei nur einen ausgewählten Aspekt. Hinzukommend zu den hier aufgezeigten Inhalten bedarf es vor allem Forschungsarbeiten in den Segmenten, welcher dieser Schrift vorgelagert sind. In diesem Zusammenhang sind sowohl die Potenzialanalyse zur Auswahl von geeigneten Arbeitsplätzen, dem Segment der Wirtschaftlichkeitsrechnung sowie Aspekte der informationstechnologischen Sicherheit zu nennen. In Analogie zur MRK und KI bedarf es aus Sicht von Unternehmen wissenschaftlich fundierter und praxisnah validierter Verfahren, wie Potenziale zur Anwendung der KI-basierten MRK erkannt und bewertet werden können. Hierbei sollten sowohl arbeitsplatzspezifische Faktoren als auch der generelle Fortschritt zur Vernetzung und Anwendung von KI im Unternehmen betrachtet werden. Auf Basis dessen wird ein zukünftiger Forschungsbedarf ebenfalls im Rahmen der Betrachtung ökonomischer Gesichtspunkte abgeleitet. In Analogie zur gegenwärtigen MRK bedarf es auch für die zukünftige Entwicklungsform Modelle und Verfahren, anhand derer Unternehmen bewerten können, inwiefern die Einführung und Anwendung ökonomisch als sinnvoll zu bewerten ist. Grundsätzlich wäre es dabei möglich, die Reduzierung ergonomischer Belastungen, eine Steigerung der Produktivität, die zu bearbeitende Stückzahl und deren individuelle Kosten mit einzubeziehen. Weiterhin zeigt sich der zukünftige Forschungsbedarf auch im Kontext der Einführung und Anwendung der KI-basierten MRK. Hierbei wird der informationstechnologischen Sicherheit und der damit verbundenen Vermeidung von externen Zugriffen auf den KI-Cobot eine hohe Relevanz zugesprochen. Auf Grund des Schwerpunktes der vorliegenden Schrift wurden die jeweiligen Aspekte hier nicht behandelt. Die informationstechnologische Sicherheit gilt aus Sicht des Autors für die zukünftige Anwendung als unabdingbar. Gleichzeitig kann durch sie erreicht werden, dass die Akzeptanz der Mitarbeitenden gegenüber der Anwendung positiv beeinflusst wird. Der Akzeptanz wird aus Sicht des Autors auch in Zukunft eine tragende Rolle beikommen, wenn es um die Einführung und Anwendung der KI-basierten MRK geht. Sie gilt als mitentscheidend, inwiefern die Anwendung den verfolgten Nutzen einer Verbesserung menschlicher Arbeit sowie eine Steigerung der Produktivität erzielen kann. Im Rahmen der Schrift wurde sichtbar, dass die Akzeptanz dabei von unterschiedlichen arbeitswissenschaftlichen Faktoren abhängig ist. Aus dieser Situation heraus wird der Akzeptanzforschung in Zukunft eine tragende Rolle zugesprochen. Weiterhin gilt es zukünftig zu erforschen, wie ergonomische Gesichtspunkte bestmöglich gestaltet werden können, um die Akzeptanz positiv zu beeinflussen und wie sich Anforderungen im Hinblick auf die Ergonomie weiterhin verändern können. Ausgehend von der Ergonomie gilt es in Zukunft auch die gegenseitige Interaktion zwischen Mensch und KI-Cobot zu untersuchen. Hierbei sollte der Fokus vor allem auf der direkten Interaktionsgestaltung liegen und die Frage beantworten können, ob die gegenwärtigen Gesichtspunkte aus der MRK und KI auch zukünftig ausreichend sein werden. Sofern die Technologie eine breite Marktreife zur Anwendung in Unternehmen besitzt, bieten Langzeitstudien oder umfangreiche Interviews mit Nutzenden zu deren Erfahrungen mögliche Instrumente zur Erhebung von Daten.

Ebenfalls wird dem Aspekt von Führung sowie den damit verbundenen Anforderungen an Führungskräfte weitere Aufmerksamkeit zukommen müssen. Führungskräfte als Begleiter von Veränderungsprozessen und Multiplikatoren der Technologie besitzen eine exponierte Funktion, weswegen die mit der Technologie einhergehenden Anforderungen untersucht werden müssen. Es bedarf Antworten auf die Frage, wie sich Führung möglicherweise anpassen muss, um die Einführung und Anwendung der KI-basierten MRK erfolgreich zu gestalten oder ob die gegenwärtigen Führungsinstrumente als ausreichend anzusehen sind. Ein weiteres zukünftiges Forschungsfeld wird in der Konzeptionierung von Qualifizierungskonzepten gesehen, welche sich an die individuellen Anforderungen aller beteiligten Stakeholder richten. In diesem Zusammenhang sollten nicht nur ausschließlich die Nutzenden des KI-Cobots entsprechende Fachkompetenzen erhalten, sondern auch die weiteren Stakeholder, zu denen unter anderem auch Führungskräfte zählen. Im Rahmen dieser Konzepte sollte zudem auf die Stärkung der wichtigen Sozial-, Selbst- und Methodenkompetenzen eingegangen werden. Zum Abschluss wird ein zukünftiger Forschungsbedarf im Bereich des Datenschutzes, dem Umgang mit potenziellen Risiken sowie bei den Aspekten von

Kritikalität und Normung gesehen. Es sollte demnach der Forschungsfrage nachgegangen werden, welche Anforderungen in Zukunft im Bereich des Schutzes sensibler Daten zu beachten sind und ob gegenwärtige Sachverhalte zu erweitern sind. Hinzukommend wird dem Umgang mit potenziellen Risiken eine tragende Rolle zugesprochen. Hierbei wird der Forschungsbedarf vor allem in Verfahren und Modellen gesehen, welche Unternehmen dabei unterstützen, geeignete Strukturen intern aufzubauen, um die relevanten Gesichtspunkte zu adressieren. Dies kann unter anderem auch durch eine entsprechende Norm erfolgen. Im Segment der Kritikalität und Normung gilt es Kriterien zu erarbeiten, zu welchem Zeitpunkt eine KI-basierte MRK in der entsprechenden Pyramide und der damit verbunden Kritikalitätsstufe einzuordnen ist. Zum Abschluss gilt es soziotechnische Normen zu erarbeiten, welche sich insbesondere auf KI-Technologien konzentrieren. Generell wird dem Normungsumfeld zur KI ein bedeutender Forschungsbedarf zugesagt. Allerdings zeigt sich vor allem im Kontext der soziotechnischen Systeme und den damit verbundenen arbeitswissenschaftlichen Gesichtspunkten ein wesentlicher Bedarf, welcher sich vor allem darauf stützt, dass dieser zum gegenwärtigen Zeitpunkt nicht ausreichend gedeckt ist. Insgesamt gesehen lässt sich also zukünftig ein breiter arbeitswissenschaftlicher Forschungsbedarf im Bereich der KI-basierten MRK erkennen.

7.4 Zwischenfazit

Mit Kapitel 7 wurde eine objektive und kritische Auseinandersetzung der innerhalb der Evaluation erhobenen Informationen sowie der Anwendung des Handlungsrahmens realisiert. Im Zusammenhang mit dieser Diskussion erfolgte dabei sowohl eine Betrachtung inhaltlicher Aspekte als auch der zu erfüllenden wissenschaftlichen Gütekriterien. Im Kontext der inhaltlichen Betrachtung wurden die erhobenen Daten aus der Evaluation diskutiert. Dies erfolgte sowohl auf qualitativer als auch quantitativer Ebene. Auf Grund der Deckungsgleichheit zwischen den Inhalten aus der Fokusgruppendiskussion und dem zuvor erarbeiteten Handlungsrahmen sowie seine durchaus umfassendere Betrachtung wird die inhaltliche Evaluation aus Sicht des Autors als erfüllt angesehen. Ebenfalls wird auch die konzeptionelle Evaluation des Handlungsrahmens im Hinblick auf die verfolgte Zielstellung aus Sicht des Autors als erfüllt angesehen, was sich unter anderem durch die positiven Forschungsergebnisse begründen lässt. Über dies hinaus galt es im Rahmen der Schrift eine offene Diskussion der zu erfüllenden wissenschaftlichen Gütekriterien darzulegen. Auf Grund der Vielfalt an verwendeten Methoden innerhalb der Schrift wurden hierbei umfangreiche Diskussionen durchgeführt. Im Kontext der Fokusgruppendiskussion wurden die qualitativen Gütekriterien der Verfahrensdokumentation, argumentativen Interpretationsabsicherung, Regelgeleitetheit, Nähe zum Gegenstand, kommunikativen Validierung sowie Triangulation diskutiert. Sowohl im Zuge der empirischen Durchführung als auch Auswertung konnte festgestellt werden, dass die individuellen wissenschaftlichen Gütekriterien als erfüllt anzusehen sind. Hinzukommend erfolgte eine Diskussion im Kontext der quantitativen Forschung, welche innerhalb der Schrift durch die standardisierte Befragung dargestellt wird. Hierbei umfasste die Diskussion die wissenschaftlichen Gütekriterien der Objektivität, Reliabilität sowie Validität. Insgesamt gesehen kann dem gesamten empirischen Vorgehen bei der standardisierten Befragung eine ausgeprägte Objektivität, Reliabilität sowie Validität zugesprochen werden, was vor allem durch die hohe Standardisierung sowie einen klaren regelgeleiteten Prozess ermöglicht wurde. Weiterhin wurden die Eigenschaften, die eine Evaluation besitzen muss, zur Diskussion gestellt. Diese umfassten sowohl die Nützlichkeit, Durchführbarkeit, Fairness als auch Genauigkeit. Jede Eigenschaft geht hierbei mit individuellen Kriterien einher. Insgesamt gesehen konnte der durchgeführten Evaluation eine ausgeprägte Nützlichkeit, Durchführbarkeit, Fairness sowie Genauigkeit zugesprochen werden. Zum Abschluss wurde der konzipierte Handlungsrahmen auf die Erfüllung der wissenschaftlichen Gütekriterien von Objektivität, Reliabilität sowie Validität geprüft. Hierbei wurde sowohl der Prozess zur Konzeptionierung als auch Anwendung analysiert. In der Gesamtheit wird dem Handlungsrahmen dabei sowohl in seiner Konzeptionierung als auch Anwendung eine hohe Objektivität, Reliabilität sowie Validität zugesprochen. Dieses Ergebnis stützt sich unter anderem auf die umfangreiche Transparenz, eine ausgeprägte Standardisierung sowie einen klaren und regelgeleiteten Prozess in der Konzeptionierung sowie Anwendung.

Den Abschluss des Kapitels bildete eine offene Diskussion über die Grenzen der Schrift sowie zukünftige Forschungsbedarfe im Kontext der KI-basierten MRK. Limitationen wurden dabei unter anderem im Kontext der Evaluation des Handlungsrahmens sichtbar. Hierbei würde potenziell die Möglichkeit bestehen, die Anzahl der durchgeführten

Fokusgruppendiskussionen und standardisierten Befragungen zu erhöhen, um einen breiteren inhaltlichen Abgleich mit den vorhandenen Handlungsfeldern zu ermöglichen sowie weitere Ansichten von Expertinnen und Experten einzuholen. Im Rahmen der Schrift konnte dies allerdings nicht durchgeführt werden, da sich dort Grenzen in dem eigenen Netzwerk des Autors zeigten. Dies betrifft sowohl Kontaktpersonen des ersten, zweiten und dritten Grades. Hinzukommend zu den in der Schrift aufgezeigten Inhalten bedarf es weiterer Forschungsarbeiten. Diese zeigen sich unter anderem in Themengebieten, welche dieser Schrift vorgelagert sind. In diesem Zusammenhang sind sowohl die Potenzialanalyse zur Auswahl von geeigneten Arbeitsplätzen, das Segment der Wirtschaftlichkeitsrechnung sowie Aspekte der informationstechnologischen Sicherheit zu nennen. Der Akzeptanz wird zukünftig ebenfalls eine tragende Rolle beikommen, wenn es um die Einführung und Anwendung der KI-basierten MRK geht. Sie gilt als mitentscheidend, inwiefern die Anwendung den verfolgten Nutzen einer Verbesserung menschlicher Arbeit sowie einer Steigerung der Produktivität erzielen kann. Weiterhin gilt es zukünftig zu erforschen, wie ergonomische Gesichtspunkte bestmöglich gestaltet werden können, um die Akzeptanz positiv zu beeinflussen und wie sich Anforderungen im Hinblick auf die Ergonomie weiterhin verändern können. Ebenfalls wird dem Bereich von Führung, der Konzeptionierung von Qualifizierungskonzepten sowie den Aspekten des Datenschutzes und des Umgangs mit Risiken in Zukunft ein ausgeprägter Forschungsbedarf zugesprochen. Weiterhin gilt es auch die Bereiche der Kritikalität und Normung insbesondere aus der soziotechnischen und arbeitswissenschaftlichen Perspektive zu untersuchen.

8. Fazit

In dieser Schrift galt es den Einfluss von KI innerhalb der kollaborierenden Interaktion zwischen Mensch und Roboter sowie die mit der Einführung und Anwendung verbundenen arbeitswissenschaftlichen Herausforderungen zu untersuchen. Dies begründete sich vor allem darauf, dass die zukünftige kollaborative Zusammenarbeit von Mensch und Roboter als ein äußerst sensibles und neuralgisches Handlungsfeld zu deklarieren ist. Es galt daher Unternehmen bei der Einführung und Anwendung einer MRK, deren KI über eine gesteigerte Leistungsfähigkeit verfügt, im Hinblick auf arbeitswissenschaftliche Aspekte zu unterstützen. Mit dieser Schrift sollte demnach eine Forschungslücke geschlossen werden, welche sich dahingehend begründete, dass bislang keine Unterstützung für Unternehmen im genannten Kontext existierte, welche wissenschaftlich sowie praxisnah erarbeitet und validiert wurde. Aus diesem Gedanken heraus leitete sich die Zielstellung der Konzeptionierung eines arbeitswissenschaftlichen Handlungsrahmens zur Einführung und Anwendung einer auf KI basierten MRK ab. In diesem Zusammenhang galt es, dass dieser Handlungsrahmen weitreichende Anforderungen erfüllt. Der Handlungsrahmen soll zur Sensibilisierung dienen und die relevanten arbeitswissenschaftlichen Themengebiete bei der Einführung und Anwendung beinhalten. Im Zuge seiner Anwendung soll es Unternehmen ermöglicht werden, Verbesserungspotenziale und Handlungsmöglichkeiten eigenständig zu identifizieren. Es galt demnach eine Referenz zu konzipieren, in welcher die aufgeführte Problemstellung ganzheitlich betrachtet und dessen Inhalte wissenschaftlich sowie praxisnah erarbeitet und validiert wurden.

Zur Erreichung der Zielstellung wurden vier Forschungsfragen gestellt. Zu Beginn wurde die Forschungsfrage gestellt, welche arbeitswissenschaftlichen Anforderungen und Erfolgsfaktoren es bei der Einführung und Anwendung einer bestehenden MRK aus Sicht eines anwendenden Unternehmens zu beachten gilt. Diese zeigten sich in der Gestaltung des Veränderungsprozesses, einer umfangreichen Qualifizierung und Kompetenzentwicklung sowie im Hinblick auf Ergonomie und Normung. Die Unternehmenskultur, ihre strategische Gestaltung und das Verfolgen einer Vision sind dahingehend genauso relevant wie die Erarbeitung von Fachkompetenzen. Zur Reduzierung von Belastungen bedarf es ebenfalls einer ergonomischen Gestaltung der Arbeitshöhe und Anordnung von benötigten Arbeits- und Betriebsmitteln, des Blick- und Greifbereiches sowie der Arbeitsorganisation. Im Kontext der Normung muss sowohl eine Beachtung von MRK-spezifischen als auch generellen und technologieübergreifenden Normen erfolgen. Die ISO/TS 15066, welche spezielle biomechanische Belastungsgrenzen aufzeigt, ist für den Einsatz von Cobots in der Interaktion mit dem Menschen dabei besonders relevant. Die Akzeptanzsteigerung bei den Mitarbeitenden gilt als wichtiges Element, welches durch die Beachtung der ausgeführten Segmente erreicht werden kann.

Als zweites wurde die Forschungsfrage beantwortet, inwiefern die KI Auswirkungen auf das Konzept der bestehenden MRK besitzt und welche Potenziale sich zukünftig durch die technologische Weiterentwicklung generieren lassen. Hierbei wurde sichtbar, dass zukünftig von einer technologischen Weiterentwicklung gegenwärtiger Cobots auszugehen ist, die vor allem auf den Fortschritten im Bereich der KI beruht. Cobots entwickeln sich zu lernfähigen Roboterwerkzeugen, welche im Fortlauf der Schrift als KI-basierte Cobots bezeichnet wurden. Durch diese kann in der Kollaboration mit dem Menschen sowohl die Flexibilität, Produktivität als auch Sicherheit erhöht werden. Auf Basis der Integration von leistungsfähiger schwacher KI können die Systeme eigenständig Arbeitsschritte erlernen und diese verbessern, sich antizipativ den Eigenschaften des Menschen anpassen und dessen Bewegungen prognostizieren. Hinzukommend wird sich die Vorbereitung des KI-basierten Cobots auf neue und unbekannte Arbeitsaufgaben durch einfaches Vormachen der Bewegungen oder die Eingabe von Sprachbefehlen vereinfachen.

Im Zuge der dritten Forschungsfrage wurde analysiert, welche arbeitswissenschaftlichen Anforderungen und Erfolgsfaktoren es bei der Einführung und Anwendung von KI aus der Perspektive eines anwendenden Unternehmens zu beachten gilt. Diese wurden in einer strategischen Herangehensweise beim Veränderungsprozess, der individuellen Qualifizierung und Kompetenzentwicklung, der Interaktionsgestaltung und dem Segment von Normung und Regulierung sichtbar. Eine vorhandene Vision sowie die strategische Planung müssen dahingehend genauso analysiert werden wie Aspekte der Unternehmenskultur und Führung. Hierbei sind starke Interdependenzen zur Akzeptanzsteigerung erkennbar. Mitarbeitende und Führungskräfte benötigen zudem individuelle Fachkompetenzen im Hinblick auf die KI. Erweitert werden diese durch relevante Methoden-, Sozial- und Selbstkompetenzen. Auch bedarf es interdisziplinärer Kompetenzen. Die Interaktionsgestaltung zwischen Mensch und KI sollte menschenzentriert erfolgen. Dies umfasst die Analyse weitreichender Gesichtspunkte zum Schutz des Einzelnen sowie der Vertrauenswürdigkeit, Arbeitsteilung und Arbeitsbedingungen. Im Kontext der Normung und Regulierung sind sowohl vorhandene KI-spezifische Normen als auch technologieübergreifende Normen für Unternehmen zu beachten. Weiterhin sollten Systeme anhand ihrer Kritikalität sowie ihres individuellen Risikos in der Anwendung eingeordnet werden.

Als viertes wurde die Forschungsfrage beantwortet, welche arbeitswissenschaftlichen Anforderungen und Erfolgsfaktoren es zukünftig aus Sicht eines anwendenden Unternehmens bei der Einführung und Anwendung einer MRK zu beachten gilt, deren KI über eine gesteigerte Leistungsfähigkeit verfügt. Als übergreifende Erfolgsfaktoren konnten die Akzeptanz, Partizipation und Ganzheitlichkeit abgeleitet werden. Hierbei handelt es sich um Erfolgsfaktoren, welche sowohl bei der MRK als auch KI im Zuge der jeweiligen Einführung und Anwendung von erheblicher Bedeutung sind. Die acht generellen Handlungsfelder umfassen zudem ‚Strategie und Implementierung‘, ‚Führung‘, ‚Unternehmenskultur‘, ‚Arbeitsplatzgestaltung‘, ‚Arbeits- und Prozessgestaltung‘, ‚Qualifizierung und Kompetenzentwicklung‘, ‚Kritikalität und Normung‘ sowie ‚Datenumgang und Datenschutz‘. Diese wurden im Zuge der Kategorisierung der Inhalte innerhalb einer Forschungssynthese abgeleitet. Im Allgemeinen zeigte sich, dass die Implikationen einer leistungsfähigeren schwachen KI auf die MRK differenziert sind. Vereinzelt kommt es zu verringerten oder gleichbleibenden Anforderungen. Vermehrt lassen sich allerdings erweiterte oder umfänglich neu hinzugekommene Anforderungen ableiten.

Auf Grund der komplexen Fragestellungen, bediente sich die Schrift mehrerer wissenschaftlicher Methoden zur Erreichung der aufgeführten Zielstellung. Das Fundament bildet in diesem Zusammenhang ein narratives Review und dessen Ergebnisse. Im Zuge dieser Literaturanalyse wurde der individuelle und aktuelle Forschungsstand im Kontext der MRK sowie zur KI erhoben. Auf Basis der fundierten Literaturanalyse erfolgte eine Forschungssynthese zur Erarbeitung von Wissen im Kontext der KI-basierten MRK. Mit Hilfe der Forschungssynthese wurden die Forschungsgebiete zur MRK und KI zusammengeführt, um die Forschungsfrage 4 zu beantworten. Auf Basis dieser Erkenntnisse erfolgte eine Konzeptionierung des arbeitswissenschaftlichen Handlungsrahmens. Im Rahmen von Kapitel 5 wurden die Erkentnisse aus der Forschungssynthese dahingehend transformiert, dass sie im arbeitswissenschaftlichen Handlungsrahmen zur Einführung und Anwendung einer auf KI basierten MRK mündeten. Damit wurde das übergreifende Forschungsziel erreicht. Der Handlungsrahmen erfüllt dabei weitreichende Anforderungen. Er dient zur Sensibilisierung und zeigt die relevanten arbeitswissenschaftlichen Handlungsfelder auf. Im Zuge seiner Anwendung wird es Unternehmen ermöglicht, Verbesserungspotenziale und Handlungsmöglichkeiten eigenständig zu identifizieren. Er adressiert Themengebiete, welche bei der Einführung sowie Anwendung zu beachten sind. Es handelt sich demnach um eine Referenz, dessen Ergebnisse quantifizierbar sind. Die Basis bildet das arbeitswissenschaftliche Prinzip nach MTO. Der arbeitswissenschaftliche Handlungsrahmen vereinigt sowohl neun Handlungsfelder, ihre Zuordnung zur jeweiligen Dimension nach Mensch, Technik und Organisation als auch die bei der Einführung und Anwendung zu beachtenden Erfolgsfaktoren. Hierzu wurden die Inhalte aus Kapitel 4 in neun Checklisten transformiert, welche jeweils ein individuelles Handlungsfeld abbilden. Im Kontext von Mensch sind dies ‚Führung', ‚Unternehmenskultur' sowie ‚Qualifizierung und Kompetenzentwicklung'. ‚Arbeitsplatzgestaltung', ‚Datenumgang und Datenschutz' sowie ‚Kritikalität und Normung' bilden die drei Handlungsfelder des Prinzips Technik. Im Zusammenhang von Organisation sind die drei Handlungsfelder ‚Vision und Strategie', ‚Planung der Einführung und Anwendung' sowie ‚Arbeits- und Prozessgestaltung.

Aufbauend auf die Konzeptionierung galt es eine Evaluation durchzuführen. Insbesondere im Hinblick auf die Erfüllung der wissenschaftlichen Gütekriterien wurde dies als unabdingbar angesehen. Infolgedessen, dass die Technologien zur KI im Kontext der MRK gegenwärtig noch keine Marktreife besitzen, sodass autonom agierende KI-Cobots in Unternehmen noch nicht mit den beschriebenen Fähigkeiten und Funktionalitäten eingesetzt werden können, wurden im Rahmen der Schrift die Inhalte zur Evaluationsforschung herangezogen. Hierbei erfolgte eine summative Evaluation mit einem Mixed-Methods-Ansatz. Die Anwendung der quantitativen wie auch qualitativen Methode verfolgte jeweils eine individuelle Zielsetzung. Im Rahmen der qualitativen Methode, welche in Form einer Fokusgruppendiskussion erfolgte, wurde eine inhaltliche Überprüfung durchgeführt. Die Methode der quantitativen Forschung, welche im Rahmen einer standardisierten Befragung erfolgte, wurde zur Überprüfung der Konzeptionierung des erarbeiteten Handlungsrahmens verwendet. In der Gesamtheit wurde dem Handlungsrahmen dabei sowohl in seiner Konzeptionierung als auch Anwendung eine hohe Objektivität, Reliabilität sowie Validität zugesprochen. Dieses Ergebnis stützt sich unter anderem auf die umfangreiche Transparenz, einer ausgeprägten Standardisierung sowie einem eindeutigen und regelgeleiteten Prozess in der Konzeptionierung sowie Anwendung.

Hinsichtlich eines Ausblickes auf zukünftige Forschungsarbeiten, welche unmittelbar mit den Inhalten in dieser Schrift zusammenhängen, wurden mehrere Themengebiete identifiziert. Diese zeigen sich unter anderem in den Bereichen, welche dieser Schrift vorgelagert sind. In diesem Zusammenhang sind sowohl die Potenzialanalyse zur Auswahl von geeigneten Arbeitsplätzen, das Segment der Wirtschaftlichkeitsrechnung sowie Aspekte der informationstechnologischen Sicherheit zu nennen. Der Akzeptanz wird zukünftig ebenfalls eine tragende Rolle beikommen, wenn es um die Einführung und Anwendung der KI-basierten MRK geht. Sie gilt als mitentscheidend, inwiefern die Anwendung den verfolgten Nutzen einer Verbesserung menschlicher Arbeit sowie einer Steigerung der Produktivität erzielen kann. Weiterhin gilt es zukünftig zu erforschen, wie ergonomische Gesichtspunkte bestmöglich gestaltet werden können und wie sich Anforderungen im Hinblick auf die Ergonomie weiterhin verändern. Ebenfalls wird in den Bereichen von Führung, der Konzeptionierung von Qualifizierungskonzepten sowie den Aspekten des Datenschutzes und des Umgangs mit Risiken in Zukunft ein notwendiger

Forschungsbedarf erkannt. Weiterhin gilt es auch die Bereiche der Kritikalität und Normung insbesondere aus der soziotechnischen und arbeitswissenschaftlichen Perspektive zu untersuchen.

Zusammenfassend kann die Aussage getroffen werden, dass die Entwicklung der gegenwärtigen MRK hin zur KI-basierten MRK vielmehr einer evolutionären statt einer revolutionären Entwicklung gleicht. Grundsätzlich geht sowohl die gegenwärtige MRK als auch die KI mit bedeutenden arbeitswissenschaftlichen Herausforderungen bei der Einführung und Anwendung einher. Der Einfluss von KI auf das bestehende Konzept der MRK führt in diesem Zusammenhang allerdings nur partiell zu umfänglich neu hinzukommenden Handlungsfeldern. Vielmehr ist eine inhaltliche Erweiterung bestehender Inhalte aus der MRK abzuleiten, welche auf die Integration leistungsfähiger schwacher KI zurückzuführen sind. Die Erkenntnis einer lediglich evolutionären Entwicklung verringert dabei allerdings nicht die Bedeutung und Notwendigkeit einer Betrachtung arbeitswissenschaftlicher Gesichtspunkte bei der Einführung und Anwendung. Nur wenn eine Hinzunahme der arbeitswissenschaftlichen Perspektive unter der Einbeziehung des soziotechnischen Ansatzes bei der Einführung und Anwendung der KI-basierten MRK verfolgt wird, kann der Veränderungsprozess erfolgreich gestaltet werden. Hierbei stützt sich diese Aussage vor allem auf die quantitativ hohe Anzahl der betreffenden Handlungsfelder und Themenbereiche sowie den qualitativ wichtig zu analysierenden Erfolgsfaktoren, deren Nichtbeachtung den Veränderungsprozess gefährden lassen. Hierbei wird insbesondere der Akzeptanz eine bedeutende Rolle zugesprochen. Eine ausschließlich technologiezentrierte Perspektive bei der Einführung und Anwendung wird demnach als nicht ausreichend betrachtet. Für diesen Prozess der Einführung und Anwendung der KI-basierten MRK liefert die vorliegende Schrift einen umfangreichen Handlungsrahmen zur Sensibilisierung, welcher es Unternehmen zudem ermöglicht, Verbesserungspotenziale und Handlungsmöglichkeiten eigenständig zu identifizieren. Dieser ermöglicht eine individuelle Anpassung an die subjektiven sowie praxisnahen Gegebenheiten und Zielsetzungen. Die Schrift nimmt hierbei Bezug auf die relevanten arbeitswissenschaftlichen Handlungsfelder und liefert Erkenntnisse über die Herausforderungen sowie Erfolgsfaktoren und schließt damit eine vorhandene Forschungslücke. Die Schrift erhebt in diesem Zusammenhang nicht den Anspruch auf eine immerwährende Aktualität der aufgezeigten Inhalte im Hinblick auf Detailtiefe und

Umfang. Vielmehr sollen mit ihr die Bedeutung der neuralgischen Interaktion zwischen Menschen und Technologie sowie die dabei zu beachtenden Themengebiete hervorgehoben werden. Auf diesen Erkenntnissen bedarf es zukünftig weiterer Forschungsarbeiten.

Literaturverzeichnis

Abdelkafi, N., Döbel, I., Drzewiecki, J. D., Meironke, A., Niekler, A., & Ries, S. (2019). *Künstliche Intelligenz (KI) im Unternehmenskontext: Literaturanalyse und Thesenpapier.* Abgerufen von https://www.imw.fraunhofer.de/content/dam/moez/de/documents/Working_Pap er/190830_214_KI_in_Unternehmen_final_FM_%C3%B6ffentlich.pdf, zuletzt geprüft am 10.10.2022

Adler, R., Andersen, T., Anton, M., Aschenbrenner, A., Babar, Y., Bahlke, A., Bautsch, M., Becker, N., Benning, J., Bock, J., Bereczki, B., Bernhardt, B., Bertovic, M., Berwing, K., Besold, T., Bethlehem, T., Beyer, P., Bienert, J., Bikic, A.,… Ziehn, J. (2020) W. Wahlster (Hrsg.), C. Winterhalter (Hrsg.), *Deutsche Normungsroadmap Künstliche Intelligenz.* Berlin: DIN. Abgerufen von https://www.din.de/resource/blob/772438/6b5ac6680543eff9fe372603514be3e6 /normungsroadmap-ki-data.pdf, zuletzt geprüft am 04.06.2021

Adler, R., Heidrich, J., Jöckel, L., & Kläs, M. (2020). *Anwendungsszenarien: KI-Systeme in der Produktionsautomatisierung, ExamAI – KI Testing & Auditing.* Gesellschaft für Informatik e.V. (Hrsg.), Abgerufen von https://testing-ai.gi.de/fileadmin/GI/Projekte/KI_Testing_Auditing/ExamAI_Publikation_Anw endungsszenarien_KI_Industrie.pdf, zuletzt geprüft am 21.05.2021

Adler, R., Alcala, A., Anton, M., Armbruster, T., Arntzen, S., Aschenbrenner, D., Axt, KD., Baumgartner, R., Becker, N., Beiter, R., Bendig, T., Benecke, R., Benner, P., Bernhardt, B., Beyer, P., Bich, K., Biehler, J., Bieringer, L., Binder, A.,… Zucker, B. (2022) W. Wahlster (Hrsg.), C. Winterhalter (Hrsg.), *Deutsche Normungsroadmap Künstliche Intelligenz Ausgabe 2.* Berlin: DIN. Abgerufen von https://www.din.de/resource/blob/891106/57b7d46a1d2514a183a6ad2de89782a b/deutsche-normungsroadmap-kuenstliche-intelligenz-ausgabe-2--data.pdf, zuletzt geprüft am 19.03.2023

Adolph, L., Albrecht, P., Andersen, T., Börkircher, M., de Meer, J., Giertz, J.-P., Jeske, T., Kagerer, F., Kirchhoff, B., Klimiont, T., Minnerup, J., Mühlbradt, T., Müssigbrodt, M., Orth, R., Paproth, Y., Preuße, C., Richter, C., Schumacher, S.,

Senderek, R., . . . Ullrich, C. (2021). *Deutsche Normungsroadmap innovative Arbeitswelt.* DIN (Hrsg.), DKE (Hrsg.), Abgerufen von https://www.din.de/resource/blob/788766/9fb5b7f6df05948374badf569b43b94 7/nrm-innovative-arbeitswelt-data.pdf, zuletzt geprüft am 10.11.2021

Allgemeine Unfallversicherungsanstalt (2018). *Arbeiten mit kollaborativen Robotern.* Abgerufen von https://www.auva.at/cdscontent/load?contentid=10008.667059

Appelfeller, W., & Feldmann, C. (2018). *Die digitale Transformation des Unternehmens. Systematischer Leitfaden mit zehn Elementen zur Strukturierung und Reifegradmessung.* Heidelberg: Springer Gabler Berlin.

AQUIAS (2017). *Technologie und Sicherheitskonzept des MRK-Arbeitsplatzes AQUIAS.* Abgerufen von https://docplayer.org/129026619-Technologie-und-sicherheitskonzept-des-mrk-arbeitsplatzes-aquias.html, zuletzt geprüft am 16.03.2023

Artificial Intelligence Act (2021). Regulation of the European Parliament and of the Council laying down harmonised rules on artificial intelligence (Artificial Intelligence Act) amending certain union legislative acts, 2021/0106(COD). Abgerufen von https://eur-lex.europa.eu/legal-content/EN/TXT/?uri=CELEX%3A52021PC0206, zuletzt geprüft am 01.10.2022

Bauer, W. (2015). *Arbeitsorganisation in der Fabrik 4.0.* Abgerufen von https://docplayer.org/9211797-Arbeitsorganisation-in-der-fabrik-4-0.html

Bauer, W., Schlund, S., & Marrenbach, D. (2014). *Industrie 4.0 – Volkswirtschaftliches Potenzial für Deutschland.* BITKOM (Hrsg.), Fraunhofer IAO (Hrsg.), Abgerufen von https://www.bitkom.org/sites/main/files/file/import/Studie-Industrie-40.pdf, zuletzt geprüft am 08.06.2022

Beck, S., Grunwald, A., Jacob, K., & Matzner T. (2019). Lernende Systeme – Die Plattform für Künstliche Intelligenz (Hrsg.), *Künstliche Intelligenz und Diskriminierung Herausforderungen und Lösungsansätze.* München: Lernende Systeme – Die Plattform für Künstliche Intelligenz.

Behrens, R. (2019). *Biomechanische Grenzwerte für die sichere Mensch-Roboter-Kollaboration.* Wiesbaden: Springer Vieweg.

Bender, M., Braun, M., Rally, P., & Scholtz, O. (2016). *Leichtbauroboter in der manuellen Montage - einfach einfach anfangen. Erste Erfahrungen von*

Anwenderunternehmen. Bauer, Wilhelm (Hrsg.), Fraunhofer IAO. Abgerufen
  von https://www.engineering-
  produktion.iao.fraunhofer.de/content/dam/iao/tim/Bilder/Projekte/LBR/Studie-
  Leichtbauroboter-Fraunhofer-IAO-2016.pdf, zuletzt geprüft am 04.02.2021

Bengler, K. (2012). *Der Mensch und sein Roboter von der Assistenz zur Kooperation.*
  Abgerufen von https://docplayer.org/68114644-Der-mensch-und-sein-roboter-
  von-der-assistenz-zur-kooperation.html, zuletzt geprüft am 04.02.2021

Benuwa, B.-B., Zhan, Y., Ghansah, B., Keddy Wornyo, D., & Kataka, F. (2016). A
  Review of Deep Machine Learning. *International Journal of Engineering
  Research in Africa*, 24, 124-136.

Blattner, M. (2020). *Integrale Betriebswirtschaftslehre: Lehrbuch zur Webplattform
  www.bwl-online.ch.* Zürich: Orell Füssli AG.

Börkircher, M., Frank, H., Gärtner, R., Hasse, F., Jeske, T., Lennings, F., Schniering, B.,
  Spaniol, HP., Stowasser, S., Weber, M.-A., Wintergerst, K.-H. & Wüseke, F.
  (2016). *Digitalisierung & Industrie 4.0. So individuell wie der Bedarf –
  Produktivitätszuwachs durch Informationen.* ifaa – Institut für angewandte
  Arbeitswissenschaft e. V. (Hrsg.), Abgerufen von
  https://www.arbeitswissenschaft.net/fileadmin/Downloads/Angebote_und_Prod
  ukte/Broschueren/ifaa_2016_Digitalisierung_I40.pdf, zuletzt geprüft am
  12.10.2022

Braun, M., Pokorni, B., & Knecht, C. (2021). Menschzentrierte KI-Anwendungen in der
  industriellen Produktion. In: Gesellschaft für Arbeitswissenschaft (Hrsg.),
  Bericht zum 67. Kongress der Gesellschaft für Arbeitswissenschaft. (Beitrag
  Z.1.14). Dortmund: GfA-Press.

Bundesanstalt für Arbeitsschutz und Arbeitsmedizin. (2022). Arbeit mit Menschen
  besser verstehen. Abgerufen von
  https://www.baua.de/DE/Aufgaben/Forschung/Schwerpunkt-Digitale-
  Arbeit/Taetigkeiten-im-digitalen-Wandel/Personenbezogene-
  Taetigkeiten/Erweitertes-MTO-Konzept.html, zuletzt geprüft am 05.09.2022

Buxbaum, H., & Sen, S. (2018). Kollaborierende Roboter in der Pfege – Sicherheit in
  der Mensch-Maschine-Schnittstelle. In O. Bendel (Hrsg.), *Pflegeroboter* (S. 1 -
  22). Wiesbaden: Springer Gabler.

Buxbaum, H.-J., & Kleutges, M. (2020). Evolution oder Revolution? Die Mensch-Roboter-Kollaboration. In H.-J. Buxbaum (Hrsg.), *Mensch-Roboter-Kollaboration* (S. 15-33). Wiesbaden: Springer Gabler.

Buxmann, P., & Schmidt, H. (2019). Grundlagen der Künstlichen Intelligenz und des Maschinellen Lernens. In P. Buxmann, & H. Schmidt (Hrsg.), *Künstliche Intelligenz Mit Algorithmen zum wirtschaftlichen Erfolg* (S. 3-25). Berlin: Springer Gabler.

Carfantan, P.-M. (2021). EU-Artificial Intelligence Act – Chance oder Risiko für Unternehmen? Abgerufen von https://www.it-daily.net/it-management/digitalisierung/30907-eu-artificial-intelligence-act-chance-oder-risiko-fuer-unternehmen, zuletzt geprüft am 04.06.2022

Cooper, H. (2016). *Research Synthesis and Meta-Analysis: A Step-by-Step Approach.* (2. Auflage). London: SAGE Publications.

Cremers, A., Englander, A., Gabriel, M., Hecker, D., Mock, M., Poretschkin, M., Rosenzweig, J., Rostalski, F., Sicking, J., Volmer, J., Voosholz, J., Voss, A., & Wrobel, S. (2019). *Vertrauenswürdiger Einsatz von Künstlicher Intelligenz - Handlungsfelder aus philosophischer, ethischer, rechtlicher und technologischer Sicht als Grundlage für eine Zertifizierung von Künstlicher Intelligenz.* Fraunhofer-Institut für Intelligente Analyse und Informationssysteme IAIS (Hrsg.), Abgerufen von https://www.iais.fraunhofer.de/content/dam/iais/KINRW/Whitepaper_KI-Zertifizierung.pdf, zuletzt geprüft am 02.03.2021

Dahm, M., & Dregger, A. (2020). Organisationale Voraussetzungen für den Einsatz von KI. In J. Nachtwei, & A. Sureth (Hrsg.), *HR Consulting Review: Sonderband Zukunft der Arbeit (*Bd. 12, S. 388-391). VQP - Verlag für Qualitätssicherung in Personalauswahl und -entwicklung.

Dahm, M., & Twisselmann, U. (2020). Wege zu Entscheidungen der Nutzung von KI auf Basis eines gesellschaftlichen Lernprozesses. In R. Buchkremer, T. Heupel, & O. Koch (Hrsg.), *Künstliche Intelligenz in Wirtschaft & Gesellschaft: Auswirkungen, Herausforderungen & Handlungsempfehlungen* (S. 129 - 151). Wiesbaden: Springer Fachmedien.

Daling, L., Schröder, S., Haberstroh, M., & Hees, F. (2018). Challenges and Requirements for Employee Qualification in the Context of Human-Robot-

Collaboration. *2018 IEEE Workshop on Advanced Robotics and its Social Impacts (ARSO)*, 2018 S. 85-90. Genova.

Daub, U., Ackermann, A., & Kopp, V. (2019). *Ergonomie-Benefits Kriterien zur Bewertung ergonomischer Maßnahmen in der Kosten-Nutzen-Analyse.* Fraunhofer-Institut für Produktionstechnik und Automatisierung IPA (Hrsg.), Abgerufen von https://www.ipa.fraunhofer.de/content/dam/ipa/de/documents/Kompetenzen/Biomechatronische-Systeme/Ergonomie-Benefits_IPA_2019.pdf, zuletzt geprüft am 20.11.2021

DeGEval – Gesellschaft für Evaluation e.V. (2021). *Standards für Evaluation (DeGEval-Standards).* Abgerufen von https://www.degeval.org/fileadmin/Publikationen/DeGEval-Standards_fuer_Evaluation.pdf, zuletzt geprüft am 10.10.2022

Deutsche Gesetzliche Unfallversicherung (2017). *Kollaboriernde Robotersysteme - Planung von Anlagen mit der Funktion "Leistungs- und Kraftbegrenzung.* Abgerufen von https://www.dguv.de/medien/fb-holzundmetall/publikationen-dokumente/infoblaetter/infobl_deutsch/080_roboter.pdf, zuletzt geprüft am 18.11.2021

Diemer, J., Elmer, S., Gaertler, M., Gamer, T., Görg, C., Grotepass, J., Kalhoff, J., Kramer, S., Legat, C., Meyer-Kahlen, J.-P., Nettsträter, A., Niehörster, O., Schmidt, B., Schweichhart, K., Ulrich, M., Weitschat, R., & Winter, J. (2020). *KI in der Industrie 4.0: Orientierung, Anwendungsbeispiele,Handlungsempfehlungen.* Berlin: Bundesministerium für Wirtschaft und Energie (BMWi). Abgerufen von https://www.plattform-i40.de/IP/Redaktion/DE/Downloads/Publikation/ki-in-der-industrie-4-0-orientierung-anwendungsbeispiele-handlungsempfehlungen.pdf?__blob=publicationFile&v=7, zuletzt geprüft am 04.02.2022

Deutsches Institut für Normung. (2011). Ergonomie - Genereller Ansatz, Prinzipien und Konzepte. (DIN Standard Nr. 26800:2011). https://www.beuth.de/de/norm/din-en-iso-26800/141434287. Zuletzt geprüft am 17.03.2023

Deutsches Institut für Normung. (2016). Grundsätze der Ergonomie für die Gestaltung von Arbeitssystemen (ISO 6385:2016); Deutsche Fassung EN ISO 6385:2016.

(DIN Standard Nr. 6385:2016-12). https://www.beuth.de/de/norm/din-en-iso-6385/250516638, zuletzt geprüft am 15.04.2022

Deutsches Institut für Normung. (2019). Künstliche Intelligenz - Life Cycle Prozesse und Qualitätsanforderungen - Teil 1: Qualitäts-Meta-Modell. (DIN Standard Nr. 92001-1:2019-04). https://www.beuth.de/de/technische-regel/din-spec-92001-1/303650673, zuletzt geprüft am 12.04.2022

Deutsches Institut für Normung. (2020). Konformitätsbewertung - Begriffe und allgemeine Grundlagen (ISO/IEC 17000:2020); Dreisprachige Fassung EN ISO/IEC 17000:2020. (DIN Standard Nr. 17000:2020-09). https://www.beuth.de/de/norm/din-en-iso-iec-17000/319777862, zuletzt geprüft am 12.04.2022

Deutsches Institut für Normung. (2023). Informationstechnik - Künstliche Intelligenz - Konzepte und Terminologie der Künstlichen Intelligenz. (DIN Standard Nr. 22989:2023-04). https://www.beuth.de/de/norm-entwurf/din-en-iso-iec-22989/365050970, zuletzt geprüft am 24.03.2023

Deutsches Institut für Normung. (2023). Framework für Systeme der Künstlichen Intelligenz (KI) basierend auf maschinellem Lernen (ML). (DIN Standard Nr. 23053:2023-04). https://www.beuth.de/de/norm-entwurf/din-en-iso-iec-23053/365005522, zuletzt geprüft am 24.03.2023

Dillmann, R., & Huck, M. (1991). *Informationsverarbeitung in der Robotik.* Heidelberg: Springer Berlin.

DIN e.V. (2022). Normungsroadmap Künstliche Intelligenz Handlungsempfehlungen zur KI-Standardisierung Eine Zusammenfassung. Abgerufen von https://www.din.de/resource/blob/772608/e0195744f4da7f54974b4613f802a8c3/handlungsempfehlungen-nrm-ki-data.pdf, zuletzt geprüft am 12.08.2022

Döbel, I., Leis, M., Vogelsang, M. M., Neustroev, D., Petzka, H., Riemer, A., Rüping, S., Voss, A., Wegele, M., & Welz, J. (2018). *Maschinelles Lernen - Eine Analyse zu Kompetenzen, Forschung und Anwendung.* München: Fraunhofer-Gesellschaft zur Förderung der angewandten Forschung e.V. Abgerufen von https://www.bigdata-ai.fraunhofer.de/content/dam/bigdata/de/documents/Publikationen/Fraunhofer_Studie_ML_201809.pdf, zuletzt geprüft am 21.05.2021

Dombrowski, U., Evers, M., & Reimer, A. (2015). Vorgehen zur Auswahl
     unterstützender Maßnahmen bei der Lastenhandhabung. In: Gesellschaft für
     Arbeitswissenschaft (Hrsg.), *Bericht zum 61. Kongress der Gesellschaft für
     Arbeitswissenschaft.* (Beitrag B.1.5). Dortmund: GfA-Press.

Döring, N. (2014). Evaluationsforschung. In N. Baur, & J. Blasius (Hrsg.), *Handbuch
     Methoden der empirischen Sozialforschung* (S. 167-182). Wiesbaden: Springer
     Fachmedien.

Döring, N., & Bortz, J. (2016). *Forschungsmethoden und Evaluation in den Sozial- und
     Humanwissenschaften* (5. Auflage). Heidelberg: Springer Berlin.

Dörn, S. (2018). *Programmieren für Ingenieure und Naturwissenschaftler Intelligente
     Algorithmen und digitale Technologien.* Heidelberg: Springer Vieweg Berlin.

Dröder, K., Bobka, P., Germann, T., & Gabriel, F. (2018). A Machine Learning-
     Enhanced Digital Twin Approach for Human-Robot-Collaboration. *Procedia
     CIRP, 76,* S. 187 – 192.

El Namaki, S. (2019). Will Artificial Intelligence Change Strategic Top Management
     Competencies? *Scholedge International Journal of Management &
     Development 6(4)*, S. 34-47.

Ernst, E., Merola, R., & Samaan, D. (2019). Economics of artificial intelligence:
     Implications for the future of work. *IZA Journal of Labor Policy, 9,* S. 1-35.

Ertel, W. (2016). *Grundkurs Künstliche Intelligenz - Eine praxisorientierte Einführung*
     (4. Auflage). Wiesbaden: Springer Vieweg.

European Commission. (2021). Regulatory framework proposal on artificial intelligence.
     Abgerufen von https://digital-strategy.ec.europa.eu/en/policies/regulatory-
     framework-ai, zuletzt geprüft am 12.08.2022

Fernández-Cabán, P., Masters, F., & Phillips, B. (2018). Predicting Roof Pressures on a
     Low-Rise Structure From Freestream Turbulence Using Artificial Neural
     Networks. *Frontiers in Built Environment, 4,* S. 1 - 16.

Flick, U. (2009). Qualitative Methoden in der Evaluationsforschung. *Zeitschrift für
     Qualitative Forschung,* 10 (2009) 1, S. 9-18.

Franzen, A. (2014). Antwortskalen in standardisierten Befragungen. In N. Baur, & J.
     Blasius (Hrsg.), *Handbuch Methoden der empirischen Sozialforschung* (S. 701-
     712). Wiesbaden: Springer Fachmedien.

Friedl, B. (2019). *General Management* (3. Auflage). München: utb GmbH.

Fritzsche, L., Hölzel, C., & Spitzhirn, M. (2019). Weiterentwicklung der Kosten-Nutzen-Bewertung für Ergonomiemaßnahmen anhand von Praxisbeispielen der Automobilindustrie. In Gesellschaft für Arbeitswissenschaft (Hrsg.), *Bericht zum 65. Kongress der Gesellschaft für Arbeitswissenschaft.* (Beitrag A.7.2) Dortmund: GfA-Press.

Frost, M., & Jeske, T. (2019). Change Management und Weiterbildung für die Arbeitswelt 4.0. In: Gesellschaft für Arbeitswissenschaft (Hrsg.), *Bericht zum 65. Kongress der Gesellschaft für Arbeitswissenschaft.* (Beitrag C.7.2). Dortmund: GfA-Press.

Frost, M., Jeske, T., & Ottersböck, N. (2020). Leadership and Corporate Culture as Key Factors for Thriving Digital Change. In I.L Nunes (Hrsg.), *Advances in Human Factors and Systems Interaction* (S. 55-60). Cham: Springer Nature.

Gao, Z., Wanyama, T., Singh, I., Gadhrri, A., & Schmidt, R. (2020). From Industry 4.0 to Robotics 4.0 - A Conceptual Framework for Collaborative and Intelligent Robotic Systems. *Procedia Manufacturing 46* (S. 591-599). Amsterdam: Elsevier B.V.

Gentsch, P. (2018). *Künstliche Intelligenz für Sales, Marketing und Service Mit AI und Bots zu einem Algorithmic Business – Konzepte und Best Practices.* Wiesbaden: Springer Gabler.

Gerdenitsch, C., & Korunka, C. (2019). *Digitale Transformation der Arbeitswelt: Psychologische Erkenntnisse zur Gestaltung von aktuellen und zukünftigen Arbeitswelten.* Heidelberg: Springer Berlin.

Gerke, W. (2014). *Technische Assistenzsysteme vom Industrieroboter zum Roboterassistenten.* Oldenburg: Walter de Gruyter GmbH & Co KG.

Gerst, D. (2020) Mensch-Roboter-Kollaboration – Anforderungen an eine humane Arbeitsgestaltung. In H.-J. Buxbaum (Hrsg.), *Mensch-Roboter-Kollaboration* (S. 145-162). Wiesbaden: Springer Gabler

Gnahs, D. (2010). *Kompetenzen - Erwerb, Erfassung, Instrumente: Studientexte für Erwachsenenbildung* (2. Auflage) . Bielefeld: Bertelsmann Verlag.

Goldenstein, J., Walgenbach, P., & Hunoldt, M. (2018). *Wissenschaftliche(s) Arbeiten in den Wirtschaftswissenschaften Themenfindung – Recherche – Konzeption – Methodik – Argumentation.* Wiesbaden: Springer Gabler.

Görke, M., Bellmann, V., Busch, J., & Nyhuis, P. (2017). Employee qualification by digital learning games. *Procedia Manufacturing 9*, S. 229-237.

Gualtieri, L., Rauch, E., & Vidoni, R. (2021). Emerging research fields in safety and ergonomics in industrial collaborative robotics: A systematic literature review. *Robotics and Computer-Integrated Manufacturing 67*, S. 1 - 30.

Gustavsson, P., Holm, M., Syberfeldt, A., & Wang, L. (2018). Human-robot collaboration – towards new metrics for selection of communication technologies. *Procedia CIRP 72*, S. 123 - 128.

Hanefi Calp, M. (2019). The Role of Artificial Intelligence Within the Scope of Digital Transformation in Enterprises. In G. Ekren, A. Erkollar, & B. Oberer (Hrsg.), *Advanced MIS and Digital Transformation for Increased Creativity and Innovation in Business* (S. 122 - 146). Hershey: IGI Global.

Hartlieb, B., Hövel, A., & Müller, N. (2016). DIN (Hrsg.)*, Normung und Standardisierung Grundlagen* (2. Auflage). Berlin: Beuth Verlag GmbH.

Heesen, J., Grunwald, A., Matzner, T., & Roßnagel, A. (2020). Lernende Systeme – Die Plattform für Künstliche Intelligenz (Hrsg.). *Ethik-Briefing Leitfaden für eine verantwortungsvolle Entwicklung und Anwendung von KI-Systemen*. München: Whitepaper aus der Plattform Lernende Systeme.

Heesen, J., Müller-Quade, J., & Wrobel, S. (2020). Lernende Systeme – Die Plattform für Künstliche Intelligenz (Hrsg.), *Zertifizierung von KI-Systemen Impulspapier*. München: Whitepaper aus der Plattform Lernende Systeme.

Heesen, J., Müller-Quade, J., Wrobel, S., Beyerer, J., Brink, G., Faisst, W., . . . Birnstill, P. (2020). Lernende Systeme – Die Plattform für Künstliche Intelligenz (Hrsg.), *Zertifizierung von KI-Systemen Kompass für die Entwicklung und Anwendung vertrauenswürdiger KI-Systeme*. München: Whitepaper aus der Plattform Lernende Systeme.

Helfferich, C. (2011). *Die Qualität qualitativer Daten - Manual für die Durchführung qualitativer Interviews* (4. Auflage). Wiesbaden: VS Verlag für Sozialwissenschaften.

Hessen, B. (2021). *Wissenschaftliches Arbeiten: Methodenwissen für Wirtschafts-, Ingenieur- und Sozialwissenschaftler* (4. Auflage). Heidelberg: Springer Gabler Berlin.

Hirsch-Kreinsen, H. (2018). Einleitung: Digitalisierung industrieller Arbeit. In H. Hirsch-Kreinsen, P. Ittermann, & J. Niehaus (Hrsg.), *Digitalisierung industrieller Arbeit - Die Vision Industrie 4.0 und ihre sozialen Herausforderungen* (S. 13 - 32). Baden-Baden: Nomos Verlag.

Huchler, N., Adolph, L., André, E., Bauer, W., Bender, N., Müller, N., Neuburger, R., Peissner, M., Steil, J., Stowasser, S., & Suchy, O. (2020). Lernende Systeme – Die Plattform für Künstliche Intelligenz (Hrsg.), *Kriterien für die Mensch-Maschine-Interaktion bei KI Ansätze für die menschengerechte Gestaltung in der Arbeitswelt.* München: Lernende Systeme – Die Plattform für Künstliche Intelligenz.

Hussy, W., Schreier, M., & Echterhoff, G. (2013). *Forschungsmethoden in Psychologie und Sozialwissenschaften für Bachelor* (2. Auflage). Heidelberg: Springer Berlin.

ifaa – Institut für angewandte Arbeitswissenschaft e. V. (2018). *ifaa Technologiekarten Digitalisierung Mensch-Roboter-Kollaboration.* Abgerufen von https://www.arbeitswissenschaft.net/fileadmin/Downloads/Angebote_und_Produkte/Checklisten_Handlungshilfen/ifaa_Technologiekarten_Digitalisierung_2018.pdf, zuletzt geprüft am 20.12.2022

International Federation of Robotics IFR. (2020). *IFR Press Conference.* Abgerufen von https://ifr.org/downloads/press2018/Presentation_WR_2020.pdf, zuletzt geprüft am 18.05.2021

International Organization for Standardization. (2020). Information technology — Artificial intelligence — Overview of trustworthiness in artificial intelligence. (ISO Standard Nr. 24028:2020). https://www.iso.org/obp/ui/#iso:std:iso-iec:tr:24028:ed-1:v1:en, zuletzt geprüft am 06.03.2022

International Organization for Standardization. (2021). Robotics — Vocabulary. (ISO Standard Nr. 8373:2021). https://www.iso.org/obp/ui/#iso:std:iso:8373:ed-3:v1:en, zuletzt geprüft am 09.05.2022

International Organization for Standardization. (2022). Information technology — Governance of IT — Governance implications of the use of artificial intelligence by organizations. (ISO Standard Nr. 38507). https://www.iso.org/obp/ui/#iso:std:iso-iec:38507:dis:ed-1:v1:en, zuletzt geprüft am 09.05.2022

Jeske, T. (2018). ifaa – Institut für angewandte Arbeitswissenschaft (Hrsg.), *Arbeitswelt*
    4.0. Zahlen | Daten | Fakten. Abgerufen von
    https://www.arbeitswissenschaft.net/fileadmin/Downloads/Angebote_und_Prod
    ukte/Zahlen_Daten_Fakten/ifaa_Zahlen_Daten_Fakten_Arbeitswelt_4_0.pdf,
    zuletzt geprüft am 27.09.2022

Johannes, H., & Wölker, T. (2012). *Arbeitshandbuch Qualitätsmanagement*
    Mustervorlagen und Checklisten für ein gesetzeskonformes QM in der
    Arztpraxis (2. Auflage). Heidelberg: Springer Berlin.

Joiko, K., Schmauder, M., & Wolf G. (2010). Bundesanstalt für Arbeitsschutz und
    Arbeitsmedizin (Hrsg.), *Psychische Belastung und Beanspruchung im*
    Berufsleben: Erkennen – Gestalten. Dortmund-Dorstfeld. Abgerufen von
    https://www.baua.de/DE/Angebote/Publikationen/Praxis/A45.html . Zuletzt
    geprüft am 17.03.2023

Kiesel, A., & Koch, I. (2011). *Lernen: Grundlagen der Lernpsychologie.* Wiesbaden: VS
    Verlag für Sozialwissenschaften.

Klöckner, J., & Friedrichs, J. (2014). Gesamtgestaltung des Fragebogens. In N. Baur, &
    J. Blasius (Hrsg.), *Handbuch Methoden der empirischen Sozialforschung* (S.
    675 - 686). Wiesbaden: Springer Fachmedien.

Kremer, D. (2018). *Robotik für den Menschen: Zukunftsszenarien der Mensch-Roboter-*
    Kollaboration im Jahr 2030. Abgerufen von
    https://www.aquias.de/story/pdf/Zukunftsszenarien-MRK-2030_AQUIAS.pdf,
    zuletzt geprüft am 29.03.2021

Kreutzer, R. T., & Sirrenberg, M. (2019). *Künstliche Intelligenz verstehen Grundlagen –*
    Use-Cases – unternehmenseigene KI-Journey. Wiesbaden: Springer Gabler.

Kuckartz, U. (2007). *Einführung in die computergestützte Analyse qualitativer Daten* (2.
    Auflage). Wiesbaden: VS Verlag für Sozialwissenschaften.

Kuckartz, U. (2009). *Einführung in die computergestützte Analyse qualitativer Daten* (3.
    Auflage). Wiesbaden: VS Verlag für Sozialwissenschaften.

Kuckartz, U. (2014). *Mixed Methods Methodologie, Forschungsdesigns und*
    Analyseverfahren. Wiesbaden: Springer VS.

Kuckartz, U., Ebert, T., Rädiker, S., & Stefer, C. (2009). *Evaluation online*
    Internetgestützte Befragung in der Praxis. Wiesbaden: VS Verlag für
    Sozialwissenschaften.

Kuckartz, U., Rädiker, S., Ebert, T., & Schehl, J. (2010). *Statistik Eine verständliche Einführung*. Wiesbaden: VS Verlag für Sozialwissenschaften.

Kuhlenkötter, B., & Hypki, A. (2020). Wo kann Teamwork mit Mensch und Roboter funktionieren? In Buxbaum H.J. (Hrsg.), *Mensch-Roboter-Kollaboration* (S. 69-89). Wiesbaden: Springer Gabler.

Kuz, S., Faber, M., Bützler, J., Mayer, M., & Schlick, C. (2014). Anthropomorphic Design of Human-Robot Interaction in Assembly Cells. In Trzcielinski, S & Karwowski W (Hrsg), *Advances in The Ergonomics in Manufacturing: Managing the Enterprise of the Future* (S. 265-271). AHFE Conference.

Liebert, K., & Talg, A. (2018). Künstliche Intelligenz und das Lernen der Zukunft. In K. Schwuchow, & J. Gutmann (Hrsg.), *HR-Trends 2019 Strategie, Digitalisierung, Diversität, Demografie* (S. 197-208). Freiburg im Breisgau: Haufe.

Liu, H., Fang, T., Zhou, T., Wang, Y., & Wang, L. (2018a). Deep Learning-based Multimodal Control Interface for Human-Robot Collaboration. *Procedia CIRP 72* (S. 3 - 8).

Liu, H., Fang, T., Zhou, T., & Wang, L. (2018b). Towards Robust Human-Robot Collaborative Manufacturing: Multimodal Fusio. *IEEE Access 6*, (S. 74762 – 74771).

Lockey, S., Gillespie, N., Holm, D., & Someh, I. (2021). A Review of Trust in Artificial Intelligence: Challenges, Vulnerabilities and Future Directions. In Bui T.H. (Hrsg.), *Proceedings of the 54th Hawaii International Conference on System Sciences* (S. 5463 - 5472).

Lorenz, U. (2020). *Reinforcement Learning - Aktuelle Ansätze verstehen – mit Beispielen in Java und Greenfoot*. Heidelberg: Springer Vieweg Berlin.

Madiega, T. (2021). *Artificial intelligence act*. Abgerufen von https://www.europarl.europa.eu/RegData/etudes/BRIE/2021/698792/EPRS_BRI(2021)698792_EN.pdf, zuletzt geprüft am 05.12.2022

Mainzer, K. (2019). *Künstliche Intelligenz - Wann übernehmen die Maschinen?* (2. Auflage) Heidelberg: Springer Berlin.

Markis, A., Montenegro, H., Neuhold, M., Oberweger, A., Schlosser, C., Schwald, C., . . . Reisinger, G. (2016). *Sicherheit in der Mensch-Roboter-Kollaboration – Grundlagen, Herausforderungen, Ausblick*. Abgerufen von https://www.fraunhofer.at/content/dam/austria/documents/WhitePaperTUEV/W

hite%20Paper_Sicherheit_MRK_Ausgabe%201.pdf, zuletzt geprüft am 18.12.2020

Matthias, B., & Ding, H. (2013). Die Zukunft der Mensch-Roboter Kollaboration in der industriellen Montage. *Internationales Forum Mechatronik (ifm)*, (S. 1-14). Winterthur

Mayring, P. (2002). *Einführung in die qualitative Sozialforschung: eine Anleitung zu qualitativem Denken* (5. Auflage). Weinheim: Beltz Verlag.

Mayring, P. (2015). *Qualitative Inhaltsanalyse Grundlagen und Techniken*. Weinheim, Basel: Beltz Verlag.

Mayring, P., & Fenzl, T. (2014). Qualitative Inhaltsanalyse. In N. Bauer, & J. Blasius (Hrsg.), *Handbuch Methoden der empirischen Sozialforschung* (S. 543-558). Wiesbaden: Springer Fachmedien.

Mikalef, P., & Gupta, M. (2021). Artificial Intelligence Capability: Conceptualization, measurement calibration, and empirical study on its impact on organizational creativity and firm performance. *Information & Management 58*, S. 1-20.

Mishra, C., & Gupta, D. (2017). Deep Machine Learning and Neural Networks: An Overview. *IAES International Journal of Artificial Intelligence 6*, S. 66-73.

Mitchell, T. (1997). *Machine learning*. New York: McGraw-Hill.

Müller, R., Vette-Steinkamp, M., Blum, A., Burkhard, D., Dietz, T., Drieß, M., Geenen, A., Hörauf, L., Mailahn, O., Masiak, T., & Verl, A. (2019). Methoden zur erfolgreichen Einführung von MRK. In R. Müller, J. Franke, D. Henrich, B. Kuhlenkötter, A. Raatz, & A. Verl (Hrsg.), *Handbuch Mensch-Roboter-Kollaboration* (S. 311–359). München: Carl Hanser Verlag GmbH & Co. KG.

Nam, K., Dutt, C., Chathoth, P., Daghfous, A., & Khan, M. (2020). The adoption of artificial intelligence and robotics in the hotel industry: prospects and challenges. *Electron Markets 31*, S. 553-574.

Neudörfer, A. (2020). *Konstruieren sicherheitsgerechter Produkte: Methoden und systematische Lösungssammlungen zur EG-Maschinenrichtlinie (VDI-Buch)* (8. Auflage). Heidelberg: Springer Vieweg Berlin.

Neuer, M., Wolff, A., & Holzknecht, N. (2021). Challenges and Frontiers in Implementing Artificial Intelligence in Process Industry. In V., Colla & C., Pietrosanti (Hrsg.) *Impact and Opportunities of Artificial Intelligence Techniques in the Steel Industry Ongoing Applications, Perspectives and*

Future Trends. ESTEP 2020. Advances in Intelligent Systems and Computing, vol 1338. (S. 1 - 12). Cham: Springer Nature.

Niewerth, C., Miro, M., & Schäfer, M. (2019). *Leitfaden zur Einführung von Mensch-Roboter-Kollaboration.* M., Wannöffel, B., Kuhlenkötter, Bernd & A., Hypki (Hrsg.). Abgerufen unter https://www.rubigm.ruhr-uni-bochum.de/rubigm/mam/content/publications/scipub/mrk_leitfaden.pdf, zuletzt geprüft am 20.02.2021

Oberc, H., Prinz, C., Glogowski, P., & Lemmerz, K. (2019). Human Robot Interaction – learning how to integrate collaborative robots into manual assembly lines. *Procedia Manufacturing 31,* S. 26-31.

Offensive Mittelstand (Hrsg.). (2019). *Umsetzungshilfen Arbeit 4.0. Künstliche Intelligenz für die produktive und präventive Arbeitsgestaltung nutzen: Hintergrundwissen und Gestaltungsempfehlungen zur Einführung der 4.0-Technologien.* Heidelberg Abgerufen von https://www.offensive-mittelstand.de/fileadmin/user_upload/pdf/uh40_2019/umsetzungshilfen_paperback_3103_web.pdf, zuletzt geprüft am 25.12.2022

Onnasch, L., Maier, X., & Jürgensohn, T. (2016). *Mensch-Roboter-Interaktion - Eine Taxonomie für alle Anwendungsfälle.* Dortmund: Bundesanstalt für Arbeitsschutz und Arbeitsmedizin. Abgerufen von https://www.baua.de/DE/Angebote/Publikationen/Fokus/Mensch-Roboter-Interaktion.html, zuletzt geprüft am 29.01.2021

Otto, M., & Zunke, R. (2015). *Einsatzmöglichkeiten von Mensch-Roboter-Kooperationen und sensitiven Automatisierungslösungen.* Abgerufen von http://www.blog-zukunft-der-arbeit.de/wp-content/uploads/2015/03/03_2015-11-25_IGMetall_Robotik-Fachtagung_OttoZunke.pdf, zuletzt geprüft am 05.02.2021

Parsable. (2021). Mehrwert digitaler Checklisten. *JOT Journal für Oberflächentechnik 61,* S. 12-13.

Peifer, Y., & Weber, M.-A. (2020). Vorgehensmodell zur Integration der Mensch-Roboter-Kollaboration. *Zeitschrift für wirtschaftlichen Fabrikbetrieb 115,* S. 279-282.

Peifer, Y., Weber, M.-A., Jeske, T., & Stowasser, S. (2022). Künstliche Intelligenz als Einflussfaktor auf die Qualifizierung in der Mensch-Roboter-Kollaboration. In

Gesellschaft für Arbeitswissenschaft (Hrsg.), Bericht zum 68. Arbeitswissenschaftlichen Kongress. (Beitrag B.8.5). Sankt Augustin: GfA Press.

Petticrew, M., & Roberts, H. (2006). *Systematic Reviews in the Social Sciences: A Practical Guide.* Oxford: Blackwell Publishing.

Pfeiffer, T. (2012). *Arbeitsschutz von A-Z 2013* (7. Auflage). Freiburg im Breisgau: Haufe Lexware.

Pietzonka, M. (2019). Schlüsselkompetenzen zum Umgang mit sozialer Vielfalt für die Arbeitswelt 4.0 – Einordnung, Kennzeichnung und Messung. In B. Hermeier, T. Heupel, & S. Fichtner-Rosada (Hrsg.), *Arbeitswelten der Zukunft Wie die Digitalisierung unsere Arbeitsplätze und Arbeitsweisen verändert* (S. 477-496). Wiesbaden: Springer Gabler.

Plattform Lernende Systeme (Hrsg.) (2019). *Anwendungsszenarien für KI: Lernfähiges Roboterwerkzeug in der Montage.* Abgerufen von https://www.acatech.de/publikation/anwendungsszenarien-fuer-ki-lernfaehiges-roboterwerkzeug-in-der-montage/, zuletzt geprüft am 28.12.2022

Plattform Lernende Systeme (Hrsg.) (2019). *Arbeit, Qualifizierung und Mensch-Maschine Interaktion - Ansätze zur Gestaltung Künstlicher Intelligenz für die Arbeitswelt.* München: Lernende Systeme – Die Plattform für Künstliche Intelligenz.

Plattform Lernende Systeme. (2021). Lernfähiges Roboterwerkzeug in der Montage. Abgerufen von https://www.plattform-lernende-systeme.de/lernfaehiges-roboterwerkzeug.html, zuletzt geprüft am 28.12.2022

Pokorni, B., Braun, M., & Knecht, C. (2021). W. Bauer, O. Riedel, T. Renner & M. Peissner (Hrsg.) *Menschzentrierte KI-Anwendungen in der Produktion Praxiserfahrungen und Leitfaden zu betrieblichen Einführungsstrategien.* Abgerufen von https://www.ki-fortschrittszentrum.de/content/dam/iao/ki-fortschrittszentrum/documents/studien/Menschzentrierte-KI-Anwendungen-in-der-Produktion.pdf, zuletzt geprüft am 27.05.2022

Porst, R. (2014). Frageformulierung. In N. Baur, & J. Blasius (Hrsg.), *Handbuch Methoden der empirischen Sozialforschung* (S. 687-700). Wiesbaden: Springer Fachmedien.

Pott, A., & Dietz, T. (2019). *Industrielle Robotersysteme Entscheiderwissen für die Planung und Umsetzung wirtschaftlicher Roboterlösungen.* Wiesbaden: Springer Vieweg.

Raab, H. (1986). *Handbuch Industrieroboter Bauweise · Programmierung Anwendung · Wirtschaftlichkeit* (2 Auflage). Wiesbaden: Vieweg+Teubner Verlag.

Raithel, J. (2008). *Quantitative Forschung - Ein Praxiskurs* (2. Auflage). Wiesbaden: VS Verlag für Sozialwissenschaften.

Rasch, B., Friese, M., Hofmann, W., & Naumann, E. (2014). *Quantitative Methoden 1 Einführung in die Statistik für Psychologen und Sozialwissenschaftler* (4. Auflage). Heidelberg: Springer-Verlag Berlin.

REFA. (2022). REFA-Fachbegriffe Arbeitssystem. Abgerufen von https://refa-weiterbildung.de/arbeitssystem/

Rehr, W. (1989). *Automatisierung mit Industrierobotern Komponenten, Programmierung, Anwendung. Referate der Fachtagung Automatisierung mit Industrierobotern.* Wiesbaden: Springer Fachmedien.

Saßmannshausen, T., & Heupel, T. (2020). Vertrauen in KI – Eine empirische Analyse innerhalb des Produktionsmanagements. In R. Buchkremer, T. Heupel, & O. Koch (Hrsg.), *Künstliche Intelligenz in Wirtschaft & Gesellschaft Auswirkungen, Herausforderungen & Handlungsempfehlungen* (S. 169 - 191). Wiesbaden: Springer Gabler.

Schaffner, M. (2020). KI-Widerstände auf der Mitarbeiterebene in produktive Dynamik überführen Wie die Akzeptanz von Veränderungsprozessen auf der Mitarbeiterebene systematisch erarbeitet werden kann. In R. Buchkremer, T. Heupel, & O. Koch (Hrsg.), *Künstliche Intelligenz in Wirtschaft & Gesellschaft Auswirkungen, Herausforderungen & Handlungsempfehlungen* (S. 194-210). Wiesbaden: Springer Fachmedien.

Schenk, M., & Elkmann N. (2012). Sichere Mensch-Roboter-Interaktion: Anforderungen, Voraussetzungen, Szenarien und Lösungsansätze. In E. Müller (Hrsg.), *Demographischer Wandel: Herausforderung für die Arbeits- und Betriebsorganisation der Zukunft* (S. 109-122). Berlin: GITO mbH Verlag.

Scheuer, D. (2020). *Akzeptanz von Künstlicher Intelligenz - Grundlagen intelligenter KI-Assistenten und deren vertrauensvolle Nutzung (Dissertation).* Wiesbaden: Springer Vieweg

Schlick, C., Bruder, R., & Luczak, H. (2018). *Arbeitswissenschaft (4. Auflage).*
Heidelberg: Springer Vieweg Berlin.

Schlund, S., Mayrhofer, W., & Rupprecht, P. (2018). Möglichkeiten der Gestaltung
individualisierbarer Montagearbeitsplätze vor dem Hintergrund aktueller
technologischer Entwicklungen. *Zeitschrift für Arbeitswissenschaft 72(3)*, S.
276-286.

Schüth, N., & Weber, M.-A. (2019). Qualifizierung von Beschäftigten im Rahmen der
Mensch-Roboter-Kollaboration. In Gesellschaft für Arbeitswissenschaft
(Hrsg.), *Bericht zum 65. Kongress der Gesellschaft für Arbeitswissenschaf,*
(Beitrag B.9.3) Dortmund: GfA-Press.

Schüth, N., Peifer, Y., & Weber, M.-A. (2021). Entwicklungspotenziale der Künstlichen
Intelligenz für die Mensch-Roboter-Kollaboration. In Gesellschaft für
Arbeitswissenschaft (Hrsg.), *Bericht zum 67. Kongress der Gesellschaft für*
Arbeitswissenschaft, (Beitrag B.5.13) Dortmund: GfA-Press.

Scriven, M. (1994). Evaluation as a Discipline. *Studies in Educational Evaluation, 20*, S.
174-166.

Sheikh, S. (2020). *Understanding the Role of Artificial Intelligence and Its Future Social*
Impact. Hershey: IGI Global.

Spillner, R. (2015). *Einsatz und Planung von Roboterassistenz zur Berücksichtigung von*
Leistungswandlungen in der Produktion (Dissertation). München: Herbert Utz
Verlag.

Steegmüller, D & Zürn, M. (2017) Wandlungsfähige Produktionssysteme für den
Automobilbau der Zukunft. In B. Vogel-Heuser, T. Bauernhansl, & M. ten
Hompel (Hrsg.). *Handbuch Industrie 4.0 Bd.1 Produktion* (2. Auflage).
Heidelberg: Springer Vieweg Berlin.

Stockmann, R. (2016). Entstehung und Grundlagen der Evaluation. In D. Großmann, &
T. Wolbring (Hrsg.), *Evaluation von Studium und Lehre Grundlagen,*
methodsche Herausforderungen und Lösungsansätze (S. 27-56). Wiesbaden:
Springer VS

Stowasser, S. (2006). *Methodische Grundlagen der softwareergonomischen*
Evaluationsforschung (Habilitation). Aachen: Shaker Verlag.

Stowasser, S. (2019a). *KI erobert die Arbeitswelt - ein kurzer Impuls.* Abgerufen von
    https://www.bibb.de/dokumente/pdf/2019-10-29_Sto_Bibb_Berlin.pdf, zuletzt
    geprüft am 21.02.2023

Stowasser, S. (2019b). *Auswirkungen von Künstlicher Intelligenz auf die Arbeitswelt.*
    Abgerufen von
    https://www.arbeitswissenschaft.net/fileadmin/Direktor/2019_05_23_ifaa_Stow
    asser_Auswirkungen_KI_auf_Arbeitswelt.pdf, zuletzt geprüft am 18.11.2022

Stowasser, S. (2021). Erfolgreiche Einführung von KI im Unternehmen. In I.
    Knappertsbusch, & K. Gondlach (Hrsg.), *Arbeitswelt und KI 2030*
    Herausforderungen und Strategien für die Arbeit von morgen (S. 145-153).
    Wiesbaden: Springer Gabler.

Stowasser, S., Suchy, O., Huchler, N., Müller, N., Peissner, M., Stich, A., Vögel, H.-J.,
    Werne, J., Henkelmann, T., Schindler, T., & Scholz, M. (2020). Lernende
    Systeme – Die Plattform für Künstliche Intelligenz (Hrsg.), *Einführung von KI-*
    Systemen in Unternehmen. Gestaltungsansätze für das Change- Management.
    München: Lernende Systeme – Die Plattform für Künstliche Intelligenz.

Strobl, R. (2013). *Evaluationsmethoden.* Abgerufen von https://www.proval-
    services.net/download/Evaluationsmethoden.pdf, zuletzt geprüft am 15.11.2022

Strohm, L., Hehakaya, C., Ranschaert, E., Boon, W., & Moors, E. (2020).
    Implementation of artificial intelligence (AI) applications in radiology:
    hindering and facilitating factors. *European Radiology 30*, S. 5525–5532.

Stubbe, J., Mock, J., & Wischmann, S. (2019). *Akzeptanz von Servicerobotern: Tools*
    und Strategien für den erfolgreichen betrieblichen Einsatz Kurzstudie im
    Auftrag des Bundesministeriums für Wirtschaft und Energie (BMWi) im
    Rahmen der Begleitforschung zum Technologieprogramm PAiCE – Platforms |
    Addit. Abgerufen von https://www.iit-berlin.de/publikation/akzeptanz-von-
    servicerobotern-tools-und-strategien-fuer-den-erfolgreichen-betrieblichen-
    einsatz/, zuletzt geprüft am 04.01.2021

Stufflebeam, D. L., & Shinkfield, A. J. (2007). *Evaluation Theory, Models, and*
    Applications. San Francisco: Wiley.

Surdilovic, D., Bastidas-Cruz, A., Haninger, K. & Heyne, P. (2020). Kooperation und
    Kollaboration mit Schwerlastrobotern – Sicherheit, Perspektive und

Anwendungen. In Buxbaum H.J. (Hrsg.), *Mensch-Roboter-Kollaboration* (S. 91-107). Wiesbaden: Springer Gabler.

Tausch, A., & Menold, N. (2015). *Methodische Aspekte der Durchführung von Fokusgruppen in der Gesundheitsforschung - Welche Anforderungen ergeben sich aufgrund der besonderen Zielgruppen und Fragestellungen?* Abgerufen von https://www.gesis.org/fileadmin/upload/forschung/publikationen/gesis_reihen/gesis_papers/GESIS-Papers_2015-12.pdf, zuletzt geprüft am 20.11.2022

Thomas, C., Klöckner, M., & Kuhlenkötter, B. (2015). Mensch-Roboter-Kollaboration. In R. Weidner, T. Redlich, & J. P. Wulfsberg (Hrsg.), *Technische Unterstützungssysteme* (S. 159-168. Heidelberg: Springer Vieweg Berlin.

VDI Verein Deutscher Ingenieure e.V. (1990). Montage- und Handhabungstechnik; Handhabungsfunktionen, Handhabungseinrichtungen; Begriffe, Definitionen, Symbole VDI 2860:1990-05). https://www.beuth.de/de/technische-regel/vdi-2860/847032, zuletzt geprüft am 10.01.2022

Verwaltungs-Berufsgenossenschaft. (2021). *2006/42/EG – Maschinenrichtlinie.* Abgerufen von http://regelwerke.vbg.de/vbg_egr/e2006-42/e2006-42_39_.html, zuletzt geprüft am 25.02.2022

Vogl, S. (2014). Gruppendiskussion. In N. Baur, & J. Blasius (Hrsg.), *Handbuch Methoden der empirischen Sozialforschung* (S. 581-586). Wiesbaden: Springer Fachmedien.

von See, B., & Kersten, W. (2018). Arbeiten im Zeitalter des Internets der Dinge - Wie Qualifikation, Organisation und Führung digital transformiert werden. *Industrie 4.0 Management 34*, S. 8 - 12.

Wagner, J. (2020). *Legal Tech und Legal Robots - Der Wandel im Rechtswesen durch neue Technologien und Künstliche Intelligenz* (2. Auflage). Wiesbaden: Springer Gabler.

Wang, L., Liu, S., Liu, H., & Wang, X. (2020). Overview of Human-Robot Collaboration in Manufacturing. In L. Wang, D. Mourtzis, E. Carpanzano, G. Moroni & L. M. Galantucci (Hrsg.) *5th International Conference on the Industry 4.0 Model for Advanced Manufacturing*, (S. 15 - 58). Cham: Springer.

Weber, D. (2020). *E-Learning für Dummies.* Weinheim: Wiley-VCH Verlag GmbH & Co. KGaA.

Weber, M.-A. (2017). *Zahlen | Daten | Fakten Mensch-Roboter-Kollaboration.* ifaa –
    Institut für angewandte Arbeitswissenschaft (Hrsg.), Abgerufen von
    https://www.arbeitswissenschaft.net/fileadmin/Downloads/Angebote_und_Prod
    ukte/Zahlen_Daten_Fakten/ifaa_Zahlen_Daten_Fakten_MRK.pdf, zuletzt
    geprüft am 28.12.2020

Weber, M.-A., & Stowasser, S. (2018). Ergonomische Arbeitsplatzgestaltung unter
    Einsatz kollaborierender Robotersysteme: Eine praxisorientierte Einführung. *In
    Zeitschrift für Arbeitswissenschaft, 72(4)*, S. 229 - 238.

Weber, M.-A., Schüth, N., & Stowasser, S. (2018). Qualifizierungsbedarfe für die
    Mensch-Roboter- Kollaboration. *Zeitschrift für wirtschaftlichen Fabrikbetrieb
    (113)*, S. 619-622.

Weinert, F. E. (2001). Vergleichende Leistungsmessung in Schulen - eine umstrittende
    Selbstverständlichkeit. In F. E. Weinert (Hrsg.), *Leistungsmessungen in Schulen*
    (S. 17-32). Weinheim: Beltz Verlag.

Weissbuch (2020). Weissbuch Zur Künstlichen Intelligenz – ein europäisches Konzept
    für Exzellenz und Vertrauen, COM(2020) 65 final. (2020, 19. Februar).
    Abgerufen von https://commission.europa.eu/sites/default/files/commission-
    white-paper-artificial-intelligence-feb2020_de.pdf, zuletzt geprüft am
    10.08.2022

Werani, T., & Smejkal, A. (2014). Erfolgsfaktoren für strategische Veränderungen - Wie
    Akzeptanz für neue Strategien geschaffen und Neuerungen erfolgreich
    umgesetzt werden können. *Zeitschrift für Organisation + Organisation: ZfO
    83. Heft 4*, S. 250-256.

Wischmann, S., & Rohde, M. (2019). Neue Möglichkeiten für die Servicerobotik durch
    KI. In V. Wittpahl (Hrsg.), *Künstliche Intelligenz - Technologie Anwendung
    Gesellschaft* (S. 99 - 121). Heidelberg: Springer Vieweg Berlin.

Wisskirchen, G., Biacabe, B., Bormann, U., Muntz, A., Niehaus, G., Soler, G., & von
    Brauchitsch, B. (2017). *Artificial Intelligence and Robotics and Their Impact
    on the Workplace.* Global Employment Institute (Hrsg.). Abgerufen unter
    https://www.researchgate.net/profile/Mohamed_Mourad_Lafifi/post/What_are_
    the_social_and_economic_effects_of_computers_in_automation_and_robotics/
    attachment/5fd34ec9d6d02900019d1a1d/AS%3A967510073565185%4016076

83785826/download/Artificial+Intelligence+and+Robotics+and+Their+Impact +on+the+Workplace.pdf, zuletzt geprüft am 10.08.2022

Zabeck, J. (1991). Schlüsselqualifikationen. Ein Schlüssel für eine antizipative Berufsbildung. In F. Achtenhagen (Hrsg.), *Duales System zwischen Tradition und Innovation* (4. Auflage) (S. 47-64). Köln Müller Botermann

Anhang

Quelle: Fotolia_95979225_L

Fokusgruppendiskussion – Konzeptionierung eines arbeitswissenschaftlichen Handlungsrahmens zur Einführung und Anwendung einer auf Künstlicher Intelligenz basierten Mensch-Roboter-Kollaboration

Inhalte und Ziele des Forschungsvorhabens

Die Mensch-Roboter-Kollaboration (MRK) kennzeichnet eine direkte Zusammenarbeit von Mensch und Roboter. Dies wird durch die Sensorik des kollaborierenden Roboters (Cobot) und seiner im derzeitigen Entwicklungsstadium schwach ausgeprägten Künstlichen Intelligenz (KI) ermöglicht. In Zukunft wird sich die Zusammenarbeit weiter intensivieren. Diese Entwicklung lässt sich vor allem darauf zurückführen, dass sich die Leistungsfähigkeit der KI signifikant erhöhen wird. Cobots können zunehmend autonomer agieren. Hierdurch können sie Veränderungen in ihrer Umgebung wahrnehmen, Arbeitsschritte eigenständig erlernen und deren Ausführung verbessern sowie antizipativ

Y. Peifer, *Konzeptionierung eines arbeitswissenschaftlichen Handlungsrahmens zur Einführung und Anwendung einer auf Künstlicher Intelligenz basierten Mensch-Roboter-Kollaboration*, ifaa-Edition, https://doi.org/10.1007/978-3-662-68561-7

auf unvorhergesehene Ereignisse reagieren. Ein Nutzen wird vor allem in einer Steigerung der Flexibilität, Produktivität und Sicherheit erkennbar.

Im Ergebnis entsteht eine signifikante Veränderung in der kollaborierenden Zusammenarbeit. Durch die technologische Weiterentwicklung hin zu einer KI-basierten MRK ist allerdings von der Veränderung arbeitswissenschaftlicher Herausforderungen auszugehen. Diese lassen sich vor allem bei der Einführung und Anwendung erkennen. Unternehmen stehen gegenwärtig allerdings keine benötigten praxisnahen Handlungsempfehlungen zur Verfügung. Im Rahmen des Promotionsvorhabens wurden die zukünftigen arbeitswissenschaftlichen Herausforderungen zur Einführung und Anwendung der KI-basierten MRK erforscht. Auf Basis der gewonnenen Erkenntnisse wurde ein arbeitswissenschaftlicher Handlungsrahmen konzipiert.

Ablauf und Ziel der Evaluation

Den Mittelpunkt des Promotionsvorhabens bildet die Entwicklung des arbeitswissenschaftlichen Handlungsrahmens. Dieser wurde durch eine Forschungssynthese aus bestehenden Forschungsständen zur MRK und KI konzipiert. Im Rahmen einer empirischen Untersuchung gilt es den Handlungsrahmen praxisnah zu validieren. In diesem Zusammenhang wird auf das Konzept der Fokusgruppendiskussion zurückgegriffen. Diese soll dazu dienen, Vertreterinnen und Vertreter aus Praxis sowie Wissenschaft zusammenzubringen, um anhand von festgelegten Fragestellungen zu diskutieren. Im Zentrum der Diskussion stehen die Fragestellungen:

- Welche arbeitswissenschaftlichen Handlungsfelder und Erfolgsfaktoren sind bei der Einführung und Anwendung von MRK relevant?
- Welche arbeitswissenschaftlichen Handlungsfelder und Erfolgsfaktoren sind bei der Einführung und Anwendung von KI relevant?
- Welche arbeitswissenschaftlichen Handlungsfelder und Erfolgsfaktoren werden zukünftig bei der Einführung und Anwendung einer KI-basierten MRK relevant sein?
- Wie lässt sich die Relevanz einzelner Handlungsfelder zueinander beurteilen?

Eine Moderation findet durch den Doktoranden statt. Im Anschluss erfolgt eine Vorstellung des konzipierten Handlungsrahmens. Zum Abschluss der Veranstaltung werden die Teilnehmenden gebeten, diesen im Rahmen einer kurzen und standardisierten Onlinebefragung anhand festgelegter Kriterien zu bewerten. Der geplante Zeitaufwand für die Fokusgruppendiskussion sollte zweieinhalb Stunden nicht überschreiten. Eine Durchführung erfolgt virtuell via Microsoft Teams.

Teilnahmevoraussetzungen und Datenschutz

Für die Evaluation werden Vertreterinnen und Vertreter gesucht, welche ein umfangreiches Wissen zu den arbeitswissenschaftlichen Herausforderungen bei der Einführung und Anwendung von MRK und KI besitzen. Hierzu zählt bspw.:

- Wenn Sie an der Einführung und Anwendung von MRK oder KI beteiligt waren.
- Wenn Sie sich im Rahmen Ihrer wissenschaftlichen Tätigkeit mit MRK oder KI beschäftigen.
- Wenn Sie sich innerhalb Ihrer beruflichen Tätigkeit (bspw. im Rahmen des Arbeitsschutzes oder Qualifizierung) mit MRK oder KI beschäftigen.
- Sie daran interessiert sind, die Entwicklung von zukünftigen Handlungsempfehlungen und Modellen für die betriebliche Praxis mitzugestalten.

Die Durchführung von wissenschaftlichen Fokusgruppendiskussionen sieht es vor, dass diese mit einem Tonaufnahmegerät aufgezeichnet und im Anschluss vollständig in Schriftform transkribiert werden. Hierdurch soll sichergestellt werden, dass die gesprochenen Inhalte korrekt dokumentiert werden. Des Weiteren dient dieser Prozess der Auswertung. Hierfür erhalten Sie im Vorfeld eine Einwilligungserklärung zur Erhebung und Verarbeitung personenbezogener Interviewdaten.

Die gesamte Untersuchung – bestehend aus der Fokusgruppendiskussion und dem standardisierten Fragebogen – wird anonymisiert durchgeführt, sodass keine Rückschlüsse auf einzelne Personen gezogen werden können. Mit der Teilnahme an der Befragung erklären Sie sich damit einverstanden, dass die erhobenen Daten aus der Fokusgruppendiskussion sowie dem standardisierten Fragebogen für die weitere Forschung im Rahmen der Dissertation verwendet werden dürfen. Ihre Angaben werden am ifaa – Institut für angewandte Arbeitswissenschaft e. V. gespeichert, aufbereitet und ausgewertet. Ausschließlich die mit der Auswertung beauftragten Mitarbeiter*innen des Instituts haben Zugang zu den Einzeldaten.

Kontaktdaten des Doktoranden für Rückfragen

Yannick Peifer, M. Sc., B. Eng.
Wissenschaftlicher Mitarbeiter
Fachbereich Unternehmensexzellenz
ifaa - Institut für angewandte Arbeitswissenschaft e. V.
Uerdinger Str. 56
40474 Düsseldorf
E-Mail ifaa – Institut für angewandte Arbeitswissenschaft e. V.: y.peifer@ifaa-mail.de
E-Mail Karlsruher Institut für Technologie (KIT): yannick.peifer@kit.edu

Anhang 2: Ablaufplan Evaluation

Ablaufplan

Quelle: Fotolia_95979225_L

Fokusgruppendiskussion – Konzeptionierung eines arbeitswissenschaftlichen Handlungsrahmens zur Einführung und Anwendung einer auf Künstlicher Intelligenz basierten Mensch-Roboter-Kollaboration

Ablaufplan der Fokusgruppendiskussion

Tages-ordnung	Inhalt	Wer
TOP 1	**Begrüßung und Vorstellung**	alle
TOP 2	**Thematische Einführung**	Peifer
TOP 3	**Offene Diskussion zu den Inhalten der MRK**	
	<u>Fragestellung 1:</u> Welche arbeitswissenschaftlichen Themen- und Handlungsfelder sind bei der Einführung und Anwendung von MRK aus Sicht eines Unternehmens zu beachten?	alle
	<u>Fragestellung 2:</u> Welche arbeitswissenschaftlichen Erfolgsfaktoren sind bei der Einführung und Anwendung von MRK aus Sicht eines Unternehmens zu beachten?	alle
TOP 4	**Offene Diskussion zu den Inhalten der Künstlichen Intelligenz**	
	<u>Fragestellung 3:</u> Welche arbeitswissenschaftlichen Themen- und Handlungsfelder sind bei der Einführung und Anwendung von KI aus Sicht eines Unternehmens zu beachten?	alle
	<u>Fragestellung 4:</u> Welche arbeitswissenschaftlichen Erfolgsfaktoren sind bei der Einführung und Anwendung von KI aus Sicht eines Unternehmens zu beachten?	alle
	Pause	
TOP 5	**Offene Diskussion zu den Inhalten der KI-basierten MRK**	
	<u>Fragestellung 5:</u> Welche arbeitswissenschaftlichen Themen- und Handlungsfelder sowie Erfolgsfaktoren werden zukünftig bei der Einführung und Anwendung einer KI-basierten MRK aus Sicht eines Unternehmens zu beachten sein?	alle

Tages-ordnung	Inhalt	Wer
	Fragestellung 6: Wie würden Sie die Wichtigkeit der Themen- und Handlungsfelder zueinander beurteilen?	alle
	Fragestellung 7: Wie würden Sie die Wichtigkeit der einzelnen Erfolgsfaktoren zueinander beurteilen?	alle
TOP 6	Vorstellung des arbeitswissenschaftlichen Handlungsrahmens	Peifer
TOP 7	Abschluss und Informationen zur quantitativen Befragung	Peifer

Weitergehende Informationen

Der aufgezeigte Ablaufplan bildet das Rahmenwerk zur Veranstaltung. Ausgehend von einer kurzen Vorstellungsrunde erfolgt eine thematische Einführung durch den Doktoranden. Diese enthält sowohl eine Vorstellung zur ausgehenden Problemstellung als auch dem darauf aufbauenden Thema der Dissertation. Weiterhin wird der Zweck des Workshops aufgezeigt. Im Rahmen der Einführung findet ebenfalls noch einmal die genaue Abgrenzung zwischen der gegenwärtigen Mensch-Roboter-Kollaboration (MRK) sowie einer KI-basierten MRK statt, deren Cobots über eine Künstliche Intelligenz (KI) mit gesteigerter Leistungsfähig verfügen.

Eine gesteigerte Leistungsfähigkeit fällt hierbei nicht in die Kategorie einer starken KI. Es handelt sich dabei um eine Entwicklungsstufe, innerhalb derer das technische System autonom agieren kann. Hierdurch kann es Veränderungen in seiner Umgebung wahrnehmen, Arbeitsschritte eigenständig erlernen und deren Ausführung verbessern sowie antizipativ auf unvorhergesehene Ereignisse reagieren. Eine emotionale Intelligenz, wie sie der Mensch besitzt, hat das autonome System dahingehend nicht.

Auf Basis der thematischen Einführung erfolgen drei Diskussionsrunden. Diese orientieren sich an den oben aufgezeigten Fragestellungen. Die Moderation und Dokumentation erfolgen durch den Doktoranden. Die Ergebnisse der Diskussion werden für alle sichtbar innerhalb einer Mindmap festgehalten. Das Ziel entspricht einem offenen Fachaustausch zwischen Vertreterinnen sowie Vertretern aus Wissenschaft und Praxis. Die Diskussion konzentriert sich hierbei konkret auf den Einführung- und Anwendungsprozess. Dieser setzt dort an, wo die Entscheidung getroffen wurde, die Technologie (MRK, KI oder KI-basierte MRK) einzuführen und anzuwenden.

Vorgelagerte Themen u. a. zur Wirtschaftlichkeitsrechnung oder Potenzialanalyse sind nicht Gegenstand der Dissertation.

Themen- und Handlungsfelder sind immer aus Sicht eines Unternehmens als Anwender der Technologie zu betrachten. Gleiches gilt für die Erfolgsfaktoren, deren Beachtung jene Gestaltung des Einführung- und Anwendungsprozess positiv beeinflussen kann. Im Nachgang der drei Diskussionsrunden erfolgt eine Vorstellung des bereits durch den Doktoranden entwickelten arbeitswissenschaftlichen Handlungsrahmen. Den Abschluss bilden weitere Informationen zur quantitativen Befragung sowie noch offene Fragen aus dem Kreis der Teilnehmenden.

Anhang 3: Präsentation Evaluation

Konzeptionierung eines arbeitswissenschaftlichen Handlungsrahmens
zur Einführung und Anwendung einer auf Künstlicher Intelligenz
basierten Mensch-Roboter-Kollaboration

Fokusgruppendiskussion
11. Oktober 2022, Düsseldorf

Fokusgruppendiskussion – Agenda

Tages-ordnung	Inhalt	Zeit
TOP 1	Begrüßung und Vorstellung	13:00 – 13:10
TOP 2	Thematische Einführung	13:10 – 13:25
TOP 3	Offene Diskussion zu den Inhalten der MRK	13:25 – 14:00
TOP 4	Offene Diskussion zu den Inhalten der Künstlichen Intelligenz	14:00 – 14:35
	Pause	14:35 – 14:45
TOP 5	Offene Diskussion zu den Inhalten der KI-basierten MRK	14:45 – 15:15
TOP 6	Vorstellung des arbeitswissenschaftlichen Handlungsrahmens	15:15 – 15:25
TOP 7	Abschluss und Informationen zur quantitativen Befragung	15:25 – ca. 15:30

Fokusgruppendiskussion – Vorstellung

| 01 | Welchen fachlichen Hintergrund besitzen Sie? |

| 02 | In welchem Kontext haben Sie Erfahrungen zur Mensch-Roboter-Kollaboration und zur Künstlichen Intelligenz gemacht? |

TOP 2 – thematische Einführung

Fokusgruppendiskussion – thematische Einführung

- Mensch-Roboter-Kollaboration (MRK) als relevante Technologie gegenwärtiger Digitalisierungsvorhaben in Unternehmen

- Einsatz von Sensorik und schwach ausgeprägter Künstlicher Intelligenz (KI) erlauben eine direkte Interaktion in einem gemeinsamen Arbeitsbereich

- Technologischer Fortschritt bei der KI führt zu einer Steigerung der Leistungsfähigkeit

- Integration von leistungsfähiger KI als Enabling-Technologie für die Realisierung von Potenzialen in der MRK (u.a. Erhöhung von Flexibilität, Produktivität und Sicherheit)

- Gegenwärtige Cobots werden zu autonomeren Systemen

- Integration von leistungsfähiger KI führt zu arbeitswissenschaftlichen Herausforderungen

- Gegenwärtig fehlt es an praxisnahen Handlungsempfehlungen für Unternehmen

Fokusgruppendiskussion – thematische Einführung

	Zu vergleichende Konzepte	
Bezeichnung	MRK / Cobot	KI-basierte MRK / KI-Cobot
Entwicklungsstufe der KI	Schwache KI	Leistungsfähigere KI
Autonomiestufe	Zwei: **Reines Assistenzsystem**, welches im Vorfeld durch den Menschen **vollständig ausprogrammiert** wurde und lediglich Verbesserung in der Ausführung von Aufgaben bei schlecht positionierten Bauteilen eigenständig vornehmen kann	Vier: **Nicht vollständig ausprogrammiertes** und **autonom agierendes System**, welches seine **Umgebung eigenständig wahrnehmen** kann. Zudem **adaptiv auf Veränderungen reagieren** sowie neue Arbeitsaufgaben autonom erlernen kann
Wahrnehmung der Umwelt	Mit Hilfe von **sensitiver Sensorik**, um auftretende Momente sowie Kräfte zu messen	Mit Hilfe von **sensitiver Sensorik**, um auftretende Momente sowie Kräfte zu messen, **Kameratechnologie** zur visuellen Erkennung und ein **Spracherkennungssystem**
Vorbereitung auf neue Arbeitsaufgaben	**Vollständige Programmierung** durch den Menschen	**Anteilige Programmierung**, Erkennen von Sprache, Handbewegungen und Umrissen
Verhalten bei unerwarteten Ereignissen (bspw. Kollision)	**Sofortiges Anhalten** der Bewegung	**Antizipatives Reagieren** und Ausweichen
Erkennen von Objekten	Nein	Ja
Möglichkeit des Lernens	**Kein** erweitertes **Lernen**	**Kontinuierlicher Prozess** des **Lernens**

Fokusgruppendiskussion – thematische Einführung

Übergeordnetes Forschungsziel der Dissertation

Konzeptionierung eines arbeitswissenschaftlichen Handlungsrahmens zur Einführung und Anwendung einer auf Künstlicher Intelligenz basierten Mensch-Roboter-Kollaboration.

Zielstellung der Veranstaltung

Im Rahmen einer empirischen Untersuchung gilt es den Handlungsrahmen praxisnah und wissenschaftlich zu validieren. In diesem Zusammenhang wird auf das Konzept der Fokusgruppendiskussion sowie einer standardisierten Onlinebefragung zurückgegriffen.

TOP 3 – offene Diskussion zu den Inhalten der MRK

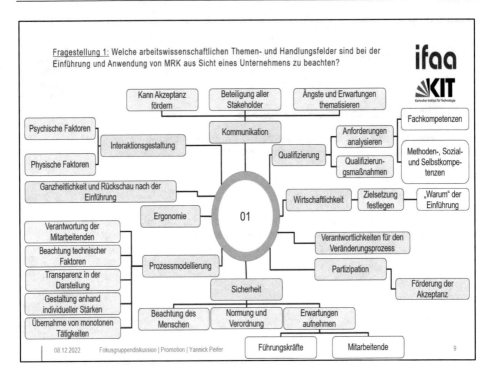

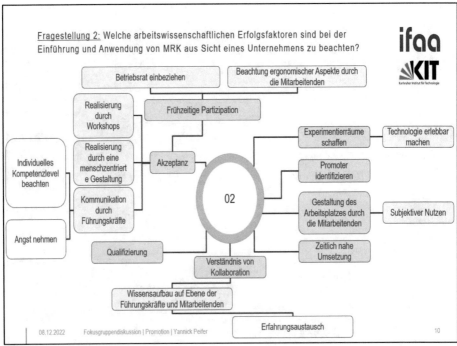

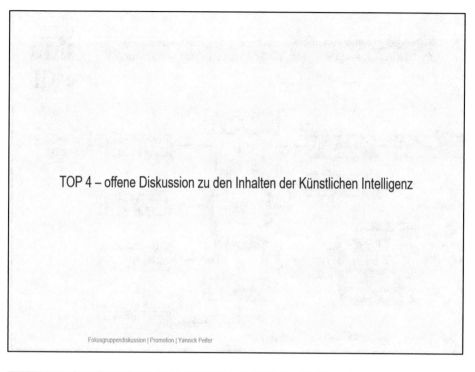

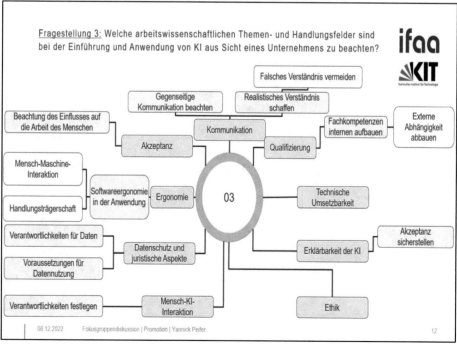

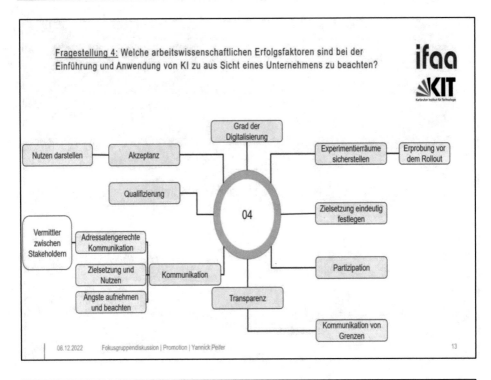

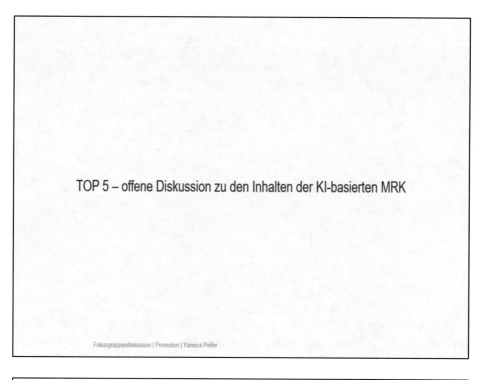

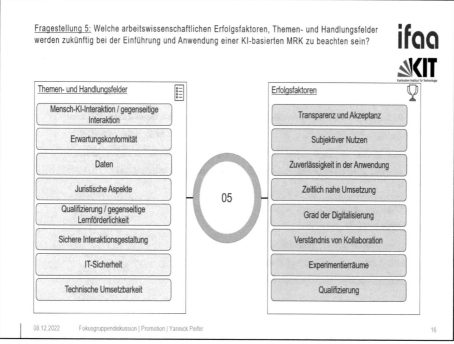

TOP 6 – Vorstellung des arbeitswissenschaftlichen Handlungsrahmens

---

Fokusgruppendiskussion – Vorstellung des arbeitswissenschaftlichen
Handlungsrahmens

Ziel der Anwendung

Der Handlungsrahmen soll zur **Sensibilisierung** dienen, die relevanten arbeitswissenschaftlichen
Themengebiete bei der Einführung und Anwendung der KI-basierten MRK aufzeigen und **eine
Referenz bilden**. Im Zuge seiner Anwendung soll es Unternehmen ermöglicht werden,
Verbesserungspotenziale und Handlungsmöglichkeiten eigenständig zu identifizieren.

Anforderungen an die Gestaltung

- Ganzheitliche Betrachtungsweise
- Präzise, praxistauglich und gleichzeitig verständliche Inhalte
- Direkte Aufforderung zur Handlung enthalten
- Verbesserungspotenziale eigenständig identifizieren

Fokusgruppendiskussion – Vorstellung des arbeitswissenschaftlichen
Handlungsrahmens

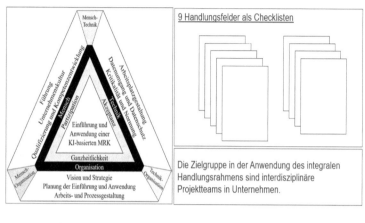

9 Handlungsfelder als Checklisten

Die Zielgruppe in der Anwendung des integralen
Handlungsrahmens sind interdisziplinäre
Projektteams in Unternehmen.

Fokusgruppendiskussion – Vorstellung des arbeitswissenschaftlichen
Handlungsrahmens

Vorgehen in der Anwendung

- Für die Darstellung der Handlungsfelder wurde ein einheitliches Format gewählt
- Jedes Handlungsfeld wird als eigene und separat zu betrachtende Checkliste dargestellt
- Geschlossene Fragen zur Quantifizier- und Vergleichbarkeit erzielter Ergebnisse
- Grob- und Feingliederung

Nr.	Handlungsfeld 3: Qualifizierung und Kompetenzentwicklung		Ausprägung						Ausprägungsstufe	Wert
	Bewertungskriterium	Beschreibung	5	4	3	2	1		„trifft sehr stark zu"	5
3.1	Qualifizierungsmaßnahmen								„trifft eher zu"	4
3.1.1	Es existieren Qualifizierungsmaßnahmen zur Vermittlung von grundlegenden digitalen Fachkompetenzen?	Um technische Zusammenhänge zu verstehen, benötigen alle Stakeholder ein digitales Grundverständnis. Hierzu zählen bspw. die Themen Aktorik, Sensorik oder der Umgang mit digitalen Anwendungen.							„trifft teilweise zu"	3
									„trifft eher nicht zu"	2
									„trifft überhaupt gar nicht zu"	1

Fokusgruppendiskussion – Vorstellung des arbeitswissenschaftlichen Handlungsrahmens

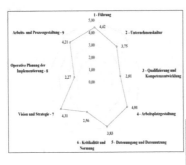

Handlungsfeld	1	2	3	4	5	6	7	8	9
Istzustand	4,42	3,75	2,81	4,01	3,83	2,56	4,31	2,27	4,21
Max. Zustand	5,00	5,00	5,00	5,00	5,00	5,00	5,00	5,00	5,00
Potenzial in %	11,60	25,00	43,80	19,80	23,40	48,80	13,80	54,60	15,80

Dimension	Mensch		Technik		Organisation	
Istzustand	10,98		10,40		10,79	
Max. Zustand	15,00		15,00		15,00	
Potenzial in %	26,80		30,67		28,07	

TOP 7 – Abschluss und Informationen zur quantitativen Befragung

Ansprechpartner für weitergehende Informationen

Yannick Peifer
Wissenschaftlicher Mitarbeiter
Fachbereich Unternehmensexzellenz

E-Mail: y.peifer@ifaa-mail.de

08.12.2022   Fokusgruppendiskussion | Promotion | Yannick Peifer   23

Herzlichen Dank für Ihre Aufmerksamkeit!
Weitere Informationen finden Sie auf unserer Webseite:
www.arbeitswissenschaft.net

@ifaa_online

ifaa

Anhang 4: Einwilligungserklärung zur Erhebung und Verarbeitung personenbezogener Interviewdaten

Einwilligungserklärung zur Erhebung und Verarbeitung personenbezogener Interviewdaten

Projekt Thema	
Interviewer	
Interviewdatum Interviewort	
Interviewte Person	
Funktionsbereich	
Unternehmen/ Forschungsreinrichtung	

Ich erkläre mich dazu bereit, im Rahmen des genannten Projektes/des o.g. Themas an einem Interview teilzunehmen. Ich wurde über den Inhalt und das Ziel des Projektes informiert.

Das Interview wird mit einem Aufnahmegerät aufgezeichnet und sodann vom Interviewer in Schriftform gebracht. Für die weitere wissenschaftliche Auswertung der Interviewtexte werden alle Angaben, die zu einer Identifizierung der Person, resp. des Unternehmens führen könnten, verändert oder aus dem Text entfernt. In wissenschaftlichen Veröffentlichungen werden Interviews nur in Ausschnitten zitiert, um gegenüber Dritten sicherzustellen, dass der entstehende Gesamtzusammenhang von Ereignissen nicht zu einer Identifizierung der Person resp. des Unternehmens führen kann. Die Zitierung kann zur besseren Wahrung der Anonymität sinngemäß erfolgen.

Personenbezogene Kontaktdaten werden von Interviewdaten getrennt für unbefugte Dritte unzugänglich aufbewahrt. Die Regelungen des personenbezogenen Datenschutzes werden eingehalten.

Die Teilnahme am Interview ist freiwillig. Mir ist bewusst, dass ich zu jeder Zeit die Möglichkeit habe, das Interview abzubrechen und mein Einverständnis in eine Aufzeichnung und Niederschrift des/der Interviews zurückziehen, ohne dass mir dadurch irgendwelche Nachteile entstehen. Bis dahin erhobene und aufgezeichnete Daten werden auf meinen Wunsch umgehend gelöscht und nicht weiterverwendet.

Ich erkläre mich damit einverstanden, dass das folgende Interview aufgezeichnet und für die mir beschriebenen Forschungszwecke genutzt wird.

Datum:

_____

Vorname, Nachname in Druckschrift

_____

Ort, Datum / Unterschrift

Anhang 5: Standardisierter Fragebogen SoSci Survey

Einleitung:

Evaluation des integralen arbeitswissenschaftlichen Handlungsrahmens

Sehr geehrte Damen und Herren,

mit dieser Befragung erfolgt eine Evaluation des integralen arbeitswissenschaftlichen Handlungsrahmens zur Einführung und Anwendung der KI-basierten MRK.

Die Beantwortung der Fragen wird lediglich 5 -10 Minuten Ihrer Zeit in Anspruch nehmen.

Datenschutz:

Die gesamte Untersuchung wird anonymisiert durchgeführt, sodass keine Rückschlüsse auf einzelne Personen gezogen werden können. Mit der Teilnahme an der Befragung erklären Sie sich damit einverstanden, dass die erhobenen Daten für die weitere Forschung im Rahmen der Dissertation verwendet werden dürfen. Ihre Angaben werden am ifaa – Institut für angewandte Arbeitswissenschaft e. V. gespeichert, aufbereitet und ausgewertet. Ausschließlich die mit der Auswertung beauftragten Mitarbeiter*innen des Instituts haben Zugang zu den Einzeldaten.

Aufbau und Verständlichkeit des integralen arbeitswissenschaftlichen
Handlungsrahmens Der Aufbau des Handlungsrahmens ist sinnvoll

stimme überhaupt nicht zu	stimme eher nicht zu	stimme teilweise zu	stimme eher zu	stimme voll zu

weiß nicht

Aufbau und Verständlichkeit des integralen arbeitswissenschaftlichen
Handlungsrahmens Der Aufbau der Checklisten ist sinnvoll

stimme überhaupt nicht zu	stimme eher nicht zu	stimme teilweise zu	stimme eher zu	stimme voll zu

weiß nicht

Aufbau und Verständlichkeit des integralen arbeitswissenschaftlichen
Handlungsrahmens Die Bewertungskriterien sind verständlich

stimme überhaupt nicht zu	stimme eher nicht zu	stimme teilweise zu	stimme eher zu	stimme voll zu

weiß nicht

Aufbau und Verständlichkeit des integralen arbeitswissenschaftlichen
Handlungsrahmens Die Beschreibungen sind verständlich

stimme überhaupt nicht zu	stimme eher nicht zu	stimme teilweise zu	stimme eher zu	stimme voll zu

weiß nicht

Aufbau und Verständlichkeit des integralen arbeitswissenschaftlichen
Handlungsrahmens Die Detailtiefe der Fragen ist angemessen

stimme überhaupt nicht zu	stimme eher nicht zu	stimme teilweise zu	stimme eher zu	stimme voll zu

weiß nicht

Anwendbarkeit des integralen arbeitswissenschaftlichen
Handlungsrahmens Der Handlungsrahmen umfasst die relevanten
arbeitswissenschaftlichen Handlungsfelder zur Einführung und Anwendung
der KI-basierten MRK

stimme überhaupt nicht zu	stimme eher nicht zu	stimme teilweise zu	stimme eher zu	stimme voll zu

weiß nicht

Anwendbarkeit des integralen arbeitswissenschaftlichen
Handlungsrahmens Der Handlungsrahmen ist geeignet, um Informationen
über relevante Inhalte zur Einführung und Anwendung der KI-basierten
MRK zu erhalten

stimme überhaupt nicht zu	stimme eher nicht zu	stimme teilweise zu	stimme eher zu	stimme voll zu

weiß nicht

Anwendbarkeit des integralen arbeitswissenschaftlichen
Handlungsrahmens Der Handlungsrahmen hilft bei der Identifikation von
Verbesserungspotenzialen beim Einführungs- und Anwendungsprozess der
KI-basierten MRK

stimme überhaupt nicht zu	stimme eher nicht zu	stimme teilweise zu	stimme eher zu	stimme voll zu

weiß nicht

Anwendbarkeit des integralen arbeitswissenschaftlichen
Handlungsrahmens Die Anwendung des Handlungsrahmens ist
verständlich

stimme überhaupt nicht zu	stimme eher nicht zu	stimme teilweise zu	stimme eher zu	stimme voll zu

weiß nicht

Anwendbarkeit des integralen arbeitswissenschaftlichen
Handlungsrahmens Der Handlungsrahmen ist Unternehmen zu empfehlen,
die Unterstützung bei der Einführung und Anwendung von KI-basierter
MRK benötigen

stimme überhaupt nicht zu	stimme eher nicht zu	stimme teilweise zu	stimme eher zu	stimme voll zu

weiß nicht

Angemessenheit des integralen arbeitswissenschaftlichen
Handlungsrahmens Der Sinn und Zweck des Handlungsrahmens sind
verständlich

stimme überhaupt nicht zu	stimme eher nicht zu	stimme teilweise zu	stimme eher zu	stimme voll zu

weiß nicht

Angemessenheit des integralen arbeitswissenschaftlichen
Handlungsrahmens Die Bewertungslogik ist praxistauglich

stimme überhaupt nicht zu	stimme eher nicht zu	stimme teilweise zu	stimme eher zu	stimme voll zu

weiß nicht

Angemessenheit des integralen arbeitswissenschaftlichen
Handlungsrahmens Die Ergebnisdarstellung des Handlungsrahmens ist
praxistauglich

stimme überhaupt nicht zu	stimme eher nicht zu	stimme teilweise zu	stimme eher zu	stimme voll zu

weiß nicht

Angemessenheit des integralen arbeitswissenschaftlichen
Handlungsrahmens Der praxisnahe Nutzen des Handlungsrahmens ist
erkennbar

stimme überhaupt nicht zu	stimme eher nicht zu	stimme teilweise zu	stimme eher zu	stimme voll zu

weiß nicht

Angemessenheit des integralen arbeitswissenschaftlichen
Handlungsrahmens Der Handlungsrahmen bildet eine idealtypische
Referenz für die Einführung und Anwendung von KI-basierter MRK

stimme überhaupt nicht zu	stimme eher nicht zu	stimme teilweise zu	stimme eher zu	stimme voll zu

weiß nicht

Seite 05

1962
2022

ifaa Institut für
angewandte Arbeitswissenschaft

Abschluss

Weiterführende
Rückmeldungen

Vielen Dank für Ihre Teilnahme!

Wir möchten uns ganz herzlich für Ihre Mithilfe bedanken.

Ihre Antworten wurden gespeichert, Sie können das Browser-Fenster nun schließen.

M.Sc. Yannick Peifer – 2022

Anhang 6: Antworten der Teilnehmenden in SoSci Survey

Variablenbezeichnungen in SoSci Survey

VAR	LABEL	TYPE	INPUT
CASE	Interview-Nummer (fortlaufend)	METRIC	SYSTEM
SERIAL	Seriennummer (sofern verwendet)	TEXT	SYSTEM
REF	Referenz (sofern im Link angegeben)	TEXT	SYSTEM
QUESTNNR	Fragebogen, der im Interview verwendet wurde	TEXT	SYSTEM
MODE	Interview-Modus	TEXT	SYSTEM
STARTED	Zeitpunkt zu dem das Interview begonnen hat (Europe/Berlin)	TIME	SYSTEM
A101_01	Aufbau und Verständlichkeit des integralen arbeitswissenschaftlichen Handlungsrahmens: Der Aufbau des Handlungsrahmens ist sinnvoll	ORDINAL	SCALE
A101_02	Aufbau und Verständlichkeit des integralen arbeitswissenschaftlichen Handlungsrahmens: Der Aufbau der Checklisten ist sinnvoll	ORDINAL	SCALE
A101_03	Aufbau und Verständlichkeit des integralen arbeitswissenschaftlichen Handlungsrahmens: Die Bewertungskriterien sind verständlich	ORDINAL	SCALE
A101_04	Aufbau und Verständlichkeit des integralen arbeitswissenschaftlichen Handlungsrahmens: Die Beschreibungen sind verständlich	ORDINAL	SCALE
A101_05	Aufbau und Verständlichkeit des integralen arbeitswissenschaftlichen Handlungsrahmens: Die Detailtiefe der Fragen ist angemessen	ORDINAL	SCALE

A201_01	Anwendbarkeit des integralen arbeitswissenschaftlichen Handlungsrahmens: Der Handlungsrahmen umfasst die relevanten arbeitswissenschaftlichen Handlungsfelder zur Einführung und Anwendung der KI-basierten MRK	ORDINAL	SCALE
A201_02	Anwendbarkeit des integralen arbeitswissenschaftlichen Handlungsrahmens: Der Handlungsrahmen ist geeignet, um Informationen über relevante Inhalte zur Einführung und Anwendung der KI-basierten MRK zu erhalten	ORDINAL	SCALE
A201_03	Anwendbarkeit des integralen arbeitswissenschaftlichen Handlungsrahmens: Der Handlungsrahmen hilft bei der Identifikation von Verbesserungspotenzialen beim Einführungs- und Anwendungsprozess der KI-basierten MRK	ORDINAL	SCALE
A201_04	Anwendbarkeit des integralen arbeitswissenschaftlichen Handlungsrahmens: Die Anwendung des Handlungsrahmens ist verständlich	ORDINAL	SCALE
A201_05	Anwendbarkeit des integralen arbeitswissenschaftlichen Handlungsrahmens: Der Handlungsrahmen ist Unternehmen zu empfehlen, die Unterstützung bei der Einführung und Anwendung von KI-basierter MRK benötigen	ORDINAL	SCALE
A301_01	Angemessenheit des integralen arbeitswissenschaftlichen Handlungsrahmens: Der Sinn und Zweck des Handlungsrahmens sind verständlich	ORDINAL	SCALE
A301_02	Angemessenheit des integralen arbeitswissenschaftlichen Handlungsrahmens: Die Bewertungslogik ist praxistauglich	ORDINAL	SCALE
A301_03	Angemessenheit des integralen arbeitswissenschaftlichen Handlungsrahmens: Die Ergebnisdarstellung des Handlungsrahmens ist praxistauglich	ORDINAL	SCALE

A301_04	Angemessenheit des integralen arbeitswissenschaftlichen Handlungsrahmens: Der praxisnahe Nutzen des Handlungsrahmens ist erkennbar	ORDINAL	SCALE
A301_05	Angemessenheit des integralen arbeitswissenschaftlichen Handlungsrahmens: Der Handlungsrahmen bildet eine idealtypische Referenz für die Einführung und Anwendung von KI-basierter MRK	ORDINAL	SCALE
A401_01	Abschluss: Weiterführende Rückmeldungen	TEXT	OPEN
TIME001	Verweildauer Seite 1	METRIC	SYSTEM
TIME002	Verweildauer Seite 2	METRIC	SYSTEM
TIME003	Verweildauer Seite 3	METRIC	SYSTEM
TIME004	Verweildauer Seite 4	METRIC	SYSTEM
TIME005	Verweildauer Seite 5	METRIC	SYSTEM
TIME_SUM	Verweildauer gesamt (ohne Ausreißer)	METRIC	SYSTEM
MAILSENT	Versandzeitpunkt der Einladungsmail (nur für nicht-anonyme Adressaten)	TIME	SYSTEM
LASTDATA	Zeitpunkt als der Datensatz das letzte mal geändert wurde	TIME	SYSTEM
FINISHED	Wurde die Befragung abgeschlossen (letzte Seite erreicht)?	BOOL	SYSTEM

Q_VIEWER	Hat der Teilnehmer den Fragebogen nur angesehen, ohne die Pflichtfragen zu beantworten?	BOOL	SYSTEM
LASTPAGE	Seite, die der Teilnehmer zuletzt bearbeitet hat	METRIC	SYSTEM
MAXPAGE	Letzte Seite, die im Fragebogen bearbeitet wurde	METRIC	SYSTEM
MISSING	Anteil fehlender Antworten in Prozent	METRIC	SYSTEM
MISSREL	Anteil fehlender Antworten (gewichtet nach Relevanz)	METRIC	SYSTEM
TIME_RSI	Maluspunkte für schnelles Ausfüllen	METRIC	SYSTEM
DEG_TIME	Maluspunkte für schnelles Ausfüllen	METRIC	SYSTEM

Antworten der teilnehmenden Person mit der technischen Interviewnummer

Daten ansehen

Fragebogen: [base] ▼

CASE [ ] ▼ SERIAL [ ] ▼ Antworten [ ] ▼

17 Datensätze inkl. Testdaten • 6 Interviews, davon 6 abgeschlossen

CASE	SERIAL	REF	QUESTNNR	MODE	STARTED	A101_01	A101_02	A101_03	A101_04	A101_05	A201_01	A201_02	A201_03	A201_04	A201_05	A301_01	A301_02	A301_03	A301_04	A301_05	A401_01
28			base	interview	2022-10-24 18.49.32	5	4	5	5	4	5	5	5	5	5	5	5	5	5	5	
25			base	interview	2022-10-17 09.18.04	4	4	5	5	3	5	4	4	4	5	4	4	4	3	4	Die Kategorien und vielen Informationen des Handlungsrahmens sind gut recherchiert und gefallen mir sehr gut. Allerdings kommt mir der Handlungsrahmen für ein Praktikot sehr ◀
24			base	interview	2022-10-12 17.07.03	5	4	5	5	5	5	5	5	5	5	4	4	4	5	5	Sehr umfangreicher Handlungsrahmen, der auf jeden Fall mögliche noch so kleine Schwachstellen identifizieren kann und das Verständnis der entscheidenden ◀
23			base	interview	2022-10-12 14.36.09	5	4	5	3	5	5	5	5	5	5	5	5	5	3	5	Bei den Bewertungskriterien werden unter manchen Reitern die Aussagen am Ende mit Fragezeichen versehen - das würde ich ändern, da es sich nicht um ◀
22			base	interview	2022-10-12 13.06.37	5	5	-1	5	3	5	4	-1	-1	5	4	4	5	5	-1	
21			base	interview	2022-10-12 07.50.01	5	4	5	5	5	5	4	4	5	4	4	5	5	5	4	
16			base	admin	2022-10-08 11.08.43	5	5	5	5	5	5	5	5	5	5	5	5	5	5	5	
14			base	admin	2022-10-08 11.01.14	1	2	-1	5	5	5	5	4	-1	4	4	4	4	4	4	Hallo
13			base	admin	2022-10-08 10.59.15	5	5	5	5	5	5	5	5	5	5	5	5	5	5	5	
10			base	admin	2022-09-22 08.26.13	-9	-9	-9	-9	-9											

◀ Vorhergehende Datensätze   ◀ Zum ersten Datensatz

Legende:

▓ nicht abgefragt oder für MISSING nicht relevant

▓ nicht beantwortet

▓ nicht beantwortet (trotz nachhaken)

▢ beantwortet

TIME001	TIME002	TIME003	TIME004	TIME005	TIME_SUM	MAILSENT	LASTDATA	FINISHED	Q_VIEWER	LASTPAGE	MAXPAGE	MISSING	MISSREL	TIME_RSI	DEG_TIME
3	1				4		2022-09-22 08:26:17	0	0	2	2	100	100	2.5	275
6	18	21	22		67		2022-10-08 11:00:22	1	0	4	4	0	0	0.78	0
6	4	3	3	8	16		2022-10-08 11:01:38	1	0	5	5	0	0	2.5	127
17	5	3	3	1	28		2022-10-08 11:09:12	1	0	5	5	6	4	2.29	118
16	21	27	19	2	83		2022-10-12 07:51:27	1	0	5	5	6	4	0.6	0
6	156	44	25	61	89		2022-10-12 13:11:29	1	0	5	5	0	0	0.52	0
154	171	92	87	231	131		2022-10-12 14:48:24	1	0	5	5	0	0	0.11	0
13	109	49	34	3	110		2022-10-12 17:10:32	1	0	5	5	6	4	0.34	0
6212	376	40	37	324	97		2022-10-17 11:14:33	1	0	5	5	0	0	0.2	0
4	28	49	45	3	126		2022-10-24 18:51:41	1	0	5	5	6	4	0.66	6

CASE	QUESTNNR	MODE	STARTED	A101_01	A101_02	A101_03	A101_04	A101_05
21	base	interview	2022-10-12 07:50:01	stimme eher zu	stimme voll zu	stimme eher zu	stimme voll zu	stimme voll zu
22	base	interview	2022-10-12 13:06:37	stimme voll zu	stimme voll zu	stimme voll zu	stimme voll zu	stimme voll zu
23	base	interview	2022-10-12 14:36:09	stimme voll zu	stimme voll zu	stimme voll zu	stimme voll zu	stimme teilweise zu
24	base	interview	2022-10-12 17:07:03	stimme voll zu	stimme voll zu	stimme voll zu	stimme voll zu	stimme voll zu
25	base	interview	2022-10-17 09:18:04	stimme eher zu	stimme eher zu	stimme voll zu	stimme voll zu	stimme teilweise zu
28	base	interview	2022-10-24 18:49:32	stimme voll zu	stimme eher zu	stimme voll zu	stimme voll zu	stimme eher zu

CASE	A201_01	A201_02	A201_03	A201_04	A201_05
21	stimme voll zu	stimme eher zu	stimme eher zu	stimme voll zu	stimme voll zu
22	stimme voll zu	stimme voll zu	stimme voll zu	stimme voll zu	stimme voll zu
23	stimme voll zu	stimme voll zu	stimme voll zu	stimme voll zu	stimme voll zu
24	stimme voll zu	stimme voll zu	stimme voll zu	stimme voll zu	stimme voll zu
25	stimme voll zu	stimme eher zu	stimme eher zu	stimme eher zu	stimme eher zu
28	stimme voll zu	stimme voll zu	stimme eher zu	stimme voll zu	stimme voll zu

CASE	A301_01	A301_02	A301_03	A301_04	A301_05
21	stimme eher zu	stimme voll zu	stimme voll zu	stimme voll zu	stimme eher zu
22	stimme voll zu	stimme voll zu	stimme voll zu	stimme voll zu	stimme eher zu
23	stimme voll zu	stimme voll zu	stimme teilweise zu	stimme voll zu	stimme voll zu
24	stimme voll zu	stimme eher zu	stimme voll zu	stimme voll zu	stimme voll zu
25	stimme voll zu	stimme eher zu	stimme voll zu	stimme voll zu	stimme eher zu
28	stimme voll zu	stimme voll zu	stimme voll zu	stimme voll zu	stimme voll zu

CASE	A401_01	FINISHED
21	Bei den Bewertungskriterien werden unter manchen Reitern die Aussagen am Ende mit Fragezeichen versehen - das würde ich ändern, da es sich nicht um Fragen handelt und es uneinheitlich zu anderen Reitern gehandhabt wird.	1
22		
23	Sehr umfangreicher Handlungsrahmen, der aufjeden Fall mögliche noch so kleine Schwachstellen identifizieren kann und das Verständnis der entscheidenden Faktoren fördert. Durch den hohen Umfang besteht aber auch die Gefahr, dass die Praxistauglichkeit leidet. Eine Kurzversion mit den essenziellen Kriterien wäre ggf. eine Möglichkeit.	1
24		1
25	Die Kategorien und vielen Informationen des Handlungsrahmen sind gut recherchiert und gefallen mir sehr gut. Allerdings kommt mir der Handlungsrahmen für ein Praktikertol sehr ausführlich vor und es auch zu häufigen thematische Überschneidungen zwischen den verschiedenen Kategorien kommt. Ggf. kann man das z.T. noch etwas nachschärfen. Ansonsten noch einige kleinere Anmerkungen, die ich mir aufgeschrieben hatte: • „Die Mitglieder des Projektteams besitzen unterschiedliche Formen, um sich am Prozess beteiligen zu können?" -> unverständlich, eher: „Den Mitgliedern des Projektteams stehen unterschiedliche Möglichkeiten/ Formate o.ä. zur Verfügung, um sich am Prozess zu beteiligen." (Ebenso bei „Die Mitarbeitenden besitzen unterschiedliche Möglichkeiten, eigene Ängste zu kommunizieren?") • „Die Führungskraft ermutigt die Mitarbeitenden dazu, ihre Erfahrungen an den KI-Cobot weiterzugeben zu wollen?" — Wofür? Und was bedeutet das Genau? Zum Einlernen des KI-Cobots? Das könnte man in der Beschreibung erklären. (Ebenso bei 3.3.3) • 3.3.1: Rechtschreibfehler "Interkation" • personen/Rollen, z.B. bei den Fragen zu Qualifizierung und Kompetenzen: Wer sind „die Mitarbeitenden"? Sind das die Mitarbeitenden, die später mit dem Cobot zusammenarbeiten, oder sind das die Mitarbeitenden im Projektteam? Ggf. wäre da eine einführende Definition sinnvoll, die die verschiedenen Rollen (Mitarbeitende, Führungspersonen, Industriemeister, Ingenieur, Stakeholder etc.) kurz definiert und abgrenzt. Der „Industriemeister" könnte beispielsweise in unterschiedlichen Unternehmen unterschiedliche Bezeichnungen haben: „Team-/Abteilungs- Bereichsleiter*in, Vorarbeiter*in". Ebenso: Was ist z.B. der Unterschied zwischen z.B. Ingenieur und Integrator? • Wieso ist nach den Bewertungskriterien ein Fragezeichen? • Skala: Die Skala (trifft überhaupt gar nicht zu, trifft eher nicht zu, trifft teilweise zu, trifft eher zu, trifft sehr stark zu) wirkt auf mich nicht symmetrisch und äquidistant (z.B. „teilweise" zu „eher" ist eine anderer Abstand als „eher" zu „sehr stark"). Ich nehme zwar an, die Daten aus dem Handlungsrahmen sollen nicht wissenschaftlich ausgewertet werden. Man könnte dennoch überlegen eine standardisierte, quasi-metrische Skala zu nehmen (z.B. Rohrmann 1978: trifft nicht, wenig, mittelmäßig, ziemlich, sehr zu) oder die Begriffe etwas zu vereinheitlichen (trifft überhaupt nicht zu, trifft eher nicht zu, trifft mittelmäßig zu, trifft eher zu, trifft voll zu).	1
28		1

Anhang 7: Transkript Fokusgruppendiskussion

1 **I: Welche Erfolgsfaktoren oder Handlungsfelder Sie oder Ihr für relevant haltet,**

2 **wenn es um das Thema Einführung einer gegenwärtigen Mensch- Roboter**

3 **Kollaboration geht?**

4 GF: Als Psychologe sofort, die Akzeptanz der Beschäftigten. Weil damit steht und fällt

5 es, ob das erfolgreich ist, ob das genutzt wird und dass es auch produktiv genutzt wird.

6 **I: Ist Akzeptanz ein Erfolgsfaktor oder eher ein Handlungsfeld muss ich einmal**

7 **ketzerisch fragen?**

8 GF: Ich glaube, es ist ein Erfolgsfaktor. Das sehen wir auch in unserem Projekt, von daher

9 darf ich mir da jetzt nicht widersprechen.

10 **I: Ich nehme hier ja die neutrale Haltung ein.**

11 GD: Also ich würde, gerade, wenn es um das Thema Akzeptanz, das angesprochen wurde,

12 würde ich noch ein Level darüber gehen und sagen, dass ein Handlungsfeld

13 menschzentrierte Faktoren sind. Dazu gehört eben Akzeptanz, ist eben ein Teilaspekt

14 davon, man könnte da eben noch Vertrauen mit reinbringen. Man könnte auch das

15 Rollenverhältnis zwischen den Beschäftigten und der MRK, dem Cobot entsprechend

16 hinterfragen, also wie wird der Cobot vorgestellt sozusagen auch, welche Rolle wird dem

17 Cobot gegeben. Also das sind so die psychosozialen Faktoren, wenn man das so nennen

18 möchte. Und ein anderer Aspekt, wenn wir bei diesen menschzentrierten Faktoren sind,

19 ist eben allgemein die Ergonomie, einmal auf kognitiver, mentaler Ebene, also

20 Beanspruchung, Belastung und auch die physische Ergonomie, die Teil dieser

21 menschzentrierten Faktoren sind. Also ich würde sagen, Akzeptanz könnte vielleicht ein

22 Erfolgsfaktor sein, wenn der irgendwie über Workshops so weiter, Einbindung hergestellt

23 werden kann. Und menschzentrierte Faktoren sind so das Handlungsfeld, in dem man sich

24 bewegt.

25 GC: Ich wollte der Gesprächsperson F zustimmen, dass ich auch die Akzeptanz definitiv

26 als Erfolgsfaktor sehe. Und ich glaube, die Akzeptanz und die Motivation kommt ganz

27 stark aus dem subjektiven Nutzen. Das ist immer das, was wir bei unseren Cases sehen.

28 Das ist ja immer so das eine, was man sich als Techniker so wünscht und was man

29 vielleicht cool findet und das andere ist natürlich der Werker, der hier im 3-Schicht-

30 Betrieb arbeitet. Der freut sich am meisten, wenn ihm Arbeit abgenommen wird und das

31 ist, glaube ich, ein wahnsinnig wichtiger Faktor. Und zum Handlungsfeld. Ich glaube, dass

32 wenn der Prozess einwandfrei funktioniert, ist auch essenziell, so unwichtig, wie es sich

33 anhört, aber gerade, wenn der Mensch und der Roboter zusammenarbeiten, dann sollten

34 da wenig Prozessfehler vorhanden sein.

35 **GF:** Ich würde gerne noch die Transparenz mit hinzuziehen. Dass die Prozesse und das,

36 was an Daten hereingeht und verarbeitet wird, dass das bekannt ist. Zumindest so weit

37 bekannt, wie man alles bekannt machen darf, soll oder kann vor allen Dingen. Und die

38 Transparenz ist glaube ich ein notwendiges Übel für die Akzeptanz eben auch. Und wir

39 können das gerne unter die menschenzentrierten Erfolgsfaktoren darunter fassen, das

40 denke ich, das passt ganz gut. Aber es gibt eben noch mehr Dinge, die passieren müssen,

41 damit eben die Akzeptanz da ist. Die Akzeptanz ist schon sehr übergeordnet. Wenn ich

42 einen Nutzen für mich persönlich herausziehe, akzeptiere ich es eher, wenn die Prozesse

43 transparent sind, dann akzeptiere ich das eher. Also die Akzeptanz gerne unter

44 Menschzentrierung fassen, aber unter die Akzeptanz kommen eben noch sehr, sehr viele,

45 die das letztlich bedingen.

46 **GB:** Ja, ich habe jetzt eben noch einmal über die Akzeptanz nachgedacht. Also ich sehe

47 es eben auch auf beiden Fragestellungen als wichtigen Punkt. Bei den Handlungsfeldern

48 sehe ich halt auch diese Prozessmodellierung. Also wirklich von Anfang an den Prozess

49 so gut zu kennen, um dann eben den sinnvollen unterstützenden Einsatz von dem Cobot

50 gewährleisten zu können. Und dazu dann eben die Prozessmodellierung, dann vielleicht

51 auch aus einem anderen Aspekt her. Wie sind denn jetzt die Fähigkeiten des Roboters, wie

52 sind denn die Reichweiten des Roboters, was ich alles aus technischer Layoutplanung,

53 technischer Sicht mit einbringen muss.

54 **I: Also sollte das schon ein Split quasi sein, wenn man sich die Prozessdarstellung**

55 **anschaut, zum einen aus technischen Faktoren betrachtet, was bringt dieser Cobot**

56 **eigentlich mit, auf der anderen Seite, wenn es um diese Prozessdarstellung geht, vor**

57 **allem aber auch zu gucken, dass Transparenz gewährleistet ist. Wie diese Interaktion**

58 **nachher gestaltet ist, zwischen Cobot und Mensch.**

59 **GB:** Unabhängig von der Interaktion, dass man wirklich den Prozess genau weiß. Weiß,

60 was ist jetzt sinnvoll, was der Cobot als Unterstützung übernimmt und welche Fähigkeiten

61 bringt eigentlich der Mensch mit. Also wirklich, jeder bringt seine Vorteile in den

62 Arbeitsprozess mit ein und ideal für den Unternehmer ist es ja dann, wenn dann jeder seine

63 Vorteile voll einbringen kann. Das ist so die eine Seite. Und die andere Seite ist halt

64 wirklich diese ganz nüchterne Layoutplanung, Arbeitsplatzgestaltung, die ich einfach

65 dann dementsprechend anpassen muss, wenn ich so einen Cobot einsetzen möchte.
66 Deshalb auch vielleicht unabhängig vom Menschen. Der nimmt auch einen bestimmten
67 Platz ein, damit er die nötigen Prozesse durchführen kann, dass er vielleicht die nötigen
68 Bauteile überhaupt erreicht, die er dann handlen soll, et cetera. Also das finde ich, ist auch
69 so eine Herausforderung, wie kriegt man das in seine bestehende Fabrikplanung mit unter,
70 der Platz, den der Roboter auch einnehmen muss.

71 **GE:** Ja genau, das Thema der Aufgabenteilung ist natürlich sehr, Sie haben das jetzt aus
72 einer produktiven Motivation angesprochen, aber es kann natürlich auch aus einer
73 menschzentrierten Sicht vielleicht adressiert werden. Also Übernahme von monotonen
74 Aufgaben, repetitiven Aufgaben, gefährlichen Aufgaben und so weiter. Also ich denke,
75 das ist auf jeden Fall essenziell. Und wahrscheinlich ich würde, das ist bei den
76 Handlungsfeldern passend verortet. Die Arbeitsplatzgestaltung kann natürlich unter
77 Anderem platztechnisch also vom Fabriklayout-Kontext hergesehen werden, anderseits
78 genauso ergonomische Anordnung. Das passt dann wiederum gut in die Ergonomie rein,
79 vielleicht auch flexibel anpassbar für verschiedene Nutzerinnen, je nachdem, wer an dem
80 Arbeitsplatz da arbeitet, vielleicht. Da passt es ganz gut rein. Und natürlich auch das
81 Thema Sicherheitsaspekte, was natürlich im MRK-Bereich eine hochrelevante Rolle
82 spielt. Sicherheit würde ich auch unterteilen einerseits in tatsächliche Sicherheit, die auf
83 jeden Fall gegeben sein muss, da gibt es ja auch Richtlinien, also das ist denke ich ohnehin
84 klar, aber auch das Thema der wahrgenommenen Sicherheit spielt da eine extrem wichtige
85 Rolle, wenn wir auch wieder Richtung Akzeptanz sprechen. Weil er kann natürlich sicher
86 gestaltet werden. Wenn er mich einschüchtert, der Roboter, wenn er durch ruckartige
87 Bewegungen unvorhersehbare Bewegungen sich auf mich zubewegt, dann kann das bei
88 mir Ängste schüren, dann kann das Vertrauen dadurch negativ beeinflusst werden. Genau,
89 also Sicherheit sehe ich da immer auch als die wahrgenommene Sicherheit auch als
90 relevanten Faktor, den man vielleicht nicht ganz so leicht in Normen und so weiter
91 festlegen kann.

92 **GC:** Ich möchte ergänzend noch mit einbringen, dass es glaube ich wichtig ist, egal ob
93 bei dem Leuchtturmprojekt, also beim ersten MRK-Projekt im Unternehmen oder bei dem
94 x-ten, dass wir die Mitarbeiter tatsächlich partizipieren lassen, weil sie ja den Arbeitsplatz
95 am besten kennen und wir ihnen ja einen Teil ihrer Tätigkeit teilautomatisieren. Deshalb
96 ist es glaube ich essenziell, sowohl für die Einführung an sich als auch für die Akzeptanz.

97 Was auch noch sehr, sehr wichtig ist, ist die offene Kommunikation, warum kommt jetzt

98 an diesen Arbeitsplatz ein Cobot, warum unterstützt er dich jetzt.

99 **10:00**

100 Weil bei uns war natürlich gleich der Aufschrei, Roboter gleich Arbeitsplatzverlust. Das

101 ist nicht der erste und der letzte, sondern da kommen noch viel mehr. Und zum Thema

102 Akzeptanz hat sich bei uns jetzt herausgestellt, dass auch das Thema, wenn wir den

103 Menschen oder die Maschine, oder das MRK-System, vom Takt her unabhängig gestalten,

104 haben wir da schon gesehen, dass wir eine hohe Akzeptanz bekommen. Konkret gibt es

105 da auch eine Maschinenbeladung, wo wir gerade einen Prototyp bauen, und jetzt ist der

106 Mensch gerade von der Maschine getriggert. Also sprich, wenn er nichts tut, produzieren

107 wir nichts und durch die MRK werden wir einen Puffer aufbauen von einer halben Stunde

108 und das hat schon zu viel Freude geführt. Also da ist jetzt schon eine hohe Akzeptanz im

109 Vorfeld zumindest gefühlt da, also schauen wir mal, wie es ausgeht.

110 **I: Ist Partizipation für Sie eher ein Handlungsfeld oder ist es eher ein Erfolgsfaktor,**

111 **wie würden Sie es einordnen?**

112 **GC:** Es ist auf alle Fälle ein Handlungsfeld.

113 **GD:** Kurz zu dem Kommunikationsthema, das würde ich auch unterstreichen, dass es sehr,

114 sehr wichtig ist, dass wir eben alle Beteiligten bei der Einführung mit einbeziehen. Das ist

115 einmal der Anbieter der Technologie, oder die Integratoren, dann eben die Käufer, die

116 Unternehmensleitung und dann eben die, die sich tatsächlich damit beschäftigen, also die

117 Beschäftigten. Dass diese Kommunikation in alle Richtungen offen ist und alle mit

118 einbezogen werden, weil oft, das sieht man so in technik-getriebenen Projekten, auch im

119 Forschungsbereich ist es eben so, dass man eine Lösung entwickelt, für die es noch kein

120 Problem sozusagen gibt. Und indem man alle Personen, gerade auch die Endnutzer von

121 Anfang an mit einbezieht, umgeht man eben das Problem, dass man erst das Problem

122 identifiziert und dafür dann die entsprechende Lösung oder in dem Fall MRK dann

123 entwickelt und integriert. Genau da noch einmal, deswegen ist Kommunikation schon

124 ganz weit oben stehen sollte. Dann wollte ich noch den Prozess- und Sicherheitsaspekt

125 aufgreifen. Und zwar, das hatten wir jetzt auch im Projekt „X", wo wir eng mit einem

126 mittleren Unternehmen in der Praxis zusammengearbeitet haben. Haben wir eben gesehen,

127 dass diese Erwartungen an die Technologie eher verfälscht war. Ob es jetzt durch Medien

128 war, dass man eben Dinge hört, was die alles können oder, dass man über verschiedene

129 Erfahrungsberichte ein falsches Bild von Cobols in dem Fall gezeichnet bekommt. Und

130 dann in der Praxis, wenn man wirklich versucht, die Technologie in eigene Prozesse
131 einzuführen, dann kommt es schnell zu Frustration und Resignation, wenn man sieht, wie
132 hoch der Aufwand eigentlich ist, um Sicherheit zu gewährleisten. Gerade bei MRK, wenn
133 Menschen involviert sind, gibt es da eben strengere Richtlinien als bei
134 Vollautomatisierung, wo ja einfach einen Zaun drumherum ziehen könnte und dann ist der
135 Aufwand recht gering. Es ist bei MRK eben nicht gegeben. Oftmals ist die Peripherie, die
136 man zusätzlich zu dem Roboter selbst kaufen muss, die Effektoren und so weiter steigern
137 dann oftmals die Anfangsinvestition, was es dann schnell zu Frustrationsgefühl führen
138 kann, gerade bei kleineren Unternehmen, die da wirklich auch wirtschaftlich entscheiden
139 müssen, das einzuführen. Das ist wäre dann schon ein nächstes Handlungsfeld,
140 Wirtschaftlichkeit und Kalkulationen, Kosten-Nutzen in den Bereich einbezieht.

141 **GE:** Ja also ich würde gerne das Thema Erwartungsmanagement noch einmal
142 unterstreichen. Es wurde gerade schon angesprochen, Erwartungshaltung auf
143 Unternehmensebene bei Führungskräften. Hochrelevant ist es aber auch bei den
144 Mitarbeitenden eine richtige Erwartungshaltung zu kalibrieren, also gerade, wenn es um
145 Vertrauen geht oder so, dann spricht man oft von initialem Vertrauen, also Vertrauen, das
146 man ohnehin schon vorher hat, bevor man überhaupt mit diesem Roboter in Kontakt tritt.
147 Und das ist halt oft durch Medien oder durch irgendwelche Filme oder was auch immer
148 geprägt, weshalb Mitarbeitende oftmals irgendwelche Ängste gegenüber Robotern haben,
149 die man so gar nicht auf dem Schirm hat. Und teilweise auch Erwartungshaltungen,
150 oftmals kennt man von einem Industrieroboter irgendwelche extrem produktiven, schnell
151 agierenden Roboter, vor denen man vielleicht auch erst einmal Angst hat, aus
152 Arbeitsplatzverlustängsten. Das passt wahrscheinlich gut in das Kommunikationsthema
153 mit rein. Das Thema Erwartungshaltung bei Mitarbeitenden, dass man das richtig
154 kalibriert und die richtige Erwartung an diesen Roboter schafft. Auch aus einer anderen
155 Sicht, wenn man jetzt den Nutzen durch den Roboter verspricht, können das Cobots
156 teilweise gerade am Anfang vielleicht auch nicht erfüllen, weil die oft gar nicht so
157 produktiv sind, wie man das vielleicht erwartet von einem Roboter, wenn man da andere
158 Erwartungen hat. Und deswegen finde ich das einen sehr, sehr wichtiger Faktor.

159 **GA:** Gesprächsperson C hatte das in Zusammenhang mit der Kommunikation und
160 Gesprächsperson D mit der Wirtschaftlichkeit schon ein bisschen angeteasert.
161 Letztendlich ist das ja, wenn ich eine neue Technologie oder wiederholt eine neue
162 Technologie einführe im Unternehmen, dann ist das ja ein klassischer Change- oder

163 Transformationsprozess. Und da steht immer, ich würde es jetzt nicht als ersten Schritt,

164 sondern als nullten Schritt sehen, immer die Zielsetzung, dessen, was man da macht. Dass

165 man einmal klar setzt, warum möchte ich jetzt so einen Cobot einführen oder

166 kollaborierenden Roboter. Das steckt gewissermaßen in der Wirtschaftlichkeit schon drin,

167 aber das tangiert ja auch noch andere Themen und Handlungsfelder. Ich kann ja auch zum

168 Beispiel als Geschäftsführer oder Produktionsleiter entscheiden, ich möchte ganz klar ein

169 Rationalisierungsziel erreichen. Vielleicht auch verbunden damit, Mitarbeiter

170 einzusparen, das kann ja auch ein Ziel sein, aber das muss klar festgelegt werden am

171 Anfang. Sonst, was man häufig so in Unternehmen erlebt und ich denke, bei Euch im

172 Projekt „X" war das ja auch der Fall. Da war ein Unternehmen, ich mein das war die Firma

173 „Y", die hatten mal günstig einen Cobot oder der Geschäftsführer kam da günstig an einen

174 Cobot heran. Hat den einfach mal gekauft, für Zehn- oder Zwanzig-Tausend Euro und hat

175 den dann einfach in Funktion gebracht und dann stand der dort an der Linie und der wurde

176 nicht genutzt, weil nicht klar war, warum wollen wir jetzt den Cobot nutzen. Das ist das,

177 was ich mit Festlegen oder Zielsetzung meine. Dass klar ist, was wollen wir damit

178 erreichen und diese Ziele dann bei der Einführung verfolgt. Das kann dann auch die

179 Grundlagen für die Kommunikation mit den Mitarbeitenden, dass man klar benennt,

180 warum führen wir jetzt diesen Cobot ein und welche Ziele wollen wir damit erreichen.

181 Oder diese Zielsetzung im partizipativen Ansatz vielleicht auch noch erweitert, dass man

182 zusätzliche Ideen oder neue Ideen von den Mitarbeitenden mit hinzukommen und

183 versucht, das zu erweitern.

184 **I: Fallen Ihnen noch weitere Handlungsfelder ein oder Handlungsfelder, die**

185 **vielleicht auch gleichzeitig Erfolgsfaktoren sind?**

186 GE: Ich glaube, im Rahmen von den Handlungsfeldern wäre das Thema der

187 Qualifizierung noch ein wichtiger Aspekt, könnte man sicher auch als Erfolgsfaktor ein

188 Stück weit sehen, wenn man an Schulungskonzepte oder so denkt. Ich denke, das ist ein

189 wichtiger Faktor, der da auf jeden Fall nicht fehlen sollte.

190 GD: Dann ist eventuell noch hilfreich oder es könnte einen Erfolgsfaktor mit darstellen,

191 dass man die Technologie MRK oder das Verständnis von MRK, dass quasi im Kopf ein

192 Umdenken stattfinden sollte.

193 **20:00**

194 Dass man weg von Vollautomatisierung hin zu tatsächlicher Kollaboration, also auch weg

195 von Koexistenz und so weiter kommt. Weil jetzt auch in dem Projekt „X" hatten wir oft

196 den Fall, dass wir am Ende immer wieder irgendwie in Richtung Koexistenz, Kooperation

197 im besten Fall gelandet sind, aber nicht bei einer wirklichen Kollaboration. Von daher ein

198 Umdenken, dass man diese Technologie MRK komplett verinnerlicht und sich im Prozess

199 dann tatsächlich darauf konzentriert und nicht dann am Ende einen Roboterarm da stehen

200 hat, der kollaborationsfähig ist, aber dann komplett eigenständig, koexistent arbeitet.

201 GC: Ich würde gerne ergänzend noch als Erfolgsfaktor anführen, dass es sehr wichtig ist,

202 dass wir bei den Betroffenen, also bei den Mitarbeitenden leicht positive Gedanken aus

203 langfristiger Sicht erschaffen. Dass sie sagen, mensch, den könnte ich mir bei mir auch

204 vorstellen den Roboter. Der könnte bei mir am Arbeitsplatz auch stehen. Da könnten wir

205 glaube ich Follower gewinnen durch positive Prozessanwendungen, die wir gemacht

206 haben. Das ist glaube ich schon ein Erfolgsfaktor.

207 **I: Also meinen Sie, positive Erfahrungen, die gemacht wurden, weiterzugeben, um**

208 **dann anderweitig noch mehr Stakeholder mit einzubeziehen oder erfolgreich mit**

209 **einzubeziehen?**

210 GC: Genau, ich denke, das geht auch ganz stark auf diesen subjektiven Nutzen. Wenn wir

211 es schaffen, den Mitarbeitern sich subjektiv einen besseren Arbeitsplatz zu gestalten, dann

212 sehen wir es zumindest bei uns im Unternehmen, dass viele kommen und sagen, Mensch,

213 der könnte doch bei mir auch den Schritt abnehmen oder könnte bei mir doch auch so

214 eingesetzt werden. Und das ist glaube ich schon ein Erfolgsfaktor für das Thema MRK an

215 sich.

216 GA: Im Zusammenhang mit Change spricht man dann von den sogenannten Promotern

217 des Projektes. Das ist immer sehr wichtig, immer ein, zwei Promoter zu gewinnen, also

218 Fürsprecher für diesen Wandel.

219 GF: Bei dem Thema Qualifizierung ist mir natürlich noch eingefallen, vielleicht noch

220 einmal einen Schritt nach vorne gedacht, dass, wenn MRK und gerade auch KI eingeführt

221 wird, dass man jemanden im Unternehmen hat, der wirklich etwas davon versteht, als der

222 wirklich die Ahnung hat. Das man jetzt nicht einfach sagt, ok ich hätte jetzt die und die

223 Anlage, die soll das und das können und dann kauft man das und dann wird es einfach so

224 eingesetzt. Denn gerade, wenn sich Produktionsabläufe und solche Sachen ändern, dann

225 muss es jemand geben, der wirklich versteht, was geht da noch rein in die Anlage und was

226 muss da vielleicht noch umgestellt werden und wie funktioniert das dann alles. Also ein

227 Grundverständnis von Künstlicher Intelligenz in der Firma zu haben, würde ich auch als

228 Erfolgsfaktor sehen.

229 **GD:** Auch noch einmal ein paar Begrifflichkeiten, die eventuell in Richtung

230 Erfolgsfaktoren gehen. Einmal wäre es, da hatten wir ja gerade darüber gesprochen,

231 Erfahrungsaustausch, aber auch den allgemeinen Wissensaufbau im Bereich Cobots,

232 MRK. Ob es jetzt auf Führungsebene ist oder auf Ebene der Mitarbeitenden.

233 Erfahrungsaustausch, Best Practice-Austausch, dass man anhand bereits gelaufenen

234 Projekte die Fehler, die Schwierigkeiten aus vergangenen Projekten, die überwunden

235 wurden, die Erfahrungen vergangener Projekte auch nutzt. Erfahrungs- und

236 Wissensaustausch zwischen Projekten, mithilfe von Promotern und so weiter. Und das

237 andere wäre noch in Bezug auf die Qualifikation oder Qualifizierung oder auch die

238 Kenntnis der eigenen Belegschaft sozusagen in Bezug auf Technologie allgemein. Also

239 welche Einstellungen der Mitarbeitenden gegenüber Technologie, gegenüber Robotern

240 sind vertreten. Eher sehr offen oder nicht. Da kann man durch qualitative Methoden auch

241 schon einmal ein Bild der Belegschaft holen, um einfach auch so im Vorfeld schon

242 Probleme vorgreifen zu können, zum Beispiel durch Workshops und so weiter.

243 **I: Ich habe das jetzt mal unter Methoden, Sozial-, Selbstkompetenzen aufgenommen,**

244 **trifft das ungefähr dem, was Sie sagen wollten, wenn es darum ging, die Bereitschaft**

245 **der Mitarbeitenden im eigenen Unternehmen abzuklopfen?**

246 (…)

247 **GC:** Ich wollte auch ergänzend hinzufügen, dass es auch darauf ankommt, welche

248 Aufgabe ich dem Cobot zuschustere. Also oft denken wir daran, monotone und schwere

249 Aufgaben dem Mitarbeiter wegzunehmen, um den Mitarbeiter gesundheitlich zu entlasten

250 und vielleicht auch um eine Performanceerhöhung zu schaffen. Aber ich glaube, was auch

251 spannend ist, durch den Roboter Verantwortung von dem Mitarbeiter zu nehmen, gerade

252 bei Prüfaufgaben, die ja doch noch in sehr vielen Industrien vorhanden sind, wenn man da

253 den Cobot als MRK-Lösung mit einsetzt, glaube ich, kann man da den Erfolg deutlich

254 vorantreiben.

255 **I: Unter welcher Kategorie würden Sie das dann sehen, ist das dann eher**

256 **Prozessmodellierung oder eher Interaktionsgestaltung?**

257 **GC:** Das ist eine gute Frage. Also es kann einmal der Prozess sein, es kann aber auch der

258 subjektive Nutzen sein. Da würde ich mich nicht festlegen wollen. Aber ich würde es

259 einmal zu Prozess dazuschreiben. Wichtig ist, dass es aufgenommen ist.

260 **GB:** Zu dem Beitrag gerade, ich sehe es sehr zweischneidig aus persönlicher Sicht, zu

261 sagen, die Mitarbeiter wollen unbedingt Verantwortung abgeben. Ich denke das ist

262 einzelfalltechnisch. Weil manchmal ist das auch nicht besonders akzeptanzfördernd, wenn

263 man Mitarbeitern eigentlich Verantwortung wegnimmt, weil das schon auch für das

264 Selbstwertgefühl ein wichtiger Punkt ist, dass man eine bestimmte Verantwortung trägt.

265 Das ist natürlich auch eine Sache der Qualifizierung der einzelnen Mitarbeiter. Was ich

266 noch als Beitrag bringen wollte, wäre vielleicht, wir haben uns sehr viel über die

267 Mitarbeiter, die mit dem Cobot zusammenarbeiten, eigentlich schon ausgetauscht.

268 Vielleicht auch als Herausforderung, die Verantwortung richtig einzuteilen. Wer ist denn

269 jetzt für den Einsatz von diesem Cobot verantwortlich. Ist das jetzt der Abteilungsleiter,

270 der Meister, der schon tausend andere Sachen machen muss oder gibt es eine extra Stelle,

271 einen Experten, der für die Cobots in der Firma zuständig ist, mit dem man sich

272 austauschen kann. Ist das vielleicht auch noch ein Handlungsfeld, wie man diesen Cobot

273 oder diese neue Technologie im Unternehmen dann eigentlich einbringt oder die

274 Verantwortungen dafür vergibt.

275 **I: Wäre Führung ein Handlungsfeld oder Führungskräfte oder wie würde man das**

276 **am besten deklarieren?**

277 **GB:** Da tue ich mich jetzt selbst schwer. Führung ist ja auch wieder so ein Begriff, den

278 man erst definieren muss. Wie man das jetzt genau meint. Also ich sehe den Punkt eher

279 so unter Verantwortlichkeit für den Cobot, wo die liegt, diese Fragestellung. Weil ich

280 glaube, das spielt dann auch sehr stark in die Themen Akzeptanz et cetera mit rein. Jetzt

281 kommt da einer mit einem weißen Laborkittel und stellt uns da jetzt so einen Roboter hin

282 und möchte, dass wir den jetzt voll akzeptieren, oder ist das jetzt der Kollege, der schon

283 zehn Jahre im Betrieb ist, der sich jetzt weiterqualifiziert hat und für diese Maschine

284 verantwortlich ist und für Fragen zur Verfügung steht. Mehr so in der Richtung.

285 **30:00**

286 **I: Gut, dann haben wir relativ viele Handlungsfelder schon. Bei den Erfolgsfaktoren**

287 **auch, haben Sie noch weitere Sachen, die auf jeden Fall mit einfließen müssten?**

288 **GA:** Vielleicht als Erfolgsfaktor der zeitliche Entwicklungsprozess. Also der Aspekt, dass

289 man zum einen nach der Ankündigung, dass man solche Technologien im Unternehmen

290 nutzen und einführen möchte, relativ schnell in die Umsetzung kommt und nicht zwei

291 Jahre im stillen Kämmerlein rumgedoktert wird und die Mitarbeiter alles längst schon

292 wieder vergessen. Oder, den Fall hatten wir jetzt zum Beispiel bei einem Projekt, da ging

293 es allerdings um eine andere Technologie, da wurde dann wirklich zwei Jahre quasi

294 rumgedoktert und die Mitarbeiter fragten dann zwischendurch, ja was ist denn jetzt mit

295 dem neuen System. Das war doch jetzt angekündigt worden, kommt das jetzt noch und
296 wenn ja, wie sieht das aus, wann können wir das mal nutzen und als es dann da war, war
297 es schon zu spät, da war dann auch die Akzeptanz nicht mehr da. Also dass man dann auch
298 zügig eine reibungslose Kommunikation dann hat und aber auch in die Einführung, in die
299 Umsetzung kommt. Ja und dass es ja auch technisch funktionieren muss. Deswegen,
300 gerade bei den Handlungsfeldern genannt, dass die Leute, die daran beteiligt sind an solch
301 einem Projekt, auch die entsprechende Fachkompetenz haben und dass sie es auch
302 technisch umsetzen können. Dass man nicht irgendwelche Vorstellungen hat, die sich
303 dann mit Cobots vielleicht dann nicht erfüllen. Das ist vielleicht auch noch einmal ein
304 Erfolgsfaktor.

305 **GE:** Ich würde vielleicht noch als Erfolgsfaktor aufführen so etwas wie
306 Experimentierräume schaffen oder so, also das ist glaube ich aus mehrerer Sicht wichtig.
307 Einerseits im Sinne von einer Qualifizierung, dass man weiß, wie das Ganze funktioniert,
308 dass man sich damit vertraut macht. Andrerseits auch aus so einer Vertrauens-/Akzeptanz-
309 Richtung her gedacht. Man hat vielleicht irgendwelche Erwartungen, dann kann man den
310 Cobot mal angucken, ich weiß, ah okay, da passiert nichts, wenn ich mit dem
311 zusammenarbeite. Der stoppt, wenn ich mal meine Hand dagegenhalte oder so. Also ich
312 glaube, das ist wichtig, dass man, bevor es in den produktiven Betrieb geht, sich mit dem
313 Cobot mal vertraut machen kann als spätere Mitarbeitende, halte ich für wichtig.

314 **GC:** Ich denke, als Erfolgsfaktor ist auch anzusehen, wenn so ein Projekt umgesetzt ist
315 und nach einer gewissen Zeit Go-Live auch funktioniert, dass man mal ein Lessons
316 Learned macht und den Erfolg feiert. Und, dass man aber auch, das haben wir gesehen,
317 wenn das Projekt zwei, drei Jahre her ist, hat man auch einen ganz anderen Wissensstand,
318 wie man das das jetzt angehen könnte und wie man das verbessern könnte, dass man da
319 vielleicht eine Schleife reinbringt und neue Ergebnisse mit reinbringt und das Ding weiter
320 optimiert.

321 **I: Also meinen Sie in der Ganzheitlichkeit dieses ganzen Einführungsprozesses so**
322 **eine Rückschau zu machen, was lief jetzt eigentlich gut, wo können wir für**
323 **zukünftige Prozesse an Stellschrauben drehen?**

324 **GC:** Genau.

325 **I: Jetzt noch weitere Dinge, die Sie ergänzen wollen?**

326 **GF:** Ja, und zwar geht es um das Thema, man macht ja am Anfang eine Analyse, was
327 sozusagen Ziel der Einführung ist, das hatte Gesprächsperson A ja vorhin gesagt, warum

328 brauchen wir das eigentlich. Und da würde ich ganz gerne noch die Brücke schlagen zu
329 den Beschäftigten, zum Thema Akzeptanz. Wir haben ein Workshop-Konzept entwickelt,
330 wo es darum geht, wie binde ich die Beschäftigten mit ein. Sie selbst sind ja Experten
331 darin, in der Aufgabe, die sie machen und wo sie vielleicht Unterstützung benötigen
332 können. Dass man da sehr, sehr früh die Beschäftigten in den Implementierungsprozess
333 mit hereinbringt. Gleichzeitig, aber natürlich darauf achtet, dass da nicht zu viele
334 Erwartungen geschürt werden, die am Ende gar nicht erfüllt werden können. Aber ich
335 denke, dass dieses frühzeitige Einbinden und mit ins Boot holen, wie man so schön
336 altmodisch sagt, Betroffene zu Beteiligten zu machen, finde ich persönlich wichtig. Und
337 ich glaueb, da kann man sehr viel daraus ziehen. Wir haben das im Rahmen eines
338 Forschungsprojektes mal gemacht, bei einer Firma, die Messer für die Textilindustrie
339 hergestellt hat und sie sollten sich überlegen, was ist denn hier an der Tätigkeit sehr
340 anstrengend, was geht körperlich sehr nah oder wo sind sie geistig erschöpft und da haben
341 sie angefangen zu überlegen, was man da machen könnte, wenn die Maschine irgendetwas
342 selber tun können, machen könnten Wege abfahren könnten. Das ging dann aber leider so
343 weit, dass am Ende gar kein Mensch mehr an dem Arbeitsplatz stehen musste. Also das
344 muss man sich genau überlegen, wie man das macht und wie man das geschickt macht,
345 dass am Ende der Mensch sich nicht selbst wegrationalisiert hat. Zumal das natürlich in
346 einem Umfang gewesen ist, der allein schon finanziell nicht realisierbar gewesen wäre, da
347 hätte man die halbe Firma dafür umbauen müssen. Aber nichtsdestotrotz müssten die
348 Beschäftigten mitgeben, es können Wege abgenommen werden, es könnten
349 Arbeitsschritte vorgegeben werden, die am sinnvollsten sind, damit man wirklich die Zeit
350 spart und wenig Leerlauf hat. Dass man das ein bisschen mitgibt in so einem
351 Einbeziehungs- Einbindungsworkshop und das man dadurch die Beschäftigten damit in
352 den Prozess mit reinholt.

353 **GC:** Ich würde mich da gerne ein bisschen mit anschließen und vielleicht auch einwerfen,
354 dass bei der Einführung der Betriebsrat auch unbedingt mit reinzunehmen ist. Weil ja doch
355 Mensch-Roboter-Kollaboration ganz stark in die Richtung geht und ich glaube, das
356 schadet überhaupt nicht.

357 **GF:** Ich glaube, das ist sogar verpflichtend. Bei der Einführung neuer Technologien ist
358 auf jeden Fall der Betriebsrat hinzuzuziehen. Das ist mitbestimmungspflichtig, soweit ich
359 weiß.

360 **GE:** Ich hätte noch einen bisschen exotischen Punkt, einfach weil ich dazu auch viel
361 geforscht habe, ist die verwendete Sprache im Kontext von dem Roboter. Also aus der
362 Sicht von Führungsverantwortlichen, wir haben da viel dazu geforscht, wenn ich dem
363 einen Namen gebe oder wenn ich den ein Stück weit vermenschliche, was ist denn dann
364 mit meinem Vertrauen, mit meiner Akzeptanz hinsichtlich dieses Roboters macht. Klar,
365 in so einem Kontext kann das, klar mit Siri und Alexa merkt man, dass da schon eine
366 gewisse Vermenschlichung stattfindet. Ich weiß nicht genau, wie man es hier als
367 Erfolgsfaktor unterbringen kann, aber es ist schon wichtig, als zweite Variable, die wir in
368 Experimenten manipuliert hatten. Da war das Thema Arbeitsplatzersetzung versus -
369 ergänzung, also wenn ich da vom Wording als Führungsverantwortlicher darauf achte,
370 kann ich da vielleicht schon ein Stück weit etwas bewirken. Das wäre im Sinne einer
371 Kommunikation, dass man auf die verwendete Sprache achtet, um da irgendwie schon
372 Akzeptanz zu schaffen. Ist bisschen exotisch, aber ich wollte es trotzdem mal noch
373 genannt haben.

374 **GF:** Ne, ich finde das wichtig. Vor allem vor dem Hintergrund, dass aus demselben
375 Unternehmen aus „Z", es gibt auch das Problem, dass es Beschäftigte gibt, die nicht die
376 Schrift beherrschen, also die Analphabeten sind, nicht schreiben können. Was passiert
377 denn mit denen. Ich glaube die Dunkelziffer in Deutschland, ich weiß sie gerade nicht
378 auswendig, wie da die Statistik ist aber ich weiß, dass die Dunkelziffer sehr, sehr hoch ist
379 und wir hatten da auch noch Mitarbeitende in unserem Workshop sitzen, von denen hätte
380 man nie gedacht, dass sie nicht lesen und schreiben können. Aber defacto haperte es dann
381 am Ende daran, als es darum ging, die Vorschläge auf Moderationskarten zu schreiben
382 und sie anzupinnen, weil sie nicht schreiben können.

383 **40:00**

384 Der Vorarbeiter nahm mich dann irgendwann zur Seite und sagte, sie können jetzt
385 versuchen, auf den Mitarbeiter einzureden und sagen, jetzt trauen sie sich doch, der
386 schreibt nicht. Der kann es einfach nicht. Der kann vielleicht das ein oder andere Wort
387 erkennen, aber er kann nicht selbst schreiben. Und dann geht es vielleicht auch darum,
388 welche Beschäftigten müssen denn vielleicht in ein Gerät eine Eingabe machen, wo sie
389 sonst irgendetwas vielleicht farblich markiert haben und der andere sieht, okay, das ist
390 fertig, das muss ich mitnehmen, wenn ich dann plötzlich anfangen muss, irgendwelche
391 Bedienteile auf dem Tablet zu lesen, dann kann das ein Problem sein. Also es ist natürlich
392 jetzt extrem speziell, aber trotzdem muss man so etwas bei der Einführung mitbedenken

393 und sich versichern, dass jeder halt eben auch lesen und schreiben kann. Das klingt

394 wirklich banal, aber so schon gesehen.

395 **I: Ich würde jetzt mal das Thema Akzeptanz, Führung auch Beachtung des**

396 **individuellen Kompetenzlevel der Mitarbeitenden mitnehmen. Trifft das den Punkt?**

397 **GF:** Ja.

398 **GC:** Da würde ich auch gerne ergänzen. Ich finde das wichtig und auch absolut richtig

399 und zudem wird es auch sicherlich Menschen geben, die einfach Angst vor dem Thema

400 haben und einfach nicht mit MRK arbeiten können oder wollen. Gerade in so einem Drei-

401 Schicht-Betrieb. Wie die Gesprächsperson F sagt, der eine kann nicht lesen oder schreiben,

402 vielleicht kann der eine auch einfach nicht mit technischen Dingen umgehen. Ich glaube,

403 das muss man auch bei der Einführung beachten, dass man nicht alle mitnehmen kann,

404 aber da, wo es geht, die Ängste nehmen kann.

405 **I: Mit Blick auf die Uhr würde ich nun gerne noch einmal in die Runde fragen. Es**

406 **sind jetzt schon relativ viel aufgenommen worden bei den Erfolgsfaktoren. Gerade**

407 **das Thema Akzeptanz. Also ein sehr umfangreiches Thema. Subjektiver Nutzen,**

408 **Qualifizierung Verständnis schaffen, wie kriege ich es eigentlich umgesetzt, mit einer**

409 **nahen zeitlichen Umsetzung, Promoter zu identifizieren, um das Thema irgendwie**

410 **erlebbar zu machen. Mit Blick auf die Uhr, fallen Ihnen da noch weiter**

411 **Erfolgsfaktoren ein, die Sie noch zwingend gerne untergebracht hätten aus Ihrer**

412 **Erfahrung heraus?**

413 (...)

414 Und bei den Handlungsfeldern. Auch relativ umfangreich, das Thema

415 Kommunikation, das auch mit den Erfolgsfaktoren zusammenhängt, Beteiligung

416 aller Stakeholder, Ängste nehmen, Erwartungen thematisieren, Qualifizierung, auch

417 hier zu   schauen, Fachkompetenzen, soziale Kompetenzen ob die eigene

418 Veränderungsbereitschaft vorhanden ist, zu schauen, wie kriege ich eigentlich

419 Qualifizierungsmaßnahmen in mein Unternehmen, welche benötige ich eigentlich.

420 Das Thema Wirtschaftlichkeit, warum, diesen Nutzen auch darzulegen,

421 Verantwortlichkeiten für den Prozess, für die Partizipation und auch für die

422 Akzeptanz zu fördern. Auch das Thema Sicherheit, was ja auch Anklang fand und

423 wie auch die Akzeptanz gefördert werden kann. Erwartungen aufnehmen,

424 Normungen sicherstellen und Beachtung des Menschen und auch auf den Prozess zu

425 schauen, wer hat denn eigentlich die Verantwortung im Prozess. Welche technischen

426 Faktoren gilt   es auf Seiten des Cobots zu beachten et cetera und welche

427 Verantwortlichkeiten gibt es auch auf Seiten des Cobots zu beachten und über das

428 Thema Ergonomie und Interaktionsgestaltung. Auch hier im Hinblick auf die Uhr,

429 gibt es da von Ihrer Seite noch Handlungsfelder, wo Sie sagen, das muss da definitiv

430 noch mit rein, wenn es um die Einführung von klassischen Cobots ins Unternehmen

431 geht?

432 (...)

433 <u>Künstliche Intelligenz</u>

434 Gut, ich sehe keine Meldung mehr. Dann sage ich an dieser Stelle schon einmal vielen

435 Dank und würde ich gerne gleich zum Thema KI gehen, wenn wir schon so im Fluss

436 sind. Auch hier die gleiche Frage. Welche Handlungsfelder wenn man heutige,

437 klassische Use Cases zu KI anguckt, welche Erfolgsfaktoren finden sich dort wieder?

438 Auch hier würde ich es wieder im gleichen Stil von eben machen wo doch das eine

439 das andere beeinflusst und dann beides gleichzeitig aufnehmen wollen.

440 GE: Ja, ich denke da kann man mit sehr viel ähnlichen Themen beginnen. Ich denke,

441 Akzeptanz ist wieder ein Riesenthema. Die Qualifizierung halte ich dafür extrem wichtig.

442 Also was für Kompetenzen haben einerseits meine Nutzer-/innen, aber auch andre

443 Personen im Unternehmen, die das Ganze KI-Projekt betreuen müssen. Ich glaube, eine

444 größere Rolle, als es vielleicht im MRK-Bereich spielt, ist das Thema Datenschutz und

445 rechtliche Themen. Also Umgang mit Daten spielt da im KI-Bereich eine sehr große Rolle.

446 Vielleicht auch aus einer ethischen Sicht, wenn man jetzt nicht nur die rein rechtlichen

447 Themen angeht, sondern das Thema Ethik, Diskriminierung durch Algorithmen und ich

448 glaube, das wären noch ein paar Bereiche, die sich noch einmal stark abgrenzen von der

449 MRK.

450 GF: Ein Vorschlag zum Vorgehen. Ich glaube auch tatsächlich, dass wir die gleichen

451 Bereiche haben und ob man nicht vielleicht die Themen, die jetzt auf Folie 9 und 10 stehen

452 hinstellen und schauen, was man da zu KI noch ergänzen kann oder ob man etwas

453 rausnehmen will, was nur für MRK gilt. Das ist jetzt mal eine Frage. Bevor Du da jetzt

454 wieder einen riesigen Aufwand hast mit parallel zuhören und notieren und Striche ziehen,

455 weil das war jetzt nur eine Idee.

456 I: Das würde ich jetzt einmal freistellen. Das kommt darauf an, wie viele

457 Anmerkungen, Handlungsfelder, Erfolgsfaktoren da noch kommen, weil der Platz

458 auf dieser Folie begrenzt ist. Wir können es auch so durchgehen und die einzelnen

459 **Handlungsfelder, die hier stehen, Kommunikation et cetera, und dann schauen, was**
460 **das aus KI-Sicht bedeutet, wenn das für alle in Ordnung ist. Und wenn da KI-**
461 **Spezifika noch dazukommen, dann würde ich die separat noch mit aufnehmen.**

462 GA: Ja, speziell KI-spezifisches Handlungsfeld könnte sein, dass anders als bei Themen
463 wie MRK oder anderen Technologien, ich glaube, das Thema KI oder auch der Begriff
464 ein recht breites Themenspektrum schon abdeckt und insbesondere durch kulturelle
465 Hintergründe jeder glaube ich mit dem Begriff KI dem Thema KI eine gewisse
466 Assoziation verbindet. Häufig gibt es ja so Vorstellungen, die durch so Hollywood-Filme
467 geprägt sind, also irgendwelche so I-Robot-mäßige Roboter, die dann autonom wie der
468 Mensch agieren. Oder letztens im Seminar wurde der Begriff Terminator genannt, als
469 Beispiel für ein KI-System, was natürlich sehr negativ assoziiert ist oder konnotiert ist.
470 Und deswegen ist es glaube ich beim Thema KI, wenn man das in den Betrieb hereinbringt
471 und man möchte eine KI-Entwicklung verfolgen, ja wie Du das schreibst, ein realistisches
472 Verständnis zu schaffen. Und auch die falschen Verständnisse, damit aufzuräumen, dass
473 man nicht das einfach laufen lässt, sondern den Begriff KI in den Raum wirft, dass falsches
474 Verständnis entsteht, dass dann im Unternehmen irgendwelche intelligenten
475 menschenähnliche Roboter da auf einmal herumlaufen. Sondern, dass man das einmal
476 abfängt und da definiert, welchen Funktionsaspekt von KI man jetzt speziell nutzen
477 möchte, im weiteren Verlauf dieser Gruppendiskussion läuft es ja in Richtung KI-basierte
478 MRK hinaus, aber man kann das ja auch in einem anderen Kontext verwenden, dass man
479 das einmal darstellt.

480 GD: Zum Thema Kommunikation, das wurde ja gerade ausgeführt. Die Kommunikation
481 von der Führungsebene zu den Beschäftigten, also hier ist so ein System wirklich
482 verständlich, realistisch darzustellen. Umgekehrt kann man aber eben auch die
483 Kommunikation zwischen denjenigen, die die Systeme entwickeln, die KI-Entwickler, in
484 Richtung der Unternehmen, die die erwerben. Denn oftmals wird dieses Wort KI,
485 Künstliche Intelligenz, so als Buzz-Wort verwendet, um eben marketingtechnisch gut
486 Systeme an den Mann oder an die Firma zu bringen.

487 50:00

488 Dass man da eben auch aufpasst, dass KI, die verkauft wird, vielleicht nicht immer KI ist
489 und wirklich ein autonom lernendes System, sondern oftmals hart gecodetes System. Also,
490 dass man da Missverständnissen vorbeugt, was vom Marketing her missverständlich
491 rüberkommt, rüberkommen könnte.

492 **GC:** Ich denke auch, dass die Qualifizierung ein ganz wichtiges Thema bei dem Thema

493 KI ist, weil ich denke, jeder hat da seine Gedanken im Kopf, was machbar ist, was nicht

494 machbar ist. In der Realität sieht das dann denke ich ein bisschen anders aus. Und deshalb

495 sehe ich die Qualifizierung ganz, ganz wichtig und auch das Thema, wo sind die Grenzen

496 von KI, also, was ist jetzt nicht machbar.

497 **GA:** Ich würde da jetzt glaube ich noch Spezialisierung hinzufügen bei Qualifizierung.

498 Ich glaube, dass es bei KI-Systemen sehr wichtig ist, dass man sich Kompetenzen im

499 eigenen Unternehmen auch aufbaut und auch wenn man ein kleines Unternehmen ist, man

500 möchte aber KI in einem bestimmten Anwendungsbereich nutzen, vielleicht auch

501 dauerhaft weiternutzen, dass man sich da vielleicht doch den einen oder anderen Data

502 Scientist oder auch KI-Spezialisten im Unternehmen weiterbildet oder neu einstellt dafür.

503 Das ist so meine Erfahrung aus den Gesprächen mit anderen Unternehmen, dass die immer

504 sehr gut gefahren sind, wenn sie ihre Kompetenzen im eigenen Haus hatten, sprich die

505 Experten und Expertinnen zu haben. Das muss jetzt nicht die riesige Abteilung sein.

506 Häufig reicht es auch aus vielleicht ein Jungingenieur dafür zu haben, der sich speziell

507 damit auseinandersetzt, weil KI ist ein System, das sehr stark auf dynamisch

508 veränderlichen Daten arbeitet und das ist ja auch die Stärke dieser Technologie, sage ich

509 mal. Das ist jetzt nicht abgeschlossen, indem man ein System kauft von einem Anbieter

510 und das einfach nutzt, sondern man muss permanent daran weiterentwickeln, zumindest

511 im Bereich der Datenaufbereitung muss man permanent an dem System arbeiten und das

512 ist immer sehr vorteilhaft, wenn man da nicht auf externes Know-how zurückgreifen muss

513 für jede kleine Stellschraube, die man da verändert, sondern diese Fachkompetenz intern

514 aufgebaut hat. Auch dauerhaft. Und sei es nur, um auf Augenhöhe mit externen Anbietern

515 sprechen zu können. Wie Gesprächsperson D es sagte, dass einem kein Apfel für eine

516 Birne verkauft wird, sondern dass man das auch bewerten kann und da ist es immer ganz

517 gut, wenn man das Know-how im Unternehmen hat.

518 **GE:** Ja, ich glaube, ein Handlungsfeld, was natürlich im KI-Kontext immer viel diskutiert

519 wird und auch spezifisch ist, ist die Erklärbarkeit. Erklärbare KI, also verstehe ich als

520 Nutzer:in, warum die KI zu dieser Entscheidung gekommen ist. Kann ich das ein stückweit

521 nachvollziehen. Das kann auch wiederum, man muss ja hier immer davon ausgehen, dass

522 es sich hier um Statistiken, nein, Stochastik handelt, mit einer Wahrscheinlichkeit von 60,

523 70 Prozent, dass es sich um die beste Entscheidung handelt. Das muss ich vielleicht als

524 Endnutzer oder Endnutzerin verstehen, da kann natürlich Erklärbarkeit eine große Rolle

525 spielen. So ein Blick in die Black Box aus verschiedenen Perspektiven. Einmal, um das
526 Ganze bewerten zu können, ob das wirklich Sinn ergibt, sinnvoll ist. Andererseits
527 vielleicht auch wiederum aus einer Akzeptanzsicht, dass ich das Ganze irgendwo
528 nachvollziehen kann.

529 **I: Ich schaue noch einmal auf das Thema MRK, es findet sich jetzt schon relativ viel**
530 **wieder. Sagen Sie, dass von den Handlungsfeldern hier auch etwas beim Thema KI**
531 **wichtig sein wird oder definitiv schon wichtig ist aus heutiger Sicht?**

532 **GF:** Ja, beim Thema Ergonomie können wir vielleicht das Thema Softwareergonomie
533 noch ein bisschen spezialisieren. Dass man da noch darauf achtet, dass das gut ausgeprägt
534 ist.

535 **I: Was wären so klassische Aspekte, die unter das Thema Softwareergonomie fallen?**

536 **GF:** Einfach Bedienbarkeit und, dass es einfach ist. Dass man nicht das Gefühl hat, man
537 sitzt vor einer Konsole und muss da Programmiersprache direkt beherrschen, um das Ding
538 bedienen zu können. Dass es wirklich einfach ist, dass die Schaltflächen in der Software,
539 die dann über das iPad läuft, das durch Mitarbeitende gut zu sehen ist, gut zu erkennen ist,
540 deutlich ist, was damit gemeint ist. Dass eine einfache Sprache herrscht und das Ganze
541 nicht kryptischer gemacht wird, als es ohnehin schon ist. Also da denke ich jetzt gerade
542 besonders an den Anwender, also an denjenigen, der das bedient oder der die Ergebnisse
543 aus der KI-Anwendung auf sein Tablet oder seinen PC gespuckt bekommt und dann damit
544 etwas machen muss und das verstehen muss.

545 **GA:** Bei der Softwareergonomie, speziell im Bereich der KI, ist die Sache der
546 Handlungsträgerschaft wichtig. Also wie gestalte ich meine KI, welche Funktionen
547 vielleicht des Menschen werden substituiert, aber inwieweit hat der Mensch noch in dem
548 Rahmen die Handlungsträgerschaft über die Ausführung bestimmter Prozesse. Häufig
549 werden ja KI-Systeme, also geben eine Prognose über Wahrscheinlichkeiten, zum Beispiel
550 über gefundene Muster wieder und darauf basierend werden dann irgendwelche Aktionen
551 ausgeführt. Die Frage ist, ist dieses System so autonom ausgestaltet, dass sie selbst
552 ausführt oder gibt es noch Empfehlungen an den Menschen und der nimmt quasi noch
553 seine menschliche Intelligenz mit rein und entscheidet auf der Basis eigenständig. Das ist
554 mit Handlungsträgerschaft gemeint. Das ist besonders wichtig bei KI-Systemen. Jetzt
555 wollte ich aber eigentlich noch einen anderen Punkt ergänzen, der ist mir aber
556 zwischendurch entfallen.

557 **GD:** Zu dem Punkt Akzeptanz, vielleicht ist das im Themenbereich KI noch stärker
558 vorhanden, wenn man sich anschaut, welche Selbstwahrnehmung oder Identifikation
559 haben denn verschiedene Berufsfelder von sich und welche Aufgaben würde dann die KI
560 diesen Personen entreißen sozusagen. Sehen diese Personen das als Bereicherung, dass sie
561 mehr Zeit für andere Aufgaben haben, oder wird vielleicht das, womit sie sich
562 identifizieren oder was ihre Profession ausmacht, genommen. Dass man eben diesen
563 Aspekt bei KI-Systemen noch einmal stärker beleuchten müsste. Genau, welcher Bereich
564 einer Berufsgruppe wird genommen und wird das als Bereicherung oder als Entwertung
565 des Jobs gesehen.

566 **GC:** Ja, ich möchte den Punkt von meinem Vorgänger gleich noch einmal unterstreichen.
567 Das haben wir in der Realität auch gesehen bei dem Thema Qualitätskontrolle, was sonst
568 über Standardkameras gemacht worden ist und die haben das nicht gut aufgefasst, dass
569 ihnen etwas weggenommen wird in ihrer Expertise. Also das ist tatsächlich ein wirklich
570 wichtiger Punkt.

571 **I: Gibt es noch weitere Handlungsfelder oder Erfolgsfaktoren, wo Sie sagen, das**
572 **muss auf jeden Fall im Unternehmen angegangen werden oder beachtet werden,**
573 **wenn es darum geht, KI einzuführen? Wir haben jetzt relativ viel über das Thema**
574 **Kommunikation gesprochen.**

575 **60:00**

576 **GA:** Ich fange einmal an, bevor ich es wieder vergesse. Das war nämlich etwas sehr
577 Wichtiges. Das wurde bei MRK auch schon genannt. Das waren die Pilot- oder
578 Experimentierräume, die geschaffen werden. Das ist auch das, was wir in der Praxis
579 verfolgen oder wahrnehmen. Die meisten Unternehmen, je größer sie sind, desto eher
580 machen sie das auch, dass sie Erfahrungen mit der Anwendung von KI sammeln, bevor es
581 dann in den großen Roll-Out geht. In kleinen Bereichen werden erst Experimente gemacht,
582 funktioniert KI dort, können wir das nutzen. Dann werden auch Erfahrungen gemacht über
583 die Wirtschaftlichkeit, Komplexität dieser Entwicklung und dann erst wird ein größerer
584 Schritt gemacht in die breiteren Anwendungsbereiche und das ist wahrscheinlich auch
585 ähnlich wie bei anderen großen Technologien der Fall, sehr zu empfehlen, da erst einmal
586 im Kleinen Erfahrungen zu sammeln, im Rahmen von Pilotprojekten oder
587 Experimentierräumen. Das ist vielleicht weniger ein Handlungsfeld, sondern eher ein
588 Erfolgsfaktor.

589 **GE:** Also glaube denke auch, dass es eher ein Erfolgsfaktor ist, könnte man unter

590 Kommunikation fassen, könnte man aber auch unter Qualifizierung fassen. Also mein

591 Eindruck ist, dass bei KI-Einführungsprozessen es oft interdisziplinär zugeht, dass da viele

592 verschiedene Parteien aufeinandertreffen, und ich halte es für wichtig, dass man da

593 Vermittler:innen hat, Bound-Respanners genannt. Also Leute, die zwischen

594 verschiedenen Parteien kommunizieren können, gerade, wenn Techniker:innen auf Nicht-

595 Techniker:innen treffen. Da kann dann schnell von irgendetwas völlig anderem die Rede

596 sein im Gespräch, also etwas ganz anderes gemeint sein. Dann ist es gut, wenn man

597 Übersetzer hat oder irgendwelche Kommunikatoren drin hat. Auch zwischen

598 Führungskräften und Mitarbeitenden oder zwischen internen Mitarbeitern und vielleicht

599 externen Dienstleistern oder so. Dass man diese Vermittler:innen hat, die zwischen

600 verschiedenen Parteien kommunizieren können und die jeweils die Parteien auch

601 verstehen.

602 **GC:** Als Handlungsfeld vielleicht die Frage, wer ist denn verantwortlich für die

603 Entscheidung der Künstlichen Intelligenz. Und zwar auch für die Folgen. Der Kollege hat

604 vorhin gesagt, der Einfluss des Menschen, dass der vielleicht als letzte Instanz sagt,

605 machen wir oder machen wir nicht. Ich würde gerne von einer anderen Sichtweise

606 herangehen und sagen, na ja, was ist denn, wenn die KI-Qualitätskontrolle jetzt schlechte

607 Teile durchgelassen hat. Was ist denn, wenn der Roboter jetzt schneller gefahren ist, als

608 gedacht und er hat das Bauteil beschädigt. Wer ist denn dann am Ende des Tages

609 verantwortlich. Ist es die KI oder wer ist es.

610 **I: Ich würde das mal unter der Kategorie Mensch-KI-Interaktionsgestaltung**

611 **zusammenfassen, da fallen uns sicherlich noch andere Aspekte mit ein. Aber gerade,**

612 **wenn es darum geht, Verantwortung festzulegen oder die Interaktion an sich**

613 **festzulegen.**

614 **GF:** Ja, auch mit festzulegen, wer bestimmt denn, welche Einflussgrößen gehen in die KI

615 mit rein. Also plakatives Beispiel. Ich bin aus Sylt nach Hause gefahren und Google Maps

616 hat mir eine Route vorgeschlagen, so und so lang. Da gibt es drei Vorschläge in der Regel

617 und man kann einen auswählen. Man muss immer über Hamburg fahren oder es gibt noch

618 eine Ausweichstrecke irgendwie über Hannover, Bielefeld. Ich habe gesagt, fahre mal

619 über Hamburg. Es wurde auch als berücksichtigt, dass die Autos alle gerade zwischen 80

620 und 120 fahren, alles wunderbar, dass es da einen kurzen Stau gibt. Er hatte nicht mit

621 eingerechnet, dass an diesem Tag Hamburg-Marathon stattfindet. Das heißt, diese

622 Information, diese Variable ist da gar nicht mit eingeflossen. Wir standen vier Stunden

623 still und konnten uns überhaupt nicht mehr bewegen, gar nicht mehr. Und da ist ja die

624 Frage, wenn ich so ein System habe und das und das muss da mit reingehen, wer sagt am

625 Ende, dass das auch das ist. Das ist denke ich auch wichtig, dass man am Ende ein sauberes

626 Ergebnis hat.

627 **I: Also geht es eher um das Thema Datenaufbereitung oder Vermeidung von Bias et**

628 **cetera?**

629 **GF:** Beides. Verantwortlichkeit und Daten. Wer ist verantwortlich, das gehört natürlich

630 auch zu Mensch-KI-Interaktion. Aber es gehört natürlich zu den Daten. Wer hat den Hut

631 auf, dass die Daten sauber sind. Letztlich geht es um Hüte.

632 **I: Weitere Anmerkungen, Handlungsfelder, wo Sie sagen, dass muss auf jeden Fall**

633 **noch rein? Mit Hinblick auf die Uhr hätten wir noch ungefähr zehn Minuten Zeit,**

634 **wenn Sie sagen, da fehlt mir definitiv noch etwas, das ist hier noch nicht aufgelistet.**

635 **GA:** Ich könnte jetzt auch hier wieder das von der MRK wiederholen, dass man die

636 Zielsetzung des KI-Systems klar festlegt und kommuniziert. Aber wie gesagt, das ist ja

637 auch nicht MRK- oder KI-spezifisch. Das ist der erste Schritt bei einem gelungenen

638 Change-Management. Aber klar, KI-Systeme haben großes Substituierungspotenzial und

639 diese Ängste gibt es natürlich bei den Beschäftigten, genauso wie bei MRK, weil die ja

640 auch manuelle Tätigkeiten substituieren können. Und deshalb ist es in dem Bereich

641 wichtig, von vorne herein festzulegen und das zu kommunizieren, warum führen wir jetzt

642 Roboter ein, warum nutzen wir jetzt ein KI-System in einem bestimmten

643 Anwendungsbereich.

644 **GE:** Ich würde sogar sagen, dass die im KI-Bereich noch stärker sein könnten, denn MRK

645 dient ja dazu, nicht irgendwie einen Roboter darzustellen, der abgekapselt ist, sondern eine

646 Zusammenarbeit zu ermöglichen und bei KI geht es ja wirklich um diese Fähigkeiten, wo

647 sich der Mensch gegenüber der Maschine immer überlegen gefühlt hat, also diese

648 kognitiven Fähigkeiten. Dieses, ja, was eben nicht nur irgendwelche monotonen,

649 repetitiven Aufgaben, sondern irgendwie kognitive Fähigkeiten erfordern. Ich glaube, das

650 kann im KI-Kontext sehr gefährlich wirken. Ich weiß nicht, jetzt im Schach-Kontext, seit

651 zum ersten Mal ein Schach-Computer den Menschen besiegt hat, dachte man, jetzt ist der

652 Mensch in seinen kognitiven Fähigkeiten geschlagen oder so. Also ich glaube, dass das

653 im KI-Kontext ein extrem wichtiger Faktor ist. Ich fand den Begriff

654 Handlungsträgerschaft vorher sehr, sehr interessant, Gesprächsperson A.

655 **I: Meinen Sie, auch die Erwartungen an dieses System klar zu kommunizieren oder**
656 **auch die Grenzen dieses Systems klar zu kommunizieren, trifft das so ein bisschen**
657 **den Punkt?**

658 **GE:** Ich denke auf jeden Fall, dass man das bei Erwartungsmanagement ein Stück weit da
659 parken kann. Ich denke auch Transparenz ist ja wieder ein extrem wichtiger Faktor. Ziele,
660 das fällt ja auch ein bisschen unter Zielsetzung, was wollte ich damit eigentlich. Genau,
661 ich denke, da kann man viele Punkte wieder aufgreifen, die man vorher hatte. Partizipation
662 ist wieder ein extrem wichtiger Faktor. Aber wahrscheinlich doppelt es sich dann auch ein
663 Stück weit stark mit der vorherigen Folie.

664 **I: Vielen Dank dafür. Gut, noch irgendetwas was Sie ergänzen möchtet, was definitiv**
665 **wichtig ist, was hier noch fehlt?**

666 **70:00**

667 **GA:** Bei Handlungsfelder, Einführung eines KI-Systems steht ja der Punkt Datenschutz.
668 Was quasi der Türöffner ist für den ganzen Datenbereich. Da sollte man einmal schauen,
669 sind überhaupt die ganzen Voraussetzungen erfüllt, ein KI-System nutzen zu können im
670 Betrieb. Habe ich die ganzen Daten. Wenn ja, wie liegen sie automatisiert aufbereitet,
671 digital vor. Sprich der Themenbereich Voraussetzungen, sind die da, um ein KI-System
672 effizient nutzen zu können. Wenn ich erst Vergangenheitswerte nutzen möchte, um
673 irgendwelche Prognosen für die Zukunft zu setzen, durchzuführen und ich muss aber erst
674 papierbasiert irgendwelche Aktenordner durcharbeiten und die ganzen Daten aufbereiten,
675 dann kann ich nicht effizient ein KI-System für diese Prognosen nutzen. Wenn ich
676 allerdings ein relativ gut digitalisiertes Produktionssystem habe, ich kann in Echtzeit auf
677 einen sehr großen Datenbereich zum Beispiel bei Maschinen und Anlagen zurückgreifen,
678 dann habe ich natürlich die Voraussetzungen, diese auch automatisiert aufzubereiten und
679 für ein Lernendes System zu nutzen. Sprich, Voraussetzungen für die Datennutzung, sind
680 die vorhanden, ja oder nein. Beziehungsweise inwieweit muss ich noch in die
681 Voraussetzungen investieren, damit ich an einem Punkt bin, um KI effizient nutzen zu
682 können.

683 **GD:** Das wäre auch ein Erfolgsfaktor. Der Grad der Digitalisierung im Unternehmen. Wie
684 viele Daten sind für die KI zugreifbar und wie viele eben nicht.

685 **I: Ja, wir können gerne den Blick noch einmal einen Blick auf das Thema MRK**
686 **werfen, ob davon definitiv noch etwas rüber muss, wenn Sie sagen, da fehlt noch**
687 **etwas. Ansonsten hat sich die Folie der Handlungsfelder auch schon relativ dicht**

688 gefüllt, was das Thema KI angeht. Auch hier natürlich das Thema Kommunikation,

689 von vornherein an gegenseitig auf allen Ebenen hinweg, aber auch mit extern.

690 Aufbau von Fachkompetenzen, um diese Abhängigkeit mit Externen zu reduzieren.

691 Die technische Umsetzbarkeit auch bei KI wieder zu beachten. Grenzen zu beachten.

692 Was kann das eigentlich. Das Thema auch erklärbar zu machen. Die Akzeptanz

693 dadurch   sicherzustellen.   Ethische   Aspekte,   Mensch-KI-Interaktion,

694 Verantwortlichkeiten festlegen, das Thema Datenschutz, juristische Aspekte,

695 Verordnungen et cetera, die es da zu beachten gilt. Ergonomie, Mensch-Maschine-

696 Interaktion, Handlungsträgerschaft und das Thema Akzeptanz. Akzeptanz

697 natürlich auch wieder bei den Erfolgsfaktoren. Grad der Digitalisierung, also wie

698 weit bin ich eigentlich im Unternehmen, auch die Erprobung, zu schauen, inwiefern

699 man KI auch erlebbar machen kann. Partizipation, Transparenz, Kommunikation,

700 auch hier wieder als Erfolgsfaktor, als auch als Handlungsfeld, als auch die

701 Qualifizierung. Von Ihrer Seite aus noch Ergänzungen?

702 (…)

703 Ok, ich sehe keine Hände.

704 KI-basierte MRK

705 I: Und die Frage jetzt mal an Sie. Jetzt habe ich es hier aufgelistet, KI-

706 Erfolgsfaktoren, KI-Handlungsfelder. KI-Handlungsfelder auf der linken Seite und

707 MRK-Handlungsfelder auf der linken Seite. Welche von denen eigentlich auch

708 zukünftig relevant sein werden und ob davon einige dabei sein werden, von denen

709 Sie sagen, die haben, die werden zukünftig eine höhere Relevanz haben als sie heute

710 haben. Also bei der klassischen MRK, weil die KI noch dazukommt. Wenn das zu

711 klein ist, dann müssen Sie Bescheid sagen, dann zoome ich etwas weiter ran.

712 GD: Also ich würde eigentlich alle Themenbereiche, die den Menschen betreffen und so

713 wichtiger ansehen. Also weil es hier ja die Fähigkeiten einer KI, so quasi die kognitiven

714 Fähigkeiten und aber auch die physische Instanz des Roboters, zusammenkommen. Also

715 beide Aspekte, die den Menschen erstmal verunsichern, ja auf den Menschen losgelassen

716 werden sozusagen. Das heißt, hier sind eher so die Bedenken, welche Erwartungen

717 Akzeptanz, Vertrauen und so weiter noch viel stärker gefragt als ohne KI. Also wenn man

718 jetzt nur den Roboter, der hard gecodet ist, betrachtet zum Beispiel.

719 I: Ich ziehe es per Drag and Drop hierein und hoffe, dass es nicht zu unübersichtlich

720 wird gleich. Also das Thema die Akzeptanz, das Thema Mensch-KI-Interaktion. Was

721 **hatten sie noch gesagt. Ja die Interaktionsgestaltung, Verantwortlichkeiten im**

722 **Prozess.**

723 **GA:** Ich halte die, ja also steht jetzt hier der Begriff Erklärbarkeit der KI. Ich würde das

724 auf MRK bezogen bisschen anders bezeichnen. Es gibt ja sehr großen, sehr großes

725 Forschungsfeld gerade bei kollaborierenden Robotern bzw. koexistieren Robotern also

726 ohne Sicherheitseinzäunung. Das man die Bewegungsbahnen der Roboter so gestaltet,

727 bzw. eine KI den Roboter so ansteuert, dass die Bewegungsbahnen menschenähnlich sind

728 bzw. so gestaltet sind, dass sie vom Menschen, ja wie nennt man das, vorausgesehen

729 können. Aber das ist es erkennbar ist wie die zukünftigen Bewegungsbahnen des Roboters

730 verlaufen.

731 **GF:** Erwartungskonformität.

732 **GA:** Ja genau. Das also nicht mehr die direkte Bewegungsbahn auf das Ziel hin erfolgt,

733 sondern eher ähnlich wie Armbewegungen. Das sich so der Roboter verhält. Und das wäre,

734 gerade wenn es um ja wenn es um KI einen Roboter steuert und die Bewegungen und

735 Fähigkeiten erweitert, dass da dann noch Wert draufgelegt wird, dass es antizipierbare

736 Bewegungsbahn sind. Oder überhaupt antizipierbares Verhalten des Roboters umgesetzt

737 wird. Und vor allem dann reden wir ja noch weiterhin über Cobots, kooperieren,

738 kollaborierenden Roboter, deswegen ist besonders wichtig.

739 **GF:** Ich kann mir vorstellen, dass zukünftig das Thema Daten generell wichtiger ist. Ja

740 wir haben heute schon an vielen Dingen, Produkten Sensoren, aber ich kann mir vorstellen

741 dass das in Zukunft noch sehr wahrscheinlich sogar exponentiell explodieren wird. Was

742 wir alles messen. Was wir alles tracken und monitoren und da kann ich mir vorstellen,

743 dass das ein besonderer Schwerpunkt sein wird.

744 **GC:** Ich bin auch der Meinung, sozio und juristische Aspekte, wenn der Roboter als

745 Mensch-Roboter-Kollaboration mit KI mit verschiedenen Menschen zusammenarbeitet,

746 wäre es natürlich auch denkbar, dass man gewisse Leistungsdaten relativ abgleichen kann.

747 Jetzt ist der Roboter programmiert, macht immer alles das Gleiche danach kann er sich an

748 den Menschen anpassen. Ich glaube, da ist schon ein großes Handlungsfeld. Das da nichts

749 schiefgeht.

750 **GB:** Ich glaube das Thema Qualifizierung. Aber vielleicht dann auch aus der anderen

751 Sichtweise, dass die Qualifizierung eben nicht nur nötig ist, damit die Menschen darauf

752 vorbereitet mit dem Cobot oder KI System zu arbeiten, sondern eine Qualifizierung über

753 dieses System der Mitarbeiter gerade in Bezug auf Fachkräftemangel.

754 **I: Was genau verstehst du unter über das System hinaus?**

755 **GB:** Dass die Menschen, die quasi mit dem KI basierten Cobot System oder MRK System

756 von diesem lernen können. Wie sie diese Arbeiten zu verrichten haben.

757 **I: Also quasi die gegenseitige Kommunikation aufeinander. Dass man dann auch eine**

758 **Arbeitsumgebung schafft, in der beide interagieren können?**

759 **GB:** Nicht nur interagieren, sondern auch quasi, dass der Mensch quasi von dem System

760 lernt oder qualifiziert wird, die Arbeiten durchzuführen.

761 **I: Vielen Dank. Weitere Gedanken oder auch aus ihrer Erfahrung heraus. Eurer**

762 **Erfahrung heraus, was zukünftig wichtig sein wird oder auch sich gar nicht**

763 **verändern wird. Beziehungsweise, ja wo Ihr wo Sie sagen das ist so ein Themenfeld,**

764 **das hat, das wird zukünftig eine höhere Priorität haben als es heute möglicherweise**

765 **ist, im Bereich MRK oder KI oder auch zusammen.**

766 **GF:** Ja ich denke Qualifizierung. Weil es ja auch immer komplexer wird und

767 entsprechende Qualifizierung oder die Ansprüche an Beschäftige steigen könnten. Je nach

768 Aufgabenfeld.

769 **I: Das heißt es müssen zukünftig mehr Leute qualifiziert oder anders qualifiziert**

770 **werden?**

771 **GF:** Ne, ich glaube die Qualifizierung wird umfangreicher. Also mehr müssen es gar nicht

772 sein aber ich denke die, die die Anlage in Betrieb nehmen, wenn der Grad der Komplexität

773 mit zunehmenden Einflussgrößen, Daten steigen wird. Was KI mehr kann, dann muss auch

774 derjenige, der das Ding aufstellt und den Leuten sagt, wo der Frosch die Locken hat, auch

775 mehr wissen. Und dann entsprechend auch mehr Wissen an die Beschäftigen weitergeben.

776 Im Idealfall wird es dann so weit runtergebrochen, dass das jetzt die Anforderungen an,

777 sag ich mal einfachen Werker, nicht ins unermesslich steigen. Der muss jetzt am Ende

778 kein IT-Studium absolviert haben. Aber diejenigen die, das aufstellen und betreiben, die

779 sagen, wo es langgeht, müssen wahrscheinlich mehr, umfangreicher qualifiziert werden.

780 **I: Also quasi einen Splitt zwischen den Mitarbeitenden als Anwendenden, wenn dann**

781 **und Führungskräften etc., die dann auch entsprechende Kompetenzen brauchen?**

782 **GF:** Ja, ja.

783 **I: Vielen Dank. Gut, ich würde mal auf die Erfolgsfaktoren überschwenken und ja**

784 **die identische Frage stellen, inwiefern, was denn eigentlich zukünftig von denen,**

785 **sowohl im Bereich MRK als auch KI aufgelistet sind, zukünftig relevant sein wird**

786 **oder auch möglicherweise eine höhere Relevanz sein wird als es heute der Fall ist?**

787 **GB:** Genau, bei den Erfolgsfaktoren sehe ich halt ganz stark die Transparenz. Ich denk
788 mal, dass wenn man so KI als denkende Teil ansieht und den Cobot als handelnde, dann
789 haben die Menschen jetzt wohl was Handelndes gegenüber. Und da hat jeder so seinen
790 Terminator. Seine eigenen Sachen im Kopf. Und da ist glaube ich die Transparenz, dass
791 das nur ein einfacher Algorithmus ist, der hier programmiert ist für die Zusammenarbeit,
792 schon sehr wichtig, dass man das den Mitarbeitenden vor Augen führt, um eben Akzeptanz
793 und die ganzen anderen Sachen zu gewährleisten.

794 **GC:** Ich denke, dass wir den subjektiven Nutzen wahrscheinlich deutlich steigern können,
795 weil wir durch KI-Anwendungen sicherlich eine höhere Prozessgenauigkeit oder -
796 stabilität erzeugen können. Ich glaube das ist ein großer Erfolgsfaktor.

797 **GE:** Aber Nutzen dann für wen, für das Unternehmen oder für die Mitarbeitenden selbst?
798 Ich würde sagen, für die Mitarbeitenden selbst kann das ja eher negativen Nutzen sein,
799 wenn man dadurch vielleicht, ich sag mal, seine Kompetenzen irgendwie ein Stück verliert
800 oder Angst hat vor Arbeitsplatzersetzung hat.

801 **GC:** Ich habe damit gemeint, dass – wir zu mindestens bei uns in der Firma schon noch
802 häufig Standard-Roboteranwendungen – egal, ob MRK oder Standardroboter das Problem
803 haben, dass der Roboter stur seine Bahnen abfährt. Und wenn sich da irgendetwas
804 verändert nach einem Rüstvorgang, nach was der Teufel was oder Picking-Anwendungen
805 im ersten Stadium. Was man dann halt noch nach justieren muss und auch als Werker
806 helfen muss. Man muss den Roboter nachteachen, man muss den aus der Kollision fahren
807 und ich gehe davon aus – ich weiß nicht, wer von euch die robominds-Themen kennt oder
808 micropsi – die ja dann schon ja dieses Picking machen, ohne dass das Teil bekannt war,
809 relativ zuverlässig da etwas picken. Das habe ich damit gemeint.

810 **GE:** Also da vielleicht eine etwas höhere Zuverlässigkeit oder irgendwie sowas mit drin
811 könnte dann vielleicht als Erfolgsfaktor stehen.

812 **GC:** Vielleicht auch hier in dem Kontext die zeitlich nahe Umsetzung. Wir haben ja
813 gesagt, dass MRK-Anwendungen vielleicht mal länger dauern als geplant und das kann
814 sicherlich die KI immens beschleunigen.

815 **I: Weitere Erfolgsfaktoren, wo Sie sagen, das ist, deren Relevanz im Vergleich zur**
816 **ursprünglichen Version wird sich verändern?**

817 **GA:** Ja, ganz trivial einfach, wenn ich einen hohen Grad an Digitalisierung schon erreicht
818 habe, habe ich gute Voraussetzungen, um KI-basierte MRK erfolgreich bei mir im Betrieb
819 umzusetzen. Ich sag mal so als Grundvoraussetzung. Und wenn ich auf Seiten der

820 Mitarbeiter und derjenigen, die mit dem System zu tun haben oder für die Umsetzung
821 verantwortlich sind. Wenn ich da das Verständnis von Kollaboration erreicht habe, weil
822 ich doch als Nutzer und Nutzerin mit dem System doch anders umgehen muss, als wenn
823 ich jetzt einen vollautomatisierten Roboter dastehen habe. Ein kollaborierender Roboter
824 ist anders zu bedienen als andere System oder wenn ich vorher keine Roboter habe.
825 Deswegen ist das Verständnis von Kollaboration ein Erfolgsfaktor.

826 GE: Ich könnte mir vorstellen, dass dieses Thema Experimentierräume schaffen noch
827 mehr an Relevanz dazugewinnt. Auch wenn man in die Richtung einlernen denkt. Ich
828 denke, dass impliziert KI ein Stück weit, dass man Daten braucht über Verfahrwege, über
829 menschliche Verfahrwege. Vielleicht könnte man. Ich könnte mir vorstellen, dass es sehr
830 sehr relevant ist, dass man entsprechende Experimentierräume hat, wo man das
831 ausprobieren kann. Wo man das ganze System verbessern kann. Worauf basierend das
832 Ganze auch lernen kann.

833 GD: Und, der Punkt der Qualifizierung wird damit extrem wichtig oder zumindest wäre
834 es ein Erfolgsfaktor, wenn man in der eigenen in der Firma entsprechende Personen hat,
835 die sich um die einzelnen Anwendungen kümmern und man nicht abhängig ist von
836 externen Dienstleistern. Zumindest nicht für jede kleine auftretende Problematik. Das
837 heißt, da ist der Faktor je mehr solche Anwendungsfälle im Unternehmen umgesetzt
838 werden, Testungen wichtiger. Damit man die entsprechenden Qualifizierungen im
839 Unternehmen vornimmt.

840 GC: Zum Thema Qualifizierung ein anderer Blickwinkel. Vielleicht kann es uns in
841 Zukunft auch helfen, weniger Qualifizierung zu brauchen, wenn die Usability relativ
842 einfach ist und wenn diese Anlernphase an neue, ja Umstände, einfacher ist. Vielleicht
843 kann man es auch zusätzlich noch so sehen.

844 **I: Vielen Dank. Gut, ich schaue noch einmal rüber auf die Themen- und**
845 **Handlungsfelder, die Unternehmen so angehen müssten, mit denen sie sich**
846 **beschäftigen müssten, wenn sie so etwas einführen möchten. Sagen Sie, da fehlt noch**
847 **etwas oder ist dies schon umfangreich genug?**

848 GE: Ja, das Thema Sicherheit könnte man jetzt sogar doppelt zählen. Einmal im Sinne der
849 Zusammenarbeit, die physisch sicher sein muss. Anderseits aber auch die IT-Sicherheit,
850 die vielleicht davor, wo das ganze noch nicht so digitalisiert war, noch nicht die große
851 Relevanz gespielt hat. Spielt dann natürlich noch einmal eine starke Relevanz. Diese
852 beiden Ausprägungen der IT-Sicherheit und der, wie nennt man es, physischen Sicherheit.

853 **GD:** Der Aspekt der technischen Umsetzbarkeit wird dann natürlich immer komplexer je
854 mehr Sensorik, Daten und so weiter eingesetzt wird. Das heißt, ja also ja zum einen ist
855 man natürlich abhängig, je nachdem welchen Anwendungsfall, aber auch oftmals ist es ja
856 auch video- oder kamerabasierte Erkennungsalgorithmen, ist man natürlich sehr abhängig
857 von der Sensorik und entsprechend davon die Umsetzbarkeit der Anwendung. Das heißt
858 hardwareseitig oder auch softwareseitig. Die Algorithmen.

859 **I: Ok, vielen Dank. Ich sehe jetzt keine Wortmeldungen mehr. Deswegen noch einmal**
860 **die abschließende Frage auch bei den Erfolgsfaktoren, ob Ihnen dort noch etwas**
861 **fehlt oder Sie die ja die Relevanz einzelner Faktoren zueinander hervorheben**
862 **möchten oder sagen, die einzelnen Erfolgsfaktoren sind wichtiger als andere oder**
863 **werden sie zukünftig wichtiger sein als sie es möglicherweise heute sind?**

864 **I: Gut, dann abschließende Frage zu dieser Diskussionsgruppe fünf, ob sie noch**
865 **weitere Anmerkungen haben, bevor ich die Diskussion damit beenden würde und**
866 **quasi in den nächsten Tagesordnungspunkt übergehen würde?**

867 (…)

868 **I: Gut, auch keine Wortmeldungen, dann sage ich an dieser Stelle schon einmal vielen**
869 **Dank für den Input bis hierhin.**

Printed in the United States
by Baker & Taylor Publisher Services